投融资+

绿色创新企业与投融资专家
合力打造啄啐之机

INVESTMENT AND FINANCING
Green Innovative Enterprises and Investment
and Financing Experts Work Together
to Create More Collaborative Opportunities

李路阳　俞景华◎主编

石油工业出版社

内 容 提 要

本书以十年的跨度，真实地记录了绿色创新企业如何将技术成果通过多种融资方式实现产业化的故事，记录了投融资专家对绿色投资的行业趋势判断，记录了机构投资人的策略投资方向与规则，记录了绿色创新企业家与投融资专家的交流对话，也记录了在推进中国经济转型期间，绿色创新企业在成果落地时遇到的瓶颈与清洁发展行业专家的对策建议。本书分为九个板块，包括：机构策略篇、建言献策篇、投资有道篇、资本创新篇、指点迷津篇、"一带一路"篇、企业融资篇、华山论剑篇和回顾展望篇。适合创业者、投资人、专家以及金融机构专业人士等阅读。

图书在版编目（CIP）数据

投融资+：绿色创新企业与投融资专家合力打造啄啐之机 / 李路阳，俞景华主编. —北京：石油工业出版社，2020.9
ISBN 978-7-5183-4216-7

Ⅰ.①投… Ⅱ.①李… ②俞… Ⅲ.①环保投资②企业融资 Ⅳ.①X196②F275.1

中国版本图书馆CIP数据核字（2020）第175765号

投融资+：绿色创新企业与投融资专家合力打造啄啐之机
李路阳　俞景华　主编

出版发行：石油工业出版社
　　　　　（北京市朝阳区安华里二区 1 号楼 100011）
网　　址：www.petropub.com
编 辑 部：(010) 64255933　图书营销中心：(010) 64523633
经　　销：全国新华书店
印　　刷：北京晨旭印刷厂

2020年9月第1版　2020年9月第1次印刷
740×1060毫米　开本：1/16　印张：23.75
字数：540千字

定　价：98.00元

持续学习不断创新

写在《国际融资》杂志创刊 20 周年之际

（一）

从 2000 年 8 月《国际融资》杂志创刊号问世至 2020 年第 9 期出版，我们编辑部同仁伴随着《国际融资》杂志走过了 20 个完整年，出版了 239 期杂志。2010 年 9 月，我们与石油工业出版社合作，在前 10 年出版的《国际融资》杂志中精心挑选出若干文章，编成两本书，一本叫《融资并购档案——这些人那些事儿》，一本叫《融资解码——企业筹资的道和术》。

时隔 10 年，在《国际融资》杂志创刊 20 周年之际，我们与石油工业出版社再度合作，从后 10 年出版的《国际融资》杂志中又精选出若干文章，继续编成两本书，一本叫《金融的力量：专家视野里的中国金融》，一本叫《投融资 +：绿色创新企业与投融资专家合力打造啄啐之机》。

梳理回看已出版的 239 期杂志，我们很明显地感觉到，这两个 10 年，《国际融资》杂志展示的文章内容，就像一本图书的上下部。

第一个 10 年是向国际学习的 10 年，在我们编辑出版的《国际融资》杂志文章中，囊括了向发达国家全方位学习天使投资、风险投资、股权投资、并购投资、战略投资、银团贷款、外国政府贷款、国际金融机构贷款等多样式投融资操作模式、风险控制与管理的经验。21 世纪初，在中国境内做财务投资人的绝大多数都是境外私募基金，本土私募基金寥寥无几；环境污染问题日益严重，绿色企业不多，绿色创新更显不足；金融机构和国有企业，不仅盈利能力很差，风险控制与管理能力也弱不禁风，大多数企业不知道该怎么跟资本打交道；地区性贫困问题仍然严峻；等等。中国是一个有着悠久的好学传统的国家，秉持"三人行，必有我师焉。择其善者而从之，其不善者而改之"的数千年文化传承，那时期，几乎每一位接受我们采访的中国金融专家、企业家、公务员，都会表达同样的意思，他们在向国际学习，尽管这种学习非常具有挑战性，但他们还是不打折扣地学习，因为他们知道不学习就没有出路。学习的结果大家都看到了，金融机构的不良贷款率降低了，风险控制能力提高了；央企、国企不仅做大还做强了；企业的绿色创新与日俱增，甚至成为风尚；由于大力推动高速公路和铁路、特别是高铁建设，扶贫减贫的效果显著。《国际融资》杂志忠实地记录了他们通过学习，比如向世界银行、亚洲开发银行学习，向欧美等发达国家的全球顶级公司学习，而获得的成长与进步的经验。

第二个 10 年是探索创新之路的 10 年。在这 10 年间，本土私募基金像雨后春笋般涌现，以互联网等媒体为基础将高科技公司和电信等行业链接起来的新兴行业（TMT）呈爆炸式增长，高耗能、高污染传统产业面临被淘汰出局的压力，监管机构如何跟上市场变化？结构调整怎么闯过阵痛期？金融的创新如何跟上企业创新的速度？传统产业怎样实现转型升级？如

1

何应对诸如中美贸易战、新冠肺炎疫情全球蔓延等国际突发事件？诸多问题，催生了中国国内智库的发展，国家层面的、地方层面的、民间层面的，林林总总。这也跟中国文化传承有关，是中国知识分子骨子里的那种"先天下之忧而忧"的忧患意识在发挥作用，他们中总会有人在市场发出形势大好的声音时，看到隐患，发出警告，并大声呼吁，提出纠错的建议。《国际融资》杂志上刊发了众多专家的建议，涉及金融、投资、监管、实业、环境、社保、草根经济、精准扶贫等深层次问题的解决之道。而创新企业，包括绿色创新企业的快速增长，以及随之出现的监管不到位、政策支持不到位、金融支持不到位、行业标准制定不到位等问题，也引发了各行各业专家的集思广益。而这些都是《国际融资》杂志刊发的重点。

（二）

面对气候变化带来的诸多挑战，在第二个 10 年，我们身体力行做了一件推动清洁发展的公益之事，那就是策划并组织了由投融资专家和行业专家组成的 50 评委专家团、独立评审团，每年评选"十大绿色创新企业"，首届活动得到财政部中国清洁发展机制基金管理中心的支持，自第二届之后，得到北京产权交易所、北京金融资产交易所、北京环境交易所持续多年的支持。我们的初衷很简单，希望能够通过这样的活动，助力绿色创新企业的核心技术、产品设备尽早落地，使之得到行业专家及投融资家的关注与点拨。

在这 10 年间，共有 158 位行业专家、投融资专家参与了这一公益评选活动，100 家企业获得了"十大绿色创新企业"殊荣。在 158 位评委专家与独立评审专家中，有 22 位连续 10 届、9 届持续担任 50 评委专家团、独立评审团专家。常有人问我，我也曾扪心自问："是什么让这么多知名专家不讲条件、持续地行公益之举？"这大概就是民间说的缘分或官方说的共识吧！

说起这项评选活动的发起，我特别感谢北京环境交易所总裁梅德文先生，我和他是 2000 年《国际融资》刚创刊时认识的，在和平里大酒店的茶座上，我们就如何办《国际融资》杂志畅聊许久，那时候他很年轻，意气风发，思如泉涌。2010 年，《国际融资》杂志携手中国进出口银行举办首届清洁发展国际融资论坛时，他已是北京环境交易所总裁，受我之邀，在"清洁生产与中国碳交易市场"圆桌论坛上做对话贵宾，他还向我推荐了几位对话贵宾，其中就有连任 10 届评委——时任天津排放权交易所常务副总经理王靖先生。会后梅德文先生对我说："这个论坛很好，你能不能每年再加上一个绿色创新企业评选，让活动更接地气、更可持续？"我很赞同他的提议，就这样，从 2011（第 2 届）清洁发展国际融资论坛开始，我们增加了这项"十大绿色创新企业"评选内容。弹指间，这一活动已坚持了 10 年。

2011 年初秋，经梅德文先生推荐，我受邀参加北京金融资产交易所在其交易大厅举办的交易平台正式上线介绍会。会上，熊焰董事长详细介绍了金融资产交易平台的功能，并对来宾表示，欢迎大家到这个新平台搞论坛活动，为北京金融资产交易所扬名。会后，我问熊总，能否将每年一届的清洁发展国际融资论坛暨"十大绿色创新企业"颁奖典礼放在这个交易大厅举行？他欣然答应，并说："这是一件好事。"当时我心里别提多感激了，这是对"十大绿色创新企业"公益评选活动的巨大支持。熊总是一位德高望重的金融创新专家，在体制内，他不仅为北京产权交易所（简称：北交所）、北京环境交易所（简称：环交所）、北京金融资产交易所（简称：金交所）的顶层设计做了大量创新工作，让北交所集团成长为全国最具影响力的交易所集团，更为重要的是，他在58岁那年辞职后，创立国富资本，专注于为高科技企业、绿色创新企业提供投融资服务，是一位接地气、眼光独到的投资家。从2012年起，熊焰董事长便与周道炯先生、王连洲先生、苗耕书先生等几位老专家一道，为这件好事站台，成为元老级的独立评审团专家，一直坚持到今天；他还在离开体制内后，也做了《国际融资》杂志顾问。

从此，《国际融资》杂志与北京金融资产交易所、北京环境交易所一道，连续多年联合主办清洁发展国际融资论坛暨"十大绿色创新企业"颁奖典礼活动，至2017年，北京产权交易所也加入到联合主办之列。期间得到时任北京环境交易所董事长杜少中先生、现任北京产权交易所总裁、北京环境交易所董事长朱戈先生，现任北京金融资产交易所董事长王乃祥先生一如既往的鼎力支持。更为重要的是，这些年来，北京金融资产交易所、北京产权交易所、北京环境交易所为绿色金融交易做出了大量创新，包括绿色债券交易、碳交易、排污权交易、绿色产权交易等，为推动经济可持续发展发挥了交易平台独有的作用。

（三）

王连洲先生、周道炯先生、苗耕书先生都是早期就在《国际融资》杂志做顾问的资深权威专家，也都是从首届开始持续参加"十大绿色创新企业"评选活动的独立评审团专家。

与王连洲先生结缘，是2005年初春，经中国水工业网总经理张颖宾介绍，我对王老进行了专访。王老退休前是全国人大财经委正局级巡视员，是中国《证券法》《信托法》《证券投资基金法》起草工作小组组长，他关心中国资本市场的发展，关注企业在发展中遭遇的种种瓶颈问题，并利用在各种会议上的演讲和接受媒体采访的机会大声疾呼。已年过八旬的他，每年参加清洁发展国际融资论坛暨"十大绿色创新企业"颁奖典礼活动，都坚持到会议结束才离场。记得2018年那届活动期间，有3家绿色创新企业举行了签约仪式。他在仪式最后总结说："我很高兴亲自见证了3家绿色创新企业项目的签约仪式，作为独立评审团专家成员，感到由衷的高兴，经过多年的嫁接和培育，这个平台终于结出了丰硕的成果。这反映了中国绿色创新企业开拓创新的执着精神，对于环境保护矢志不渝的坚定捍卫，以及投资、交易机构对他们的认可，也预示了绿色创新企业项目可持续发展的广阔前景。我相信，在大家的踊跃参与和支持下，未来会有更多的绿色创新企业涌现出来，使更多的绿色创新成果惠及于民。"他的一番话，道出了所有评委专家、独立评审专家的心声。

因王老的牵线，我认识了周道炯先生。周老秉持的十字言"互信、尊重、自律、清醒、务实"深深地影响了我们，也成为我们办刊的座右铭。2007年春，我收到了周老的一篇手写稿——《资本市场的规范与发展关键在于市场化改革》，里面附有一函，函中说："我不能光做顾问不做事，所以给《国际融资》杂志写了一篇谈资本市场的稿子，请你们定夺。"周老的这篇文章刊于《国际融资》杂志2007年第7期，针对资本市场积淀的不少问题，他在文中提出4条建议：大力发展多层次资本市场；进一步加快市场化改革；切实加强监管，依法维护市场稳定；大力培育人才，加强国际合作交流。在这十几年的时间里，我们也亲眼目睹了中国资本市场在这些方面的改革与变化。

跟苗耕书先生认识是在2004年的"两会"期间，作为参会记者，我在全国政协十届二次会议经济界别委员驻地——京丰宾馆采访了他，请他就中国企业"走出去"建言。他说："企业'走出去'，一定要借助国际最优秀的中介机构的力量，对项目进行充分的分析和论证，把风险估计得透一些，把有利因素和不利因素权衡得更全面一些。这样才会减少失误。"坦率地说，在当时能够站在这个高度，借助国际最优秀的中介机构为企业管理做大手术的寥寥无几，但他不仅大胆地做了，而且成功了！这就是学习精神使然。苗总是一位做人谦逊、做事认真的老总，在任中国五矿集团有限公司老总时曾拒绝我的采访，退居二线后才兑现承诺，于2005年秋接受了我的采访。我写了一篇文章《苗耕书谈企业发展战略经》（刊载于《国际融资》杂志2006年第2期，后来被编入纪念《国际融资》杂志创刊10年的图书《融资并购档案——这些人那些事儿》中）。2005年他退居二线后应邀做了《国际融资》杂志顾问。2011年，他从中国外运长航集团有限公司董事长（外部董事）任上退位，受命出任中国国际投资促进会会长，也因此与《国际融资》杂志的关系更加密切，并欣然接受我们的邀请，成为《国际融资》2011（首届）"十大绿色创新企业"评选活动的独立评审专家团专家。从那一年起，只要评选活动、举办会议期间他在北京，都会抽出时间参加这一公益活动。在出任中国国际投资促进会会长期间，他利用出席全球、特别是拉美地区各种国际会议的机会，为促进中国企业对外可持续投资做了很多推动工作。也就是在那时，他认识了天泉鼎丰创办人、空气制水发明人拿督斯里吴达镕教授。经过调研他发现，天泉鼎丰创新开发的空气制水技术与设备，可以解决水资源短缺、水资源匮乏的世界性难题。2017年11月，苗总从中国国际投资促进会卸任后，便投身促进空气制水全球推广的公益事业中，并以联合国"水促进可持续发展"国际行动十年高级别会议指导委员会成员的身份，在联合国各种可持续发展会议上呼吁推进水资源的可持续发展。2019年6月4日，在召开独立评审团专家复议会，就50评委专家团提名评出的2019（第9届）"十大绿色创新企业"进行审定前，苗总电话回复我说由于身体原因不便参会，让我代为转达他对"十大绿色创新企业"推荐词的意见。他的声音底气十足，和以往没什么两样，这让我误以为他患的是小病，直到7月5日2019（第10届）清洁发展国际融资论坛暨2019（第9届）"十大绿色创新企业"颁奖典礼系列活动结束之后，我通过电话向他汇报时，才获知他得的不是小病。我想去看望他，却被婉言拒绝，他像平常一样轻松地说："等我好了咱们再见面。"让我没有想到的是，没过一个月，苗总悄然离开了这个世界，享年78岁。我在挽联上写道："做一生好事不为留名，闯万重难关只为国家。"这就是苗总。

在评选"十大绿色创新企业"期间，北京金融资产交易所董事长王乃祥先生，北京产权交易所总裁、北京环境交易所董事长朱戈先生，时任国家开发银行行务委员、丝路产业与金融国际联盟执行理事长、莫干山研究院院长郭濂先生，时任中国光大集团常务副总裁（现任全国工商联主席、全国政协副主席）高云龙先生，时任中国国际金融有限公司董事长、亚洲基础设施投资银行多边临时秘书处秘书长（现任亚洲基础设施投资银行行长）金立群先生，时任中国保险行业协会会长、中国人寿原董事长王宪章先生（2020 年离世），时任北京环境交易所董事长、北京绿色金融协会会长（现任中华环保联合会副主席、生态环境部特邀观察员）杜少中先生，中美绿色基金董事长徐林先生，时任中国投资协会会长（现已退休）张汉亚先生，时任首创集团董事长、首创置地董事长、首创股份董事长刘晓光先生（2017 年离世），都做过一届或多届独立评审团专家，每届独立评审团专家都非常认真地复议 50 评委专家团评出的"十大绿色创新企业"及其推荐词，并逐一精心推敲与讨论。每一年的独立评审团复议会的现场都让我感动。记得在某一届的复议会上，有独立评审团专家对一家绿色创新企业技术优势提出质疑，杜局（杜少中被大家称为杜局，因曾任北京市环保局副局长、巡视员、新闻发言人）立刻给这个行业的权威专家打电话了解技术情况，解除了疑惑。曾有不少人问过我，怎么会有这么多重量级的权威人士愿意来为此事站台？我改编了一个较贴切的句子应答："不论职位高低，为了一个共同目标——应对气候变化、保卫生态环境，大家走到了一起。"

（四）

这 20 年来，社会责任、扶贫使命、绿色创新始终是《国际融资》杂志宣传企业融资案例把持的一个基本标准。在采访以及"十大绿色创新企业"评选调研中，我们发现绝大多数民营企业都存在融资难的问题，特别是涉及产业绿色创新的项目，动辄一两亿、两三亿的巨额项目资金，几乎难倒了所有已完成中试的民营企业，这些企业的创立时间基本都在 10 年、甚至 20 年以上，寻找投资项目生产线的资金成为他们花时间最多的事情，由于融资太难，很多创业老总甚至错过了投资人认可的最佳年龄期。从这个角度看，中国创新企业，特别是绿色产业中的创新企业，其创业成本太大。然而让我们钦佩的是，尽管如此，他们依旧坚持不离不弃。

这也是我看好中国未来经济发展的一个重要原因：中国有一个巨型创新家、创业家的群体，这个群体的特点是扛得住压力、百折不挠、越战越勇。在这个群体中，如果某位创新企业家的心胸足够包容、心力足够淡定，那么，他终会找到属于自己的融资之路。

记得 2009 年，我引荐一家开发出新一代搜索引擎技术的 A 公司老总与时任北极光创投合伙人周树华先生（现任开物基金主管合伙人、连续 10 届 50 评委专家团评委）见面，周树华先生还带了一家已成功拿到美国风投资金的 B 公司老总来分享经验。结果，因为 B 公司老总提的问题多了些，A 公司的老总听得不顺耳，说话走火，导致 B 公司老总甩手走人。之后的场景比较尴尬，周树华先生毕竟见多识广，很快缓和了气氛。记得当时周树华先生问了 A 公司老总一个问题，是想成为任正非那样的人，还是李开复那样的人？A 公司老总说他想成为任正非那样的人。周树华先生说："那很好啊！你需要好好研究研究任正非，他是一位了不起、起点很高的企业家。"

11年后回想起这段话，再回看10年评选的绿色创新企业，我在想，中国为什么就出了一个任正非？这不是梦想决定的，是格局、胸怀、眼光，以及忧患意识下承载的向他人学习并不断纠正自己错误的精神决定的。

话说回来，绿色创新企业能否跨越"创业死亡谷"？也不是单纯融资就可以解决的，需要创业导师、行业专家、投资银行家、风险投资人、金融学家、法律专家等各类专家的指点，需要平台的智慧，而我们历届50评委专家团和独立评审团专家们就是在这个平台上为绿色创新企业提供智慧滋养与渠道支持的一群智者。

在采访诸多投资专家和行业专家时，我们会有意识地带着企业家的困惑求教，将专家们的经验与建议写进文章，同时，我们也会引荐企业去拜访评委专家或独立评审团专家。金融专家郭濂先生、王乃祥先生、王连洲先生、梅德文先生、郭松海先生、李国旺先生、马国书先生、杨志女士、风险投资家熊焰先生、刘向东先生、周家鸣先生、熊钢先生、马向阳先生、刘伟先生、周树华先生、胡斌先生、王能光先生、陈燕女士、张立辉先生、李爱民先生、张威先生、宋翠珠女士、陈波先生、产业投资家刘秉军先生、李安民先生、孙太利先生、丁盛亮先生、彭慈张先生、吴隽女士、董贵昕先生、张震龙先生、高佳卿先生，行业专家王桂梅女士、杨洁女士、梁舰先生、滕征辉先生、孙轶颋先生等都曾给予绿色创新企业家很多有益指点。

记得我每次带企业家拜访郭濂先生，他都会一边认真听，一边用电脑打字记录。他会把所闻写成政策建议，向有关部门呼吁。高佳卿先生每次都会一边听企业讲述、一边在挂于墙上的大白板上勾勒出一个系统的解决方案，告诉企业应该从哪儿突破，怎么突破。马向阳先生更是把自己与企业打交道的几十年经验毫不保留地告诉绿色创业家。周家鸣先生会非常详细地告诉绿色创业家该如何计算企业的无形资产价值，如何与投资人谈判。

这些交流，让我们之后写就了一篇篇采访投资人、专家及企业家的文章。

坦率地说，绿色创业家需要学会交朋友，不是交一个，而是交一群专家朋友。这样才有可能让企业跨过"创业死亡谷"，也才有可能通过一次次地交流碰撞，找到最适合企业自身发展的路，这条路也绝不会雷同。有一句话说得好："上帝关上一扇门，定会打开一扇窗。"创业家的眼睛不能光盯着找门，还要善于发现形式各异的窗。

（五）

《国际融资》杂志走过20年，用一篇篇文章见证了20年中国经济、金融、产业的发展与变化。我们编辑部同仁就像旋转的陀螺，一期又一期地运行了239期，把许多重要的发生与发现都编入了一本本的杂志中。

239期就有239个封面人物，而这每一个封面人物都非同寻常，都是这段值得回味的中国乃至世界历史的见证者。中国加入WTO、中国企业"走出去"、全球金融危机、多层次资本市场、"一带一路"倡议、中美贸易战、应对气候变化、精准扶贫、抗疫经济，等等，这些当时或当下的焦点话题都以不同的行文方式聚合在数千篇文章中。编辑部就是一个微型链条，把被访者、作者、记者、摄影者、编者、校勘者、排版者、印刷者与读者连在一起，我们每个人的工作都不可或缺，协作是编辑部的常态。

在这里，我要讲讲《国际融资》杂志的首席摄影记者王南海先生，他为《国际融资》杂志拍摄了 128 位封面人物，占据了 20 年来封面人物的一半多。在他拍摄的封面人物作品中，令被访者满意的照片很多，让他自己得意的作品也有些许，这些照片都不是花几个小时化妆摆拍完成的，而是瞬间完成的写真。比如，2002 年第 9 期世界银行行长詹姆斯·沃尔芬森的封面照片，就是沃尔芬森行长来华时王南海为他拍摄的。世界银行北京代表处现任高级对外事务官员李莉女士当时负责为我们安排采访拍照，由于沃尔芬森行长在华行程已经被排得没有一点儿时间缝隙，哪怕是 5 分钟单独拍照的时间都没有，她很遗憾地告诉我，你们只能通过参加沃尔芬森行长的记者见面会来完成这个拍摄了。对这种安排，身为记者的我们，并不感到无措，王南海更是非常习惯这种"不给机会的机会"。那一次，世界银行北京代表处给我们提供的拍摄席位不佳，无法拍到沃尔芬森先生的正面。王南海就一直在地上蹲着，耐心地等待沃尔芬森先生看他镜头的瞬间，蹲了近半个小时，沃尔芬森先生还在滔滔不绝地回答记者们的提问，就是不往他这边看，或许是他始终保持不动的那个过于特殊的蹲姿让沃尔芬森先生产生了几分好奇，沃尔芬森先生突然侧过头看了他一眼，就那一瞬间，一张充满睿智、好奇、疑惑等复杂表情的封面照片完成了。这张照片不仅让李莉女士赞不绝口，据说沃尔芬森先生本人也非常喜欢。照片拍完后，王南海已经汗透衣襟。

在这些封面人物照片中，时任中国船舶工业集团公司总经理陈小津先生的照片也是王南海 3 分钟内搞定的，照片中陈总器宇轩昂，甚至会让人产生照片中的人物身高至少一米八零的错觉，据说，这张照片深得陈总母亲的夸赞，说她儿子这辈子没照过这么精神的照片；他拍摄的时任全国人大常委会副委员长成思危先生，流溢出这位智慧老人的慈祥；他拍摄的时任中国信达资产管理公司总裁朱登山先生，展示出这位四大资产管理公司之一的掌门人一颗干净的心；他拍摄的澳洲宝泽金融集团董事会主席王人庆先生，亮出了其在资本市场成功收购交易所和地产基金的自信；他拍摄的时任中国人寿保险（集团）公司总经理王宪章先生，抓住了一位中国最大保险公司的老总实现美、港两地上市后发自内心的喜悦……

他拍摄的封面照片戛然而止于 2017 年第 5 期。他留给我记忆中的最后定格是 2017 年 5 月 31 日"健康中国 2030"高峰论坛结束时，他为全体与会贵宾拍摄合影时的姿势。因为画面中人较多，他站在桌子上，让大家都看他的镜头，并瞬间完成了合影照。他那十分投入的拍摄姿势就这样永远地印在了我的脑海，可惜我的手机当时不在身边，未能记录下这一瞬间，甚憾。

2017 年 6 月 3 日，王南海应邀参加承德一家名为爱心联盟的公益组织在隆化的公益活动，在路经滦平时遭遇车祸而不幸逝世，让我们的团队痛失了一位优秀的摄影记者。鲜有记者能做到像他那样在几分钟内搞定令被访者满意的封面照片，他的绝活儿不仅仅是做事认真，更难得的是能将自己满腹经纶中与被访者的背景相吻合的话题快速调动出来，像老熟人一样与之交谈，悄然地激活对方的兴奋神经，当对方的表情出现最具特点的瞬间时，他便迅速按下快门。就这样，一张张令被访者满意、编辑部满意，也让他自己满意的照片留在了《国际融资》杂志的封面上。

（六）

感恩因为创办《国际融资》杂志，让我有幸采访了一大批杰出的国内外专家和企业家，无数次地免费聆听高人的见地，持续不断地学习并补充能量；也因为采访、组织绿色创新企业评选活动，让我有幸与越聚越多的有缘人走到一起，共同为推动绿色金融发展、支持中国企业绿色创新鼓之呼之。

感恩《国际融资》杂志过往与现在的顾问和专家指导委员会的专家委员们，在这 20 年间，为这本杂志可持续发展提供的建设性意见，以及有深度、有温度的稿件。

感恩我们所有采访过的企业家和所有参与"十大绿色创新企业"评选的创新企业家，向我诉说其内心喜悦与郁闷，让我感悟到生命的真实坦白，也让我看到中国创业家群体百折不挠的开拓精神。

感恩中国人民大学经济学院副教授门淑莲女士、中国传媒大学经济与管理学院副院长李珍晖女士和该院副教授曲小刚先生为《国际融资》杂志每年推荐优秀的实习生，为这个平台增添了活力。

感恩编辑部现在及曾在此工作的所有同仁在这 20 年间为《国际融资》杂志付出的辛勤努力，特别是我的搭档俞景华女士，她 20 年如一日，精心编辑了《国际融资》杂志的每一期文章。

感恩所有与《国际融资》杂志合作的国内外智库以及金融机构在这 20 年间为《国际融资》提供的高水平研究报告和高质量文章。

感恩《国际融资》杂志主办方领导班子对我们的信任与支持。

感恩中国贸促会原会长俞晓松先生和《国际融资》杂志顾问周道炯先生、王连洲先生、熊焰先生、郭濂先生和王树民先生一直以来对我的鼓励、支持与信任。

感恩《国际融资》专家指导委员会的郭濂先生和马国书先生分别为这两本书作序。感恩天津庆达投资集团有限公司董事长孙太利先生、投资人易正春先生以及张赛娥女士对出版这两本书给予的支持。

同时，感恩石油工业出版社对我们一如既往的鼎力相助，感恩《国际融资》杂志美编杜京哲先生加班加点赶排书稿以及编辑李留宇先生不辞辛苦地校勘书稿，使我们能在庆祝《国际融资》创刊 20 周年之际向读者献上这两本书。

李路阳

《国际融资》杂志创始人、主编

2020 年 9 月 1 日

序

让我们的每一个脚步都在为绿色奔忙

《国际融资》编辑部约我为本书作序，书名所用"啄啐之机"这个词用得挺形象，据李路阳说书名是 50 评委专家团滕征辉先生贡献的一个关键词，石油工业出版社编辑又补全书名，叫作《投融资 +：绿色创新企业与投融资专家合力打造啄啐之机》，甚精妙。

有一种比喻：地球是人类的母亲，太阳是人类的父亲。人类食的是地球，衣的是地球，住的是地球、用的是地球、不一而足，人类依赖于地球的滋养已经生活了 700 万年。但难以理喻的是人类不仅不懂得报恩，反而成为地球越来越大的天敌，从而最终成为自身最大的天敌；所幸太阳由于相距实在过于遥远，俾使太阳父亲得以幸免。拜读了《投融资 +：绿色创新企业与投融资专家合力打造啄啐之机》后，我的第一感觉，自己是地球母亲的不肖子孙，首先改掉了胡乱应付垃圾分类的毛病。曾几何时，美丽神圣的地球已经被人类折腾得满目疮痍，例如，目前全球至少存在着十大环境问题：气候变暖、臭氧层破坏、生物多样性减少、酸雨蔓延、森林锐减、土地荒漠化、大气污染、水体污染、海洋污染和固体废物污染等。变本加厉的是：近地球轨道已经被"太空垃圾"所涂鸦，现在宇航员所观测到的地球近空斑驳陆离的景象，与几十年前宇航员观测到晶莹透亮的景象大相径庭。据了解，为了人类得以存续，科学家正在糜费巨资、殚精竭虑地寻找"第二地球"，天知道能否找得到！难道就不能更加珍惜近在眼前的美丽家园吗？我认为应该将这笔寻找第二地球的巨大开支转用于治理污染。

上述全球十大环境问题，绝大多数在中国都不同程度地存在着。例如：全国有三分之二的河流和 10 多万平方千米农田被污染；全国 10% 以上的耕地由于受到重金属污染而成为"毒土"；全国化学需氧量，氮氧化物、颗粒物和挥发性有机物等排放仍然处于千万吨量级；早于人类出现 1000 多万年、被誉为"水中大熊猫"的长江白鳍豚，已于 2007 年正式宣告绝种。

环境污染降低了经济增长和产品质量，加剧了社会矛盾；环境污染增加了产品的生产成本，降低了产品的使用效能和寿命；温室效应导致陆地变化，加剧了区域不平衡；中国每年因土壤和水源的污染致使粮食减产 100 亿千克以上；云南滇池周边的企业在过去 20 年里，总共只创造了几十亿元人民币产值，但治理滇池已经投入了几百亿元人民币，治理效果虽已呈现，但后期仍需继续投入……近几年来，全球由于污染所引起的人群纠纷和社会冲突呈现出急剧上升态势。

环境污染严重损害了国人的身体健康。据 2017 年的数据，全国有心血管病患者约 2.9 亿人，其中高血压 2.7 亿人，脑卒中至少 700 万人，心肌梗死 250 万人；每年因癌症死亡

300 多万人；中风死亡约 165 万人。据前几年的数据：中国每年因尘肺病死亡 5000 人，因装修污染死亡 11 万人，因农药中毒死亡万人以上，因食物中毒死亡数万人，因大气污染死亡 38 万人。恩格斯曾经告诫人们："不要过分陶醉于我们人类对自然界的胜利。对于每一次这样的胜利，自然界都会对我们进行报复。"特别是 2020 年全球性新冠肺炎疫情暴发以来，中共中央和中国政府的果断、科学做法和明显的防治效果，使人们更加清晰地认识到：只有一个基于保护地球生态的合作精神支撑，才能使得人类文明得以发展延续。如果人类至今还不能幡然悔悟，还不能彻底转向绿色发展和绿色生活，总有一天地球会受不了的，而一旦地球受不了了，人类怎么可能受得了呢？

我们要继承和发扬祖先保护环境的成功做法。中国古代颁布了世界最早的环保法：周文王时期颁布了《伐崇令》，其中规定"有不如令者，死无赦"。拉起了世界最早的城市环卫工人队伍：《周礼·秋官》记载："条狼氏下士六人，胥六人，徒六十人。"条狼氏负责清除城中街道上的垃圾。建立了世界上最早的环保管理部门：舜帝分设九官，其中之一便是虞官，相当于今天的环保部。设立了世界上最早的自然保护区，据《旧唐书》记载，当时的政府把京兆、河南两都四郊三百里划为禁伐区或禁猎区。目前，中华民族正在致力于民族复兴和推行人类命运共同体理念，让我们怀着敬畏、宽容、慈悲和感恩之心，去努力减轻以至消除环境污染给人民造成的苦难。

据科学家估计：主要由于全球气候变暖等人为原因，全球近代物种的灭绝速度比自然灭绝速度大约快 1000 倍，每年至少有 6 万个物种灭绝。在未来 50 年中，地球陆地上四分之一的动物和植物将灭绝。其实，地球的生态系统并不是那么强壮，当它被损害到一定的阈值时，就会导致我们的生物体系崩溃。人类虽然贵为万物之灵，毕竟仍然是生物的组成部分，如果生物体系崩溃，届时人类怎么可能幸免呢？因此，没有生物（动物与植物）的多样性就没有生态平衡，没有生态平衡就没有人类的生存平衡。

绿色金融不仅要为共建人类命运共同体和生态文明提供服务，还要为共建生物命运共同体和建设生物文明做出贡献。我认为，人类、生物、生态是有机的从低到高、从小范围到大范围的不可分割的 3 个层次，没有生物文明就没有生态文明，没有生物命运共同体就没有人类命运共同体。

实现绿色发展和绿色生活，首先离不开资金的大力支持，由于绿色金融可以提高绿色项目的融资能力和资金回报率，有利于弥补绿色企业与投资及金融机构之间的"若逢不逢、或见非见"，因此绿色金融应运而生。截至目前，中国银行业绿色信贷余额已经超过 11 万亿元人民币，绿色债券（含资产证券化）超过 3500 亿元人民币，位居世界前列。尽管如此，目前仍有部分投资和金融机构基于环保项目周期、回报率和风险等因素，不敢加大支持力度；仍有部分投资和金融机构，找不到环保效益与经济效益兼具的绿色项目；仍有部分具有潜力的绿色项目得不到所渴求的资金。

预计未来 5 年，中国每年绿色投资和融资需求约为 4 万亿元人民币，每年资金缺口不低于 1 万亿元人民币。巨大的资金缺口，加上诸多项目与绿色资金失之交臂、叠加时无再来，目前中国绿色创新企业融资难，融资贵的困境并未能从根本上得到化解。为了使金融机构更快地找到合适的绿色创新项目，并更多地为其投资和融资；为了使有潜力的绿色创新项目及时得到资金的青睐；为了向绿色金融相关各方提供交流平台，《国际融资》团队于10年前走上了绿色园丁之路。

《国际融资》团队以其勤劳、勇敢、团结和奉献的蜜蜂精神，采集和加工绿色投融资的文章或信息，据测算，蜜蜂酿造1千克蜂蜜需要相当于绕地球赤道飞行11圈，《国际融资》团队同样不辞劳苦地经常走访相关机构和采访相关人员。"游飏下晴空，寻芳到菊丛，带声来蕊上，连影在香中"，这首诗形象生动地描绘出了《国际融资》团队像蜜蜂一样，在那香气氤氲的绿色金融文丛中时隐时现、紧张而忙碌的身影。采集到蜂蜜后，还要精心酿蜜，《国际融资》编辑对每一篇拟刊登的文章，从正文、结尾、标题、段落、顺序、图片、逻辑、语句和文字等各个方面，都进行了认真编辑、精心调整、字斟句酌，而且是十几年如一日。

春秋时期的管仲提出："十年之计，莫如树木；终身之计，莫如树人。"《国际融资》团队商请了一批具有犀利投资眼光的专业投资人，一批具有战略投资理念的专家学者，参加"十大绿色创新企业"的评选活动，将评选出来的绿色创新项目苗子，与投资人专家对接，就像是编辑们忍着腰酸背痛、艰难地抬起一块又一块压在绿色创新企业身上的石板，使它们得以沐浴阳光雨露。经过"十年树木"，已经挖掘培育了一批企业。王阳明说："种树者必培其根，种德者必养其心"，《国际融资》团队还特别重视树人，为绿色创新企业、为投资和金融机构提供弘扬家国情怀的平台和共同追求正确义利观的平台。

树人首先要正身。王阳明先生实现知行合一，立德、立功、立言，从忧公忘私中得到了极高的精神享受；《国际融资》团队践行知行合一，为推动绿色金融发展而后殚精竭虑，从啬己奉公中也得到了精神享受。

人生短暂，事业无限，发展要讲境界。要保证绿色金融经久不衰、历久弥香，必须达到一种精神境界。《国际融资》作为中国绿色投融资事业的重要平台，追求习近平总书记关于"功成不必在我"的精神境界，得到了一批"道同气合志相感"的同仁支持。例如，每年一届的清洁发展国际融资论坛暨"十大绿色创新企业"颁奖典礼先后在北京金融资产交易所、北京产权交易所、北京环境交易所的交易大厅举办，举办论坛和颁奖典礼期间，目睹交易所不少员工需要为此临时性搬动工位，非常麻烦，场景令人十分感动。从前任北京产权交易所集团董事长熊焰先生到现任北京金融资产交易所董事长王乃祥先生和北京产权交易所总裁、北京环境交易所董事长朱戈先生，都始终不渝地给予了大量无私支持。北京环境交易所等机构还为《国际融资》杂志提供了很多金融产品创新经验等。这些襄助机构明其道不计其功，追求的是"因义得利""以义求利"或"正其义当谋其利"，甚至于"利他主义"的大境界。

由于绿色创新事业是任重而艰巨的伟大事业，需要得到一大批博学多才的专家领导支持。特别是创业初期的绿色创新企业，在商业模式、政策环境、金融支持、市场开拓、管理机制和运营能力等方面，都不同程度地存在着先天不足，但在《国际融资》的平台上，这些创新企业的掌舵者们感受到了绿色投资人的激情，感受到了各位专家的拳拳之心。10年来，襄助《国际融资》的158位高级评委专家与独立评审专家，不管是评选项目，还是接受企业经营者前来咨询时，为什么没有人要求按照市场价格收取咨询费呢？我从书中最后的回顾展望篇中的《2011—2020 年历届独立评审团专家和评委团专家一览表》中看到，像王连洲、熊焰、苗耕书、周道炯、王乃祥、朱戈、金立群、杜少中、徐林、高云龙、张汉亚、刘晓光、王宪章等参与了 10 届、9 届、多届或 1 届的独立评审团专家，我还看到，连续 10 届、9 届、8 届参与评选工作的 50 评委专家团专家竟有 25 名，占据 50 评委专家团半壁江山。所有参与者不分级别、无计报酬，已经将对绿色投融资事业的奉献作为自己的"精神收入"了。

《投融资 +：绿色创新企业与投融资专家合力打造啄啐之机》一书有一个突出特点是：大量的思想火花、大量的人物专访、大量的知识信息、大量的政策解读、大量的生动案例、大量的数据分析，同时又体大思精、辞丰意雄。在绿色金融研究方面，有了《投融资 +：绿色创新企业与投融资专家合力打造啄啐之机》，我的感觉是"一本在手，别无所求"。

照亮人们未来良好合作之路的不是物质之灯，而是根植于我们心中的感恩之光。感恩是人类潜意识中最强大、最高尚的力量之一。拜读了《投融资 +：绿色创新企业与投融资专家合力打造啄啐之机》后，我感忆最深的是：20 年一路走来，《国际融资》团队始终秉承恒求善事，常无懈倦的慈悲心，"说感恩话，做感恩事，当感恩人"，时时感恩于专家领导、合作伙伴、作者、访谈者、评选企业家、投资和金融机构等。我们也感恩于《国际融资》团队的感恩，让大家怀着对绿色的感恩之心来播种绿色吧！

绿色创新与绿色金融事业经过 10 年的发展，已经达到了一个新高度。今后如要想取得里程碑式的突破，按照现有的统计理论，将产品归纳为工业品、农产品、消费品三类，今后要增加生态品，归纳为四大产品。即把生态场景转化为经济场景、把生态工程转化为生态产品，只有使部分生态产品具有金融属性，才能推动全球绿色事业取得突破性的发展。赋予部分生态品以金融属性，是绿色金融的最高阶段。为此需要制定统一的生态产品认识范畴、认证体系、评估准则、认证评估程序和定价机制等，并赋予部分生态产品以金融属性。其中：生态虚拟金融可以在生态商品期货、期权市场，国际货币市场、资本市场上进行生态产品实物、期货、期货期权等衍生工具、债券、汇率、利率和股票等的套期保值或投机操作；生态实际金融可以实现生态产品产权与效率市场和资本市场的打通，利用资本市场的融资、监督、退出机制，培育、发展和壮大生态产业资本。我们相信：《国际融资》团队将会继续得到襄助企业、创新企业、投资企业、金融机构和专家领导们一如既往的支持，让我们齐心戮力，为开创绿色创新与绿色金融的美好未来而竭尽全力。

郭濂

国家开发银行原行务委员

丝路产业与金融国际联盟执行理事长

莫干山研究院院长

《国际融资》杂志顾问

"十大绿色创新企业"评选活动独立评审团专家

Contents 目录

企业融资篇

绿色创新产业融资难，难于上青天，但凡融资成功的，都有弥足珍贵的经验，其中最重要的经验是对技术足够自信，找对人、找对路

华山论剑篇

一群有情怀的人研发了创新甚至是颠覆性的技术，发现了巨大的蓝海，却也领教了传统惯性的无情。他们以胆识与智慧挑战种种落后，包括观念

回顾展望篇

100 家绿色创新企业，158 位评委、评审专家，用智慧与 10 年行动为中国经济的可持续发展献计策、出方案，创技术、推变革

机构策略篇

清洁发展关乎民生，关乎生态环境，更关乎全球气候变化，要实现产业的绿色转型，金融机构的有所创新、有所作为至关重要

投融资 +：绿色创新企业与投融资专家合力打造啄啐之机

Investment and Financing: Green Innovative Enterprises and Investment and Financing Experts
Work Together to Create More Collaborative Opportunities

以色列英飞尼迪股权资本管理集团（简称：英飞尼迪）是一家拥有国际视野、扎根中国和以色列的私募股权投资基金。自2004年进入中国市场以来，就以其独到的技术加资本的投资策略扶持中国创新创业企业从小做大。他们不仅是中国市场上真正意义的风险投资，更是管理早期项目风险的行家里手。他们将以色列用于投资早期项目的玛雅孵化器和知识产权银行的成功经验和模式搬到中国，支撑了英飞尼迪对中国创新创业企业项目的准确判断，也为中国风险投资基金可持续发展提供了弥足珍贵的经验。为此，2012年秋，《国际融资》杂志记者专程采访了时任英飞尼迪董事总经理胡斌先生。

胡斌讲述以色列英飞尼迪的绿色风险投资策略

英飞尼迪的投资策略很特别，技术加资本，独到的商业模式

记者：英飞尼迪技术加资本的投资策略很有点儿独树一帜的感觉，能否具体谈谈？

胡斌：一般来说，私募股权基金做财务投资，很难为企业提供更多的增值服务，英飞尼迪利用技术与资本的双重优势，不仅可以清楚地判断出我们关注的企业在技术层面上究竟处于中国国内乃至世界的哪个阶段，更重要的是，我们可以利用英飞尼迪强大的技术背景，为企业转型升级，进而跻身世界领先地位提供有力的技术输入。与很多外资风险投资机构不同的是，英飞尼迪在以色列拥有专门的科学家团队，英飞尼迪的海外合伙人中，许多都是科学家出身，像我们的创始人高哲铭（Amir Gal-Or）先生就出生于科学家世家，他的父母亲都是世界知名的物理和材料科学家，自己也是创业家，对技术和企业管理有着非常深厚的理解，在过去几年中就领导了4次首次公开募股（IPO）、12次并购和8次策略联盟交易。而且，英飞尼迪还能充分利用犹太民族的网络和力量，与植根中国的合作伙伴合作，提升全球化基础运营管理的技能，获取高价值的技术资源和专利知识，进一步促进企业和当地区域的经济增长。我们可以通过已投资的数百个项目积累的丰富经验、全球庞大的犹太商业网络支持，

以及先进的高新技术资源，支持中国企业挖掘包括以色列在内的国际高精尖技术资源与新兴产业资源嫁接的可行性，通过投资运作，将以色列和欧美发达国家科技创新优势与中国新兴产业优势相结合，为中国各地产业实施创新驱动战略发挥推动作用。

记者：英飞尼迪的项目投资遴选原则是不是也围绕着英飞尼迪的优势和中国政府重点扶持领域展开？

胡斌：第一，我们投资遴选的项目基本上是符合中国"十二五"规划重点关注的战略新兴产业的企业项目。第二，由于我们是风险投资基金，所以，我们对项目的技术引进凭借的是以色列以及英飞尼迪的网络在该领域全球领先的技术优势。第三，在评判项目时，由英飞尼迪在该领域项目经验丰富的投资人和技术专家断案。第四，所遴选的项目，在行业领域存在着"走出去"的机会，与英飞尼迪的战略优势有一定程度的契合。

记者：那么，英飞尼迪在中国的重点投资领域有哪些？这些领域是否与以色列优势技术发生直接关系？

胡斌：英飞尼迪的投资领域是依据以色列科学家掌握的优势领域和优势技术圈定的，主要包括七大类：第一大类是现代农业。在这一领域，以色列位居全球领先的技术包括已在以色列80%的土地上采用的滴灌技术，以及在种子、温室、生物杀虫、乳业和鲜花种植等领域中的全球领先技术和经验。

第二大类是生物技术和医药医疗。在这一领域，以色列技术的全球领先性表现在人均医疗设备专利数量位居全球第一；35%的研究项目集中于生命科学领域；人均生物技术专利量排名全球第四。

第三大类是节能环保和水处理行业。由于以色列水资源严重不足，因此，对节能环保非常重视，在海水淡化、污水处理等领域居世界领先地位，拥有全球最大的海水淡化处理厂；在垃圾处理、智能电网等方面具有独特的技术优势。

第四大类是新材料和新能源行业。在以色列，从事纳米技术研发的公司超过75家，全国主要大学均有纳米研究项目。由于国家政策的支持，以色列在新能源领域研究和技术开发方面居全球领先地位，在新能源利用方面以色列是太阳能利用率最高的国家之一。

第五大类是TMT领域。在这一领域，以色列拥有领先的技术和企业，英特尔的全球研发中心就设在以色列。以色列TMT领域的科技企业也是在美国纳斯达克上市最多的公司。

第六大类是安防行业。在这一领域，以色列强大的、世界一流的国土安全防卫军事技术为民用技术和产品的发展提供了坚实的基础。

第七大类是高端设备制造行业。在以色列，人均工程师数量世界第一；每万名工人中就有140名科学家或工程师，是美国的两倍。巴菲特投资的以色列伊斯卡是全球第二大工具制造商。

记者：与以色列相比，您认为中国企业目前亟待解决的问题是什么？

胡斌：在投资过程中我们发现，中国以往劳动密集型企业目前都面临着产业升级问题，向新兴产业转移是一个趋势。但很多企业又缺乏内生动力，也就是技术创新驱动力，因为企业做到这一步是需要有核心技术的，而这些核心技术的关键部分又都掌握在西方企业手里。在全世界有很多这样的技术性公司，他们人不多，少则几个人，多则一二十个人，但却掌握了整个产业链里面的某一个关键零部件或关键技术。当我们带着中国企业去交流访谈时，这些中国企业都会大吃一惊。因为在他们的想象中，技术如此牛、知名度如此高的公司就应该很大，但他们的办公室却很小甚至很旧，而且就那么几个人。以色列国土很小，没有大市场。这就产生了一个好机会，那就是利用我们的优势，把以色列的领先技术引进到中国市场来应用，为中国企业转型提供内生动力。我认为，作为中国企业一定要清楚自身的核心驱动力是什么？如果没有内在创新的核心推动力，企业的技术含金量就会相对比较低，一旦将来有同业跨国公司进来，竞争力就可能会下降，甚至在几年之后会由于技术的变化，使企业彻底失去竞争力。

记者：投资项目企业，你们主要看重什么？

胡斌：除了和其他投资基金一样看企业的财务指标外，同时更看重企业的成长性、团队、产品、市场需求、行业空间，等等，而且我们更关注的是企业目前所依赖的技术专利在全球范围是否有竞争力，面对跨国公司的时候是否有竞争力。如果没有，即使企业现在表现很好，也可能会被我们排除在外。很多中国私募股权投资基金，从推动企业上市的目标出发，就看企业这三年或者过去几年的业绩，而不看企业上市对企业未来发展是否有什么帮助，结果是中国创业板出现了很多企业上市后业绩大变脸和发展缓慢的问题。究其原因，就是因为缺乏技术创新的核心竞争力。

记者：作为风险投资基金，你们是怎么运用技术加资本的模式，为中国企业创造核心竞争力价值的？

胡斌：我们在苏州有一个很好的投资案例，这家企业叫苏州晶方半导体科技股份有限公司，是一个做半导体封装测试的企业。起初这只是以色列的一家小公司，虽然它研究的技术已经达到了全球领先水平，但在以色列建成半导体设备工厂后没有找到市场。我们发现后，就出资把这家以色列公司全部买下，包括它的专利技术、人员、工厂生产设备等，然后把它搬到苏州中新工业园区，并与苏州中心工业园区管委会合作，政府提供土地、厂房，我们从零开始，从盖工厂，到聘 CEO、CFO、总经理。以色列的人员，包括创始人都只负责研发、技术方面，不参与经营。从 2005 开始到 2011 年，这家企业已成长为该行业中国排名第一，世界排名第二的企业，由于它的带动，周边形成了一个很大的半导体相关产业链。有趣的是，建厂后的第二年，美国的一家公司就来买这个技术，于是，我们就将这项技术在美国的使用权卖给了这家美国公司，但保留了在其他国家的使用权。仅靠这一笔技术授权转让费，我们就基本上收回了当年购买以色列公司的投资成本。因为我们目前还没有从这个项目退出，但仅从原始投资来估算，投资回报率一定会非常丰厚。我要说的是，我们对这个项目的投资时间很长，从 2005 年开始到现在（2012 年）已经 7 年了，再到上市完全退出那就是得八九年的功夫，但我们喜欢做这种长期投资的事情。

记者：你们是怎样退出项目的？也是通过企业在境内外资本市场上市后退出吗？

胡斌：对我们投资的企业，通过在境内外资本市场 IPO 上市退出，这只是退出方式之一，我们大部分投资项目还是以一种兼并、股权转让、重组的方式把我们持有的企业股份转让给中国国内的上市公司或跨国公司。目前英飞尼迪作为致力于推动中国—以色列商业往来的重要桥梁，主要投资于创新型以色列技术公司和与其具有协同效应的中国公司，并购退出是我们退出的主要渠道。

玛雅孵化器和知识产权银行两个法宝，支撑了英飞尼迪对早期项目的正确判断

记者：中国本土的私募股权投资基金，即便是风险投资基金，也很少有做早期项目投资的。英飞尼迪自成立近 20 年来一直致力于早期项目的风险投资，而且总体平均收益在 36% 以上。你们是靠什么控制风险的？

胡斌：首先，我们有自己的孵化器，其中最大的孵化器集团叫玛雅孵化器，是针对早期阶段企业进行投资的技术孵化器。玛雅孵化器是英飞尼迪集团总裁高哲铭先生参与创建，一手培育，并最终在 2005 年成为第一个在特拉维夫证券交易所上市的孵化器。玛雅孵化器 100% 持有 Omer Incubator（欧曼孵化器），其中有 21 家活跃公司，7 家仍处于孵化期，1 家已经公开上市；持有 Sde-Boker Incubator（SDE- 博克孵化器）99% 的股份，其中有 17 家公司，10 家尚处于孵化期；持有 Dimona Incubator（迪莫纳孵化器）80% 的股份，其中有 17 家活跃公司，7 家尚处于孵化期；持有 Capital Point（资本点）23.55% 的股份，其下辖 Ofakim Incubator（Ofakim 孵化器）和 Katzrin Incubator（卡茨村孵化器）；持有 Technoplus Ventures（Technoplus 风险投资公司）11.35% 的股份，其拥有 15 家活跃公司。其次，在玛雅孵化器集团中，每年都有几十家企业被孵化出来，至今为止已经孵化了近百家企业，其中很多孵化成功企业已经成为美国纳斯达克和以色列的上市公司，但我们一直没有抛售这家孵化器公司的股票，原因是我们跟他们业务的战略合作关系非常强，他们能给予我们很大的技术支持，我们也能把他们的技术引进中国。目前，我们在中国哈尔滨也管理了 1 家自己的孵化器。

记者：玛雅孵化器专注于怎样的企业？是怎么帮助初创企业成长的？

胡斌：玛雅孵化器专注于创建新的技术公司，帮助他们建立品牌，进行营销推广。同时，由于玛雅孵化器理解企业的需求，所以能够手把手地帮助创业者最大限度地利用自身的技术优势来增强自身的业务强项，同时充分利用潜在市场。技术型创业企业通过加入玛雅孵化器，可以获得财务投资、业务工具和支持服务等帮助，而且还可以与以色列工业和贸易部下的首席科学家办公室合作。玛雅孵化器在企业创立初期就开始进行投资，不仅为新创企业提供了资金保障，同时也使创业企业明白在他们最需要支持的时候可以获得必要的支持。玛雅孵化器还可以为其投资的企业在后来的几轮投资中，提供财务资源，进行再投资。

记者：能否说一个发生在中国的孵化案例？

胡斌：就讲一个发生在北京中关村的案例吧。清华大学和中科院毕业的两位博士在工作中发现和计算了超越现有企业级固态硬盘存储技术的算法。我们与他们接触后，感觉他们的项目很不错，就把他们请到以色列做实验，让他们跟国际上最顶尖的科学项目交流。通过这种交流，我们从科学家那里获得了对这个高速存储技术的准确评价和比较正面的结论。从以色列回来之后，我们就跟中关村管委会共同商量，怎样支持他们。我们把这两个博士生请到英飞尼迪北京办公室，给他们一间工作室，两台电脑，就在身边孵化了。两个月后，我们鉴定了他们做出的东西是可行的，于是在 2012 年 4 月跟他们签了投资协议，并联合中关村创投共同完成了对他们的 2000 万元人民币风险投资。一笔风险投资后，他们成立了北京忆恒创源科技有限公司，搬进写字楼。由于他们是我们孵化的企业，所以从一开始我们就联合中关村创投一起对他们进行了从融资、人事、技术、财务、市场乃至办公地等全方位的帮助和孵化工作，助力这家孵化创业企业可以继续其知识产权的研发和工业化，以便在不久的将来形成超过 20 项的 IP 网络体系，保持其世界领先的技术水平，并促成这一原创技术产品的产业化。目前该公司在进行样品测试、市场推广和小量销售工作，处于小批量生产阶段。

记者：这个案例听上去挺振奋人心的，技术很领先，但走向产业化，还需要继续孵化，其过程会很辛苦，这对你们而言极具挑战性。

胡斌：是的。孵化期会很长，这也是我们的投资周期为什么会长达 9 年的原因。在孵化期期间，我们会按照英飞尼迪独特的培育模式，紧密跟踪我们孵化的企业，帮助他们拓展业务，联络投资人和咨询技术专家，帮助他们开拓市场，促进产品的商业化发展。

记者：除了玛雅孵化器，我们了解到你们还有一个知识产权银行，这对你们锁定技术的先进性，控制早期项目的风险应该和孵化器一样重要吧？

胡斌：是的。除玛雅孵化器外，我们还有自己的 IP Bank，即知识产权银行，它是技术交易基金，负责为以色列在中国市场寻找企业和技术。我们在全球市场去发现、评估、购买某个产业亟需的高新技术，然后在中国国内成立合资公司或者根据企业状况再授权或卖给他们。如果一家企业是大公司，自己能够研发，在研发过程中正好遇到了技术难点，就可以用合理的价格直接购买我们的技术。有些企业希望以技术入股，同时还希望我们的资本，有时候，我们也会联合其他基金一起来做这件事情。

记者：那贵公司怎么判断企业是否具有全球竞争力，着眼点在哪儿？

胡斌：这就是我们的核心优势，我们有自己的海外科学家团队，包括我们的知识产权银行。这些核心优势可以使我们的判断变得更准确。从风险投资角度而言，我们并不看重企业目前的营业收入。像我们孵化的项目，他们什么都没有，连产品都没有，就是一个想法，这样的项目风险确实比较高，所以，很多投资基金不敢碰，原因是他们没有这方面的经验能力，背后也没有这样的团队。我们有，在我们后面有一个强大的技术储备和科学家团队的支持，所以我们敢做这种风险投资的事情。

记者：2010 年 5 月，英飞尼迪投资集团和苏州工业园区国际科技园设立了中以智库（苏州）有限公司（简称：中以智库），这对英飞尼迪推进孵化器与知识产权银行在中国的落地，推进中国创新创业企业的发展和中国产业升级，是具有引领意义的。能否对中以智库做一下介绍？

胡斌：中以智库成立的主要宗旨是发现和识别以色列、美国和世界其他发达国家所拥有的创新、成熟同时在中国具有广阔市场前景和应用价值的专利技术。通过已被市场证实的先进技术以及沉默知识产权的发现和引进，使中国企业获得巨大竞争力和快速成长，促进地方经济的快速转型，提升地方产业的科技水平，促进由"中国制造"到"中国创造"的快速转变。我们通过携手苏州工业园区政府与合作伙伴建立了这样一个辐射全国的知识产权平台，进而创造、实现价值，同时使股东获得可观的经济效益。在不到一年的时间内，中以智库已经运作了 3 个跟知识产权紧密相关的项目，其中最为重要的是和英飞尼迪一起成为由其创办的以色列最大的上市孵化器玛雅创投（Mayyan Ventures）的实际控制人。玛雅创投有 40~50 家孵化企业，其孵化项目集中了以色列在全球领先的生命科学、软件、通信、新材料、安防、清洁环保等尖端科技。这一投资是极具战略意义的，不仅意味着苏州工业园区在国家"走出去"政策的导向下，敢于突破传统模式，率先在国外先进科技的上游即原创研发层面展开布局，也意味着与此同时，玛雅孵化器也将把苏州工业园区作为结合中国市场进行项目产业化的首选基地，对苏州工业园区着重推动的自主创新为主的产业升级创造了更加多样化的国际协作氛围。

英飞尼迪的风险投资模式有怎样的启示？

记者：您接触了这么多项目，您感觉中国企业的核心问题在哪里？

胡斌：我觉得中国企业当中有很多企业家对自己的产品、技术和行业运作经验都非常自信，但是，他们往往很少关注企业的治理结构和战略问题，有时候缺乏站在国际视野下对自己优势和劣势分析的能力，特别是对技术的走向和发展缺乏前瞻性。有些企业可能觉得自己已经制订了战略，但从我们的角度来看，他们还是缺乏战略，或者其战略层面不够高，因为全球化角度的公司治理和财务规划还是很难的。

记者：英飞尼迪能够给被投资企业带来战略上的提升吗？

胡斌：这是肯定的。我们的投资介入后，肯定会在企业的战略、治理结构、财务规划等方面帮助企业改进，而且更主要的是我们要帮助企业去发现他们在整个产业的全球化、国际化、信息化升级换代转型的过程中缺乏哪些核心技术，并帮助他们提升。如果这个问题不解决，企业在全球化发展中就会丧失竞争力。

记者：您觉得英飞尼迪的风险投资运作模式能不能得到推广？

胡斌：这种模式理论上讲是可以推广的，但实际上很难。因为这是我们许多年来积累的经验和团队的能力，不是一朝一夕就能做到的。一个在私募基金工作的朋友告诉我，他们也想转型，因为现在 Pre-IPO 阶段竞争太激烈，而且好项目想上市，流程太长，排队的企业太多，企业好也不一定上得去，这对大家来说都是一个打击。他们想往项目早期投资的方向走，但是又没有早前风险投资的经验和团队，在利用并购、兼并等退出方式上又缺乏渠道，培养和建立团队是个漫长的过程，所以很苦闷。

记者：那么，英飞尼迪知识产权银行的形式能否得到推广呢？

胡斌：这个是可以做的。中国政府、企业也在做类似的事，包括成立技术交易所、技术交易公司等，他们就是在做这样的工作，并不追求短平快的项目。一项技术从引进到落地再到产业化是一个很漫长的过程。只有那些具备长远眼光的机构才可能愿意做这样的事。

此外，我们也发现，以往 VC 行业 PE 化、前端后期化的形式也发生了改变。现在有一些做 PE 的人，又想 VC 化了。VC 行业的人又想往更前端去找项目。但是，这里面还需要投资机构自我评估一下是否与自身的能力相匹配，能否投资成功。投资创业企业早期项目，比投资后期项目的风险概率大得多。虽然有高收益，但也有可能血本无归。这也是为什么有很多人想投资早期项目，但又很难实施的原因。（摘编自《国际融资》2012 年第 12 期，李路阳、李留宇文，王南海摄影）

当年被英飞尼迪相中的胡斌创业做了私募基金合伙人

英飞尼迪相中胡斌先生，是因为他的经历：在北京中国矿业大学研究生院获得工学硕士学位后，他进了政府的精英部门，在财政部从事工业交通行业财政财务管理、重点国有特大型企业财务监督和预决算管理以及注册会计师行业管理等，工作整8年。之后，他赴美留学，获得美国MBA学位，在美国金融服务机构工作多年。回到中国后，他在国家开发银行从事开发性金融工作，历任投资业务局和评审三局的副处长、处长等，负责股权投资和管理、高新技术产业贷款、科技投资、基金以及投贷结合、微金融和小额信贷批发业务。在国家开发银行总行工作期间，他曾负责过许多对中国国内有影响的基金和企业的投资和项目评审。他还是中国政府引导基金的设立和管理工作的最早参与者。由于他对科技和金融的结合有独到的理念和实践经验，还曾兼任科技部中小企业创新基金专家、多个省市的政府顾问、企业的融资顾问等，英飞尼迪自然相中他。

2011年夏，胡斌加盟英飞尼迪，成为英飞尼迪董事总经理，主要负责集团母基金以及地方基金的融资业务，包括人民币和美元；并在集团层面协助地方基金处理投资项目及投资者关系等相关事宜。同时兼任旗下多只基金的董事和投委会委员以及投资企业的董事和顾问等，工作如鱼得水。

2018年，胡斌从英飞尼迪离任，创立浩正嵩岳基金管理公司，成为合伙人。

自2011年以来，胡斌涉足的投资领域包括：TMT、医疗健康、水处理、智能装备、新能源、新材料等，已有20多个投资项目通过国内外的IPO和兼并收购实现退出。

胡斌先生也是国际融资"十大绿色创新企业"评选活动连续10届（2011—2020）50评委专家团专家。记得在2019（第10届）清洁发展国际融资论坛的一场投资人、专家与绿色创新企业家专题对话会上，胡斌先生对绿色创新企业家说的一段话让我记忆犹新。他说："专业投资机构的投资标准，虽然都是从行业、市场、技术、团队等方面来考察，但其实对于每个具体企业都是不一样的。早期项目阶段就是爬坡阶段，能不能爬过去，企业自己的坚持是关键，如果觉得内力不足以让企业爬过去，就得靠外力了，市场渠道、资本、战略合作伙伴等都是企业爬坡的推力和外在动力。"这段话对所有创新企业家来说，都是受用的。（艾亚文）

　　中央财政参股创投基金的资金由谁托管？基金池究竟有多大？作为国家新兴产业创投资金，都投向了哪些基金公司？基金设立的要求有哪些？创投基金遴选项目时，最看重什么？企业要想获得创投基金的支持，需具备什么条件？2013 年初夏，《国际融资》记者专访了时任国投高科技投资有限公司（简称：国投高科）副总经理刘伟先生，请他就多个读者关心的话题回答了记者提问。

国投高科：国家新兴产业创投资金的大管家

　　记者：贵公司托管的中央财政参股创投基金的资金池有多大？目前到位率怎样？

　　刘伟：截至 2013 年，国投高科受托管理的中央财政参股创投基金资金规模为 25.50 亿元，参股的 51 只创投基金募集资金总规模达到 153 亿元。目前到位资金为 117 亿元，资金到位率 76%。参股基金共投资了 169 个项目。

　　记者：中央财政参股创投基金，通常会在每只基金里占多大份额？你们挑选的 51 家基金管理公司都是哪类公司？你们是否还会为后续到位的资金继续挑选管理公司？

　　刘伟：中央财政参股创投基金，是以引导基金的方式吸引地方政府资金和社会资金共同参与国家战略性新兴产业的创业投资。对每只基金，中央财政资金只投入 0.5 亿，出资额在整个基金规模中占比不超过 20%，地方政府配套资金不低于中央财政资金，剩下的由社会资金参与。目前这些基金项目中最大规模的已达到 8 亿元，平均每只基金在 3 亿元左右。这些基金虽然都有政府资金的投入，但完全是通过有经验的基金管理团队进行市场化运作。我们对目前已选中合作的 51 家基金管理团队做了个统计，大致分为 3 类，第一类是原来做美元基金的管理团队，管理层具有在国外工作、学习的背景，是最早进入中国市场做风险投资的，比如华登、赛富、赛伯乐等。第二类是中国国内知名的创投管理团队，包括上海创投、深创投、湖北高科等。第三类是社会上成功的创业者、投资人以及从二级市场转过来做创投的管理团队。我们还会为后续到位的中央财政资金寻找更多的合作伙伴。

记者：你们对每只基金的设立是不是都有具体要求？能否谈谈。

刘伟：关于中央财政参股创投基金的设立和管理，我们是严格按照委托方的要求，规范运作的。由于国投高科代表的是国家出资人，因此，在每只基金设立初期，我们都会按照市场化的要求，对基金的方案、法律文件等做严格规范的审核。在运营管理上，我们要求基金管理团队必须做到募资规范、投资规范、管理规范。在资金管理上，我们要求基金募集的资金必须由有资质的银行进行托管，不能随便进出和使用。在项目投资上，我们的要求是：第一，基金的 60% 以上资金要投到早中期的项目中，因为我们设立的是创投基金而不是 PE 基金，如果倾向于 PE 阶段，那就是与民争利。第二，基金的 60% 以上资金要投到专业的新兴产业领域，如果某只基金是生物产业基金，那么，至少要有 60% 资金投到生物领域；如果是新材料基金，至少要有 60% 投到新材料领域，不能太杂。这就要求基金管理团队必须专业，不能看什么挣钱就投什么，不能纯粹追逐利润。

记者：对已投入资金的这些基金公司，你们如何监管？

刘伟：在日常监管中，国投高科主要是把握基金的投资方向和资金安全。在基金的投资决策委员会里，我们会行使合规审查权；在项目投资前，我们会对项目是否为早中期，是否符合基金所投方向进行合规性审查，但不做商业性判断。在银行托管的资金必须严格按预算和投资决策委员会的决议进行使用。

记者：这 51 只基金目前的投资情况怎样？

刘伟：按被投资企业所处阶段进行分析，已投资处于早中期的企业 140 家，占被投资企业总数的 83%，已投资处于后期的项目 29 家，占被投资企业总数的 17%。按被投资企业所处行业进行分析，已投资于信息产业的 55 家，节能环保产业的 24 家，先进装备制造业的 24 家，生物医药产业的 21 家，新材料产业的 13 家，新能源产业的 7 家；被投资企业为七大战略性新兴产业的有 144 家，占被投资企业总数的 85%，其他行业的有 25 家，占被投资企业总数的 15%。此外，通过设立参股基金，培养了 51 只管理团队，其中运作较好的团队具备一定的募资渠道，拥有较丰富的行业从业经验，熟悉资本市场的运作规律，同时有一定的创业经历，善于发掘具有增长潜力的中小企业。投资完成后，通过加强投资后管理，大多数被投资企业提高了管理能力和水平，增值效益开始显现。

记者：基金的持有期一般是多长？

刘伟：7 ~ 10 年。

记者：如果有符合国投高科投资方向的中早期项目，你们是否也会跟投？

刘伟：国投高科首先是为国家资金把关，其次是为自己寻找一个好的投资平台，如果有好的项目，国投高科就会用国投的自有资金跟投。我们这方面的投资不控股。我们已经跟投了两个项目，一个叫华大智宝，国家资金投了 3500 万元，我们跟投了 2500 万元；另一个叫东方久乐，国家资金投了 3600 万元，我们跟投了 4800 万元。

记者：国投高科的投资经验和理念是什么？能否具体谈谈。

刘伟：我们认为，投资决策、投资管理制度和投资流程控制，至关重要。首先，要建立项目立项和投资评审标准，并请中介机构参与尽职调查和投资项目价值评估，进一步印证投资团队的前期判断。其次，外部行业专家意见、行业调研、市场调研、客户调研和竞争对手调研等也是尽调的有效手段。再次，要在投资合同和相关条款中注意规避可能存在的投资风险。此外，投资经理的专业素养和良好的股东形象，也是能与企业建立良好股东关系的重要因素。投资后，我们为被投资企业提供定期或不定期的交流活动，通过交流，对企业提升管理能力、扩大管理者视野、建立横向关系有一定帮助。国投高科崇尚价值投资，在逐利性方面不像一些社会投资机构那么迫切，因此，我们重视投资后的管理和为投资企业提供的增值服务。我们与投资企业一起共渡难关，共同成长的例子较多，比如浙江医药，我们已投资了 20 年。

记者：想获得国家新兴产业创投资金支持的企业，必须符合哪些条件？怎么申请？能否具体谈谈？

刘伟：拟申请企业的主营业务应属于国家战略性新兴产业领域，拥有自主知识产权；企业一般应处于初创期、早中期。想获得相关投资的企业应符合如下政策性文件要求：《财政部国家发改委关于产业研究与开发资金试行创业风险投资的若干指导意见》（财建【2007】8 号），《关于实施新兴产业创投计划开展产业技术研究与开发资金参股设立创业投资基金试点工作的通知》发改高技【2009】2743 号和《新兴产业创投计划参股创业投资基金管理暂行办法》财建【2011】668 号。（摘编自《国际融资》2013 年第 8 期，艾亚、刘玉文，刘玉摄影）

刘伟素描

2013 年笔者采访刘伟先生的时候，他在国投高科技投资有限公司任副总经理，是一位精通业务且十分谦和的公司高管。

他毕业于中国药科大学（理学士）和北京大学光华管理学院（工商管理硕士）。1992 年加入国家原材料投资公司，从此与投资结下不解之缘。1994 年，他加入国家开发投资公司（简称：国投），曾任国投高科技投资有限公司、中国国投高新产业投资有限公司副总经理，分管公司 PE/VC 投资和基金管理业务。

2015 年，他负责组建国投创合基金管理有限公司，并担任首席执行官 / 总经理至今。

刘伟先生拥有近 30 年的股权投资、资本运作和企业管理经验，先后在生物医药、信息技术和材料环保等行业主导投资了 20 多家高新技术企业；担任浙江医药、海正药业、仙琚制药等多家上市公司董事；还曾参与国投电力重组上市工作，外派康泰生物担任 5 年高级管理人员。

从 2009 年开始，他就参与了国家新兴产业创投计划和引导基金的政策研究、制度设计和基金实际投资管理等工作。截至 2020 年 3 月，他带领国投创合团队累计完成了 7 只政府引导基金、产业基金和创投基金的募集设立和运营管理，直接管理规模超过 350 亿元人民币，已完成新兴产业领域股权项目投资 60 余个，参股创业投资基金 150 余只，成为中国私募股权市场上最为活跃的股权和有限合伙人（LP）投资机构之一。

在他看来，"创业投资是推动创新创业的主要手段，可以作为创新资源的整合器、创新活动的加速器、创新成果的转化器以及创新企业和创新产业的放大器。发展创业投资有助于中国促创新、调结构、转方式，有利于推动中国产业结构优化升级、新兴资本优势形成和更加有效的资源配置以及在更高层次上参与国际合作与竞争。政府创业投资基金在优化调整投资方向上具有引导作用、对商业性基金具有放大作用和补充作用，应大力创建。"

基于共同的理念，自 2012 年起，刘伟先生已连续 9 届（2012—2020）担任国际融资"十大绿色创新企业"评选活动 50 评委专家团专家，对绿色创新企业给予的评价十分中肯。（李路阳文）

在 2017（第 8 届）清洁发展国际融资论坛上，时任中国人民银行研究局首席经济学家，中国金融学会绿色金融专业委员会主任马骏先生就《绿色金融发展的十大领域》发表了主题演讲，他指出："绿色金融体系要达到 3 个目标，第一是提高绿色项目的投资回报率与融资可获得性，也就是让绿色项目转型，才能吸引社会资本进入绿色产业。第二是降低污染性项目的投资回报率与融资可获得性，就是让污染性的项目赚不到钱，资金就可以退出。第三是强化企业和消费者的绿色偏好。"

马骏：激励与引导绿色金融体系发展

解决环境污染须将三大经济结构改变为清洁产业结构

2013 年全世界主要城市的 PM2.5 的数据资料显示，指标最高的是印度的新德里 155，第二就是中国的石家庄 150，之后是北京，绝大部分中国城市都超过了世界卫生组织规定的第二阶段标准，在中国，好一点的城市是海口 28。发达国家的最终标准是 10，只有悉尼达到了这个标准。

北大的陈玉宇、清华的李宏彬等人曾调查，淮北以北居民因燃煤导致的空气污染而使人均预期寿命缩短 5.5 年。土壤污染更为严重，中国有 82% 的人饮用浅井和江河水，其中水质污染超标的水源占 75%，全国耕种土地面积 19% 以上污染超标。2004 年《中国绿色国民经济核算研究报告》估计，环境污染退化成本占当年全国 GDP 的 3.05%。亚洲开发银行和清华大学在 2013 年的研究报告中指出，中国的空气污染每年造成的经济损失（基于支付意愿）估算则高达 GDP 的 3.8%。

我们越来越关注全球气候趋势，气候变暖有很多后果，其中一项是，据科学家预测，按照现在气候变暖的速度，到 2060 年以后，全世界大部分地区将出现干旱现象，严重的干旱可能导致三分之一的动植物灭绝，这将对人类生存构成严重威胁。如何解决环境污染和气候变暖问题，很多人从环境学的角度分析，认为应该进行后端治理，要想办法设计如何减少二氧化碳、二氧化硫排放，要减少烧油排放。但更重要的是要解决经济发展的机制问题。为什么会产生这么多的排放？能不能不排放？这就涉及经济结构的问题。中国严重的污染和二氧化碳排放，跟产业结构、能源结构和交通运输结构这三大经济结构有关系。第一是产业结构，中国重工业占比在主要经济体当中最高，而且重工业单位产出导致的空气污染为服务业的九倍。第二是能源结构，中国的常规煤炭能源消费比例为 67%，而清洁能源占比只有 13%，为发达国家比重的三分之一至四分之一。第三是交通结构，地铁出行仅占中国城市出行比例的 7%，而发达国家大城市的地铁出行比例则高达 70%。给定同样运输量，私家车产生的污染是地铁的 10 倍。若将这三大经济结构改变成清洁产业结构、清洁能源结构和清洁交通结构，污染会大幅下降。

为什么要投资污染型项目？因为污染型项目赚钱，绿色清洁的项目不赚钱。因此，要改变激励机制。污染型的产业结构源于污染型的投资结构，其背后的深层次原因是缺乏鼓励绿色投资的激励机制，目前的市场信号不鼓励绿色投资，而过度鼓励投资于污染型项目。理论上讲，很重要的原因是外部性没有被内生化。据估计，中国未来需要每年 3 万亿～4 万亿元人民币的绿色投资，投资于环保、节能、清洁能源、绿色交通和绿色建筑领域。但是，在全部绿色投资中，预计政府出资的只能占 10%～15%，其余的 85%～90% 需要民间出资。要建立一个"绿色金融体系"来激励和引导大量社会资金进入绿色产业，中共中央、国务院2015 年 9 月发布的《生态文明体制改革总体方案》首次明确提出了建立中国绿色金融体系的战略及顶层设计。

绿色金融的政策体系和 10 个热点领域

绿色金融体系要达到 3 个目标，第一是提高绿色项目的投资回报率与融资可获得性，也就是让绿色项目转型，才能吸引社会资本进入绿色产业。第二是降低污染性项目的投资回报率与融资可获得性，就是让污染性的项目赚不到钱，资金就可以退出。第三是强化企业和消费者的绿色偏好。

2016 年 8 月 31 日，中国人民银行牵头七部委发布了《构建绿色金融体系的指导意见》（简称：《指导意见》）。其核心内容包括：

第一是设立绿色发展基金。绿色投资不仅需要债权融资，同时也需要股权融资。《指导意见》明确提出，要建立国家级的绿色发展基金，同时推动地方政府出资的绿色发展基金，也要鼓励民间和外资基金。据不完全统计，现在已经有十几个省、自治区建立了 20 多个政府背景的绿色基金，未来还会有更多的绿色基金。

第二是为绿色信贷创造更多的激励机制。过去也有绿色信贷这个概念，但是过了很多年，基本上是统计的概念，没有足够的激励机制，根据《指导意见》的要求，未来要用贴息、担保、再贷款支持绿色信贷。举个例子，如果绿色信贷地方政府拿出一笔钱，补贴 3% 的利息，成本就会下降。由于贴息了，信贷项目就成立了，就撬动了更大的资本金。美国能源部发起的对新能源项目的担保机制，用 8 亿美元的政府资金，撬动了 300 亿美元的绿色贷款，成功地推动了核电、风电、光伏等新能源产业的快速发展，IFC 的中国节能减排融资支持了 170 多个项目，损失率仅仅为 0.3%。还有一个是专业的再贷款，研究将评级达标的绿色信贷资产纳入到货币政策操作合格质押品范围。

第三是支持金融机构开展环境压力测试。环境压力测试是引导金融机构将更多金融资源向绿色产业配置的有效方法。英格兰银行的研究表明，气候变暖会使财产险标的遭受损失的概率提高；使保险公司所投资的一些资产的价值下跌。中国工商银行开展的环境压力测试表明，环境高风险行业的贷款不良率会上升。这种压力测试可以改变银行内部信贷政策，达到抑制污染性贷款，支持绿色贷款的效果。

第四是用绿色债券为中长期绿色项目融资。从国际上来讲，2006 年就有第一只绿色债券，但是总量很小。到 2015 年，全球发行的绿色债券为 400 亿美元。2016 年有了巨大的跳跃式发展，主要是因为中国政府在 2015 年年底发布了几个文件，包括中国人民银行绿色金融的公告，还有绿色金融专业委员会发布的绿色债的界定标准。这两项开启了中国的绿色债券，使得中国成为全球最大绿色债券市场，未来成长潜力十分巨大。而且，更多的机构也在创新债券，像中国银行在伦敦发行了绿色资产担保债券，中国农业银行发行绿色的以项目所属资产为支撑的证券化融资方式（ABS），还准备给中小企业发行绿色集合债等。绿色金融专业委员会发布的《绿色债券项目支持目录》包括六大类 31 小类，符合这个目录就可以发行。2016 年发行了包括水电、风能、地铁、金融等 40 多个绿色债券项目。

第五是关于绿色指数与相关产品。这可以引导更多的资金投入到绿色企业，以降低其融资成本。应开发更多的绿色指数，推动机构投资者开展绿色指数的投资应用，鼓励资产管理机构开发多样化的绿色投资产品，包括公募基金、EFT、集合理财、专户理财等多种形式的绿色投资产品。截至 2017 年 2 月 13 日，中证指数公司已经开发了 18 个绿色股票指数，规模接近 107 亿元人民币，中国国内已经有了 7 个绿色债券指数，这在全球是领先的。

第六是试点建立强制性环境责任险制度。绿色保险可以将未来污染成本显性化，进行即时赔付，还可以起到第三方监督的作用。过去每年都有几百起环境引发的事故，很多肇事企业都是中小企业，出了事故以后找不着人，没有人赔付环境的成本。在国外用的是市场机制，在法律比较健全的情况下，保险公司愿意提供环境责任保险，企业就愿意买这个保险，知道这个有风险，一旦发生事故，买了保险后会有保险公司来负责。中国也在一些地方试点，但是有些地方的情况是发生了事故后跑路。在中国的国情下，必须要推动强制性的环境责任保险。有立法权的地方可以通过地方立法试点，在采矿、冶炼、化工、皮革、危险品运输等高风险行业建立强制性环境责任保险制度。

第七是推动上市公司环境信息的披露。环境信息披露是国际上的通行做法，有助于让市场用脚投票，激励环境表现好的企业，惩罚环境表现差的企业。中国上市公司环境信息披露不足，主要是因为缺乏强制性，目前只有 20% 多的中国上市公司披露环境信息。未来要建立强制性上市公司环境信息的披露制度。强制披露要求将从重点排放企业开始，逐步扩大到其他企业的披露。绿色金融专业委员会已经启动了一个上市公司环境信息披露试点项目，希望在自愿的基础上有一批上市公司愿意参加试点。

第八是发展碳金融和环境权益交易。2017年年底启动全国碳交易市场,碳期货、碳期权、碳掉期、碳基金、碳债券、碳租赁等碳金融产品将得到发展。排放权、排污权、用能权等环境权益可作为抵押质押获得融资。

第九是开展绿色金融地方试点。2017年6月14日,国务院常务会议决定,在浙江、江西、广东、贵州、新疆五省(区)选择部分地方,建立各有侧重、各具特色的绿色金融改革创新试验区,在体制机制上探索可复制、可推广的经验。各地方都有其特色内容:浙江是绿色金融支持传统化工行业改造,广东是成立新能源汽车金融公司,新疆是创新风电保险,贵州是创新绿色惠农信贷产品,江西是创新支持节能减排融资模式和财政风险缓释基金。

第十是开展国际金融领域的绿色合作,吸引绿色外资。中国将绿色金融纳入G20议题,发起成立了G20绿色金融研究小组,推动了绿色金融全球共识;中英合作推动中国金融和企业到伦敦发行绿色债券;中美合作设立合资绿色基金;中卢合作在卢森堡挂牌绿色产品;以及中国与世界银行、亚洲开发银行、金砖国家新开发银行、欧洲投资银行等国际组织的合作等。(摘编自《国际融资》2017年 第8期,张宇佳根据马骏演讲整理编辑,杜秋摄影)

点击马骏

马骏博士现任中国金融学会绿色金融专业委员会主任、清华大学国家金融研究院金融与发展研究中心主任、中国人民银行货币政策委员会委员、G20绿色金融研究小组共同主席、联合国环境规划署可持续金融特别顾问等。曾任中国人民银行研究局首席经济学家,德意志银行大中华区首席经济学家、首席投资策略师、董事总经理,世界银行经济学家和国际货币基金组织高级经济学家。

马骏博士研究领域包括宏观经济、货币和金融政策、环境经济等。发表了数百篇文章和十多本著作,近年的著作和主持的研究包括《中国国家资产负债表研究》《人民币走出国门之路》《PM2.5减排的经济政策》《构建中国绿色金融体系》《新货币政策框架下的利率传导机制》等。他曾4次被《机构投资者》杂志评为亚洲经济学家第一名,获《亚洲金融》"中国绿色金融发展杰出贡献奖",其著作多次获得各种奖项。(艾亚辑)

　　在 2018（第 9 届）清洁发展国际融资论坛上，国富资本董事长熊焰先生发表主题演讲时指出，新时代下的新能源竞争要以经济性为根本，即便是清洁能源也不能长期依赖国家补贴，而是要依靠技术进步和规模化来降低成本，能源企业要准备迎接"零补贴时代"。

熊焰谈新时代下新能源行业的转型升级之道

　　党的十九大之后中国进入了新时代，从投资角度看，新时代最重要的特征是由过去高速度增长转变成高质量增长。中国过去改革开放创造了全球的经济奇迹，GDP 以平均百分之九点几的速度增长了将近 40 年，但在这个过程中我们也付出了巨大的代价，最大的代价之一就是环境的代价。过往不平衡、不协调、不可持续的增长方式必须转型升级。

能源领域要进一步开放和市场化改革

　　新时代下，我们要更加坚定、充分、全面地实施市场对要素配置的决定性作用。站在能源投资的角度讲，就是要更多地尊重市场规律，尊重经济规律，这是新时代的一个特征。中国的基础设施，包括国家电网主导的全球能源互联网，高铁、高速公路组成的交通网络，以及输送能源的油气网络等都处于全球领先地位。经济规律告诉我们，当基础设施大规模铺就之后，应用会出现爆炸性增长，这是能源领域的新机遇。

　　还有一件事情不得不提，2018 年 7 月 6 日，中美贸易战的第一枪由美方率先打响，美国对中国出口的产品开始加征关税。这件事情给我们一个重要的提示：中国改革开放 40 年，一个最重要的外部条件——"中美关系基本友好"发生了根本扭转，美国政府与欧盟、日本等盟友在遏制中国这件事情上已经取得了一致。中美贸易战只是表面现象，美国遏制中国的发展则是深层问题，我们要认识到这场贸易战的长期性、严酷性。

　　当然，我们希望斗而不破，适可而止，但作为企业，我们也要做好过冬的准备。种种迹象表明，准金融危机已经慢慢向我们走来。当然，以我们国家的体制，在承受较大压力、统一协调步伐上有相当的优势。我们也希望变压力为动力，以开放促改革，靠外部的力量来推动中国的进一步开放和市场化改革。中国的改革如果没有压力，可能会出现动力不足的情况，但是有了外部压力，如果我们善于把这种压力变成动力，就应该是中华民族之幸。

新能源要以煤电成本为竞争基准

新时代下的新能源竞争要以经济性为根本，各种能源的核心竞争因素是成本。国富资本是能源领域规模化的投资人，我们会认真对各种能源进行比较，持续关注各种能源的经济性，我们坚持以煤电成本为各种新能源最终竞争的基准。因为从用电成本而言，水电成本显然最低，但是由于它的地域性、资源稀缺性，加之对环境保护的综合考量，水电在任何国家都是限于一定的领域内。目前，在中国一次能源向二次能源的使用上，煤电大概占到三分之二，中国的投资界、企业界等相关方面都是以煤电成本为基准，陆上风电、海上风电、集中式光伏、分布式光伏、天然气发电等，均以煤电为竞争基准靠拢。

在最终成本的考量上，我们不仅要考虑一次购置成本、运营成本，还要考虑不同能源形式在全产业链的综合成本。比如，我们现在已经开始关注光伏发电前端——冶炼阶段的污染，也开始量化风电对小环境的扰动，并把所有的这些外部性因素转变为价格信号，转变为成本信号。

实际上，从一般基准单位耗能角度计算，中国的煤电成本在两毛钱左右，再把脱硫、脱硝、除尘这些外部因素考虑进来，现在煤电的成本为4毛钱。煤电产业已经承担了它在环保等方面的外部性市场成本，因此，其他形式的能源不应过多地拿环境污染对煤电进行道德绑架。

降低成本要依靠技术进步和规模化

没有技术进步和规模化发展的推动，降低成本只能是个善良的愿望。可喜的是，由于中国巨大的市场和改革开放，我们引入了新技术，经过这几十年的技术进步和积累，使得中国国内在能源领域的技术创新已经处于全球的先进行列，提振了整个行业的信心和核心竞争力，这也成为我们观察投资项目最重要的一个支点。比如，我们在考察海上风电项目的时候，可以认真分析该风电项目的技术进步的潜力，而不是简单看今天风电电价多高。我们估计，差别电价和电价补贴将不会持续很长时间。而真的把海上风电的成本降下来，还是要靠技术进步的力量。

新能源行业的"后补贴时代"甚至是"零补贴时代"已经到来。靠不同的地域的差别电价、靠政府的电价补贴来维持的企业都不会走得太远。预计在"十三五"末期，完全的零补贴时代有可能来临。

中国天然气发电前景广阔

国富资本有专门的能源团队，目前正在考察一些大的投资机会，其中就包括我们高度关注的LNG（液化天然气）。我们认为，在中国目前的能源结构中，天然气用量与全球的平均水平还存在很大的差距，可预见的市场空间也非常广阔。

无论中美贸易战怎么打，这两个全球最大的经济体之间肯定还要做生意。中美之间存在3000多亿美元的贸易逆差，我们不希望通过降低中方的出口解决，那就只能依靠增加进口来解决。而在这个千亿级量级的差额中，能够解决这个问题的，就是习近平总书记在博鳌会议上提到的"需求比较集中的特色优势产品"，其中最典型的就是美国的LNG。从美国进口LNG是符合中国人民福祉的事情，也符合美国企业和政府需求。美国商务部长明确表示，美国的LNG是全球最便宜的，中国应该大规模进口。由于页岩气革命，使得美国已经成为能源特别是天然气能源的净出口国，预计到2025年，美国将成为全球最大的LNG出口国。

目前，国富资本正在与相关的央企共同设计解决方案，希望大规模进口美国的LNG，特别是把美国LNG用于中国的天然气发电。虽然说天然气是化学能源，但是它的污染排放低，热效率和对环境识别性相对好，国际上也普遍把天然气发电作为一个重要的用途。因此，把中国国内的天然气发电与美国LNG进口连接起来，将会是一个非常典型的产业链配合。（摘编自《国际融资》2018年第8期，李留宇根据熊焰演讲整理编辑，杜秋摄影）

点击熊焰

熊焰先生现任国富资本董事长、创始合伙人，曾任北京金融资产交易所董事长、总裁，中国银行间市场交易商协会副秘书长，北京产权交易所集团创始董事长兼党委书记；兼任中国并购公会副会长，中国股权投资基金协会副会长，中国财富管理50人论坛组委会联席总干事，亚杰商会会长等。曾历任哈尔滨工业大学团委书记、副教授，团中央高新技术产业中心主任，中关村百校信息园有限公司总裁，中关村技术产权交易所总裁，北京环境交易所董事长，中国技术交易所董事长，北京产权交易所总裁，北京产权交易所党委书记、董事长；北京大学、中央党校、哈尔滨工业大学等兼职教授。

他拥有20多年企业管理和市场运作经验；长期从事国有产权、金融资产交易平台管理工作，熟悉产权市场、并购市场和金融市场发展及政策；创办并主持北京金融资产交易所、北京产权交易所工作，取得行业领袖地位、年交易额超万亿，在众多金融机构有广泛人脉和良好信誉。主要著作有《中国流：改变中外企业博弈的格局》《资本盛宴：中国产权市场解读》《低碳之路》《低碳转型路线图》等。

熊焰先生对节能减排、绿色投资、全球清洁发展趋势有着独到的建树，他关心绿色创新企业的成长，给予他们实实在在的帮助、指导；他发起创立的国富资本的投资方向就包括新能源与节能环保、大数据等。他是国际融资"十大绿色创新企业"公益评选活动连续9届（2012—2020）独立评审团专家，每届清洁发展国际融资论坛上，他都会发表主题演讲，而且每次都是脱稿演讲，其观点之犀利，建议之中肯，得到与会贵宾的普遍点赞。（艾亚辑）

北京金融资产交易所董事长王乃祥先生在 2018（第 9 届）清洁发展国际融资论坛上发表题为《探索绿色金融，支持清洁产业发展》演讲时指出，过去，企业通常是利用土地、以房产作为抵押物来融资，希望企业家们能更加注重以企业的信用去发行债券融资，逐渐把企业的信用等级建立起来。

王乃祥谈探索绿色金融，支持清洁产业发展

近年来，绿色发展和生态文明建设倍受社会各界关注。在党的十八届五中全会上，习近平总书记提出"创新、协调、绿色、开放、共享"五大发展理念，明确将绿色发展作为关系中国发展全局的一个重要理念。在绿色发展理念的指引下，中国已经把生态文明建设融入经济建设、政治建设、文化建设、社会建设各方面和全过程。加大生态环境保护力度，不断建立健全财政、金融政策支持清洁产业和绿色经济发展的体系，推动生态文明建设在重点突破中实现整体推进。

在绿色金融发展顶层设计方面，2016 年 8 月中国人民银行等七部委发布《关于构建绿色金融体系的指导意见》，指出构建绿色金融体系、增加绿色金融供给，是贯彻落实"五大发展理念"的重要举措，并提出了"设立绿色发展基金、通过央行再贷款、发展绿色债券市场、发展碳交易市场和碳金融产品、强化环境信息披露"等多项举措，支持绿色金融推动清洁产业发展。在发展绿色债券市场方面，2017 年 3 月证监会发布的《关于支持绿色债券发展的指导意见》和银行间市场交易商协会发布的《非金融企业绿色债务融资工具业务指引》，对绿色公司债券、绿色债务融资工具的发行主体、资金使用以及信息披露等提出了具体要求。

中国绿色债券延续蓬勃发展趋势

目前，中国绿色债券品种主要有绿色金融债、绿色企业债、绿色公司债、非金融企业绿色债务融资工具等，市场发展态势总体良好。即使在债市整体表现不佳的 2017 年，中国绿

色债券市场也取得了良好成绩，当年实现了绿色债券发行规模占债券净融资的比例超过了55%，远高于上年同期的 7.9%，并形成了一些鲜明特点。

第一个特点是发行规模继续扩大。根据中央国债登记结算公司（简称：中债登）联合中国气候债券倡议组织发布的《中国绿色债券市场 2017》，继 2016 年创下全球最大发行纪录后，中国绿色债券市场 2017 年继续保持良好发展态势，全年发行绿色债券总量 2486 亿元人民币，同比增长 4.5%，约占全球发行总规模的 22%，成为仅次于美国的全球第二大绿色债券发行国。

第二个特点是发行品种更加多样化。中财绿色金融研究院发布的《中国绿色债券市场2017 年度总结》显示，2017 年境内共发行贴标绿色债券 113 只，共计 2083 亿元人民币，其中金融债发行金额 1288 亿元人民币，占比 61.8%，企业债、公司债分别发行 205 亿元人民币和 225 亿元人民币，对应占比 14.6% 和 10.9%。债权融资工具发行 117 亿元人民币，占比 5.6%，绿色 ABS 发行 146.05 亿元人民币，占比 7%；基本涵盖了各类绿色债券品种。

第三个特点是募集资金的用途更为广泛。按照央行《绿色债券支持项目目录》分类，2017 年绿色债券募集的资金投向更加广泛，主要包括清洁能源、清洁交通、资源节约与循环利用、污染防治、生态保护和节能等领域。其中清洁能源是最大的投放领域，共计 671 亿元，占比 27%。

第四个特点是绿色债券创新不断。2017 年，中国绿色债券市场出现了多个第一：三峡集团发布了第一只获气候债券标准认证的绿色债券；国开行发行了第一只零售绿色债券；农业发展银行发行了首单"债券通"绿色债券；工行发行了首只"一带一路"气候债券、这也是中国国内发行的单笔最大的欧元绿色债券。

第五个特点是绿色债券发行场所增加。2017 年绿色债券发行场所共分四类，分别是银行间市场、深圳证券交易所、上海证券交易所和跨交易所发行，发行场所较 2016 年增加了深圳证券交易所。2017 年从发行金额看，银行间市场发行金额最大，占比 70%，同比看，银行间市场缩小了 18.7%，上交所市场扩大了 10.6%，跨市场发行金额增加了 164.7%，市场结构更趋多元化发展。

绿色金融市场仍存在 3 点不足

与新时代的发展要求相比，中国绿色金融市场也还存在一些不足：

一是风险管理体系有待健全。由于发展起步较晚，中国国内金融机构识别和管理因环境等因素产生的金融风险还不是很到位，需要进一步健全包括风险评估、风险估价和风险处理等在内的绿色金融风险管理体系。

二是企业环境信息不对称。企业环境信息是金融机构投资企业环境项目的重要依据，但由于企业公开其环境信息还不够完整，且相关政府部门的企业环境数据与金融机构共享也不是很充分，导致金融机构获取这类信息的成本较高，容易制约绿色金融进一步发展。

三是专业人才不足。与传统行业相比，绿色金融业属于新兴交叉性行业，人才标准呈现高素质、复合型特征。由于发展时间不长，中国绿色金融在充分利用节能、环保、低碳等专业知识支持推进金融产品开发、运营等方面，专业人才仍还相对缺乏。上述不足，需要中国绿色金融工作者共同推动、努力完善。

总而言之，未来绿色金融市场的发展机遇大于挑战。据分析显示，未来 5 年，中国每年至少需要投入 2 万亿～ 4 万亿元人民币资金应对环境和气候变化。可见，中国绿色金融市场未来的潜在需求和发展机会巨大。

践行普惠金融，助力企业以绿色债务融资

北京金融资产交易所（简称：北金所）一直致力于推动绿色发展。目前，北金所是中国人民银行批准的债券发行、交易平台，是中国人民银行批准的中国银行间市场交易商协会指定交易平台，是财政部指定的金融类国有资产交易平台，致力于为市场提供债券发行与交易、债权融资计划、委托债权投资计划、企业股权、债权和抵债资产交易等服务，为各类金融资产提供从备案、挂牌、信息披露、信息记载、交易到结算的一站直通式服务。

作为中国国内成立的首家金融资产交易机构和中国银行间债券市场基础设施组成部分，截至 2018 年 6 月底，成立 8 年的北金所，已累计成交项目 22192 项，成交金额 16.8 万亿元；其中，通过银行间市场累计服务境内外 2000 余家融资机构，实现融资 14.09 万亿元，是全国最大的公司信用债集中发行平台，初步打造成为一个以服务实体经济为核心，以发展普惠金融为方向，中国国内领先并具有一定国际影响力的、合规、高效、创新、开放的综合性金融资产交易和信息服务平台。

过去，企业通常是利用土地、以房产作为抵押物来融资，这是最底层的融资方式。希望中国的企业能更加国际化，企业家们能更加注重以企业的信用去发行债券融资，逐渐把企业的信用等级建立起来。北金所这些年致力于在交易商协会发行企业信用债的基础上，践行普惠金融，下沉一到两个等级，为信用等级不是特别优质的企业融资提供了巨大的服务。

在服务银行间市场发行非金融企业绿色债务融资工具方面，北金所支持了金风科技、协和风电投资等，一批来自清洁能源、节能、资源循环利用等多个绿色领域的融资主体实现融资。在交易商协会指导下，北金所构建了以"债权融资计划"创新产品为核心的直接融资二板市场。该类产品的结构设计灵活，债券期限、资金用途、附权情况等都可以依据融资者所在行业特点而设定。在此基础上，2017 年北金所成功推出了绿色债权融资计划，支持了传统产业绿色升级以及绿色创新企业的发展。

作为财政部指定的金融类国有资产交易平台，北金所为各大商业银行、证券公司、保险公司、资产管理公司、信托公司等金融机构提供包括金融股权转让、不良资产处置、实物资产转让等在内的各类交易服务，并积极开展前置委托交易和增资扩股等服务，在服务股权融资、增资扩股、资产处置等方面积累了丰富经验。北金所将积极探索，进一步加大对绿色企业提供股权和资产融资服务的力度，助推绿色产业发展。（摘编自《国际融资》2018 年 第 8 期，李留宇根据王乃祥演讲整理编辑，杜秋摄影）

点击王乃祥

王乃祥先生现任北京金融资产交易所董事长。

他曾供职于中国银行 10 余年，2004 年起入职北京产权交易所，牵头搭建"中国金融资产超市"，创新处置金融不良资产，历任金融资产部总经理、金融资产交易中心主任、业务总监、北京产权交易所集团党委委员；2010 年起担任北京金融资产交易所副总裁、常务副总裁、兼任北京黄金交易中心董事长等职务，现任北京金融资产交易所董事长。他参与制定了财政部《金融企业国有资产转让管理办法》《金融企业非上市国有产权交易规则》及银监会《商业银行并购贷款风险管理指引》等工作。同时，他还是中央财经大学硕士研究生导师、商务部国际投资专家委员会特邀专家、首都金融服务商会监事长。

王乃祥先生也是国际融资"十大绿色创新企业"评选活动连续 6 届（2015—2020）独立评审团专家。（艾亚辑）

北京产权交易所总裁、北京环境交易所董事长朱戈在 2019（第 10 届）清洁发展国际融资论坛上发表了题为《建设绿色资产交易平台，促进中国绿色经济发展》的演讲，他表示，从服务北京全球绿色金融与可持续金融中心建设的角度，北京环境交易所（简称：环交所）将在政府主管部门指导支持下，积极推进建设绿色资产交易平台。

朱戈：建设绿色资产交易平台，促进中国绿色经济发展

北京产权交易所（简称：北交所）集团一直高度重视通过市场手段及金融工具推动节能环保和产业转型，积极服务国家生态文明建设等国家战略。一方面，在北交所本部的产权交易业务中把节能环保及绿色发展项目作为业务开拓的重点；另一方面，积极依托北京环境交易所（简称：环交所）通过市场机制和绿色金融不断探索服务生态文明建设的有效途径。近年来，环交所在环境权益市场建设和绿色金融创新探索过程中取得了进展。

深耕环境权益市场

有力支撑北京和全国碳市场建设。2013 年 11 月 28 日，北京碳交易试点鸣锣开市，目前正在推进第 6 个年度的履约工作。截至 2019 年 6 月底，累计完成碳交易 5470 万吨，成交额超过 13 亿元。北京碳交易试点的参与主体不断增多，覆盖范围不断扩大，市场交易不断活跃，成交规模逐年稳步扩大。作为北京碳交易试点指定交易平台及首批获得国家备案的自愿减排交易机构，在过去多年的市场运营过程中，环交所为北京市碳交易试点重点排放单位和跨区控排企业等各类交易主体提供了安全稳定的交易和结算服务，同时提供了系统开户、履约交易、碳资产管理等方面的系列培训。2018 年，陈吉宁市长在北京市政府工作报告中指出，过去 5 年本市万元地区生产总值能耗和碳排放分别累计下降 22.5% 和 28.2%，能源利用效率位居全国首位。这显示，利用市场机制推动节能减排开始初见成效。北京碳市场建设成效显著，不但为首都节能减排工作发挥了重要作用，也为全国碳市场建设积累了宝贵经验。

创新推进碳中和及碳普惠业务发展。环交所在自愿减排、碳普惠等方面创造了中国国内多项第一，包括开发国内首个自愿减排标准、开展首单碳中和交易、联合银行推出首张碳信用卡、打造中国首个国际首脑峰会"零碳"场馆等。2016 年以来，环交所与蚂蚁金服合作推出的支付宝个人碳账户"蚂蚁森林"项目，目前累计用户达 5 亿，种植真树超过 1 亿棵，减排超过 283 万吨，成为全球碳普惠领域的标志性案例。2018 年年初，环交所推出"绿行者—绿色出行奖励平台"，通过市场化方式推动银行、保险公司等金融和商业机构，对市民自愿绿色出行给予经济激励，减少机动车尾气减量排放，服务落实 2020 年首都中心城区绿色出行比例达到 75％ 的目标。同时，还成立绿色出行联盟，集结行业力量搭建开放合作平台，实现市场化激励机制常态化。

积极参与地方排污权和用能权交易试点。目前，环交所还受哈尔滨市政府委托，协助推进哈尔滨排污权交易平台的建设和运营工作，同时正在积极参与河南省用能权交易平台研究和建设工作，不断拓宽环境权益交易市场范围。2014 年以来，在哈尔滨市主管部门的支持下，环交所为哈尔滨建设排污权二级交易市场提供支持，设计完善竞价交易机制，将交易产品从二氧化硫扩展到四种主要污染物。哈尔滨新改扩建企业需要进行排污权交易才能进行后续环评审批，企业在排污权交易与工艺改善等多方面考虑后，很多企业选择改进工艺，做到污染物少排放，甚至零排放。2016 年国家发展改革委员会在河南省、浙江省、福建省、四川省等 4 省开展了用能权交易试点，环交所正在协助河南省推进用能权交易机制设计和平台建设。

推动绿色金融创新

持续开展绿色金融产品创新。环交所自成立以来一直重视绿色金融创新工作，已经顺利推出了碳配额回购融资、碳配额场外掉期交易等多项国内首创的碳金融产品。这些绿色金融产品创新的主要目标有 3 个：

一是为市场参与方提供更丰富的交易工具，帮助提高市场的流动性，更好地实现市场为碳资产定价的基本功能。

二是帮助企业盘活碳资产，利用各种金融辅助手段挖掘碳资产的融资功能，帮助绿色低碳项目拓宽融资渠道和来源。

三是为市场参与方提供更多元化的风险管理工具，比如跨期限的价格对冲手段，吸引更多的规模化投资机构更便捷地参与碳市场交易活动。

这 3 个目标其实是相互关联的，最终目的都是为了建立起一个更具活力、更有效率、规模合理的碳市场，充分实现碳市场的价格发现功能。与此同时，环交所在企业合同能源管理融资服务的基础上，与中美绿色基金共同成立绿色低碳基金等方式，正在向低碳投资方向延伸；不断创新投融资模式，通过全资子公司北京北环浩融科技发展有限公司参与移动应急供热、建筑智慧节能、氢燃料电池等项目，助力地方节能减排。

积极推进绿色金融基础研究。在中国金融学会绿色金融专业委员会（简称：绿金委）的指导下，环交所牵头成立了绿金委碳金融工作组，系统开展碳金融相关的政策咨询、基础研究和产品创新。在绿金委和中国人民银行研究局的指导下，环交所开展环境权益抵质押融资研究，积极为企业拓宽环境权益融资渠道；参与央行绿色金融标准工作组，负责牵头"环境权益融资工具标准"和"碳金融产品标准"的研究起草；完成生态环境部"绿色金融政策促进绿色技术创新体系"等项目研究工作；在全国统一碳市场将于2020正式开展交易的背景下，与中国工商银行共同完成了商业银行火电行业碳交易压力测试，并在绿金委年会和UNEP亚太绿色金融圆桌论坛上正式发布。上述绿色金融基础研究，为环境权益市场的金融化发展和传统金融的绿色化发展进行了必要的技术准备。

绿色资产交易平台

平台建设的重要政策机遇。环交所的各类交易业务，都是探索建立促进绿色发展的市场机制、绿色发展市场机制的高级形态——绿色金融，最终促进中国绿色经济的蓬勃发展。中国人民银行等七部委《关于构建绿色金融体系的指导意见》，提出支持地方将环境效益显著的项目纳入绿色项目库，并在全国性的资产交易中心挂牌，为利用多种渠道融资提供条件。2018年7月，北京市委、市政府印发《关于全面深化改革、扩大对外开放重要举措的行动计划》的通知，提出落实国家对金融业开放整体部署，争取设立国际绿色金融改革创新试验区。2018年12月，北京市委书记蔡奇、市长陈吉宁等市领导一行视察环交所，在随后的座谈会中强调，北京绿色金融要大力发展绿色信贷、绿色债券、绿色基金和绿色金融交易场所。2019年2月，国务院批复《全面推进北京市服务业扩大开放综合试点工作方案》，提出支持北京建设全球绿色金融和可持续金融中心。

绿色资产交易平台的业务布局。从服务北京全球绿色金融与可持续金融中心建设的角度，环交所将在政府主管部门指导支持下，积极推进建设绿色资产交易平台：第一，在现有碳排放权、排污权、用能权等环境权益交易基础上，推动建立京津冀统一的综合性环境权益市场，并积极参与全国多层次碳市场建设；第二，积极构建全国统一绿色项目库和国际绿色项目库，完善绿色项目的绿色评估认证服务，联合各类金融投资机构，共同建立绿色项目投融资服务平台；第三，在环境权益市场平台和绿色项目库及投融资服务平台的基础上，探索与各类绿色金融相关的交易业务。

经过10余年的发展，环交所已经形成了包括环境权益交易、绿色公共服务、低碳发展服务和绿色金融服务等四大业务板块并提升了综合服务能力，为各行业的企业用市场手段和金融工具实现绿色低碳发展提供了强大的平台。未来，我们也希望能够与企业、金融投资机构及第三方服务机构形成良性互动、建立合作，将北京建设为国际一流的绿色资产交易中心和碳定价中心，更好服务北京低碳城市发展、服务国家生态文明建设、服务全球应对气候变化，为绿色、低碳、清洁发展事业贡献力量。（摘编自《国际融资》2019年第8期，郭荣根据朱戈演讲整理编辑，杜秋摄影）

点击朱戈

朱戈先生现任北京产权交易所党委副书记、总裁，北京环境交易所党支部书记、董事长，同时兼任中国人民大学客座教授，中国国际经济贸易仲裁委员会仲裁员，国家发改委公共资源交易研究中心特聘专家，中国产权交易协会专家委员，北京绿色金融协会副会长等。

他拥有 10 余年的产权交易行业从业经验，对国资国企改革的相关法律、金融、财务等专业领域均有深入的研究和准确的把握，曾带领团队完成诸如双汇集团、新华人寿股权转让项目，招商公路、川气东送增资扩股项目等一批国内外具有影响力的交易案例，并代表北交所参加国务院国有资产监督管理委员会组织的《企业国有产权交易操作规则》《企业国有资产交易监督管理办法》等文件的制定和统一交易系统的开发设计工作。

2016 年出任北京环境交易所党支部书记、董事长以来，带领环交所在推进绿色金融基础研究、布局绿色资产交易平台业务等方面，做了大量卓有成效的工作。

朱戈先生也是国际融资"十大绿色创新企业"评选活动连续 5 届（2016—2020）独立评审团专家。（艾亚辑）

海泰戈壁创业投资管理有限公司董事长、总经理，蜂巢投资创始合伙人张威先生在2019（第10届）清洁发展国际融资论坛上发表了题为《关于新形势下股权投资发展趋势》的演讲，他认为：总体来看，私募股权在不久的将来肯定会有一个快速的发展，会带给所有参与私募股权投资的绝大多数人一个比较好的回报。在目前的状态下，要求管理人更加专业化，同时管理规模要做得更大一些。

张威：私募股权投资迎来窗口期

私募股权投资迎来窗口期，这个窗口期未来最少能延续 2 ~ 3 年，私募股权市场会有比较巨大的发展空间。目前的状态，可能比 2018 年 5 月大约收缩了 30%，但是恰恰是在目前这个状态下，市场交易标的的价格大幅度下滑，资产越来越便宜，相对来说能活到现在的资产，很多都是我们这样的私募股权投资基金投资并做到现在的这些企业。这些企业的素质越来越高，大浪淘沙，淘汰了相当一部分竞争对手。另外，交易的条件更宽松，作为私募股权投资人，现在与 2016 年、2017 年不同，已有了比较好的条件。

谈到政策支持，以前的政策现在都在不断地落地，政府引导基金，监管规则也越来越严，以前不太明确的税收优惠政策再一次通过相关的文件明确下来了，我们已经享受到了这些政策。

说到中美贸易战的影响，我认为，即便达成协议，这个协议也是脆弱的、不能持续的。未来在贸易方面，中美关系可能会处在打打停停、停停打打的状态。另外，我们国家改革开放 40 年积累下来的国内经济内生环境已经发生了深刻变化，以新旧动能转化来分析，我们一直在投资大数据、云计算、边缘计算、人工智能的企业。我们的分析基本符合整个互联网和云计算领域内的产业结构的变化。在不同阶段，我们基于以技术发展为特色的技术成熟度曲线和价值的分析，投资中早期的项目基金。对大数据这个行业，我们一般会投 pre-IPO 的项目，到了今天，大数据有相当多的企业已经达到了可以 IPO 的状态。我们不会投太早期的，因为算法、技术已经很成熟，客户都非常理解，而且有很多成功的应用案例。最前端的技术，比如说量子技术、量子通信技术、量子计算技术，这些技术还在实验室阶段，还没有到资本介入的阶段，市场上有量子技术出来融资的，我认为太早期。对于人工智能技术，我们比较了解，我们在人工智能技术方面投两端，从 A 轮开始，一端是运算的，涉及硬件和算法，另一端是强场景落地，这一端人工智能的企业成长最快，但现在我们也能看到在前端以芯片为代表的人工智能的硬件企业，随着后端的应用场景的不断成熟和结合，他们的产品应用度也会不断提高。物联网这个行业从前端更早期到后端都有，更多的企业在不断出来。互联网核心的内容，第一就是工业互联网改造、工业互联网化；第二是车联网，就是人工智能和自动驾驶技术。我们现在最关注的是人工智能、物联网和大数据。

我们认为现在是黎明前的黑暗，虽然大家出手很谨慎，但是真正好的企业应该已显现出来。现在我们看到价值投资在回归，我们更看重项目的增长能力和现金流。总体来看，第一，私募股权在不久的将来肯定会有一个快速的发展，会带给所有参与私募股权投资的绝大多数人一个比较好的回报。第二，在目前的状态下，要求管理人更加专业化，同时管理规模要做得更大一些。

急剧变化的国际政治环境引起的安全担忧，就是数据安全。人工智能在安全领域内的应用，我们关注细分的领域。比如：贸易冲突引起的国际供应链的变化、国产替代等，关键是那些涉及我们国家在产业链环节上没有的技术。在国产替代上，已经看到有大量资金在进入，企业效益也不错。经济新引擎，前沿科技，这个投得比较早，比如我们关注量子技术这样的新兴技术的发展，而且我们在做长期的关注。（摘编自《国际融资》2019 年 第 8 期，郭荣根据张威演讲整理编辑）

点击张威

张威先生现任海泰戈壁创业投资管理有限公司董事长并总经理，蜂巢投资创始合伙人，AC 加速器创始合伙人。他拥有 15 年投资经验和 20 年企业管理运作经验，擅长投资领域包括先进制造、人工智能、TMT、泛安全领域和清洁技术新能源，累计投资 60 余个项目，累计退出 16 个项目（其中上市 4 个、并购 5 个）。

他长期担任全球创业家训练营创业导师及评审委员、清华大学经济管理学院研究生创业课校外导师、启迪创业营导师、北京大学科技园创业训练营导师、科技部创新创业大赛导师评委、劳动及社会保障部中国创翼大赛导师评委、担任黑马营创业导师、百度金熊掌计划创业导师、腾讯众创空间创业导师等职务。

张威先生也是国际融资"十大绿色创新企业"评选活动持续 8 届 50 评委专家团专家。（艾亚辑）

中美绿色基金纯市场化运作的"产业＋技术＋金融＋国际"的投资模式值得推崇。他们的创新不仅体现在对商业模式的创新上，还体现在对绿色效益的评估上。他们力求在一个项目或企业的基本商业模式或技术得到市场验证、处于加快发展拐点时进行投资，通过投资推动企业得到新的赋能，实现企业更加高速的成长和价值提升。从国家职能部门顶层设计的金字塔尖走向市场化的接地气的股权投资基金，中美绿色基金董事长徐林先生成为由规则走向实施的探索者。中美绿色基金与众不同的是什么？负责任的绿色投资商业模式有何独到之处？未来，股权投资基金及资本市场该向何处去？带着一系列问题，2019年深秋的一天，《国际融资》杂志记者采访了中美绿色基金董事长徐林先生。

徐林：探索负责任的绿色投资创新模式

中美绿色基金与其他产业基金究竟有何不同

记者：中美绿色基金成立以来，一直致力于促进中国绿色和可持续的商业增长，形成了P.R.I.M.E.的商业模式，您能否简要地为我们描述一下该模式的运作流程？

徐林：作为专注于绿色股权投资的市场机构，中美绿色基金还处在艰难的创业阶段，我们在3年的实践中逐渐形成了"产业＋技术＋金融＋国际"的投资策略，并且通过"三分投资七分服务"的方式，用技术、资本和国际资源为被投企业赋能，提高企业的资源利用效率并降低各类排放，为企业带来成本下降和效益提高的效果，使绿色成为企业转型发展和中国经济高质量发展的新动能。我们期待有更多绿色资本的加入，汇集成"绿动中国发展"的强大动能。

"P.R.I.M.E."中，P是政策（Policy）、R是研究（Research）、I是整合（Integration）、M是资本（Money）、E是执行（Execution）。这几大要素的缩写，体现了在具体操作时，我们首先要顺应国家政策导向和行业发展方向；其次注重对所投行业和应用技术的深度调研；第三是要整合各类资源为被投企业赋能；第四是为企业绿色转型和发展提供资本和金融支持；最后是注重执行力和协同效率。这是我们中美绿色产业基金投资运营模式的一个总体概括和描述。

记者：中美绿色基金成立以来，主要投资了哪些领域？为什么会选择这些领域？

徐林：中美绿色基金成立以来主要投资了 4 个领域：

第一是绿色能源与节能。中国是一个能源消费大国，随着中国城市化水平和居民收入水平不断提高，中国人均能源消费总量还会进一步提高。目前中国人均能源消费量大约是 3 吨标准煤／年，美国是人均 11 吨标准煤／年，俄罗斯更高，大约是 13 吨标准煤／年，全世界能效水平最高的国家——日本和德国人均消费量大概为 6 吨标准煤／年。随着中国居民收入水平和城市化水平提高并靠近发达国家，人们的消费行为会更加趋同，人均能源消费量也会慢慢收敛在大致相同的水平。但中国的资源禀赋条件和环境容量决定了我们只能借鉴德国和日本，这意味着必须在节能和能效水平上也达到日本和德国的水准。即便如此，中国未来的能源消费总量可能还要翻一番，相应的减排压力可想而知。作为一个主要污染物和温室气体排放的第一大国，我们没有别的出路，只能花更大力气、用高效的技术节能，并大幅度提高清洁能源的比重。所以我们把绿色能源和节能领域的技术、生产和商业模式，作为绿色基金投资的主要领域。

第二是绿色制造和环保。中国正在从制造业大国向制造业强国转型，关键是要提高核心竞争力和可持续发展水平。制造业本身就是排放大户，特别是钢铁行业、化工行业、热电生产等行业。这些排放物有气体的、液体的，也有固体的，甚至是危险的。如果我们用清洁生产工艺、智能制造技术、高效节能技术、清洁分布式能源系统等对制造业生产工艺和车间进行改造，将有利于减少工业制造带来的污染排放和能源消耗，从而产生积极的减排效果。这是我们将绿色智能制造作为投资领域的重要原因。

第三是绿色消费和服务。中国的人口规模决定了中国也是一个消费大国，过去中国更多的是关注消费对经济增长的拉动作用。但不够重视消费行为对生态环境的影响，毕竟很多消费行为同时也会产生污染物的排放。比如，开燃油车会导致排放尾气，洗头洗脚美容美发会产生污水，网络购物、外卖等还会导致大量废弃包装物。因此，我们在扩大消费的同时，还要引导消费者理性消费、绿色消费，使绿色消费成为新消费理念。因此，绿色消费和服务应该成为绿色投资关注的重要领域，如绿色智能零售、面向农村的网上供销流通、智能家居、快递外卖换电、包装废弃物和过期药回收等，通过新技术，特别是互联网、物联网技术提高物流效率，减少流通环节的资源浪费，通过新技术促进家居节能等，都可以降低能源消耗和排放，使消费更加符合绿色低碳和可持续发展的要求。

第四是绿色交通和物流。随着收入水平和城市化水平的提高，人的活动范围更加广泛，商品流通的种类、规模和范围越来越大，城市之间、城乡之间、地区之间、国家之间的人流交通和物流规模也不断扩大，这些都会大大增加交通运输的规模并带来日益增长的排放。为了应对交通物流量持续增大带来的资源环境压力，必须提高交通物流的智能化管理水平，推广绿色低碳交通工具，用绿色低碳技术和智能技术对整个交通物流体系进行改造。环境专家的研究表明，对于大多数城市的 PM2.5 浓度来说，交通尾气排放的贡献率超过 30%。如果能在绿色交通建设方面有更好的作为，就能大大减少污染物和温室气体排放。

记者：中美两国政府对中美绿色基金提供了哪些支持？

徐林：由于我们的定位是纯市场化运作的私募股权投资基金，所以从运营/资金层面，我们与其他市场化投资机构没有本质区别。但是中美绿色基金的发起，源于中国政府的倡议和中美两国财金界高层的共识，是中国领导人访美期间确立的一项合作项目，也是中美战略与经济对话成果之一。因此，在我们基金的成长过程中，中国中央财办和美国保尔森基金会给予了我们非商业化的指导。目前，中美绿色基金在北京、上海、芝加哥都设有办公室，我们与两国的相关研究机构、投资机构和高校院所都建立了合作联盟关系，在项目层面和技术层面有日益紧密的交流，我们也试图用我们拥有的国际资源，更好地为中美双方的被投企业进行先进技术溯源和市场拓展服务。

记者："一带一路"倡议提出已 6 年有余，这为中美绿色基金的投资提供了哪些机遇和挑战？

徐林：从机遇角度看，《关于推进绿色"一带一路"建设的指导意见》《"一带一路"生态环境保护合作规划》相继发布，中国国家主席习近平提出"设立生态环保大数据服务平台、倡议建立'一带一路'绿色发展国际联盟"之后，"一带一路"沿线的绿色投资已经受到广泛关注，发展绿色产业、绿色基础设施等前景广阔。有关预测分析，仅能源领域就有超过 5 万亿美元的投资市场。中美绿色基金在绿色能源领域打造的生态圈中，既包括华能、三峡、远景能源、天合光能等投资人，也有首创热力、东方低碳等聚焦传统能源绿色升级的被投企业。"一带一路"沿线国家和地区聚集了全球 60% 以上的人口，根据联合国的预测，到 2050 年，"一带一路"沿线国家城市人口还将增长 12 亿，是当今世界上最具活力和增长潜力的区域，中美绿色基金将携手我们的合作伙伴，在清洁能源、智慧能源、绿色低碳交通和物流、绿色智能制造等领域，探索新的投资与合作机会。

从挑战角度看，虽然"一带一路"沿线国家和地区具有大量的投资机会和潜力，但海外投资也有很多风险需要仔细评估和考量，不同政治制度、不同宗教信仰、政党政权更迭、极端恐怖主义等，都可能在特定条件下演变成现实的投资风险。目前这个阶段，"一带一路"只是一个国际合作倡议，还缺乏制度和法律保障，投资合作项目容易遭遇各种变故等不确定性。这都要求我们在决策时需对沿线地区和国家的社会政治市场环境风险进行评估。因此，我们不仅要从商业方面做详细的尽调，还要与当地的自然生态环境状况、社会政治环境、国家政策环境等结合起来评估，做更深度的投资收益和风险平衡分析。

记者：未来中美绿色基金的投资方向会有哪些变化吗？

徐林：绿色投资是我们的大方向，标准就是有利于提高资源利用效率，有利于降低各类污染物排放和温室气体排放。我们在未来不会对这个大的投资方向进行任何改变，会花更多力气深耕并丰富现有的投资领域。前面所说四大领域市场空间足够大，蕴含的机遇也越来越多。我们已经在不同领域中做了许多细分，并且在细分行业中上下摸索。我们希望沿着已有的投资布局和产业资源，在细分行业中向上下延展，并用更先进的绿色技术赋能于被投企业，与 LP 和被投企业共同构建产业链生态并实现财务价值和绿色价值的双提升。

中美绿色基金成立的目的就是要促进中美在绿色发展或者绿色技术、绿色金融领域的民间交流与合作，所以我们的海外项目主要关注的是美国的投资标的和技术。美国确实有一些不错的绿色技术产品和服务并且希望能将技术在中国落户，比如：有的技术能提高农产品亩产量，可以节约更多的土地用来恢复生态环境；再比如：有的技术可以治理水域环境，防止水产污染。中国比美国多 10 亿人口，如果不能在排放问题上做得比美国更优秀，就没法实现让中国人享受更好的生态环境这一目标。

以责任担当积极探索绿色投资商业模式

记者：中美绿色基金是如何利用金融工具推动绿色发展的？能否谈谈你们的创新？

徐林：我们的投资策略是以成长型股权投资为主，我们的创新就在于我们的商业模式和我们对于绿色效益的评估。我们力求在一个项目或企业的基本商业模式或技术得到市场验证、处于加快发展拐点时进行投资，通过我们的投资推动企业得到新的赋能，实现企业更加高速的增长和价值提升。

比如，中美绿色基金投的"爱泊车"项目，通过图像识别和人工智能技术极大提升了城市级停车体系管理运营的效率，不仅提高了停车空间的配置效率，还有效减少了车辆的不合理路面行驶。我们是在他们完成河北邯郸、石家庄两个城市的试点后才投资的，技术和模式都基本得到了验证。如今他们已经在北京、广州、深圳、石家庄、张家口、福州等多个城市落地。

除了股权投资服务以外，我们还关注经济结构调整和产业转型升级中出现的资产重组机会。当遇到好的特殊机会时，我们会成立专项基金进行投资。例如，中美绿色基金在 2017 年联合宝武钢集团、招商局金融集团和美国 WL 罗斯公司发起设立了专门的市场化钢铁产业结构调整基金"四源合基金"。同年 7 月，四源合基金介入重庆钢铁司法重整，在几个月时间内完成重整和改制工作，并利用资本市场实现了债转股，使一家连年亏损的上市国有企业，成功转变为盈利的上市公司。

记者：据说你们还有研究院，这在投资机构里很少见。

徐林：我们的商业模式最核心的是做两件事情：第一，对我们投资的企业用产业技术进行绿色化改造，对企业现有的生产工艺和技术进行研究和盘点，提高绿色低碳化水平，降低排放；第二，产业技术绿色化，将领先的绿色技术直接用到产业上。为此，我们自己建设了产业技术研究院，依靠研究院去做企业的技术调查和绿色影响力评估。对已投的企业，研究院会拿出进一步改进的方案，相当于对传统产业进行再造。比如，我们在对重庆钢铁投资的同时，就对该企业的现行生产工艺进行节能技术改造。有一点要说明一下，我们坚持的投资原则是只投资那些技术已经得到市场验证的企业，以保证投资资金的安全性。

记者：能否介绍几个你们投资的绿色经典案例？并请分享一下你们的经验。

徐林：我们在 2018 年年底时投了易马达"e换电"。这是一家为两轮电动车提供换电池服务的企业。他们通过搭建智能换电系统，将自助式换电站、超级电池、智慧电池仓、APP 和云平台系统结合起来，为两轮电动车用户提供快捷、省心的换电池服务。用"换电"代替"充电"，不但可以解决用户充电时间长、安全隐患严重等问题，还可以大幅促进锂电池对铅酸电池的替代。锂电池绿色环保，可以有效减少碳排放以及铅酸电池在生产、使用、回收过程中造成的重金属污染（铅元素）、酸污染（纯硫酸）和塑料污染（聚丙烯）。我们不仅看中"e换电"在电池智能化方面做出的贡献，"e换电"还切实体现了中美绿色基金"绿色、智慧、可持续"的理念。

最近，我们还投了"箱箱共用"，这是一家做智能物流包装的企业。他们提供针对散装液体、生鲜果蔬、冷链、鲜花、汽配、快运等六大行业的循环物流包装。更重要的是，他们将大数据、云构架、算法等技术与包装硬件制造深度融合，形成了一整套物流包装行业的智慧化物联网管理体系。箱箱共用的智能物流数字化平台，不仅可以对箱体资产进行实时数据管理和智能租赁运营，减少包装箱的丢失率，还可以用优质先进的可循环包装代替以往的一次性工业包装，减少物流领域的资源消耗和环境污染。这符合我们绿色影响力的评价标准和价值理念。

记者：2019 年中美绿色基金还投了一家叫药联健康的企业，这是一家医疗健康行业的企业，你们为什么会投这家企业？

徐林：药联健康是一家联接零售药店和商业保险的科技平台，其服务网络覆盖全国 29 个省、自治区及直辖市逾 6 万家线下连锁药店，并且与中国国内主流保险公司完成深度对接，有效优化整个药品制造的消费供应链，实现了药品领域智能化体系的控制。对保险行业来说，如何有效进入互联网行业、与药品行业实现联通是行业的痛点。而药联健康的商业模式有效地解决了这个行业痛点。此外，药联健康从 2019 年 7 月 27 日开始推广过期药品换新服务。中美绿色基金非常看好药联健康的这一商业模式和社会责任。一方面，通过数据和应用场景的不断挖掘，药联健康将在"药保联动"中发挥巨大的作用；另一方面，经过初步测算，未

来 5 年药联健康的换新服务能够减少药品污染 1.7 万吨，其创造的社会价值与中美绿色基金
"绿动中国"的愿景不谋而合。中美绿色基金希望携手药联健康共同促进医药健康产业的转
型升级和绿色可持续发展。

记者：截至目前，中美绿色基金的盈利情况怎样？

徐林：我们第一期基金大概投了 40 亿元人民币，从所投的 15 个项目的账面利润来看，
盈利 1.7 倍，业绩还算不错。

股权投资基金及资本市场该向何处去？

记者：您怎么看中国股权投资基金市场的发展变化？您觉得亟待解决的问题有哪些？

徐林：与过去我在发展改革委财政金融司任司长期间状况相比，中国股权投资基金发展
在规模上已经取得了令人刮目相看的进展。根据中国基金业协会的资料，目前，在中国的私
募股权投资管理机构和创业投资管理机构有 1.48 万家，管理资产总规模接近 10 万亿元，其
中创投机构管理资产规模约为 1 万亿元，投资项目达到约 10 万个，形成股权资本金 5.7 万
亿元，已经成为全球第二大股权投资市场。但是，在迅速发展过程中，也存在不少隐患和问
题。一是募资环境恶化，金融机构出资、央企出资、政府引导基金出资等比较大的出资通道，
都分别受到资管新规、央企金融投资新规、引导基金设立新规等影响，前景不容乐观；二是
大量投资项目退出前景也不乐观，上市退出也受到一、二级市场价格倒挂的影响，难以保证
股权投资回报的盈利性；三是股权投资管理机构数量依然偏多，尚未形成以头部知名机构为
主的机构体系结构，导致一定程度的不合理竞争；四是政府支持发起的股权投资机构吸纳了
过多市场资源，挤压了市场化股权投资机构的资源空间，并在投资市场上导致了估值水平的
不合理提高，为后续退出盈利埋下了隐患。

记者：作为资深金融政策专家，对这些隐患与问题，您有哪些建议？

徐林：要想解决这些问题并不容易，市场结构的调整和估值水平的理性回归还是需要通
过坚持市场化和商业化的原则，通过发挥市场配置资源的决定性作用来逐步市场化，通过优
胜劣汰来逐步形成合理的市场结构。从募资环境的完善看，需要在综合协调各部门监管措施
综合影响的基础上梳理并完善现有举措。从各部门出台的监管举措看，都有各自合理的思考
和理由，但从所有举措叠加在一起的综合效果看，股权投资机构一旦失去募资来源，实际上，
实体经济中的中小企业也就失去了重要的股权融资来源，最终会影响实体经济的投资增长，
产生不利于宏观经济稳定的负面影响，值得中国国家发展改革委、央行等宏观管理部门和中
国基金业协会等行业协会去认真地研究对待。

记者：请您结合中国实际，谈谈对环境、社会和公司治理（简称：ESG）投资的思考。您觉得我们的问题与出路在哪儿？

　　徐林：责任投资或影响力投资是全球企业投资的一个不断主流化的思潮，是正在受到包括联合国在内的国际机构和越来越多企业、投资机构认可并追寻的投资理念，全世界目前承诺进行 ESG 投资的金额已经达到数十万亿美元。我们都知道，完全基于市场标准的投资行为可能会带来对生态环境和社会结构的负外部性影响，公司内部的治理结构也未必具有足够的透明度和决策的民主参与。由于这些外部性和内部治理结构的不合理，对经济、社会、环境和企业的可持续发展会带来不利影响，使得越来越多的企业家和社会活动家、环境保护者开始理性思考并基于经济社会和环境可持续发展的责任投资或影响力投资。中国在改革开放后虽然经济持续高速增长，取得了长达 40 多年年均 9.4% 以上的增长，但在这个过程中，中国的社会结构失衡加剧、生态环境代价显著，企业治理结构不善的状况普遍存在，导致可持续发展面临挑战。因此，中国推行 ESG 投资的必要性十分紧迫，越来越多的投资机构和企业近年来纷纷对 ESG 投资做出积极响应。ESG 投资毕竟属于市场投资行为，企业需要在盈利的基础上承担更多的社会和环境责任，不能理解为简单的公益慈善行为。中国在 ESG 投资领域的主要问题，一是还处在起步阶段，需要更广泛地倡导并推行 ESG 投资理念，使更多的企业和投资主体践行 ESG 投资理念；二是要为 ESG 投资提供更好的激励机制和政策环境，包括 ESG 金融服务和 ESG 税收激励等，有重点地鼓励企业开展绿色影响力投资和社会责任投资，让 ESG 投资成为更多企业和投资机构的自觉行为；三是研究提出 ESG 投资的基本底线和标准，并鼓励企业进行 ESG 投资的信息披露活动，鼓励信用评级机构开展企业和投资机构 ESG 评级，建立 ESG 失信奖惩机制；四是开展"一带一路"ESG 投资实践，通过"一带一路"的 ESG 投资，促进"一带一路"绿色发展、包容发展，逐步构建"一带一路"可持续发展新机制。

　　记者：中国金融供给侧结构性改革的难点在哪儿？

　　徐林：供给侧结构性改革是国家"十三五"规划纲要明确的发展主线，需要在未来发展过程中继续坚持并不断深化。金融供给侧结构性改革必须服务于经济社会发展供给侧结构性改革这条主线。经济社会供给侧结构性改革的核心内容是通过深化市场化改革，提高资源配置的效率和国际竞争力，实现中国经济的创新驱动型发展和可持续发展。按照这个要求，我理解金融供给侧结构性改革需要重点关注以下几个方面：一是完善货币政策基于宏观审慎的逆周期调节机制，以及与财政政策的协调配合机制，有效维护宏观经济、就业、物价和币值的相对稳定；二是实施金融监管部门基于监管规则的有效监管，保持足够的产业政策的政策中性，让商业性金融机构基于商业原则和盈利性要求配置各类金融资产，有效防范系统性和区域性金融风险；三是改革完善多层次、多样化的金融机构体系和金融市场体系，更好地为实体经济、创新型经济融资，为各类金融资产的有效配置提供服务和体制保障；四是在合理区分商业金融和政策性金融基础上，适当强化政策性金融的服务功能，并对政策性金融实施专门的监管考核办法；五是适应金融科技的快速创新和应用导致的货币形态、金融业态变革，构建相应的货币政策调控、金融风险监管、货币结算清算、金融基础设施等相互支撑的金融稳定保障体系。

记者：您说过风险创业投资是中国金融供给侧结构性改革的重要元素，怎么理解？您能否就此具体阐述一下呢？

徐林：风险创业投资是金融机构体系中的重要组成部分，对实施创新驱动发展战略，推动创新型经济发展具有重要意义，但风险创业投资的发展，需要有多层次资本市场及其规则的相应完善作为支撑。在整个股权投资市场中，美国呈现的哑铃型结构，也就是风投规模和并购基金规模相对较大，成长性股权投资基金规模相对较小。而我国呈现的是橄榄型结构，成长性股权投资机构比重更高，而两头的风险投资基金和并购投资基金规模相对较小。这虽然与中国长期基金相对缺乏并保守有关，但更多的还是与中国资本市场的规则和结构有密切关系。创业板的出现并没有有效解决问题，科创板的推出由于不需要净利润作为条件，更多看重成长性，将为风险创业投资的发展奠定更好的资本市场基础。今后，还应该在税收制度方面进一步完善，以更好地激励股权投资机构去更多承担风险，将投资期前移至早期阶段，更有力地支持创新型企业和创业型企业的发展。

记者：长期以来，中国的资本市场是政府主导建立的，但是政府产业投资可能会导致引导基金的功能异化，其中的原因是什么？为什么会导致功能异化？目前是否有所改善？

徐林：中国资本市场发展过程中的确具有政府主导的特色，导致政府政策和监管规则的频繁变动，对资本市场的发展和稳定起着非常重要的影响，所以，过去总有人说中国的资本市场是政策市。但这一现象随着资本市场制度和规则的不断改革和完善，正在发生趋势向好的改变。对于政府主导的产业引导基金，我过去提出过数量过多、规模过大会导致功能异化的观点。主要是基于三方面的考虑：一是政府主导的产业投资引导基金一般服务于产业政策导向，很难满足于基金投资的盈利要求，会对出资人利益构成损害；二是政府主导产业引导基金的配置如果背离市场化、盈利化原则，会导致被投企业估值的非市场化和价格失真，导致股权投资市场失序；三是地方产业投资引导基金往往与招商引资密切相关，也会对基金投资的决策造成非理性、非专业的干扰。从目前看，一些政府引导基金虽然由政府主导投资，但也有相当部分以子基金的方式，通过专业化、市场化股权投资机构进行投资，在投资方式上有了很大改进。考虑到目前市场机构的募资环境尚未改善，政府产业投资引导基金采取母基金方式进行募资，再委托专业化子基金管理投资的模式进行资产配置，也算是对原有模式的一种改进，还在一定程度上为市场化股权机构募资提供了一个渠道。（摘编自《国际融资》2020 年第 1 期，李路阳、王芝清文，杜京哲摄影）

徐林的绿色情结

徐林先生现任中美绿色基金的董事长。他告诉笔者，他的经历十分简单，从南开大学研究生毕业后就进入当时的国家计委规划司工作，虽然后来这个机构重组改名为国家发展改革委，但他仍一直在这个机构工作。他担任过财政金融司司长、发展规划司司长、城市和小城镇发展中心主任，为这个机构服务了29年。在此期间，他参与了多个国家五年规划、区域规划、城镇化规划和城市群规划、国家产业政策、财政金融领域政策改革、债券市场、股票市场和私募股权投资市场发展、加入世界贸易组织谈判等多个领域的工作。

在发展改革委29年多部门工作的经历，让他积累了弥足珍贵的工作经验，更重要的是让他成长为一名有着丰厚专业素养和政策经验的国家公务人员。但他却于2018年离开国家发展改革委，转行去做产业投资了，成为市场机构中美绿色基金的董事长。

笔者问他为什么会做这样的选择？他说："我想离开发展改革委并不是在2018年才有的想法，最早可以回溯到2012年，那年我50岁，觉得做了这么长时间公务员，很想尝试一些不一样的事情，而且当时正好又有人为我提供一个很好的机会。我找领导商量被驳回，没走成，但是这个想法始终没有打消。后来我从财政金融司调任发展规划司司长，负责'十三五'规划的编制工作，之后又参与起草党的十九大报告，直到这些工作全部完成了，才得以重新考虑转业申请，并最终被领导批准，于2018年10月加入了这家完全市场化运作的产业投资机构平台——中美绿色基金。"

中美绿色基金是中美两国财金界高层共同推动、倡议发起、设立的一家专门从事于绿色投资的机构。他说："绿色投资实际上是绿色金融的工具和手段，但是绿色投资能不能挣钱，国外都是有些不同看法的。设立中美绿色基金，就是试图打造一个完全市场化和商业化的绿色投资平台，为绿色投资树立一个市场化标杆。中美绿色基金设立之后，完全是在市场化募资，商业化投资，依靠市场生存。"也正因为此，做绿色投资实际上是有相当挑战性的，徐林先生想挑战一下自己。

在徐林先生看来，这是个有意思、有价值的工作。他从政府部门跳到投资机构工作，从事的工作大相径庭，只是从宏观落地到了微观，他也比较喜欢做这类具体工作，像项目评估、投资效果等基本上都是以专业标准衡量，相较于发展改革委工作时制定决策涉及多方利益平衡而言，投资平台的工作环境较简单。尽管如此，就领导中美绿色基金工作而言，他认为这是一个很大的转型，要成功完成基金的募、投、管、退、挣，耗时长、难度大，团队的能力提升和高效分工与合作，也需要花费精力。

徐林先生加入中美绿色基金的时间才两年，他认为，自己还处在学习、摸索、提高、磨合的阶段，仍有不小压力。但他信心满满地说："绿色投资是一个带有方向性和潮流性的影响力的投资领域，符合新发展理念的要求，有利于满足人民群众对美好生活的向往，是推进'绿水青山就是金山银山'的重要手段，前景好、意义大，值得更多投资机构和更多专业人士为之做出新的付出。"

徐林先生也是国际融资"十大绿色创新企业"评选活动（2020）独立评审团专家。（李路阳文）

建言献策篇

绿色创新企业是产业升级的开拓者，
面对企业落地难、融资难的两难问题，
唯有尽快制定相关政策、规则支持企
业创新，方能疏通阻滞

　　王连洲，先后担任全国人大财经委办公室财金组组长，办公室副主任，经济法室副主任，研究室负责人，正局级巡视员，中国《证券法》《信托法》《证券投资基金法》起草工作小组组长。王连洲在2016（第7届）清洁发展国际融资论坛上发表主题演讲，他建议：合理使用财政、金融、税收政策引导企业发展。首先要集中力量引导具有优势的绿色创新产业发展；其次是进一步落实激励企业进行自主创新、绿色创新的相关税收优惠、金融支持、政府采购等政策，同时要推动有关财税优惠政策适当向绿色创新企业倾斜，尤其是向有重大影响的高科技绿色创新项目倾斜。

王连洲：政策要向促进经济转型的绿色创新企业倾斜

　　回顾多年来，中国不惜以高投入、高消耗、高污染、低效能的方式，通过多年持续增加固定资产投资特别是房地产投资以拉动GDP增长的粗放模式，使中国的经济体量跃升至世界第二位，成就巨大而辉煌，国家的面貌发生了翻天覆地的变化。但是谁都难以回避的是，中国人为此付出了生存环境严重恶化、经济下滑并由此伴生出"三去一降一补"一系列非常艰难的问题，而这些需要几代人去面对、承受和忍耐，代价是巨大的。

　　我看到国际融资组织50评委专家团和独立评审团评选出的历届"十大绿色创新企业"，几乎都是开发社会急需的新材料、新工艺、节能减排、创造新财富、增益绿色环境保护的实践者和贡献者。由此不禁令人反思，如果几十年来，哪怕拿出只占房地产等固定投资的一小部分，用于扶持绿色创新行业的科研和发展，以提升人们的福祉为重，以满足和挖掘市场需求为动力，着力实体经济的进步和提升，充分有效地利用自然资源，调动和发挥绿色创新行业企业家们的主观能动性和内生积极性，那么，国家的经济发展水平、自然生态的维护、人们的生存环境、社会的安定状况是否会比当下要稍好一些呢？

　　大力发展绿色创新行业，是人民的希望之所在、福祉之所在，也是维护绿水青山蓝天的美好自然环境的需要，更是理顺中国经济发展格局的必由之路。

绿色创新行业发展已处于重要地位

第一，从执政理念到政策层面进行调整。2015年10月30日，党的十八届五中全会审议通过的"十三五"规划建议，将绿色作为与创新、协调、开放、共享并重的五大发展理念之一，把生态环境质量总体改善列为全面建成小康社会的奋斗目标，对生态文明建设和环境保护做出一系列重大安排部署，提出加快补齐生态环境短板，加大环境治理力度，以提高环境质量为核心，实行最严格的环境保护制度。为当前和今后的环境保护工作提供了根本遵循的基本原则，并为大力支持绿色企业创新发展提供了政策理论依据。

理念是行动的先导，党的十八大以来，提出一系列理念，坚持"绿水青山就是金山银山"，从根本上更新了我们关于自然资源无价的传统认识，打破了把发展与保护对立起来的思维束缚，指明了实现发展和保护内在统一、相互促进和协调共生的方法论，这也是党的十八届五中全会提出绿色发展的根本要求。

将绿色发展作为"十三五"期间乃至更长时间必须坚持的发展理念，是中国发展理论的丰富和重大创新，是执政理念和方式的深刻转变，同时也是制度的创新。制度的创新与认识的变革，引领企业的创新与变革。绿色创新型企业符合国家不断出台的政策导向，同时也是经济新常态发展下的必然抉择。

第二，推动绿色创新行业发展，创造人类宜居的美好生存环境任重道远。人类经济发展的历史证明，发达国家在发展过程中通过对外扩张，向后发国家转移污染企业和技术，在优化自身生存环境的同时，也输出了污染。作为负责任的发展中大国，我们不可能重复这些国家扩展式的发展模式，更不能让子孙后代承担我们过度使用资源和破坏环境所造成的恶果。

因此，大力支持绿色技术的创新和绿色企业的发展是经济发展和行业发展的必然趋势。中国经济的可持续发展没有老路可循，必须走创新之路。国家和经济社会的现状引出了政策导向，作为负责任的大国，通过绿色"创新"型经济的崛起是必经之路，是必选之路，是新常态下可持续发展、可持续增长的"源动力"，也是提升中国经济的"根本动力"。

绿色创新企业是绿色行业里面的"拓荒者"，而"拓荒者"是具有创新精神的企业，这种企业常常是充满活力的中小企业，所以在发展过程中也面临一系列的问题。

第三，政府对于绿色创新企业的实际扶持，心有余而力不足，方式很单一。政府引导绿色创新企业发展，目前还主要集中在"免税"上，其他多为"务虚"措施。在分税制下，地方有权力免掉的部分是有限的。减免税方面，主要涉及两个税种，增值税和企业所得税。这两个税种，地方留存的部分具体比例如下：增值税：75%入中央级国库、25%入市（或区、或县）级国库；企业所得税：60%入中央级国库、15%入省级国库、25%入市（或区、或县）级国库。

由此可见，地方有权力支配的比例过小，即使全部免掉地方留存部分，对一个初创企业的发展也无实质意义。何况，企业在发展初期，以投入为主，实际上并不涉及企业所得税，所以税收方面的优惠并不能给企业带来实惠。特别是研发投入严重不足。绿色发展一定要靠科技的支持，科技一定要研发。研发在短时期内无法获得回报，并且投入需要持续性，这就

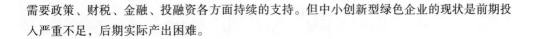

需要政策、财税、金融、投融资各方面持续的支持。但中小创新型绿色企业的现状是前期投入严重不足，后期实际产出困难。

支持绿色创新企业，实现中国经济的可持续发展

第一，除了在宏观政策大方向、财政政策上予以引导，微观的资本、资金及金融服务等方面也非常重要。只有多管齐下才能起到支持绿色创新型企业发展壮大的作用，目前推动的"绿色金融"，正扮演着推进器这一重要角色。

从全球市场来看，绿色金融在全球已经得到了一定发展，在金融和投融资方面出现了包括绿色贷款和其他绿色 PE、绿色 ETF 指数等一系列的创新支持模式。而中国，虽然由国家资金作为扶持绿色产业改革的主导者，资金量却远远未达到市场需求，在模式上也和国外先进的绿色金融体系有很大差异。中国绿色产业对于资金的渴求程度非常明显："十三五"期间，中国绿色产业每年投资需求在两万亿元人民币以上，而财政资金只能满足其中 10% ~15% 的投资需求，巨大的投资缺口需要由多方面的资金源来填补。

中国绿色创新型企业的发展需要更多的资金支持，尤其是作为直接融资手段的股权融资，有助于减少企业融资成本，提高企业融资效率，这是促进绿色创新企业大力发展的重要一环。国家已经出台而且必将会出台更多相关绿色金融支持政策和相关金融产品，逐步撬动更多的社会资金进入绿色产业，支持清洁能源、低碳交通、能效建筑等行业发展，帮助中国绿色产业实现更快发展。

第二，合理使用财政、金融、税收政策引导企业发展。首先要集中力量引导具有优势的绿色创新型产业发展；其次是进一步落实激励企业进行自主创新、绿色创新的相关税收优惠、金融支持、政府采购等政策，同时要推动有关财税优惠政策适当向绿色创新型企业倾斜，尤其是向有重大影响的高科技绿色创新项目倾斜。据资料显示，我们国民经济当中 80% 的利润流向了金融，这使得我们的资产结构严重失衡，很多的资金都没有落地生根，没有给予实体经济和绿色企业创新足够的支持。

第三，拓宽融资渠道。其方式主要包括：一是设计和研发多样型金融创新产品；二是降低门槛，放宽领域，允许并鼓励民间资本参与和主导投资，完善相关机制；三是政府相关部门和金融监管部门要加大对地方性中小金融机构的政策扶持力度，为绿色创新型企业融资开辟"绿色通道"；四是建立多形式、多层次融资担保体系，开展系列银企对接活动，积极搭建区域性融资平台，设立绿色专项投资基金为投资机构提供优质投资技术并推荐优秀绿色创新型企业。

第四，着力提高绿色创新企业的技术创新研发能力。通过贷款贴息、委托开发等方式，支持、引导创新型企业加大技术创新研发投入，积极开展企业管理创新和经营模式创新等；充分利用技术改造；搭建产学研技术创新合作平台，促进资源共享。

第五，加强人才引进与培养。在具备条件的绿色创新企业建立重点实验室、工程中心等基地；搭建与国内外高等院校、科研院所等智力型机构之间的人才交流和合作平台，促进技

术成果转化；推动企业之间人才交流与合作。

第六，鼓励创新型企业积极开拓国内外市场。一是多方位、多渠道拓展新兴海外市场；二是加大力度支持企业通过电子商务平台扩大产品销售；三是积极利用深圳市前海深港合作优势，为创新型企业开辟海外市场提供平台。

第七，完善有助于绿色行业发展的法律制度。绿色创新企业的发展不仅需要法制来做基础，也需要政府、市场、企业多方合力，还需要环保理念和信息披露，同时也需要多方努力帮助绿色创新企业健康快速发展。

绿色创新型企业的发展，不仅解决了新常态下企业、经济发展的问题，也解决了经济增长中的健康问题，新常态下中国经济要转型，要保可持续发展，绿色创新型企业是完全契合新时代的要求与期许的，必将成为未来中国经济可持续发展的绿色引擎，将中国的经济巨轮推向更美好的远方，实现经济效益、社会效益和环境效益的"共赢"。（摘编自《国际融资》2016 年第 8 期，张宇佳根据王连洲演讲整理编辑，杜秋摄影）

点击王连洲

王连洲先生 1964 年从山东财经学院财政金融专业毕业后，长期在中国人民银行总行印制系统工作。1984 年调任全国人大财经委工作，历任办公室财金组组长，办公室副主任，经济法室副主任，研究室负责人、正局级巡视员。他是首部《中国证券法》《信托法》《证券投资基金法》起草工作小组组长，为规范中国资本市场发展做出了努力。

自国际融资 2011 年策划推出"十大绿色创新企业"评选活动以来，王连洲先生是国际融资"十大绿色创新企业"评选活动连续 10 届（2011-2020）独立评审团专家，他关切绿色创新企业面临的困难与瓶颈，并为此多次提出思路与建议，呼吁有关部门出台相关政策，支持创新企业绿色发展。（艾亚文）

　　南开大学教授、中国财富经济研究院院长陈宗胜在2017（第8届）清洁发展国际融资论坛上发表了题为《加强金融监管与底层金融市场体系的创新》的演讲。他表示，只有从基层不规范的基础上发展起来的底层金融创新、金融市场体系得到日趋完善，才能真正使中小微实体企业得到有效支持，才能发展成中大型企业，成为国民经济的主体和支柱产业，使整个实体经济得到更好的发展。

陈宗胜：加强金融监管与底层金融市场体系的创新

　　第一，关于中国金融领域的监管问题。2017年是中国金融领域严加监管的年份，这次金融监管具备了"全面、纵深、从严"的特点，总体来说就是"严监管、治乱象、防风险"。中国银监会先后密集发布了七大文件，旨在防范风险，强化遏制风险源头等，所针对的问题包括金融机构的自娱自乐、表外循环、资金空转等，以及在互联网领域打着创新的名义制造各种市场乱象。有专家说，中国的金融领域有点儿像政治领域，都是野蛮生长了近20年，现在到了需要整顿与规范的时候。人们都会支持中国政府的反腐倡廉，如果不反腐倡廉，就可能导致中国政治制度出现问题。金融领域也一样，就应当同政治领域一样治理，否则中国金融领域的健康发展也会出现问题。

　　但是，监管必须得有监管理念，在监管过程当中是扶持性监管、引导性监管，还是干脆不管，最后一刀彻底杀死都属于不同的监管理念。我认为中国在金融领域的监管应该是服务性、引导性的监管。

　　第二，中国金融市场的体系特点，是改革开放以后从市场经济发达的国家借鉴过来的。发达国家历经几百年所形成的市场体系可以让我们拷贝过来，简单地照搬。中国的工、农、中、建、交几大银行大都是新中国成立以后成立的，保险公司成立的时间要晚，而中国的证券、期货市场建立更晚。中国金融市场体系的特点可以简单概括为"高大上、白富美"，是我们把发达国家的皇冠明珠摘下来套在了自己头上。但是，我们国家却缺乏各种基础，底层市场体系不完善，还需要补课。底层市场的不完善导致对中小微企业的服务始终不到位，虽然大银行、大保险公司都希望为中小微企业服务，但主观上就行不通。所以中国的大银行、大保险、大证券、大期货机构的服务对象就是国有企业、大企业、国家和政府部门，而服务于中小微企业时总是显得笨手笨脚。其实这些大机构们在主观上也想服务，毕竟在国家多年的政策方针引导下总想跃跃欲试，但终归无能为力。中小微企业到最后也没有得到充分支持，因为这些大机构"出生"的根本使命就是服务于大企业，这是其本身特点决定的。因此，金融改革应从建设底层市场基础做起。举个例子，中国工商银行在中国从上到下有上万个营业点，几十万人，是否把这些点设在中小微基层就能服务到小微企业呢？虽然已经开始这样做了，但点设得再多还是得听命于总部，不具备与底层的密切联系。因此，中国金融的底层市场特点就是不健全、不完善，比较虚弱，需要打扎实。

实际上，在市场经济发展的过程当中，大银行的根是社区银行，社区银行的特点就是熟悉经济和信用数据。大银行没有发挥为中小微企业服务的力量就是因为它没有解决信用问题。而社区银行服务于社区，很清楚每个人的信用情况。中国应该认真研究一下发达国家的市场经历了几百年的基础是什么？不能简单只拿到明珠就以为拿到了整个皇冠，皇冠上的明珠只有皇冠能相配，其他的冠驾驭不了。无论是股权、证券市场，以及中国的上海证券交易所、深圳证券交易所、北京产权交易所的监管和运行规则都是从发达国家的皇冠上摘下来的。中国虽然是全球第二大经济体，但还是发展中经济体，市场也是发展中的市场，所以要从基础开始做。

其实，真正为中小微企业股权市场服务的不是股票市场，股票是大批量的高端交易，股权交易也通常是大额的。近些年，中国各地方的股权市场都希望创新，但结果并不理想，还需监管方给予适当扶持，为各地的股权市场引导正确理念。目前中国一个省份的股权市场无法在另一省份交易，这就形成了硬性切割，这样的市场不会对小微企业起到扶持效果，解决之道还待认真研究。而期货市场也存在问题，中国有几个大型期货市场，期货市场的根基是商品市场，商品市场对接的是各种各样的商店，可是从直接取货、拿货，过渡到期货市场，这中间没有任何环节。半年交割的是期货，三个月、两个月，甚至一个星期交割的也是期货。可发达国家从现货市场到期货市场是有若干链条的，是经过几百年才逐渐发展起来的，如果没有链条就没办法服务于中小微实体经济。因此，中国要具备市场基础，不能现场现付，任何产品交易不能都定义为期货。期货市场需要标准化，但标准化后就都是期货吗？应该对期货重新定义，应该明晰交易中哪些环节属于商品交易、现货交易，应该怎么对待期货？其实商品可以在很多地方交易，不一定都要拿到大的交易所内，中小微企业也同样需要。市场不应仅服务于皇冠上的明珠，皇冠也需要有自己的身份、主体、根基，而根基就在基层。因此，中国要注重底层金融体系的创新，创新都是从底层开始的，金融创新也是基于传统金融的理论体系，中国要从底层扎扎实实地打好基础。

第三，中国底层金融体系不足，很多地方尚需创新。比如创新都是从不规范到规范的演化过程，好似中小微实体企业很多不太规范，银行也都在抱怨，没办法给予其贷款，不是账目缺失就是偷税、漏税。但是发达国家的中小微实体企业也同样不规范，没有完整账目，同样偷税、漏税。要求中小微实体企业逐渐规范的方向没有错，但必须承认现实往往不是完美的。中小微金融企业都是从基层出生，从不规范到规范发展需要过程，因此，监管部门要加强监管，还要注意培育扶持，只有从基层不规范的基础上发展起来的底层金融创新、金融市场体系日趋得到完善，才能真正使中小微实体企业得到有效支持。中小微实体企业只有得到有效支持，才能发展成中大型企业，成为国民经济的主体和支柱产业，那时银行、保险、证券等机构也可以为他们更好地服务，使整个实体经济得到更好的发展。（摘编自《国际融资》2017 年 第 8 期，曹越根据陈宗胜演讲整理编辑，杜秋摄影）

点击陈宗胜

陈宗胜先生是经济学家，经济学博士、耶鲁大学博士后；现为南开大学教授、博导、中国财富经济研究院院长，兼任北京大学、清华大学、天津财经大学、东北财经大学、综合开发研究院（中国·深圳）等多个研究机构的特聘教授。曾任南开大学经济研究所所长、天津经济杠杆学会会长、天津市经济学会副会长、天津市农业农村委员会顾问，天津市政府副秘书长（正厅级）、天津市发展改革委副主任，以及天津市政协常委、委员、天津市科协常委等职，为天津新时期的金融、财税、社保、审计、高新技术等经济发展做出了贡献。

他曾首批入选国家"跨世纪人才工程""百千万人才工程"第一层次人选，研究方向侧重经济发展与收入分配、体制改革与市场化测度方面；出版中英文著作 30 多部，发表论文300 多篇，先后获得中国经济学最高奖"中国经济理论创新奖（2017）""孙冶方经济科学奖（2002）"及其他国家级和省部级奖励 20 多项。其中关于市场化理论及"经济体制市场化测度体系与方法"，被国家领导在学术研究和论文中高频次引用；20 世纪 80 年代中期，他提出的关于"公有主体混合经济理论"，已被党的十五大文件作为国策实施，并记录在中国经济学说史中；而关于"公有经济收入分配倒 U 理论"则在国内外产生广泛影响，被称为"陈氏倒 U 曲线"。

陈宗胜先生也是国际融资"十大绿色创新企业"评选活动连续 6 届（2015—2020）50评委专家团专家。

中央财经大学金融学院教授、证券期货研究所所长、全国政协委员贺强先生在 2017（第 8 届）清洁发展国际融资论坛上发表了主题演讲。他认为："应思考怎样对互联网金融这种金融创新进行科学、合理的监管，保证管而不死，活而不乱？如何根据互联网金融不同业务的特点，避免监管的一刀切？如何将互联网金融监管细化落实，实现合理有效监管？"

贺强：金融监管应管而不死，活而不乱

科技进步推动了金融不断创新。金融发展历史就是金融创新的历史。金融的不断创新，实际上是不同时期的高科技不断向金融领域渗透的结果。例如，从货币创新演进的历史上看，最早的货币是一块金条，这与当时冶金技术的发展密不可分。后来，出现了铸币，这与当时铸造技术的发展密切相关。当人类社会进入到纸币阶段，这与当时印刷技术的进步密切相关。而电子货币的出现，完全是依赖电子计算机技术的推动。目前由于区块链技术的产生，又为数字货币的发展提供了保障。

互联网信息技术极大地推动了金融创新与发展。在 21 世纪的今天，金融撞上了互联网，在互联网信息技术的推动下，金融产生了新的业态，即互联网金融。例如，支付宝、余额宝、佣金宝以及互联网保险，等等，同时也出现了互联网金融点对点借贷平台（P2P）与互联网众筹等新的投资方式。随着互联网信息技术从有线网向无线网的迅猛发展，金融服务形成了极高的渗透率。在有线网的条件下，金融服务信息可以渗透到我们每一个企业、每一个家庭。但是，在无线网的条件下，金融信息可以直接渗透到每一个人。不管在喜马拉雅还是在天涯海角，不管身处静态还是动态，只要有一部智能手机，就可以随时接收信息、处理信息、传递信息。在这种条件下，中国的金融服务达到了极致，推动了普惠金融的迅猛发展。

例如，支付宝利用无线网与智能手机，不仅把金融服务从城市推向了农村，而且已经从中国推向了世界。

目前，支付宝已经迅速占领了印度等一些国家的金融支付市场。支付宝的点击率已经超过 MST，而且仅次于 VISA，名列世界第二。如果说中国的金融有哪一个领域能够与美国分庭抗礼，在全世界领先，那么，只有依托互联网信息技术的第三方支付。

在 2010 年，央行组织了由时任副行长刘仕余作为团长的八部委考察团，到杭州考察了支付宝。在考察现场，刘仕余团长当场宣布："中国人民银行决定给支付宝发放第一块业务牌照。"从此，支付宝进入了规范发展阶段，又创新出余额宝。余额宝截至 2017 年年中的资金规模已经达到 1300 亿元，管理余额宝的天弘基金公司，已经成为中国最大的基金管理公司。由于央行及时对第三方支付进行了监管，因此，第三方支付行业到现在也没有发生重大的金融风险案件。

但在前几年，P2P 也出现了野蛮发展的状态。可惜许多人把 P2P 看成是金融创新，只能鼓励而疏于监管，因此产生了一系列重大的金融风险案件。事实证明，对金融创新监管与不监管，导致的结果完全不同。

目前，业界对金融创新与金融监管均产生了迷茫与困惑。前几年，大家认为互联网金融是一大金融创新，因此提出了要大力发展互联网金融。但是随后由于 P2P 在发展中出现了问题，因此把大力发展改变为规范互联网发展。而由于近两年 P2P 缺乏监管，引发了一系列重大金融风险案件，因此又提出了要防范债务违约、影子银行与互联网金融的风险。短短几年，业界对互联网金融态度的不断改变，使许多人认为互联网金融已经变成了贬义词。因此，有些人又把互联网金融改为了更加创新的概念。例如，金融科技、科技金融、电子金融与数字金融，等等。这么多的金融创新概念与互联网金融有什么相同？有什么不同？这一系列新概念之间有什么差异与区别？人们已经陷入了混乱与迷茫。

由于 P2P 不断引爆重大的金融风险案件，于是中国开始加强对互联网金融的监管。但是，对于互联网金融这种金融创新，如何科学合理监管，保证管而不死，活而不乱？如何根据互联网金融不同业务的特点，避免监管的"一刀切"？如何将互联网金融监管细化落实，实现合理有效监管？

面对这一系列监管创新中的问题，人们又困惑了。例如，2017 年是严监管、防风险之年，有关部门要求第三方支付存入银行的备付金不付利息。过去是付利息的，现在可能需要一步一步来了解，存款有息是原则，可是第三方资金备付金不付利息，将会导致一系列问题。比如第三方支付可能就会低成本运作，丧失了竞争性，也不可能更好地推动它的发展。

此外，目前有关部门对基金等提出了增值税，因而引起广泛争议。按道理讲，理财产品的收益应该属于投资者所有，不属于基金管理公司或者机构。理财产品增值了，收基金管理公司或者机构的增值税从客观上来讲是不合理的。对于这个问题，最近有关税务部门已经决定一律先简单征收 3%，可能今后增值税会延期征收。但增值税到底应不应该收确实值得探讨。还有很多类似在严监管之中的金融监管创新都值得研究与思考。

希望中国监管部门对加强金融监管过程中产生的新问题，应当及时进行研究，妥善加以解决。（摘编自《国际融资》2017 年第 8 期，曹月佳根据贺强演讲整理编辑，杜秋摄影）

点击贺强

贺强先生是中央财经大学金融学院教授、博士生导师，中央财经大学期货证券研究所所长、十一届、十二届、十三届全国政协委员。

他从教 36 年，发表学术论文、论著 500 余篇。国家级、省部级与其他课题 20 余项，出版专著、教材 40 余部。在做好教学科研工作的同时，他发挥专业优势，围绕金融证券领域以及绿色发展领域的问题，先后在"两会"上向全国政协提交了 84 个提案，参事建议多项。许多提案被政府部门采纳，多项参事建议获北京市领导的批复，为中国金融市场的稳定发展，为首都经济社会建设做出了积极贡献！

贺强先生也是国际融资"十大绿色创新企业"评选活动连续 10 届（2011—2020）50 评委专家团专家。（艾亚辑）

　　丝路产业与金融国际联盟执行理事长、莫干山研究院院长、国家开发银行原行务委员郭濂先生在2019（第10届）清洁发展国际融资论坛上发表了主题演讲。他指出，如何把生态场景转化为经济场景？如何把生态资源资本转化为可到银行做抵押、质押的担保品？这是世界性难题，但是必须要做，所以绿色金融要在这方面建立技术、交易、政策、考核体系，最关键的是生态产品的转换与价值实现，是基于土地权属的生态场景市场交易机制。

郭濂：充分利用绿色金融手段建设美丽中国

　　目前，中国绿色金融是领先于世界的，主要标志有中国金融学会绿色金融专业委员会成立，以及出台了一个关于建立绿色金融体系的指导意见，以及关于"一带一路"绿色投资原则。中国倡导的关于7项绿色金融的倡议，进入了G20公报，并为G20提供了绿色金融的框架，另外在5个省实行了绿色金融试点。目前绿色金融贷款已经超过了10万亿元，绿色金融债券余额超过6000千亿元，现在绿色金融贷款已经占了10%，部分银行绿色金融贷款已经超过了50%，债券余额现在是6500亿元以上，占全球绿色债券发行的20%，碳交易也在2亿元以上，绿色股票、绿色保险、国际合作目录得到了推进。

　　关于绿色金融存在的问题，我提出下面几条建议：

　　第一，建议因地制宜、因事制宜，推广绿色金融。目前中国已经出台了一系列至关重要的绿色金融指引和规范性文件，但是执行的时候要有所区别，要实施总体一致、个性区别。比如中国东部地区财力雄厚，地方政府可为绿色金融提供基金担保、财税等支持，但是西部地区就不能提这种过高的要求。现在有的专家建议在绿色金融方面要与世界标准接轨，按照目前中国的绿色金融发展的势头以及发展的现状来看，应该说需要与世界标准接轨，主要是使中国的标准成为世界的标准，但又为什么说不能过度地讲和世界标准的接轨呢？因为现在有的发达国家已经越过了污染治理阶段。主要是在气候治理这方面，气候治理、自然保护和可持续发展，中国的绿色金融目前主要是要解决环境的改善，资源节约高效。发达国家直接将化石资源定义为非绿色，中国虽然已经尽了最大能力，到了2017年的时候，中国的煤炭仍然占能源比重62%，所以我们如果把化石资源直接定为非绿色，那么很多工作就没法做了。例如，目前有一些金融机构只要一听说项目和煤炭钢铁有关就不给贷款。在中国，绿色金融应该是只要投资能够节约化石能源的使用量、降低单位能耗，或者化石能源进行清洁使用的，都应该属于绿色，这就如同讲白藕生于污泥中，就说白藕也是黑色的，所以这种情况应该要有所改变。另外，国外对绿色金融的支持有各种手段，但是在中国，最需要的是直接减免增值税。

第二，倡导绿色消费，生产绿色产品。绿色消费又称为可持续消费，是从保护健康和生态环境为出发点的，现在讲绿色生产比较多，但是讲绿色消费比较少。绿色金融要发放绿色消费生产信贷，发放绿色消费债券和基金，支持绿色建材，绿色节能节俭生产，推行包装物减量化，为个人发放优惠的绿色消费信贷、绿色信用卡，与财政资金结合，支持消费者宣传教育工作，提高消费者绿色消费，选择环保出行，购买绿色消费商品，例如可充电电池、节能灯、垃圾分类和捐赠剩余的物品。宣传绿色金融要确权，使绿色消费成为一种新的时尚。

第三，要创新支持生态产品的形成和推广。生态产品价值是中国政府提出的创新性的战略措施，主要包括清洁的空气、水源、海岸线健康，与生态场景、工业品和服务产品是并列的，以前对生态产品不重视，是严重缺失的，所以，现在大部分公众购买产品服务时未考虑这种产品和服务在生产过程中有没有考虑是否节能、环保，没有绿色环保意识的培养。如果考虑的话，绿色消费就会促进绿色的生产，倒逼企业进行生态转型。现在绿色消费最难的是绿色产品的评估、转化推广，如何把生态场景转化为经济场景？如何把生态资源资本转化为可到银行做抵押、质押的担保品？这是世界性难题，但是必须要做，所以绿色金融要在这方面建立技术、交易、政策、考核体系，最关键的是生态产品的转换与价值实现，是基于土地权属的生态场景市场交易机制。

第四，要按照轻重缓急，做好项目排序。中国绿色金融主要支持的是可再生资源和低碳交通，比如2017年绿色债券支持可再生能源占20%~30%，低碳交通占22%，水占18%，低碳建筑占10%。绿色贷款情况也差不多。现在中国的绿色金融已经创造了世界奇迹，一诞生就排名世界第一、第二，就像小牛和小袋鼠，成长是最快的，生出来站几个小时就能走路。中国的绿色金融发展就达到了这个速度，量也这么大，但是在对绿色金融的支持的轻重缓急上，一定要体现以人民为中心，一要保证支持与人类健康关系最直接、最密切的项目。举个例子，绿色饮用水工作任重道远，要防止再出现类似辽阳和兰州大面积水污染的事件，这种事件并不少。二要保障养殖用水质量。中国的海水，淡水养殖量在世界遥遥领先，但是有的养殖水质量是令人堪忧的。比如说我最近看到一个海滩变成褐色和绿色，而前几年是白色的，后来一问，是因为过度养虾，用大量的药把海滩变色了，如果养虾把海滩变色，这种虾我们能吃吗？但是现在我们还不能辨别。还有土地，一个是耕地，中国目前有的耕地受到了重金属的污染，加上大量使用农药化肥也造成很多污染，急需进行置换或者清理。据研究抽样调查显示，中国被污染的耕地达到16%。还有一个楼房建筑用地，中国现在有的居民楼、办公楼、学校是建在原化工厂污染的原址上，美国在拉夫运河污染地上建居民楼、学校，20多年后出现了畸形儿，后来出现紧急撤离，最终这个化工厂受到了追溯。现在中国绿色金融要支持在污染工厂原址上建各种楼房，特别是学校，就要进行更加严格的检测、清理、置换，并最后验收。三要修复山水草原，比如从20世纪90年代开始，广西和广东大量引进了桉树，当地政府是给予补贴的，但是桉树吸收土地中的水，并与二氧化碳形成一种有毒的气体，现在有的地方政府已经意识到这种危害，但是为了经济效益，民间有的还在种，已经种的怎么办？所以未来就要用绿色金融的惩罚机制，杜绝民间再种桉树。

第五，运用绿色供应链技术促进绿色项目发展。绿色供应链主要是实行借贷企业信息，实现订单贷，这个基本无风险窗口，如果加上实时监控，严控资金使用去向和第一还款来源，就可以形成闭环的订单贷风险控制。现在金融机构对企业的应收账款，在这方面有一部分承认，有一部分不承认，所以有的绿色企业，特别是与我们人类的生命甚至健康最密切的中小微企业和农户，他们得不到订单贷，不要说订单贷，应收贷很多都得不到，所以我们要运用供应链金融，组成一个链条。在这方面，目前破解抵质押难的事情也是我们要支持的，现在民营企业融资难、融资贵的状况并没有得到真正缓解，抵押率只占20%~50%，即便是有特别的情况，农户抵押的占15%，银行也不愿意贷。应该说，农户的生产直接关系到我们健康生命的食品，但是他们并不具备银行所要求的正规抵押品。加上现在不少绿色产品都存在前期投入大、回收时间长的情况，所以制约了绿色产品的生产和消费。绿色金融要通过改革创新，为缓解绿色中小企业和农户的融资难做出贡献。在此建议，一是接受绿色企业和农户以水权、节能量、碳交易、排污权等环境权益作为抵押品。二是金融企业＋农户＋基地＋农民专业合作社等几种模式，农民的农机具，工商户的加工设备和运输公司的运输工具也应该可以作为抵押品，然后实行一部分的损失率的担保，造成损失以后，使绿色金融与财税结合，通过特殊的担保基金等给予补偿，使金融业对绿色中小企业及农户的抵押率，哪怕能提升10个百分点。现在的问题不是融资贵，而是根本融不到钱。三是试点开展农村集体产权、林权、土地承包经营权，农村生产实行产权抵押、农业商标权抵押、按揭等新业务，将村镇融资担保基金模式引入农村、农业领域。

最后建议，要在与人民的生命健康最密切、最直接的领域，加大支持的比重。比如绿色建筑，现在的装修材料，像甲醛、氨、苯，已经影响了居民的健康，在这个方面特别需要得到绿色金融的支持，但是这方面却没有一个专门的支持。又比如食品从养殖到入口，大约有若干环节，在这些环节上面，如何让绿色金融加上财税政策给予支持，减少有毒的食品。（摘编自《国际融资》2019年第8期，郭荣根据郭濂演讲整理编辑，杜秋摄影）

点击郭濂

郭濂先生从国家开发银行行务委员职位上退休后，比以前更忙了。他现任丝路产业与金融国际联盟执行理事长、莫干山研究院院长、中国新能源联盟副理事长，在绿色金融研究上建树颇丰，特别是绿色金融如何支持产业绿色创新方面向政策层面提出了不少好建议。

郭濂先生也是国际融资"十大绿色创新企业"公益评选活动连续3届（2018—2020）独立评审团专家，为推动绿色创新企业的发展做过不少创新战略设计。（艾亚文）

　　科学研究的目的不仅是探索未知、揭示规律，更是要善用规律推动社会进步，让成熟的科学技术原理性创新成果落地实施、惠及人民。当前高污染、高能耗是阻碍经济社会可持续发展的难解之题，一些有助于改善环境质量、实现资源再生利用的绿色创新技术却被挡在产业化门外。十二届、十三届全国政协委员、香港中国商会创会会长、香港利万集团有限公司董事长王志良先生在提案中呼吁，政府应当出台强有力的政策，支持绿色创新技术重大成果落地，并加快产业化步伐。

王志良：重落地，加快实现绿色创新技术重大成果产业化

重大绿色创新技术成果产业化需政策支持

　　提高自主创新能力、掌握核心技术是夯实国家竞争力的关键，在当今经济面临严峻挑战的形势下，必须加快推动科学技术原理性创新，特别是要有强有力的政策，支持绿色创新技术重大成果产业化，以实现制造强国的中国梦。但目前尚存在以下问题：

　　一是绿色创新技术成果受资金困扰导致中试成功后落地产业化的时间过长，发明人或持有人呈老龄化。中国在鼓励科学原理性创新，特别是在鼓励绿色创新技术成果转化方面与发达国家差距显著。针对变废为宝的资源类重大绿色创新成果转化，政府缺乏强有力的组织协调和明确的市场保护、金融财税扶持措施，加之社会浮躁心态滋生，年轻人崇尚快速复制的商业模式创新，长期蛰伏在专业领域潜心钻研的发明人、创始人趋于老龄化。

　　二是论证评估机制缺失，绿色创新技术成果价值难获认可。科学原理性绿色创新技术颠覆传统，是跨界融合的智慧结晶。传统行业专家知识界域存在局限，很难对创新成果给予客观、准确的评价，再加上缺少金融机构或专业评估机构的认可，使绝大多数创新技术很难完成产业化的第一步。

　　三是绿色创新技术成果转化因风险大而导致融资困难重重。中小企业在技术创新领域最活跃，绝大多数受困于资金短缺和知识产权价值难以量化评估带来的融资难，创新成果在产

业化临门一脚时停滞不前。产业化所需的上亿资金量让风投望而却步，银行对缺乏固定资产和信用担保的项目敬而远之，国企担心项目失败受牵连而推后或抬高合作门槛，政府在示范应用项目见效后提供的补贴无法解决燃眉之急。

为支持科学原理性绿色创新，我们应学习日本，重点攻克技术应用研究和产品与工艺的开发，在资源类绿色创新与永续发展中发挥政府强有力的作用。建议如下：

第一，全力支持民生领域资源再生利用的绿色创新成果产业化。资源代表了一个国家的国力。针对可使资源永续、循环利用的原始创新，诸如磷废渣资源化、空气水资源获取、垃圾资源化等关系到民生的创新技术，国家应纳入重点支持领域，制定全方位、优先扶持的产业政策与保护措施，推动实现其成果转化。要以市场为导向，形成绿色创新企业为主体，政、产、学、研、金融、国企多方参与合作的创新机制，加快资源再生利用技术的产业化步伐。

第二，营造公平竞争的市场环境，保护绿色创新企业科研成果。完善产权保护制度，使创业家、发明家用毕生心血研发的自主知识产权，得到法律的有效保护和社会的充分尊重；对以不正当手段窃取知识产权的个人或企业依法严惩、重罚。

第三，建立绿色创新技术成果独立评估机构，为资金提供方决策提供专业意见。为了使绿色创新技术成果价值获得专业领域权威认可，确保产业化工艺路线落地，建议由国家发展改革委指定具有较强公信力的第三方机构，如指定环境交易平台先行先试，对可以使资源永续、循环利用的原始创新成果实行免费评估与认证。在评估认证时，除引入同业专家外，还需要吸纳跨学科、跨领域、跨协会的专家、企业家、投资家和金融家，组成背景多元的评审小组，给出独立的专业意见。该意见应成为绿色创新企业获得银行信贷和绿色债券抵押认可的通行证，以及政府补贴发放和投资方决策的重要参考。

第四，发挥政府资助资金、引导基金与银行信贷、绿色债券的资金杠杆作用，助力绿色创新项目摆脱融资困境。借鉴欧洲国家对科技创新产业的政府补贴模式，将补贴节点由结果改为过程，精准扶持创新技术投产时的资金筹措难题，强化政策支持力度和引导效果。鼓励金融机构主动为中小企业排忧解难，通过推进社会信用体系建设、加强对贷款申请企业的前期考察和跟踪调查等，在合理风控范围内，为资信状况优、创新研发能力强、技术应用前景好、经济社会效益佳的企业提供金融支持，优先为解决重大民生问题的绿色创新企业开辟快速放贷绿色通道。

第五，建立支持绿色创新试错容错机制。民企创新活力强，市场应变速度快，技术变现盈利能力强，但资金严重匮乏；国企有国家信用背书，资金实力雄厚，对重大民生项目投资义不容辞，对国有资产有保值增值责任，但创新活力不足。在解决民生的资源再生利用技术创新成果转化方面，双方合作完全可实现优势互补。建议国有资产监督管理委员会（简称：国资委）为此类成果转化建立试错容错机制，免除国企负责人因所投项目的设备或工艺路线一时失败而受到终身追责的后顾之忧，同时项目合作初期限制国企控股，以充分保护民企的创新积极性。若项目未达预期，应鼓励国企继续合作，并按事先约定，收回民企部分股权和技术，主导下一步技术改良与应用推广，直至成功。这样既为民企解融资之困，又为国企获取高收益创造机会，符合风险共担、利益共享的竞争中性原则。

第六，推进科学创新教育改革，培养适应技术创新需求的复合型人才和产业工匠。从义务教育阶段起，开发学生的想象力和创造力，培养批判性思维和探索钻研精神，锻炼创新思维能力以及新技术与需求的整合能力。高等教育和职业教育注重培育跨学科领域复合型人才和产业工匠，为企业自主研发和产业化运营提供可持续的人力资本，避免重蹈英国 20 世纪初因科技创新中心转移导致产业衰落之覆辙。

发展绿色能源 5G 基站技术，加快新基础设施建设

中国正处于第五代移动通信技术布局变革的大时代，2019 年 10 月 31 日 5G 商用在中国国内正式启动，各行业也迎来 5G 时代的深刻变革升级。但 5G 基站典型功耗是 4G 基站的 3 倍左右，而在同样覆盖目标情况下，5G 基站数量是 4G 的 3 ～ 4 倍，由此计算，5G 基站整体能耗将是 4G 的 9 倍以上。2018 年三大运营商基站耗电约 270 亿度，总电费约 240 亿元，据此推算，5G 基站的能耗将达到 2430 亿度，总电费达 2160 亿元。高额的电源扩容成本及庞大的用电成本，成为 5G 基础设施建设的"拦路虎"。

目前，在 5G 基站建设一线的高新技术企业已经意识到通过整合光伏、风电等绿色能源技术才是解决 5G 基站等基础设施电力增容、高耗能问题的根本路径，并推出了一系列绿色能源 5G 基站创新技术，如整合聚氨酯和耐候钢复合杆塔技术、轻量级薄膜光伏技术、垂直轴微风发电技术等核心技术。但在推进绿色能源 5G 基站创新技术发展中还存在诸多问题：

一是行业主管部门和各级政府存在财政补贴误区。目前业界惯用做法是利用优惠政策降低基站电价，各地陆续出台 5G 用电相关的专项优惠政策，但此举并未从根本上解决 5G 基站高耗能问题，不仅不可持续，还给政府带来较大的财政压力。

二是绿色能源 5G 基站建设创新技术尚缺乏统一的行业标准、国家标准。虽然创新技术的成本的经济性和技术可靠性已在行业内部得到确认，但在市场推广过程中遇到标准不完善、政府不重视等问题，好的技术无法大范围推广应用。

三是绿色能源 5G 基站建设创新技术缺乏规模化生产的工业基地。受制于资金规模、技术设备和市场推广等问题的制约，绿色能源 5G 基站建设技术产业化和规模化程度尚不高。

针对绿色能源 5G 基站建设技术发展及推广过程中存在的问题，提出以下建议：

第一，行业主管部门和各级政府应该重视依靠绿色能源技术解决 5G 基站高耗能问题。

工业和信息化部（简称：工信部）、国家发展和改革委员会（简称：发改委）、科学技术部（简称：科技部）等国家主管部门及各省、地级市等地方政府应在 5G 基站建设的档口，更加重视绿色能源创新技术的应用，加大绿色能源 5G 基站在整个基站建设中的比重，尤其在微微站应用场景中，建议全部或大部分使用绿色能源，并将其纳入强化生态文明建设政府考核约束。尽快出台国家、省、市的相关专项政策，支持依靠绿色能源技术解决 5G 基站高耗能问题的绿色创新企业，走出财政补贴误区。

第二，中国铁塔公司及行业协会应加快制定绿色能源 5G 基站建设技术的相关行业标准、国家标准，推动绿色能源 5G 基站技术的市场发展。针对标准缺位、好的技术得不到市场认可、

市场推广困难的问题，铁塔公司应结合行业协会并联合民营企业的力量，在复合材料杆塔、绿色能源应用层面尽快制定相关行业标准、国家标准，推动绿色能源 5G 基站新技术发展，尽快解决 5G 基站能耗高的问题。

第三，积极推进绿色能源 5G 基站创新技术工业基地建设，促进绿色能源 5G 基站基础设施建设集成技术产业的发展。工信部、发展改革委国家能源局应积极支持集设计、投资、生产、施工于一体的 5G 基站创新技术工业基地建设，切实加快绿色能源集成技术在 5G 基础设施建设及运维过程中的深入应用。推进绿色能源 5G 基站建设及装备制造、绿色能源建筑一体化智慧园区建设，提高工业化、装备化水平，推进绿色能源革新，大力发展光伏、风电、储能、新材料等集成新技术在 5G 基站建设中的应用。

第四，拓宽融资渠道支持绿色能源 5G 基站创新技术。充分发挥绿色债券、绿色信贷、绿色股权基金、碳金融等金融产品的作用，鼓励更多政府引导资金、社会资金支持绿色能源 5G 基站新技术的研发、装备制造、项目建设和市场推广；国家税务总局、央行应以税收优惠、低息绿色贷款政策支持企业投资绿色能源 5G 基站建设；同时降低行业准入门槛，引入更多社会资本，使其他经济实体、金融机构等通过政府和社会资本合作模式（PPP）、基础设施特许权（BOT）、入股、融资等多元化方式参与绿色能源 5G 基站建设，以缓解 5G 基站基础设施建设巨额投资压力。（摘编自《国际融资》2019 年第 4 期、2020 年第 6 期，铮嵘、石尚根据王志良全国政协提案整理编辑，杜秋摄影）

点击王志良

王志良先生现任香港利万集团有限公司、德基投资有限公司董事长兼总裁，香港中国商会创会会长，十二届、十三届全国政协委员。在任全国政协科技界别委员期间，王志良先生认真履行委员应尽职责，提交了 10 余个与科技创新、环境保护有关的提案，部分提案受到相关职能部门的关注。（艾亚辑）

投资有道篇

无论是战略投资还是财务投资，也无论是风险投资（VC）还是私募股权投资（PE），把握全球未来趋势、关注行业下一个引爆点，永远是投资人聚焦的方向

　　国家开发投资公司（简称：国投）经历 15 个春秋的不懈拼搏，由"拾遗补缺"的地位，走上了中国经济的中心舞台。在这个发展历程中，国投通过"资产经营与资本经营相结合"，完成"股权投资—股权管理—股权经营"的良性循环，用 400 多亿元的国有资本引导和带动超过 3000 亿的资金进入国家鼓励发展的经济领域。实业、金融服务业和国有资产经营，已构成了国投的业务框架。国投能够成为一家有影响力的大型国企，能有今天的发展水平，取决于该公司不断完善发展战略，正如时任国家开发投资公司董事长王会生在其《不平坦的道路 不平凡的征程——写给我们一起走过的 15 年》一文中所说："国投是国家的公司，要实施大战略，发挥大作用、大影响。"在国投近年来的新发展战略中，节能环保新能源和"走出去"成为两条主线。这里的节能环保新能源战略和国家发展低碳经济的战略相吻合，对国投来说，一方面是指存量资产通过开展节能环保的技术改造，减少排放，降低能耗，向资源节约型、环境友好型企业转变。 另一方面，是指在未来产业发展中，国投重点开发节能环保和新能源，包括海水淡化、风力发电、太阳能发电、生物酒精、调速电机、低温余热发电等。正是在这个战略主线的指导下，国投做了大量富有成效的探索。也就有了国投的绿色发展之路，以及不同凡响的影响。

国家开发投资公司的绿色发展之路

在不断完善战略中突出绿色，着力低碳发展

　　国投认为：思路决定出路，战略决定未来。国投自觉将企业发展融入经济发展方式转变之大局，不断完善企业发展战略，特别是国投紧紧抓住低碳经济发展的机遇，坚持绿色投资原则，积极调整投资结构，主动跟踪和投资于低碳技术发展，努力实现经济效益与社会效益、生态效益的统一。国投认真贯彻落实科学发展观，以节能减排为重点，全力推行清洁生产，把节约能源、提高能效、减少环境污染作为企业持续、健康发展的内在动力，全面加强环保建设，大力发展循环经济，推进技术创新和管理创新，全面落实节能减排责任，进一步提高了发展质量。

以节能减排为重点，全力推行清洁生产

2007年4月，国投及子公司和控股投资企业相继成立节能减排工作领导小组，落实分级负责的工作责任。建立了能源消耗、主要污染物排放统计报表体系。制定了"十一五"节能减排总体目标，将年度节能减排考核指标分解并纳入年度绩效考核。

他们大力开展节能技术改造，优化发电机组运行方式，提高机组能源利用效率。严格执行环保设施"三同时"制度，加大对新、改、扩建火电燃煤机组环保设施投入力度。2009年，投入节能技术改造（简称：技改）资金5100多万元，实施机组汽轮机通流部分改造、燃烧优化、冷却塔改造、电除尘节能优化、热力系统节能技术改造等项目；投资2.9亿元完成了最后5台火电燃煤机组脱硫改造，实现了国投全集团火电燃煤机组脱硫装备率100%。

2009年，国投火电机组供电煤耗330.56克标准煤／千瓦时，同比下降2.31克标准煤／千瓦时（比全国平均水平低11.44克标准煤／千瓦时，处于行业较好水平），相当于年节约标准煤15.49万吨、减少二氧化碳排放约40万吨。二氧化硫排放量4.98万吨，同比下降6.73万吨。火电燃煤电厂二氧化硫排放绩效值为0.99克／千瓦时，同比降低63%。二氧化硫减排成效显著。

研发推广节能环保新技术

国投拥有一批具有自主知识产权的节能环保技术，成功实现多项节能环保技术产业化应用。拥有烟气余热综合利用装置、多重供热余热锅炉、纯余热回收发电用冷凝式汽轮机等5项专利，自主研发的具有国际领先水平的低温余热发电技术广泛应用于钢铁、冶金、建材、有色、石化等行业，已承接工业低温余热发电项目14个。还拥有开关磁阻调速电机技术专利24项，多个系列产品批量用于机床、煤炭、石油、电动汽车等行业，并远销欧、美、亚各大洲，有力推动了节能电机技术推广和电动汽车等新兴产业发展。

珍惜资源、保护环境

国投坚持绿色投资理念，高度重视环境保护，走低碳经济之路，加大污染治理力度，努力提高能源使用效率。

国投十分珍惜煤炭资源，推进资源节约型和环境友好型企业建设。利用先进技术提高回采率。2009年该公司煤矿采区回采率81.80%，其中：厚煤层79.55%、中厚煤层82.58%、薄煤层86.29%，全部达到煤炭工业矿井设计规范，处于行业较好水平。

还积极开展煤矸石综合利用，共有57万千瓦的煤矸石发电机组投产发电，2009年利用煤矸石制砖2.6亿块。煤矿企业煤矸石及煤泥综合利用率达到62.49%。另有27万千瓦煤矸石发电厂正在建设中。而且，国投较大规模利用煤层气发电项目正在各煤矿逐步展开，瓦斯综合利用率已达到40%。

另外，国投采用先进技术和工艺对矿井水进行无害化处理，并用于井下消防、降尘、电厂生产用水和选煤厂补充用水，矿井水综合利用率达到70.73%。

经典投资项目，体现非常绿色

善待环境，是国投的投资哲学。无论是什么产业、在什么地方，保护环境被国投视为致力追求的目标。在国投的重点投资项目中，绿色投资原则始终是被强调和贯彻的。这里不妨介绍国投的 4 个项目。

案例 1: 二滩水电开发有限责任公司开发雅砻江流域水能项目

二滩水电开发有限责任公司（简称：二滩公司）在开发雅砻江流域水能资源的同时，为保护当地自然环境，不破坏世界自然遗产景观，没有单纯从经济效益的角度确定大坝高程、水淹面积，而是从环境和资源的协调发展出发确定施工方渠，倾全力滚动科学开发；结合雅砻江的特点和实际开发进展，在保护生物多样性方面，开展了一系列具有针对性的环境保护工作。已经建成的二滩水电站由于在工程建设中率先采用环境监理，获得环境保护最高荣誉奖——国家环境友好工程奖。

陆生生态保护：

二滩公司对雅砻江流域已建、在建及筹建项目整个项目区的陆生生态恢复进行了总体规划，及时做好绿化与植被恢复工作。其中，针对二滩水库区河段两岸山高坡陡、土层瘠薄、岩基疏松、雨季泥石流灾害频繁的问题，为增加库岸附近水土保持能力，二滩公司委托设计院开展了专题研究设计工作，在库周共成功营造示范林 3604.5 亩，平均成活率达到 90% 以上，有力地改善了库区生态环境，有效推广、促进了地方的植树造林工作。2006 年，因其出色的环境保护效益，二滩水电站获得了中国建设项目环境保护的最高奖项——"国家环境友好工程"荣誉称号；针对雅砻江河谷气候干热、植被恢复难度大的特点，在锦屏水电站工程筹建初期，二滩公司便开展了雅砻江干热河谷绿化的专题研究，并邀请多家绿化单位对石方边坡、土石结合边坡、土方边坡等不同类型的开挖边坡采用不同绿化技术进行生态恢复试验，为整个工程的生态恢复提供技术支撑。目前，锦屏水电站施工营地以及对外交通公路绿化工作均已完成，有力地贯彻了锦屏水电站建设"生态锦屏、绿色锦屏"的环保理念；官地水电站通过移栽工程区保护物种，种植当地适生植物，绿化工作取得了显著效果，创造了青山绿水共为邻的良好环保工程形象。

水生生态保护：

首先，是增殖放流工作。为减轻工程建设对鱼类资源的影响，水电站需采取增殖放流措施。二滩公司发挥流域开发优势，对鱼类保护工作统筹规划。受大坝阻隔和水库流态及水环境改变的影响，二滩大坝建成后，库区鱼类资源和种群发生了一定改变。为保护鱼类资源与种群多样性，2002 年，该公司委托专业单位共向二滩库区投放裂腹鱼类、中华倒刺鲃、白甲鱼、大口鲶、花鲢、白鲢、鲤鱼、鲫鱼等各种规格鱼种 420 万尾，使库区鱼类资源得到良好的恢复。鉴于雅砻江下游锦屏一级、二级、官地水电站工程河段鱼类资源组成相似，为发挥鱼类增殖站的规模效应，并兼顾锦屏一、二级和官地水电站的鱼类保护要求，该公司委托设计院进行锦屏一级、锦屏二级、官地水电站鱼类保护措施的总体设计，实现水生生态保护的最佳效果。锦屏鱼类增殖站位于锦屏一级水电站业主营地所在地——大沱营地内，总面积约 47.39 亩，全年放流 4 ~ 12cm 的苗种 150 万 ~ 200 万尾。近期放流鱼种主要包括长须裂腹鱼、短须裂腹鱼、细鳞裂腹鱼、四川裂腹鱼、鲈鲤和长薄鳅；远期增殖放流对象有裸体异鳔鳅鮀、圆口铜鱼、西昌高原鳅、中华鲱和青石爬鲱等。工程概算投资 1.5 亿元。锦屏鱼类增殖站是雅砻江重要的下游鱼类保护设施，也是雅砻江下游乃至中游下段鱼类增殖放流的重要依托工程。该公司高度重视该项目的建设管理，力求将其打造为目前国内规模最大、工艺水平最先进、工业化程度最高、科研能力最强的集鱼类养殖、放流、研究于一身的精品工程，塑造雅砻江流域环保形象和水电工程的环保形象。目前，鱼类增殖放流场平与边坡处理工程已经完成，构筑物与机电设备建设正在实施，养殖设备与技术支持正在进行招标准备，预计增殖站将于 2010 年年底完建并投入试运行。

第二，是分层取水工作。锦屏一级水电站坝高 305 米，正常蓄水位以下库容 77.6 亿立方米，上游水位变幅较大（80 米）。作为高坝大库电站，应高度重视下泄低温水对鱼类的影响。为此，二滩公司委托设计院专题开展分层取水研究与设计。设计院协同四川大学与中科院水科所开展了水库水温的二维、三维模拟计算与理论研究、二滩水库水温原型以及水力学模型试验，比较了双层取水口与叠梁门多层取水方案，最终选取经济合理、技术可靠、运行方便的叠梁门方式进行分层取水，以便春季鱼类产卵季节能够取到水库上层暖水，利于鱼类繁殖生存。目前，二滩公司正委托相关专业单位开展锦屏一级水电站分层取水水文物理模型试验研究工作，论证分层取水方案的科学有效性。

案例 2：天津滨海北疆电厂项目

国投公司天津滨海北疆电厂项目是 2007 年国务院批准的中国第一批循环经济试点项目。该项目规划建设 4 台 1000MW 燃煤发电超超临界机组和 40 万吨／日海水淡化装置。项目采用"发电—海水淡化—浓海水制盐—土地节约整理—废物资源化再利用"循环经济模式。共有发电工程、海水淡化、浓海水制盐、土地节约整理和废弃物综合利用等 5 个子项目。主要技术都采用了当今国际先进技术，部分填补了国内空白，其中发电工程采用目前国际最先进的"高参数、大容量、高效率、低排放"百万级超超临界发电机组，海水淡化采用国际先进的低温多效热法海水淡化技术。

该项目的五大优势：

一是天津滨海新区的区位优势。项目的建设将为滨海新区及环渤海经济区和京津冀经济圈的发展，提供电力能源、淡水资源和土地资源支持。

二是资源循环利用优势。项目采取电、水、盐一体化开发运营，发电、制水、制盐、置换土地、环境保护等综合平衡。其循环经济模式，实现了资源的循环利用、能量的梯级利用和废弃物的全部资源化再利用，实现了废水、废热、废渣等废弃物全面的零排放，是一个资源利用最大化、废弃物排放最小化、经济效益最优化、典型的循环经济项目和节能低碳工程。

三是重要的技术优势。项目属于中国国内首批百万千瓦等级的超超临界发电机组，并在中国国内首次采用海水冷却塔。

四是可大规模进行海水淡化的优势。项目可以面向缺水的天津市供应淡化水，具有较大的社会效益和公众效益，其大规模的海水淡化市场运作模式填补了中国国内空白。

五是保护海洋环境的优势。项目采用海水冷却塔闭式循环和浓海水制盐方式，避免了常规海边电厂和海水淡化项目对海洋环境的热污染和盐度污染。

项目的绿色含量：

首先，北疆项目是一个"一举五得"的循环经济示范项目。

它采用"发电—海水淡化—浓海水制盐—土地节约整理—废物资源化再利用"循环经济模式，是一个"五位一体，一举五得"典型的循环经济项目和生态环保工程、节能减排项目，对国家循环经济的发展具有重要的示范意义和推广价值，对天津市和滨海新区的经济社会发展和生态改善具有重要的意义。

其次，北疆项目是一个低碳环保、节能减排的项目。

北疆两台机组与 2008 年发电机组全国平均水平比较，实现减少标准煤消耗近 80 万吨 / 年，减排二氧化碳 160 万吨 / 年，减排氮氧化物 2.5 万吨 / 年，减排二氧化硫 1.5 万吨 / 年。厂用电率 3.93%，总除尘效率 99.9%，脱硫效率 96.3%。并实现了废弃物全部综合利用，避免开采淡化水资源和常规电厂与海水的热交换，实现了零排放、零污染和淡水的零开采。

一期发电工程投产后，占京津唐电网 2009 年全口径装机容量 48679 兆瓦的 4.1%，是该电网首批百万等级机组。每年可生产约 110 亿千瓦时电能，同时增加了京津唐电网的调峰能力，为电网提供强大的电压支持和无功支持，大大提高了京津唐电网的安全性。

每年可外供 6570 万吨淡化水，是目前中国国内投产最大的海水淡化工程，一期工程全部投产后，每日供水量将约占目前天津市日用水量的 1/6（按照 2002 年建设部颁布的天津市居民每人每天约 0.14 立方米用水标准，国投北疆一期工程可供 120 多万居民日常用水）。为滨海新区的发展提供了可靠的淡化水支持，对环渤海地区乃至全中国建设资源节约型社会具有重要意义。奠定了能源 + 水资源的统筹规划的发展趋势，为城市水源的多样化发展提供了有力的参考。

新增原盐产量 50 万吨 / 年，大大提高了盐场的效率和效益，同时对循环经济模式下的工厂化制盐提供了成功有效的探索。

节省 22 平方千米的盐田用地，通过将盐场用地到建设用地的成功开发置换，为地区经济发展提供了充足的不可再生的土地资源支持。

生产建筑材料 100 多万立方米，在创造了不菲经济效益的同时，真正实现了循环经济"高效率、低消耗、低排放"3R 原则要求，实现了"资源利用最大化，废物排放最小化，经济效益最优化"的目标。

第三，北疆项目是一个承担重大社会功能的公益项目。

开创了中国国内大规模向社会供应淡化水的先河，探索出一条电水盐循环、市场化管理、公益性经营的新道路，为企业的多元化发展、经济的持续健康快速进步和国家城市化进程做出了积极贡献。

案例 3：布局煤运新通道——规划建设世界最大的曹妃甸煤炭码头

曹妃甸煤炭码头是与大秦铁路扩能配套的新建码头项目，是国家"西煤东送，北煤南运"的下水港。地处天津新港和秦皇岛港之间，建成后将是世界最大的煤炭下水码头。曹妃甸煤炭码头工程已于 2009 年建成投产。续建工程于 2009 年年底经国家发展改革委核准，2012 年建成。两个项目建成后，国投曹妃甸煤炭码头投资额将达 91.4 亿元，资产总额 121.8 亿元，年通过能力 1 亿吨 / 年。

曹妃甸煤炭码头建设用地是海上吹沙形成，不占用耕地良田。两个项目年通过能力均为5000万吨，为目前中国国内最大单体码头项目。码头运输地位突出，是继秦皇岛港之后，国家重点布局建设的北方大型煤炭下水港。

曹妃甸煤炭码头在国家能源战略布局中占有重要位置，其港口位置优越，通航硬件条件好，同时作为新的专业港口公司，设备机械化、自动化程度高，技术先进，信息化建设基础好，资金实力和融资能力相对较强。

近年来，随着中国国民经济的快速发展，煤炭需求持续增长，煤炭运输日趋紧张，"三西"地区加上蒙东地区的煤炭下水量2010年、2015年将分别达到6.64亿吨、9.12亿吨。与2008年年底北方港口煤炭码头装船能力4.7亿吨～5.2亿吨对比，2010年、2015年北方港口装船能力缺口至少为2亿吨、4.4亿吨。港口装船能力不足问题将十分突出。曹妃甸煤炭码头的建设正好解决了煤炭运输链条中煤炭装船能力不足问题，有利于进一步完善中国煤炭运输系统布局，满足"西煤东送、北煤南运"运输需求，确保中国煤炭供应和能源安全，推进区域间战略资源平衡。

案例4：拓荒"死亡之海"——建设世界最大的硫酸钾生产基地

罗布泊盐湖位于新疆巴音郭楞蒙古自治州若羌县境内，塔里木盆地东部。盐湖南北长115千米，东西宽90千米，总面积10350平方千米，是世界上最大的干盐湖之一，也是中国继察尔汗盐湖以后，迄今为止发现的最大的含钾卤水矿床，约占全中国已探明的可溶性钾盐资源总量的40%。国投新疆罗布泊钾盐有限责任公司（简称：国投罗钾公司）为了探寻、生产硫酸钾，自1999年进入这片荒漠，便开始了找矿、探矿、试验、建设、生产之路。整整10年过去后，终于在罗布泊腹地实现了路通、水通、电通，在这里建成了世界最大的硫酸钾生产基地。

国投罗钾公司2005年生产硫酸钾产品6.2万吨、2006年生产硫酸钾产品10.1万吨、2007年生产硫酸钾产品11万吨、2008年生产硫酸钾产品12.5万吨、2009年生产硫酸钾产品78.8万吨。

随着该公司年产120万吨钾肥项目的建成，对缓解中国农业用钾紧张局面起了很大作用。2009年向市场提供的"罗布泊"牌硫酸钾产品占中国钾肥市场的24%，占国产钾肥市场的42%，占国产硫酸钾市场的74%，2010年，这一比例还将增加。

硫酸钾产品施用范围广，施用效果好，适合中国南北区域各类农经作物。经过长期施用比对，对农经作物早熟、抗病、抗旱、保鲜、提高品质等各方面都有明显效果。如对新疆的葡萄、红枣施用后，可以早熟8～10天，糖分由8%提高到14%，而且保鲜期有明显增加；南方的烟草施用后，不但烟叶的品质有大幅提高，而且抗旱能力有所增强，施用硫酸钾的烟叶可达到一级品标准；北方的马铃薯施用后，口感沙甜，可以有效防控"黑心病"的发病率。经综合对比，农民施用硫酸钾产品后，可提高综合经济效益20%～30%，有效提高了农民收益。

国投罗钾公司从刚起步时几十人的团队，发展到如今的国有大中型企业，用短短几年时间走过了同类企业十几年甚至几十年才走完的路，成为世界级硫酸钾生产的航母，如今正向

着创建世界一流大企业的目标努力奋斗。（摘编自《国际融资》2010年第8期，井华、刘屏东文，艾亚摄影）

2011 "十大绿色创新企业"：国投北疆

国投投资的天津国投津能发电有限公司（简称：国投北疆）是国际融资2011年（首届）评出的"十大绿色创新企业"之一。该公司开发建设的北疆发电厂循环经济项目，是一个典型的资源利用最大化、废弃物排放最小化、经济效益最优化的节能低碳工程。它创造了"电—水—盐"联产循环经济模式等多项国际国内第一，科学地解决了循环经济各子项目的匹配和链接问题，成功攻克了8度地震烈度、4类场地、漫滩取水等一系列施工技术难题，填补了海水冷却塔等多项中国国内技术空白，实现了"三合一"双列动叶可调风机等多项中国国内技术突破。

作为中国黄河以北第一个百万千瓦级超超临界发电工程，也是中国国内首个面向社会供水、投产最大的海水淡化工程，北疆发电厂循环经济项目每年可生产电能110亿千瓦时，淡化海水6570万吨，新增原盐产量50万吨，提供环保建筑材料100多万立方米，节约土地约22平方千米。该项目在为天津市的经济发展提供电力、淡水、盐化工原料、土地和建筑材料等重要资源支持的同时，科学地解决了经济发展与环境保护、生态改善之间的矛盾，实现了企业、社会、环境的和谐发展，是中国循环经济发展的杰出典范。（摘编自《国际融资》2011年第8期，阮芬芳文）

《独立评审团对2011 "十大绿色创新企业"国投北疆的推荐词》见本书《2011—2020 "十大绿色创新企业"一览》

《50评委专家团对2011 "十大绿色创新企业"国投北疆的推荐词》精选如下：

林九江（时任中国出口信用保险公司国内信用保险承保部总经理）推荐词：循环经济，前程无限。

陈欢（时任财政部中国清洁发展机制基金管理中心副主任）推荐词：采用循环经济模式，促进企业、社会与环境的和谐发展。

王人庆（澳洲宝泽金融集团董事局主席）推荐词："电—水—盐"联产循环经济模式。

王德禄（北京市长城企业战略研究所所长）推荐词：在中国内陆地区供水紧张的情况下，采用国际先进技术和成熟循环经济模式的国投北疆发电厂循环经济项目，无疑为以后发展内陆地区循环经济发展提供借鉴，同时我们对企业在技术、效益和环境协调发展方面有更多期待。

李建国（新开发创业投资管理公司董事、总经理）推荐词：循环经济典范。

阚磊（亚洲开发银行驻中国代表处高级对外关系官员）推荐词：海水淡化是未来趋势。

　　中国风险投资有限公司（简称：中国风投）自 2000 年成立以来，一直秉持成思危先生提出的"支持创新者创业，帮助投资人投机"的风险投资理念。作为中国本土一家老牌VC，其投资策略有哪些变化？投资行业重点关注哪些？对尚处于初创期、成长期企业的发展路线，他们又有哪些经验建议？带着读者的问题，2012 年初秋，《国际融资》杂志记者专程采访了时任中国风投合伙人、高级副总裁，中国风险投资研究院董事长李爱民先生。

李爱民：中国风投助力绿色创业企业腾飞

支持创新者创业的老牌 VC

　　记者：《国际融资》2000 年创刊时，就宣传过中国风投，当时正值贵公司创办初期，成思危先生提出的"支持创新者创业，帮助投资人投机"风险投资理念，让我们耳目一新。能否简单介绍一下贵公司走过的历程？

　　李爱民：中国风投的前身是 20 世纪 80 年代民建中央成立的一个工商咨询机构，2000年 4 月，成思危先生引入了民间资本，把它改制为中国风险投资有限公司。中国风投是由民建中央发起，民建会员和会员企业参股设立的一家以风险投资及基金管理等为主营业务的专业投资机构。作为民建中央落实全国政协九届一次会议《关于加快发展我国风险投资事业》提案（即 1 号提案）的重要载体，中国风投从创立之初，就肩负着推动中国风险投资事业发展的责任和使命。成思危先生提出的"支持创新者创业，帮助投资人投机"风险投资理念一直是我们实践风险投资遵循的宗旨。中国风投创立初期的注册资本只有 3000 万元人民币，前些年的项目投资主要是用自有资本金投资，通过投资退出的良性循环滚动发展，到 2010年时，中国风投的注册资本金已达 2 亿元人民币。也就是从那时起，我们开始通过管理政府引导资金，引入更多的民建会员、会员企业及社会资金，投向更多初创期、成长期的优秀企业。截至目前，我们已先后投资了数十个项目企业，其中有多个项目企业已成功上市。比如，于

2000年投资的深圳东江环保股份有限公司项目，已于2003年在香港创业板上市，这是中国第一家在境外上市的民营环保企业；2010年9月28日，东江环保正式由香港联交所创业板转至主板上市；2012年4月26日，东江环保发行A股并成功登陆深交所中小板上市；我们公司投资这家企业的权益已增值超过100倍。我们中国风投及旗下基金投资并上市的企业还包括鼎汉技术、皇氏乳业、鼎龙股份、维尔利、铁汉生态、洛阳隆华、绿阳国际、佳创视讯、合纵科技，还有一些已完成投资的项目即将上市。

记者：贵公司的业务主要包括哪些方面？

李爱民：我们一共有3块主要业务。一是风险投资业务，主要是对符合中国风险投资理念和投资标准的项目企业进行股权投资，并利用我们公司专业团队、社会资源等方面的优势，为项目企业提供全面的增值服务，帮助企业实现快速发展和跨越式成长。二是基金管理业务，主要是中国风投专业投资团队作为基金管理人，通过发起设立或合作设立专业及区域性创业风险投资基金，为基金出资人实现收益最大化。三是财务顾问业务，通过我们自身资源优势和专业特长，为企业提供诸如企业并购、上市策划及投融资顾问服务等，为企业成长提供专业和有效的支持。为了专注于投资领域，我们第三块业务所占比重已非常少了。同样，为了避免与基金业务发生冲突，目前，主要以第二块业务为主。

记者：从您刚才谈到的贵公司业务看，你们既是普通合伙人（GP），也是有限合伙人（LP），为什么做出这样的策略选择？

李爱民：在国外，GP就是GP，LP就是LP，在他们看来，这两个角色之间是存在利益上的冲突的，他们认为，一个人既管理资金又是这家基金的较大出资人，对于其他出资人来说是有潜在风险的。所以，管钱的管钱，投资的投资，一碗水端平才是最安全的，对于投资人LP来讲，顶多允许GP投资1%～2%，适当做一些约束。但是，中国的诚信体制和文化不同，别人会认为如果你不出资而忽悠别人出钱，就会存在风险。因此，我认为，我们这种既做GP又做LP的方式还是比较符合中国国情的。再有，很多政府的引导基金要求它不能做第一大股东，于是我们责无旁贷地要承担起第一大股东的角色。此外，随着我们公司投资业务的不断扩大，如果用自有资金投资的话，可供投资的资本也较为有限，从某种程度上也跟不上形势的发展。基于这些原因，中国风投从2010年开始尝试发起设立基金扩大投资规模，经过几年的实践，效果还是很不错的。因此，从2012年起，我们将其作为主要方式。

投资锁定节能环保和新材料

记者：据我们了解，在贵公司过去10余年的投资经历中，所涉及的行业包括节能环保、新材料、生物医药、高端装备制造业、现代服务业等多个领域，现在，你们的行业投资定位是否有调整？

李爱民：随着不断总结经验和教训，以及我们的研究分析，目前中国风投已将自己的行业投资重点锁定在节能环保与新材料两个领域。我们认为，节能环保是中国要大力发展的行业，也是和国外有明显差距的行业，从行业的局部看，未来可能会有产品过剩的问题，但是，从行业的宏观发展来看，我认为，永远都不会过剩。做节能环保产业，不仅可以盈利，而且还能体现企业家的社会责任，一举两得。中国风投自成立之日起就开始关注与节能环保相关的产业，并尝到了甜头，也蛮有心得。节能环保产业是一个没有大起大落，稳步前行的产业，这与中国风投的企业文化、投资理念和稳健审慎的行事风格非常契合。后来我们也开始关注新材料。严格地讲，新材料不是具体的行业，但是很多环保技术都是通过新材料技术来实现的，这也是我们为什么关注新材料领域的原因。

记者：你们对节能环保和新材料企业的投资规模是怎样的？

李爱民：我们大部分的投资项目属于成长期，其中多数项目的产值在 1 亿元人民币以上，也有的产值为几千万元人民币，我们的投资对企业营业额的要求原则上不低于 3000 万元人民币。但是，我们也在考虑适当将投资阶段前移。

能为企业提供的不仅仅是资金

记者：贵公司投资项目企业，除资金外，还能为企业带来什么附加值？

李爱民：从整个 VC 行业看，重投资、轻管理是个普遍问题。针对这一问题，2011 年年底，我们公司成立了一个投资后的管理部门，探索在投资完成后怎么为被投资企业提供一些增值服务，怎么控制投资风险。

我们目前提供的增值服务有这样几种：一是帮助企业疏通政府关系。我们发现，大部分企业对政府资源不那么了解，由于将全部精力都投入到市场上，也没有精力去了解政府的政策；而政府的文件大多只是发到相应的政府部门，并仅在自己的网站公布，无法主动地让企业及时了解。尽管政府的部门向所有人敞开，也可以说是相对公平的，但政府的政策只有那些经常跑政府、对政府行为方式比较了解的人才会掌握。我们的服务工作之一就是告诉那些被投资企业，政府的资源有哪些或者哪些项目适合他们，只要是我们了解到的消息就会主动向他们推荐，相当于向被投资企业传达政府的信息，并帮助企业与政府沟通，以便企业获得政府支持。二是帮助企业建立上下游产业链，由于我们主要专注几个具体领域，很容易整合资源。可以帮下游企业开辟上游资源，也可以帮助上游企业打开下游市场。三是为被投资企业的战略管理和企业管理提供帮助，比如，我们帮助被投资企业推荐所需的管理人才，邀请有相关经验的专家为被投资企业做辅导介绍。我们还提供这样的服务，就像为了提高学生学习成绩，学校的老师可能会让高年级的学生给低年级的学生辅导，与此类似，我们也曾安排新的被投资企业到我们已经投资了几年且发展较好的企业学习取经，由于地区比邻、文化接近、类型相似，相对成熟企业的经验对新企业有很大的启发和借鉴意义。四是帮助被投资企业深刻了解资本市场和相关法律法规。

关于对小企业早期项目的投资

记者：你们不投早期项目是出于何种考虑呢？和其他VC的考虑是否一样？

李爱民：以前投过，项目投资额在几百万元人民币，但是有一些失败了。我们感觉中国小企业在发展中存在很多不确定因素。在中国，VC对早期项目普遍比较慎重，我认为其中有几个客观原因：

第一个客观原因是，目前几乎所有的VC都是通过发行基金的方式来募集的，而基金有存续期，多数是5年期，也有7年期，10年期的寥寥无几。我刚才提到的我们中国风投管理的几只基金的存续期都是7年，这在中国已属于比较长的。在存续期5年的情况下，基金必须在设立的最初两年内完成投资，后3年基金的任务是帮助企业运作上市并实现撤出。而投资几百万元的早期企业，在中国这种市场环境下，几年内是很难长大的，往往还没熬到上市，这支基金的存续期就到了，这怎么能给基金出资人较大回报呢？私募基金的存续期是有限的，必须在一定的时间内完成从项目投资到撤出的全过程。不得已，基金管理人只能投资于相对成熟的项目。

第二个客观原因是，中国基金管理人的经验。中国国内的投资人曾经在企业摸爬滚打过的很少，相当一部分是券商、投行、MBA、政府官员出身，最大特点是没有企业管理经验，没有与企业一道经历过从微小到强大的过程，缺少像国外投资人一样丰富的管理经验和管理技能。国外做投资的人，比我们多的一个优势就是曾经做过企业。总体来说，国外投资人实战和实践能力要比我们强很多，他们能为小企业解决问题。而中国国内的投资人这方面的能力还有待提高。

第三个客观原因是，眼下规模较大、且有上市欲望的企业比较多。打个比喻，假如我是卖木材的，到森林一看有那么多大树，那我一定会先去锯大树，等大树被锯得差不多了，我才会开始照顾小树苗。这是发展阶段不同造成的，像美国，现在根本没有未上市但又打算上市的大企业，所以，要想培养新的上市企业，就必然从扶持小企业做起。现在的中国市场，渴望上市、规模够大的企业有不少，大家挤着排长队上市。资本是趋利的，放着很容易挣到的钱不去挣，非要先去特辛苦地刨坑、种树、浇水，这也不现实。

第四个客观原因是，中国的市场环境不大理想，行政部门审批和准入条件等手续繁杂，不像美国市场环境相对完善，能够在短时间内让一个企业迅速成长起来。比如说，创业者选择在此地创业是因为此地的租金便宜，白手起家能承受，但当企业发展到一定程度，便希望将企业搬到更适合快速发展、更容易打造品牌形象的彼地，但此地不答应了。因为如果企业搬出去，税收就跑了。没有一个企业是没有原罪的，政府找你麻烦让你走不了是件很容易的事儿。坦率地说，我们的政府离服务型政府还有很大差距，在这样的市场环境下不可能造就一个小企业在短时间内迅速发展壮大。从 2012 年开始，有些 VC 包括我们中国风投在内，已经开始考虑怎么样进行早期项目的投资，我想，以后肯定会有投资更早期项目的可能性，但需要经历一个不断总结经验和磨合的过程。

记者：您认为企业管理团队的素质对外部投资有什么影响呢？

李爱民：这个问题提得非常好，企业团队的素质对 VC 投资的影响是决定性的。有个美国投资人曾经讲，VC 投资关注的因素，第一是人，第二是人，第三还是人。足以见得创业者包括团队的能力是至关重要的因素。但是，在中国，这个问题的解决比国外要困难。第一，国外市场经济早已深入人心，创业者驾驭市场的能力相对较强，团队意识也比较好。第二，即使企业发展到一定阶段，创业者的能力已经不能满足需要，国外可以采取空降的方式，从外部招聘能人。但是在中国，情况就没那么简单了，特别是后一个问题，空降几乎不可能。一是由于文化的原因，创业者不愿意放弃对自己创办企业的控制，对空降管理人员非常抵触和排斥。二是即使创业者愿意接纳外来者，中国国内也很难找到适合的。中国的市场经济历程毕竟才二三十年，优秀企业家的诞生需要一个培养的过程。都讲百年树人，仅二三十年的时间很难造就优秀的企业家群体，现在游离于资本之外的优秀企业家非常少，绝大部分还在经营着自己的企业。因此，不得已我们只能选择那些发展模式和团队协作初步成熟的企业。对一个企业来讲，营业额从几千万元到上亿元远不像从几百万元到几千万元那么有难度。企业的营业额做到几千万元规模的时候，团队中的核心领袖、左膀右臂之间已经磨合得差不多了，产品也基本上被市场和社会接受，我们投资帮扶的就是这样有着几千万元规模的企业。我认为，从一个小企业长到一个大企业，其间难以逾越的鸿沟非常多。当小企业的技术和市场前景很好的时候，如果企业长不大，很可能是团队自身素质导致的。

记者：现在很少有 VC 投资企业的早期，从几百万元到几千万元，其实是创业企业的"死亡谷"，企业在这一过程中是非常艰难的，特别是创新企业，您觉得谁应该担当对这个阶段企业扶持的责任？

李爱民：我认为，这是政府应该想办法解决的问题，越过这道鸿沟需要政府和民间紧密合作，发挥更大的创造力。我曾经是政府引导基金的早期推动者之一，当时设计这个政策主要是希望引导民间资本投资于高科技产业，实践证明引导基金在这方面的确发挥了一定的作用。然而，一个问题解决了，新的问题又等待着政策制定者去解决。销售额从几百万元到两三千万元的跨越是个挺难的坎儿，跨过这个坎，企业的发展就上了一个台阶，就可能受到投资人的青睐，有人把这个阶段叫作"熟化"，就是把半生不熟的东西弄熟了。那么，如何帮助小企业跨过这道坎？如何帮助其熟化？就需要政策制定者的创造力，需要政府和民间的配合。我觉得对于一些规模不大的城市，或者投资机会不多的地区，与其设立引导基金，不如考虑拿这些钱与民间资本分担风险去解决小企业的熟化问题，帮助企业尽快跨过那道坎。

记者：依您多年研究风险投资和投资项目的经验，能否给早期创新企业一些指点？

李爱民：我觉得除了在工作中不断提高自身能力等问题以外，专注是一个非常关键的环节。我们接触过很多小企业，我感到销售额在几百万元的小企业很难同时做好几件事，因此，企业当家人必须要对企业战略有一个明确的选择，要做到有先有后有主有次。因为做每件事都需要投入很多的精力，如果同时并进，就很难达到比较理想的效果，相当于 10 个指头都张开了，钢琴就弹不了了。我曾经接触过一家企业，企业的老总拥有非常好的技术，其技术国际领先，产品很好，应用前景也很广阔，但市场却迟迟打不开。这家小企业的问题就是不专注，什么都想做，在几个应用领域同时进行尝试，而不是专注一个产品、一个细分行业。作为一个小企业，同时做很多件事，是有问题的。我建议，即便技术应用非常广泛，作为小企业，也千万不要全面出击，如果到处出击，会做得比较累，精力也顾不上，一旦有些服务没跟上，反而会影响企业在客户中的形象。

记者：有这么一句话说，一流技术未必能成就大市场，成就大市场的很可能是二流技术或三流技术，原因为何？很想听听您的高见。

李爱民：我们接触了很多小企业后，发现了一个很有意思的情况，搞市场的人和搞科研的人做企业完全是两回事儿。跑市场、做市场营销的人办企业，以挣钱、市场为先，非常注重市场的选择，他们对市场的选择非常灵敏，不管产品是否完善，都先去做市场，市场人员配备齐全。在辽宁的一个中型城市，我曾经接触几家小企业，一家企业不过 160 多人，但做市场的人却占到了三分之一。而同一城市一位科研人员创办的企业，员工 50 多人，但做市场的只有两三人，这种配比明显是有问题的。我觉得，拥有先进技术的科研人员创办的企业未必最有发展，相反，做市场出身的人创办的企业可能更有前途。我感觉，对早期企业来讲，在技术已经成熟、产能足够、技术储备足够的情况下，应该在市场方面加大投入力度，只有将市场做起来了，才能有更好的发展。（摘编自《国际融资》2012 年第 10 期，艾亚、李跻嵘文，吴语溪摄影）

李爱民：风险投资的研究者和实践者

2012 年我们采访李爱民先生时，他任中国风险投资有限公司合伙人、高级副总裁，中国风险投资研究院董事长；2016 年，他被中国风投委派到山东济南创办建华投资管理有限公司（简称：建华投资），担任法定代表人、总经理。在他的带领下，建华投资成为山东省较为活跃的创投机构。

在加入中国风投前，他曾担任科技部科研条件与财务司处长，在科技部工作期间，先后参与科研院所拨款制度改革、科技发展规划、科技贷款、创业投资政策研究与制定、科技经费预算管理和审计等工作。

李爱民先生早期曾参与创业投资政策的制定和宣传。1996年以访问学者身份到美国杜克大学进修创业投资和非营利机构管理。1997年回国后，成为创业投资政策研究制定的重要成员。作为主要执笔人之一，他先后参与起草了《关于建立创业投资机制的若干意见》《外商投资创业投资企业管理规定》等法规政策。作为政府引导基金和中关村股权转让代办系统（即"三板"）的早期推动者，他对这两项政策的出台做出了贡献。

作为发起人，他帮助北京市政府成立了中国国内第一家同业组织——北京创业投资协会，其后以志愿者身份为协会提供多项服务。

他牵头组织了《中国创业投资发展报告》（2002年版～2005年版）的撰写，该报告的2002年版是第一部翔实介绍中国国内创业投资发展状况的年鉴。

他曾担任中国驻旧金山总领事馆科技领事。在此期间，致力于促进中美高科技产业的交流与合作。对硅谷的创新机制进行了系统性研究，对硅谷小企业创业进行了案例分析，与一些硅谷地区的投资机构建立了联系。

李爱民先生曾荣获中国投资协会股权和创业投资专业委员会颁发的"中国优秀股权和创业投资家提名奖"，近期被推举为济南创业投资联盟理事长。

他擅长的投资领域包括：节能环保、高端装备制造、新材料、医疗器械和信息技术。自2017年至2020年3月，建华投资已投项目包括：福建闽瑞新合纤股份有限公司、北京圣博润高新技术股份有限公司、北京聚通达科技股份有限公司、九次方大数据信息集团有限公司、锦州捷通铁路机械股份有限公司、江苏广鼎管业科技有限公司，山东数字人科技股份有限公司、中电华瑞技术有限公司、山东骏腾医疗科技有限公司、沈阳万合胶业股份有限公司、上海术木医疗科技有限公司、山东安信种苗股份有限公司、济南森峰科技有限公司、山东爱通工业机器人科技有限公司和瀚高基础软件股份有限公司等。

李爱民先生也是国际融资"十大绿色创新企业"评选活动连续8届（2013—2020）50评委专家团专家。（艾亚文）

　　北京久银投资控股股份有限公司（简称：久银控股）是一家年轻的私募投资基金管理公司，创建以来，坚持"风控第一、利润第二、规模第三"的原则，保障投资人利益；以"推动行业整合，促进产业升级"为使命，首创"投资＋投行"模式，聚焦少数行业，推动精品投资；率先开启全产业链布局，业务覆盖股权投资、投资银行、证券投资等领域，并于2015年11月17日在新三板挂牌公开转让。久银控股业绩快速增长的秘笈是什么？其投资真经有哪些？创新模式在哪儿？为此，2016年年初，笔者专程采访了该公司董事长李安民先生。

李安民讲久银控股的投资经

创新"投资＋投行"模式，分享并购价值

　　成立于2010年的久银控股，最初只是一家单纯做PE的公司，始料不及的市场变化，让董事长李安民预感到公司的商业模式已不适应市场需要，必须发挥自身更多优势，向综合类资产管理公司转变。2012年，久银投资开始朝控股公司转型，陆续成立了并购基金部、资产管理部。"这是我们公司基于专业研究后的一个重大转型。我们公司刚开始做PE的时候，起步资本金是3500万元，2012年发展到7500万元，但是，这个资金规模已经不适应我们公司的发展了，而且单纯做PE的商业模式也不可持续，再加上IPO被叫停，PE项目的投资回报周期从原来3年变成5年甚至更长。考虑到我们在纯粹的PE业务方面缺乏与创投大佬抗衡的竞争力，在PE市场格局已经形成的前提下，我们必须审视自己的实力和外部环境的变化，结合自己的资源优势与能力优势，来改变公司的战略。如果不改变，就一定会被市场消灭。"回顾那次生死抉择，李安民说。

　　就转型而言，主动转型与被动转型的最大区别是，前者会在独辟蹊径中开拓一片疆土，抢占某一块市场的先机；后者则可能被行业吞噬！久银控股选择的是主动转型，通过对公司战略的调整，将业务从单一PE向并购、财务顾问、二级市场阳光私募等多元化转型。当然，这一大胆转型是基于李安民及其团队过往从业经验基础上的创新设计。李安民在证券、信托、

保险高管职位上 16 年的从业经验，使久银控股的转型少了犹豫，也为公司抢占行业整合市场的先机、创新"投资＋投行"模式赢得了时间。

在李安民看来，公司战略应该是动态的，必须根据环境的变化不断地调整，而调整本身就是创新。调整后的久银控股，通过 PE、财务顾问、阳光私募三大业务，将聚焦点对准TMT、医药健康两大行业的精品项目并购上，用特色化、差异化和专业化，有效地促进了相关企业的行业整合，久银控股也因此获得了良好的投资回报：截至 2016 年 1 月，久银控股已完成金宝药业、丰越环保、郴州雄风、鼎芯无限、中视精彩等多家公司的行业并购，跃升行业先行者之列。其开始于 2013 年 6 月至 2016 年 7 月的 8 只金沙系列阳光私募证券基金产品，跨越熊市、牛市，对比大盘却显示了年化收益 30.4% 到 103.77% 不等的业绩，而且在经历2015 年股灾后，没有一个产品被清盘和被止损。据中国证券基金业协会公布的数据，2015年规模在 20 亿元至 50 亿元的私募证券基金中，久银控股管理规模位居第二，股权基金业务位居第一。据分析，其开展的财务顾问业务在所有同类挂牌私募投资基金公司中名列第一。

中视精彩是一家影视剧制作公司，最初，该公司曾被湘鄂情相中并有意并购，但最终却没有成功。这次并购失败，使中视精彩大伤元气。久银控股团队接手此案后，经过详尽专业尽调，发现这家公司有很好的项目储备，团队优秀，而且未来业绩可期。于是，久银控股团队为其制定了详细的融资计划及未来资本市场的并购方案，得到了中视精彩实际控制人的高度认可。经过多方努力，久银控股旗下 3 只基金向中视精彩总计投资 7500 万元人民币受让了部分中视精彩股份；而后，久银投资团队又为中视精彩找到另外一家私募基金，向其投资7500 万元人民币受让了部分中视精彩股份。久银控股的帮扶，不仅解决了中视精彩内部存在的问题，还为其未来走向资本市场做好了前期准备。当中视精彩元气恢复后，久银控股通过行业并购重组，让中视精彩的价值实现了最大化，也使自己通过"投行＋投资"多重服务，赢得盆满钵满。据 2014 年 12 月 19 日捷成股份发布的公告，捷成股份用发行股份及支付现金的方式收购中视精彩 100% 股权。久银控股深度参与了此次重组，并在重组过程中起了至关重要的作用。2015 年 4 月 29 日，中国证监会并购重组委第 33 次并购重组工作会议无条件通过捷成股份收购中视精彩的重大资产重组申请。此次无条件过会，意味着久银控股"投行＋投资"的模式获得了重大突破，同时也意味着久银控股在产业整合升级上又迈上了新的高度。

布局全产业链业务，协同提高收益水平

仅仅 5 年时间，久银控股将其资产管理规模做到过百亿元，2015 年预计净利润 8000万～8500 万元人民币，比之 2014 年增长了约 177.93%～195.30%，每股收益和增长速度业内领先。其投资服务的项目企业中，有 13 家企业已挂牌上市，20 余家企业拟挂牌上市。

在私募基金市场竞争激烈且投资环境存在诸多不确定因素的情况下，久银控股能取得如此不错的业绩，得益于他们对企业战略做出的重要调整：战略定位聚焦 TMT、医疗健康等少数行业的精品投资，通过布局全产业链业务，协同提高收益水平。

李安民向笔者讲述了该公司将一家"三无"科技公司做到新三板挂牌上市的案例：这是一家做办公自动化软件的科技公司，既无交易业绩，也无做市商，更无融过资，人称"三无"公司。久银控股的项目团队经过调查分析后认为，通过久银控股的私募基金投资，加上专业团队的帮扶，完全可以把这家"三无"公司打造成信息行业细分市场的龙头企业。到那时，无论是这家企业转板，还是被主板上市公司并购，都将因其龙头地位而致使股票估值倍增。在与该企业达成合作共识后，久银控股开始以财务顾问和私募基金的双重身份为之重新设计战略定位，在其原有办公自动化业务的基础上，通过并购、投资等多种手段，帮助该企业引入信息安全软件等更具成长性的业务板块，使之能以竞争优势走在整个信息行业的前面。在久银控股投资之前，该企业的年利润仅有 300 万元，而久银控股投资后，该企业 2015 年的利润已达到 1500 万元，预计 2016 年的利润将达到 2000 万元到 3000 万元。李安民说："久银控股 2015 年投资该企业的时候，对该企业的商业估值是 1 亿元，经过久银控股团队的帮助扶持，这家企业一定会通过资本的力量顺利地实现转型升级，我们也会从中获得很好的投资回报。"

李安民继而告诉笔者，在他们双方确立合作关系后，各自就优势进行了专业分工，久银控股负责战略定位与资本运作，科技公司负责信息产业的业务拓展。"我们发现了这家科技公司尚未开发的利润增长平台，并为他注入了新的有价值的资产，再经过一段时间的培育，当他的利润达到预期的时候，我们会通过让该企业独立上市或者被上市公司并购的方式，实现久银控股的投资股份成功退出。"

久银控股的投资定位是推动产业整合，促进产业升级，这也是区别于其他私募股权投资公司的不同之处。在同质化竞争较为严重的情形下，面对传统行业，甚至新兴战略行业的产能过剩问题，进行产业整合、促进产业集群形成规模效应以降低成本，则是非常必要的。李安民表示："我认为，中国在产业整合过程中进行技术升级，提升管理能力，才是实现中国产业转型调整的最重要方面。中国每年新注册企业几百万家，中国不缺企业，但是缺少享有国际品牌之誉、规模大、管理一流、技术领先的企业。我们的投资定位就是围绕 TMT、医疗健康等几大行业做产业整合。"

李安民以中国医药连锁企业举例说："全国有几万家医药连锁企业，但是仔细测算一下，平均每家医药连锁公司的药店也就只有 5 个，太过分散。我们做这个行业的产业整合，是希望行业里能够形成一些龙头企业，能够形成规模效应，能够节约成本，能够促进他们进一步升级。"

久银控股之所以在产业整合领域做得如鱼得水，得益于团队的专业经验与资源优势。就拿董事长李安民来说，除了商业银行，金融监管、证券、信托、保险他全干过。该团队中，除有证券公司从业经历者外，还有律师事务所、会计师事务所的从业经历者，这些经历为他们了解买卖双方的基本需求，判断双方的优势与劣势，准确抓住双方的亮点与劣势，并以此建立对卖方的深入研究与深度挖掘，再做实交易价格的设计和交易价格的评估，打下了专业撮合的基础。"如果你对交易双方的需求不了解，不知道怎么做交易结构的设计，也不懂应该设计一个什么产品来满足他们的需求，这个财务顾问是没法做的。有了资本、资源、专业这几个优势，才能保护我们投资的企业，企业也会听得进我们的意见。"

在李安民看来，PE 公司谋求全产业链布局肯定是未来的发展趋势。正因为如此，抢先一步把一级市场和二级市场打通，开展综合化业务，才会比专业化业务更具有竞争的优势。

基于这样的战略考虑，2015 年 8 月 10 日，久银控股向全国中小企业股份转让系统（"新三板"）提交了挂牌申请，并于 11 月 17 日成功挂牌上市。李安民表示："久银控股上市就是一句话：为了更规范的发展。把自己放在阳光下接受整个社会的检验，检验我们的规范、诚信、投资业绩和投资能力。把上市公司作为我们久银控股工作的一个起点，在上市后，把我们的业务做得更加规范。通过上市这个契机，让我们的业务、管理更上一个台阶，取得更好的业绩，使我们得到社会的认可，进一步做强、做大自己。"

"风控决定存亡"理念沁入全员之心

在久银控股办公室的墙壁上，赫然写着："创新决定未来，风控决定存亡"。看到这句话，便可知行走于熊牛跌宕起伏间的久银控股，凭借什么拿到那高于大盘的不菲业绩。

采访期间，李安民向笔者说的最多的字眼是"风险控制"。他告诉笔者："久银控股自设立以来，始终坚持'风控第一、利润第二、规模第三'的原则，以严格的风控机制降低投资风险，保障投资人利益；同时，建立了一整套包括制度控制、流程控制、团队控制、财务控制等在内的标准化风险控制体系和风险控制策略；并在日常运营中加强对全员的培训和教育，使'风控决定存亡'的理念落实到每一个人的工作中，从而当好投资者的守护神。"

在公司内部培训与交流会上，李安民每每都要讲久银控股作为投资受托人的责任，并将这些内容写入《久银控股企业文化手册》，人人习之。他认为受托人的责任有三，一是诚信义务，二是忠实义务，三是谨慎投资义务。在久银控股制定的谨慎投资义务资产管理制度中，受托人不仅负有不利用信托地位谋取自身利益的忠实义务，还要为被代理人的利益进行财产管理，按照基金文件的要求实现财产的保值增值。李安民对此解释说："谨慎投资义务以过程为导向，而非以结果为导向。投资关注的是回报，谨慎是针对程序而言的，回报在谨慎投资义务的视角中似乎是一个或有或无的理念，一个积极的回报并不一定能使受托人免责。此外，谨慎投资义务中的大部分投资都要求同现代投资组合理论所要求的实质性任务紧密地结合，具有客观性特征，所以它又不仅仅是程序性的。由于不同的投资对于影响经济的事件有不同的反应，因此，如果一个投资与投资组合中的其他投资对事件的反应不一样，它就会减少风险，所以投资多元化已被证明可以尽可能地减少风险。至于需要多少以及什么程度的多元化，受托人应在考虑多种因素之后运用其最好的判断。突出表现在基金投资中不能将所有资产全部投资于一个行业、一个项目。因此，项目池必须充分，行业必须分散。"

基于几十年的金融从业经验，李安民对风险控制的认识与执行可谓深入骨髓，但他知道，光他一人或几个人认识到风险控制的重要性是无济于事的，必须在公司建立起完整的多层次的风险管理体系，并依据国家政策、国内外市场环境变化，结合公司运营情况去不断完善。

我们看到，在久银控股的风险管理体系中，设有 4 个委员会，其中基金投资决策委员会负责对拟投资的项目及投资方案进行可行性论证和评审，对项目面临的风险进行分析和评估，做出批准或不批准投资的决定；风控委员会负责对基金已投项目进行风险评估和防范，制定公司内部控制投资风险的政策，保证公司及基金资产的安全，同时还负责组织对公司、内部员工严重违法、违纪事件的调查等；内核委员会负责公司内部对拟投资项目进行评审和把关，并决定是否将拟投资项目提交基金投资决策委员会表决；立项委员会负责对投资经理经筛选后提交申请立项的项目进行审查、评估，做出批准或不批准立项的决定；对于未经立项的项目，不得开展尽职调查。

除了这4个委员会，久银控股风控体系中还设有一个重要部门，即具体负责风险控制和管理的职能部门——风险控制总部，其主要职责包括：拟定公司的风险控制制度和各项风险控制措施、办法，报管理层审议；建立健全公司风险识别、风险评估和衡量、风险应对、风险监测、风险报告的循环处理及反馈流程，并协助管理层将其整合、落实到公司各岗位以及业务流程之中；组织业务部门定期识别、分析各个岗位和流程中的风险，进行评估并提出控制措施的建议；检查、评估公司业务流程及其他职能部门对于风险控制制度和风险控制措施、办法的执行情况，向管理层报告；组织业务部门和其他职能部门对风险控制的实施情况进行总结和反馈，提出完善建议并督促执行；制定公司风险控制的各项规章和合同文书；对投、融资项目的风险进行独立核查；传播公司风险控制理念，培育风险管理文化；研究公司危机处理机制的建立，在出现危机事件时迅速拟定处理建议、方案，报管理层决策参考；办理管理层授权的风险控制其他有关工作。

不仅如此，久银控股根据从事行业的特点，结合自身需要，遵循全面性、持续性、独立性、有效性和制衡性等五大原则，制定出一整套行之有效的《风险控制管理制度》；为防范基金产品相关风险、提高基金产品设立募集效率，制定了《基金产品立项和内核工作规定》和《基金产品内核工作规定》；为规范公司业务活动和公司员工的个人投资行为，防控内幕交易，保护公司和基金持有人的合法权益，制定了包括组织领导、教育制度、保密制度、隔离制度、职业回避制度等相关制度的《防控内幕交易管理规定》；同时还建立了较为完善的财务制度。

正因为久银控股没有把风控体系作为摆设，正因为"风控决定存亡""细节决定成败"这样的理念已深入人心，在2015年6月那场股灾面前，久银控股的风险控制能力经受住了考验。那场股灾导致中国1000多只阳光私募基金被清算，而久银控股的阳光私募不仅活着，而且在整个A股市场6～9月业绩下降27%的悲惨局面下，他们的收益只下降了6%，以平均收益率27.95%位居股票型阳光私募基金2015年度收益排行榜（北京地区）第13名。这段抗击股灾的情景令李安民刻骨铭心。那段时间，他每天早上八点钟赶到办公室开视频会，卖不卖，卖多少，买不买，买多少，他都会亲自过问。别人下班，他还在看盘分析风险，研究对策，一干就是深夜12点。在上证指数5000点的时候，他们有20%的仓位；在上证指数4000点的时候，他们全部减仓；在上证指数3000点的时候，他们又开始补仓。久银控股的部分阳光私募产品是结构化的，理论上应该是在4000点时被灭掉，但是他们没被灭掉，却活了下来，被专业公司称为所有阳光私募基金中表现最好的基金。"如果我们投资团队的风险控制不行，公司没有实力，我们的阳光私募基金就会在这次股灾中被灭掉。这对我们的风控能力来说，是一次最大的考验。"说起那段刻骨铭心的往事，李安民仍旧感慨万分。

以人才为重要资产，创立人力资源制度体系

私募基金行业近年的快速发展，导致人才供应严重不足，流动率居高不下。人才是私募基金行业的核心资产，因此，怎样引进人才、怎样留住人才、怎样培育人才便成为考验一家私募股权基金投资公司是否可持续发展的关键。

李安民告诉笔者，久银控股是把人才作为公司最重要的资产看待的。为了稳定团队，久银控股实行了以老带新，采取"以平台留人、以感情留人、以资本留人"的人才策略。从2015 年开始搞股权激励、员工持股，目前已有 70.6% 的员工成为了公司股东。李安民表示："今后我们还会进一步加大员工持股的份额，利用公司这个开放的平台，实现全员'三共'：共同持有股份，共同治理公司和共享发展成果，从而提升团队的凝聚力、创新力，也为公司未来的创新发展提升驱动力。"

除此之外，久银控股还以重金请来全球领先的人力资源解决方案公司——韬睿慧悦（Willis Towers Watson），为其设计和提供完善的人力资源制度体系，包括薪酬、股权激励，以及个人职业生涯发展规划设计，等等。而久银控股未来的多元化发展方向，也将为每个员工的职业生涯提供更多发展晋升的机会。

李安民特别强调说："打造高效团队与'人多力量大'不是一回事儿。"他通过一个拉绳实验解释了其中的道理：德国科学家瑞格尔曼有一个著名的拉绳实验。参与测试者被分成四组，每组人数分别为 1 人、2 人、3 人和 8 人。瑞格尔曼要求各组用尽全力拉绳，同时用灵敏的测力器分别测量拉力。测量的结果有些出乎人们的意料：2 人组的拉力为单独拉绳时2 人拉力总和的 95%；3 人组的拉力是单独拉绳时 3 人拉力总和的 85%；而 8 人组的拉力则降到单独拉绳时 8 人拉力总和的 49%。拉绳实验结论是：1+1<2，即整体小于各部分之和。在一个团队中，只有每个成员都最大程度地发挥自己的潜力，并在共同目标的基础上协调一致，才能发挥团队的整体威力，产生整体大于各部分之和的协同效应。

"优秀的团队精神才是企业真正的核心竞争力。一个企业如果没有团队精神，将成为一团散沙；一个民族如果没有团队精神，也将无所作为。公司需要英雄，更需要团队。"他非常坚定地说。

那么，如何打造优秀的团队呢？对笔者的提问，他这样回答："第一要打造学习型组织。在一个群体之内，如果内部竞争太激烈，成员之间互相争位敌视，就难以发展成一个学习型组织。要成为学习型组织，先决条件是必须有和谐的内部气氛，才能互相分享知识，集中智慧，形成合力，打造出核心团队。第二，打造协作性团队。如果团队中每个成员都能把自己掌握的新知识、新技术、新思想拿出来和其他团队成员分享，集体的智慧势必大增，就会产生 1+1>2 的效果，团队的学习力就会大于个人的学习力，团队智商就会大大高于每个成员的智商，整体才会大于部分之和。"

他一再表示，要把公司从李安民一个人的公司变为李安民一伙人的公司。他认为，团队建设是公司组织能力建设的一个最重要的部分。公司的发展一定要培养一群狼，而不能只有一只虎。

未来目标：打造受人信赖与尊敬的金控集团

久银控股目前管理的资金规模超过百亿元，随着公司业务领域的不断拓展，久银控股未来管理的资金规模还会加大。善于学习研究的李安民向笔者描述了久银控股的未来蓝图："第一我们要把业务做得更强、更大、更细、更专业。第二，2016年我们将向金融控股的方向发展。为此，我们将制定公司第三次转型的战略目标。根据公司10年3步走战略，我们已经历了3次转型中的两次。第一次是设立一家PE公司；第二次是由PE公司转为现代资产管理集团；2016年我们将朝着第三次转型目标努力，向金融控股集团方向迈进。"

李安民非常清楚，久银控股要想实现这个愿景，必须坚持诚信。在他看来，诚信是一种"长期投资"，也意味着一种稳定的"回报"，对于提升公司在行业中的地位具有重要的战略意义。"诚信如生命，没有诚信，公司将无法受人之托，没有人愿意将资产委托久银控股管理；没有诚信，优秀的企业也将不会接受久银控股的投资。树立一个公司的诚信声誉很难，需要经过很长的时间，靠很多人的努力和无数细小的事情建立。但是，毁掉一个公司的声誉却很容易，一个小小的事件就足以破坏公司长期努力得来的美誉度。因此，坚守诚信，就是坚守生命。"他说。

要持续创新。博士后出站的李安民是个喜欢创新的人，在汉唐证券做高管的时候，他分管投行与基金业务，创新了与外资合资基金公司的模式；在联华信托（现兴业国际信托）做高管的时候，他将房地产信托投资基金（REITs）做得风生水起；在弘康人寿做董事长的时候，又将互联网金融优势做得这边风景独好。

"创新决定未来"是久银控股始终秉持的一个理念。据全国中小企业股份转让系统公开信息披露：2011年12月，他们创新设立了全国第一只产业转型升级基金：中山久丰股权投资中心（有限合伙）；2012年8月，他们创新设立了广东省第一只农业基金，全国第一只客家农业基金：梅州市久丰客家股权投资中心（有限合伙）；他们是较早从事保险资金管理的私募基金管理人，截至2015年6月30日，管理的保险资金规模为27.73亿元人民币。

凭借创新，我们看到，久银控股成为新三板挂牌的私募投资基金机构中行业并购案例的领先者。以善于学习研究见长的久银控股团队，以其专业的投资能力、组织营销能力和专业的市场机制，正在顺应互联网+金融的市场发展趋势，推动股权投资互联网化，相信用不了多久，久银控股的行业整合业务将延伸到互联网金融。

李安民对笔者说："就当前公司发展战略看，产品创新是扩大资产规模的关键。为此，久银控股将考虑创新包括新三板基金、并购基金（定增基金）、夹层产业基金等基金产品。同时，结合当前的现实，认真研究做实产业升级课题，同时研究可转债投资方式、海外上市模式和外资（港资）中国国内上市等课题，为推出更多创新产品创造条件。除此之外，我们还将通过比较研究，发展和创新养老或休闲产业基金。"

为了打造受人信赖与尊敬的金融控股集团，久银控股的创新亦呈现纷争斗艳之势。除产品创新外，他们还开展了业务模式创新，广泛动员和利用社会资源，进行多样化业务模式创新的尝试，改变目前仅管理费加分成的业务模式，积极探索项目财务顾问模式、基金设立的管理费模式、后端分成模式等。同时，还开展了渠道和服务创新。在营销渠道的拓展上，除了继续巩固与现有渠道的合作关系外，还将引进信托、互联网、机构直销、第三方理财等渠道，实现营销渠道的多元化。在营销合作模式多元化创新方面，他们一直在探索、总结不同合作主体下的基金发行和管理的模式、风险控制机制。研究银行、证券、信托、保险和股权基金公司之间的联系和产品设计。他们还不断研究对 LP 的优质服务创新。优化投资者结构，深化投资人服务。

在李安民看来，机制创新是久银控股所有创新能否成功的基础。为此，久银控股主动借鉴国内外资产管理机构的经验，学习别人的经验，积极推进组织结构创新和管理机制创新，充分发挥和调动员工的积极性，确保创新能够迅速执行和推动。

回顾创业发展历程，让李安民感到十分欣慰。创业前，他在金融行业驰骋了近 30 年，做过副总经理、总经理、副董事长，为了实现自己的人生价值，他抛掉令人艳羡的职位与高薪，尝试创业，做一回自己决定自己命运的人。"用我几十年积累的经验及从业经历，追求一下创业的梦想，发挥自己的强项，结合我的所学、所知、所有，开拓资产管理的一片新天地，使自己的能力、抱负得到实现。对久银控股的成果，整体上我还是比较满意的。在行业竞争激烈的情况下，我们不仅生存下来，而且还得到了发展，这是很不容易的。现在我们的品牌在社会上有了一些影响力，在行业中也有一点点影响力，资产管理规模也超过了 100 亿元，无论是股权投资业绩还是二级市场的投资业绩，都得到了投资人的认可。这让我很欣慰。"他说。

尽管做投资很辛苦，没有白天黑夜，不分工作日休息日，日日奔波是常态，但他却说："做投资是个快乐的工作，是人生的一个乐趣。"为了他自己选择的这个辛苦并快乐的工作，李安民带领团队，坚持绿色、诚信、理性和特色的经营宗旨，秉持"细节成就使命、专业创造价值"的经营理念，坚持用资本、知识、本事和业绩说话。他的未来目标是把久银控股打造成一个受人信赖、令人尊敬的金融控股集团。（摘编自《国际融资》2016 年第 3 期，李路阳文，王南海摄影）

李安民博士素描

李安民先生时任北京久银投资控股股份有限公司董事长、总裁，中国社会科学院金融研究所博士后、教授，一位善于学习、嗜好研究的投资专家。

至 2020 年，他已从事证券业务 34 年，拥有 20 年金融机构高级管理人员经历，见证了新中国证券市场的发展历程，参与了新中国证券市场的重大变革。

他曾任中国人民银行广州分行金融市场证券部经理，广东华侨信托投资公司证券总部总经理，湛江证券有限公司董事、总裁，汉唐证券有限公司董事、常务副总裁，兴业国际信托公司总裁特别助理，华安财产保险股份有限公司副总裁，弘康人寿保险股份有限公司董事长。

截至 2019 年年底，久银控股累计管理资产规模 197 亿元人民币左右。

2019 年 6 月 19 日，李安民先生辞去久银控股总经理，继续担任该公司董事长。

李安民先生也是国际融资"十大绿色创新企业"评选活动连续 10 届（2011—2020）50 评委专家团专家。（艾亚文）

作为创新工场创始人，同时也是一位与众不同的资深风险投资家，李开复先生不光为创业者提供资本，同时还做他们的导师，分享他的诸多见地。在 2016 年岁末 IFC 主办的首届"中国创新论坛"上，《国际融资》杂志记者有幸采访了李开复先生，就读者关心的投资风向、行业趋势等，请他一一细说究竟。

李开复话说未来行业的引爆点

要关注引爆未来的五大领域

记者：有人说中国互联网红利终结，"以量取胜"出现瓶颈。您作为中国风险投资行业的资深风险投资家，能否谈谈在过去的一年 VC 行业在投资项目上有什么变化？

李开复：整个移动互联网的红利已经开始消退，用户的增长放缓，APP 使用率的增长也不如以前那么快了，很多领域开始合并，这可能会让一些人对中国未来的发展感到担忧。另外，在整个资本市场上，2016 年整体投资量大约是 2015 年的一半，也就是说投资金额少了一半。很多创业者认为中国进入了资本的寒冬，企业融不到钱。有趣的是，那些高科技公司的融资却丝毫没有受到影响。过去投资界的投资模式是寻找能够快速且能大量吸引用户的项目或公司，而不关注技术，现在不同了，整个投资界已经从不关注技术转向只关注技术了。

记者：支付宝、微信支付等互联网支付工具因为便捷的操作体验逐渐成为人们转账支付的首选工具，传统银行因此而面临着巨大的挑战和被取代的危机，对此，您认为传统的金融机构应该如何应对？

李开复：对于传统金融机构，我要说的是，他们应该意识到他们最有价值的资产不是财富或者客户，而是数据。中国的保险公司、券商、银行有大量的数据，这是他们的优势。现在做人工智能的公司最主要的问题是没有数据。相对来说，我更看好那些创新的公司，因为他们没有包袱，历史告诉我们，如果一个公司有很大的包袱是很难创新的，若想要达到一个新高度，可能就要放弃过去拥有的。所以，我认为，传统金融机构面临了很大的机会，同样也面临着很大的挑战。

记者：作为中国国内一流的创业平台，创新工场不仅给高科技创新创业企业提供所需的资金，还针对早期高科技创新创业所需要的商业、技术、产品、市场、人力、法务、财务等提供一揽子创业服务，旨在帮助早期阶段的高科技创新创业公司顺利启动和快速成长。根据您的预判，您觉得未来哪些领域能火爆？

李开复：中国将成为真正高科技创新创业的一个顶尖国家，我认为，人工智能、文化娱乐、在线教育、B2B交易、消费升级这5个领域能够引爆未来，并且这5个领域也正是创新工场的主要投资领域。

创新工场投资最多的是人工智能

记者：您怎么看人工智能的未来发展？

李开复：创新工场投资最多的就是人工智能。基于深度学习的算法让各种领域都可以用人工智能做出非常好的解决方案，所以4年前我们就开始了对这个领域的投资。在人类所有的工作中，只要是用人工智能五秒钟就能完成工作，不管是哪个领域，人工智能都远远超越了人类，这就意味着有非常多的蓝领甚至白领的工作在未来10年将被取代。当然，还是有一些工作人会比机器做得好，比如翻译小说、诗歌，这个工作人工智能机器可能在20年内都不可能比人做得好，当然，今天从事翻译的人还要继续加深自己的功力才行。再举个例子，比如美联社的文章是人工智能机器写的，和人写的一样，甚至都不会犯错。人工智能机器特别厉害的地方就是它可以比人做得更好，它不会觉得累，不会发脾气，不会要求加薪，更不会罢工，因为这个缘故，未来很多领域里的蓝领和白领工作都会被人工智能机器取代，它都不是说会达到人的水平，而是会远远超过人的水平。

我们投资了一个做人脸识别的公司，它的一套技术可以识别几十万张脸，而人的最强大脑最多也就识别一万张脸，人工智能机器已经比我们人厉害很多倍了，这是一个现实的问题。人工智能能够识别人脸，那么，保安和边防的工作可以被取代；人工智能语音识别还可以取代客服和销售。当然，远不止是这些领域，谁有数据谁就可以创造出人工智能，因为数据是点燃人工智能机器的燃料。我们每一天都在用人工智能，当你用搜索引擎的时候，每个点击或不点击都会作为数据被收集起来，然后人工智能根据这些数据向你推送你需要的东西。

记者：您说人工智能在某些方面比人做得更有效率，可能会使很多人失业，这对人类来讲也是一个挑战，您能不能以风险投资家＋创业导师的双重身份诠释一下这个问题？

李开复：人工智能并不是说让我们变得没用了，而是让我们变得更加有个性，更加脱颖而出。重复的工作可能会让人花大量的时间，而人工智能机器5秒就能干完，这样我们就能把人腾出来去做更有意义的工作。

我认为，未来的5年里，在对孩子的教育方面应该会有非常大的提高。这方面的教育工作肯定不会被机器所替代，如果被机器替代了，那将是最坏的教育。

我是一个乐观主义者，尽管未来10年我们人类可能有一半的工作会消失，但还是有一丝亮光在前方的，首先它的替代不是一夜之间发生的，而且主要还是那些有利润的企业才能有资本购买人工智能机器来替代一些重复性的工作，这个工作的转换是分阶段的、渐进的。我认为，我们人类最终的命运就不应该是花时间做那些重复性的东西，让我们把精力放到更有用的地方去，让我们从重复性的工作当中抽离出来，把更多时间花在解决更复杂的东西上。所以我相信，哪怕是那些被机器替代了原有工作的人，也会找到更能展现自己人生价值的工作。

互联网正快速地改变很多行业

记者：您断言说"中国的文化娱乐比美国文化娱乐的创新速度更快"，对此，能否具体解释一下？

李开复：中国的文化娱乐是非常创新的，我认为比美国好莱坞的创新速度更快。我从3点回答你的问题：

第一，中国国内电视节目因为政策限制的原因，导致很多人到互联网上看节目，创新工场看到这个趋势就投资了很多互联网上的节目，如马东的《奇葩说》。

第二，过去中国国内对知识产权有些不尊重，有侵权问题，但是近3年来，中国国内对于知识产权的认知非常快，所以我们同样也针对这些知识产权做了很多布局和投资。而且相比国外，中国有更开放的平台，在欧洲，从出版一本书到拍成电影可能要花15年的时间，但在中国国内可能就需要两三年的时间，所有的环节都是打通的，而且对知识产权有更高的认识。

最后一点，在投资文化娱乐方面，创新工场主要看95后、00后喜欢什么。因为我们认为95后、00后成长在一个虚拟世界里，对他们而言，真实世界反而是一个补充，他们会成为文化娱乐的引领者。

记者：您能否与我们分享一下对在线教育的看法？

李开复：随着互联网时代的发展，过去的教育会被颠覆，互联网时代里授课的方式也达到个性化，非常好地利用了共享经济，而且在线教育解决了教育资源分布不均的问题。在中国，有非常多想跟美国老师学英文的学生，但是在中国国内，优秀的美国老师非常少，如果有视频会议把他们连接起来，用标准的美国小学的授课内容让中国的孩子也可以像在美国上小学一样学习。互联网快速地改变了很多行业，比如媒体、交易、电商等等，教育永远是文化领域里改变最慢的，但是我们现在也看到了互联网在改变教育，在这个过程中还可以加上人工智能，可以针对每一个孩子做主动式教育，确保他学到他最需要的基础知识，也确保他有兴趣去做他喜欢做的事情。

记者：您说 B2B 领域正进入 3.0 阶段，为什么？您能否就此与我们读者分享一下？

李开复：好的。现阶段更注重产品如何与产业链对接，如何卖东西给企业用户而不是终极用户。B2B 的 1.0 时期，以会员费来盈利，解决信息透明化。B2B 的 2.0 时代特点是去库存，撮合交易，加快周转。B2B 进入 3.0 时代，不是关心怎么买得最快、最便宜，而是关心怎么买到最适合的，怎么才能最快捷地获得服务。B2B 的 3.0 阶段，买好车这类的打开方式是用服务介入交易，进而收取一定的服务费。因为中国是制造的王国，比如钢铁、化学混合物，或者是布料甚至是车，都需要用 B2B 的方法打通这个环节。举一个例子，比如面料领域，对于设计师来说，他们能够搜到他们需要的东西，愿意付出更高的价钱，或者更高的代价，但只是打通了一个流程，这是一个很好的领域。

记者：您能否和我们再分享一下对消费升级的看法？

李开复：说到消费升级，中国的中产阶级有两三亿，未来还可能会更多。虽然这个所谓的中产阶级的比例比较小，但是整个的量级却非常大。在这些中产阶级还不那么有钱的时候，他们可能更在乎的是怎么能够买到最便宜的商品，而淘宝很好地解决了他们的需求。

又比如，现在中国整个饮食习惯已经被颠覆了，美团、百度外卖、饿了么……让中国人改变了饮食习惯，配送费只需要几块钱，还能吃到自己想要吃的东西。（摘编自《国际融资》2017 年第 2 期，陈梦妮、艾亚文）

点击李开复

李开复博士于 2009 年 9 月在中国北京创立创新工场，立足于人工智能、互联网和内容娱乐等领域的投资，在此之前，李开复博士曾就职于谷歌、微软、苹果等世界顶尖科技公司，并分别担任全球副总裁职务。

他曾以最高荣誉毕业于哥伦比亚大学，并于 1988 年获卡内基梅隆大学计算机学博士学位。李开复博士分别于 2011 年、2015 年被授予香港城市大学荣誉博士、卡内基梅隆大学荣誉商业管理博士。他是美国电气电子工程协会的院士，曾任美国"百人会"副会长，还分别担任香格里拉亚洲有限公司和美图公司的非执行董事、以及鸿海精密工业股份有限公司独立董事。

李开复博士 2013 年当选为《时代周刊》全球最有影响力 100 人。

截至 2020 年 3 月，创新工场管理的双币（人民币、美元）基金已达 150 亿元人民币。（艾亚辑）

　　风险投资不是敢赌者的游戏，作为风险投资家，最起码要集四优于一身：眼光独到、经历丰富、判断准确与善于学习，唯有此，才可能将风险投资进行到底。杨瑞荣先生正是这样的风险投资家。2016年，他和几位合伙人一起创立专注于健康医疗和金融技术的早期与成长期风险投资基金——远毅资本，将投资定位于健康医疗及金融技术两个行业基础设施细分领域的早期项目。他为什么要将远毅资本的投资定位于此？他怎么看这两个细分领域的未来发展趋势与机会？他是如何甄别好项目又是如何选择创业者的？本文中，杨瑞荣先生一一做了回答。

远毅资本：专注投资健康医疗与金融技术基础设施

技术的基础设施不存在，中国就很难出现"乔布斯"

　　杨瑞荣先生创立远毅资本之前，是北极光创投（简称：北极光）的合伙人和兰馨亚洲投资（简称：兰馨）的投资总监，在风险投资行业的工作经历，特别是到北极光工作之后，他的投资注意力已集中转向健康医疗和金融技术两大行业，并发现了这两大领域的技术空白带——基础设施。为此，他于2016年创立了远毅资本，专注于投资高门槛的健康医疗和金融技术的"基础设施建设"。他为远毅资本设计的投资定位得到了北极光基金的基石投资支持，截至2020年4月，远毅资本已管理了4只基金。

　　中国消费市场升级、政策性市场开放与行业监管的日益趋紧、大浪淘沙后凸显的技术门槛，坚定了他投资健康医疗和金融技术基础设施的判断，他预言："在未来5～10年，这两个行业相对于其他很多行业会有长足的发展机会和很高的增长率，作为VC，能在其中投资到好公司的机会比其他行业更大。"为了抢占市场的先机，远毅资本制定了边募集、边投资的打法，最初两只基金的募集目标是1亿美元和6亿元人民币，每个项目投资约2000万元人民币。截至2017年7月，已完成两只基金共计近10亿元人民币的募集，投资的项目已达20家，其中6家公司都拿到了下一轮融资，估值为上一轮的2～5倍，这在2016年资本遇冷的形势下实属不易。

当笔者问及远毅资本的投资策略时，杨瑞荣先生回答说："2015 年我在北极光时，就在健康医疗产业的投资中确定了发展基层诊疗的计划。2016 年创立远毅资本后，我们筛查了三四十家与基层医疗相关的健康医疗企业，最终投资了其中的三四家。至于金融领域，第一波金融放开催生了很多持牌金融机构和持牌金融体系之外的众多创新金融公司对金融技术基础设施的需求，基于这个市场需求，我们的投资专注于为现有的金融机构提供基础设施建设服务，包括为保险业、银行业、财富管理业、征信业提供平台，未来还会考虑为资产证券化的公司提供平台。"

杨瑞荣先生和其合伙人早年在商务部工作的背景，使远毅资本对中国政策的引领方向有比较准确的前瞻判断。远毅资本对移动医疗中基层建设的重视正是基于他对政策方向、发展趋势的精准把握。他说："怎样用移动的手段为基层的医疗人员提供服务，包括帮助赤脚医生和建立社区医疗，这是我们投资的大方向。移动医疗是要解决最后一公里的入口问题，从医疗服务的角度来讲，社区这种单位才是真正的"最后一公里"移动医疗的入口。国家政策也在强调首诊在基层，如果实现看病不出社区，居民就不用跑到大医院挤破头排队了，所以我们希望把基层医疗做起来。"为此，他举了一个远毅资本在云南投资的案例：云南新康医疗管理集团有限公司（简称：新康医疗）是迄今为止中国最大的社区医疗服务中心运营商，在云南成功地运营了超过 200 家类似于毛细血管一样的社区医疗服务中心，通过上门收集居民信息、建立健康医疗档案，使每个服务中心覆盖 3 万～ 4 万人，实现了辖区内的这些人口到医疗服务中心首诊。他断言："只要把运营的流程、服务做好，新康医疗就能建立起良好的品牌和形象。"2016 年 4 月，刚刚创立的远毅资本对该公司进行了超过 2000 万元人民币的 A+ 轮投资。在不到一年的时间内，该公司又拿到了 B 轮超过 1 亿元人民币的融资，估值达 8 亿元人民币。

他对行业细分市场机会的精准判断，还源于他在美国工作、学习的背景经历，以及基于对中美在这两个细分市场的技术经过比较之后的深入思考。他认为，中国真正进入市场经济毕竟不到 20 年的时间，在健康医疗前沿性的技术比美国差很多，信用体系更比美国落后 20~30 年。在美国，之所以有很多技术发展速度超快，是因为他的基础设施技术健全。因此，对中国而言，不能照搬美国的一些东西，做好基础设施技术才是关键。"作为早期风险投资基金，我们也想找到中国的'乔布斯'，但如果基础设施不存在，'乔布斯'就不可能在中国出现。但是，有差距才会有机会，中国在这方面可以做更多创新。我们远毅资本致力于投资的就是底层缺失的薄弱环节。"

在他看来，中国也有两个领域具备美国不及的优势。比如，在移动支付方面，中国比美国领先更多，P2P 领域虽然比美国发展得晚，但整体规模比美国大，中国现有 800 亿美元的市场规模，而美国才有 500 亿美元。"这恰恰是因为原来的基础设施不好给 P2P 创造了更好的机会，而美国的 P2P 公司只能在较完善的金融机构中夹缝求生。中国 P2P 行业反补了原来中小微企业得不到金融支持的空白，空间反而比美国大了。"他说。

关于中国的另一个优势，他认为体现在任何一个技术的应用，包括金融技术或基因测序技术的应用市场均比美国广。在美国，找一万个病例可能要用 10 年时间，但在中国，由于病例数量多，可以很容易在短时间内找到。因此，利用国外的先进技术再结合中国的市场优势会在更好的方向上获得更快的发展。他举例说："在基因测序设备领域，全世界约 80% 医疗机构都在用美国 Illumina 的设备，它几乎垄断了市场，中国如果有人想制造个仪器去挑战它的地位，至少在 5 ～ 10 年内不可能实现。从投资人的角度来讲，我不会去尝试挑战 Illumina 的地位，但会把这个基因测序的仪器当成一个平台来拓展具体的应用市场"。而巨大的应用市场恰恰是中国的优势，也是中国企业、投资人的机会。

两个 6 年成就了一位对早期项目有独到见地的风险投资家

2004 年，当美国的风险投资基金涌进中国市场的时候，杨瑞荣先生从美国回到中国，加入风险投资行业，成为中国市场最早进入风险投资行业的专业人才之一。他首先入职兰馨任投资总监，主要负责消费领域早期项目投资；6 年后，他以合伙人的身份加盟北极光，负责医疗与金融两大领域的早期项目投资，一干又是近 6 年；2016 年他创立远毅资本，专注于健康医疗与金融技术领域基础设施早期项目投资。这十几年间，他主导投资了很多项目都可圈可点。

比如，2016 年 12 月 28 日在上海证券交易所上市的元祖股份，就是他 10 年前在兰馨时投资的项目，该项目是南方最大的连锁烘焙食品零售企业，当年兰馨投资额 650 万美元，其上市后兰馨投资部分所占市值已超过 1.2 亿美元；他在兰馨任职期间主导投资的正保远程教育，是中国第一家互联网教育公司，兰馨先后投资 1400 万美元，2008 年在美国纽交所上市，后来退出时为投资人带来了近 1 亿美元的现金回报；他主导投资的中国第一家汽车互动媒体——皓辰传媒旗下的 IT168 和 Che168，后来和汽车之家合并，接着打包被澳电控股，最后在美国纽交所上市，为投资人带来了 2 亿美元以上的回报。

2010 年，他加盟北极光后，先后主导投资了 23 个项目，投资额共计 1.5 亿美元，已有一个项目在创业板上市，两个项目在新三板挂牌，整体账面回报约 5 倍，年化收益约 70%。其中由他主导投资的中科创达软件股份有限公司，已于 2015 年 12 月在深交所创业板成功上市，成为全球最大的智能硬件操作系统开发商，投资回报高达 40 倍。他主导投资的金融技术基础设施项目——点融，已成长为中国最大的互联网 P2P 信息服务平台，目前预期回报在 10 至 20 倍。就在 2017 年 8 月 2 日，点融正式宣布获得全球知名主权基金新加坡政府投资公司 (GIC) 领投的 2.2 亿美元 D 轮融资；截至目前，点融已成功服务了超过 400 万名投资用户，每月撮合成交量超过 30 亿元人民币。他主导投资的鼎程（上海）金融信息服务有限公司目前已成为中国最大的供应链金融网服务平台。他主导投资的华大基因已成长为全球最大的基因测序服务公司即无创产前检测的服务商，并于 2017 年 7 月 14 日成功登陆深交所创业板，股票代码 300676。

长期养成的独立思考习惯以及丰富的投资阅历，让他敏锐地意识到，中国健康医疗与金融技术两大行业存在的底层薄弱甚至空白，会因政策与技术的双驱动产生市场机会，出于对细分市场项目精准分析后得出的判断，他创立了远毅资本。与许多风险投资基金多行业泛投资之不同，远毅资本只关注健康医疗的几个细分领域与金融技术领域的基础设施建设，除此之外，一概不投。在当今企业创新热度骤升、投资基金纷至沓来的大市场环境下，这种瘦身式投资定位的选择，是明智而冷静的，也是对投资人负责的。

那么，他为何会做这样的投资策略定位？在医疗健康领域，远毅资本为何只专注医疗技术、移动医疗和服务以及基因测序应用这 3 个细分领域？

在采访时，他告诉笔者，远毅资本投资医疗器械、耗材、设备的核心零部件。他解释说："比如，我投过一家做医用影像设备核心零部件的公司叫奕瑞影像，专门生产数字 X 光的平板探测器，是 X 光机成像的核心耗材，现在这家公司的产品已经进入国际主要影像厂商的核心供应商，在国际和国内两个市场上，与原来的国际巨头直接竞争并迅速扩大市场份额。"关于移动医疗，远毅资本更强调其中的医疗。

在杨瑞荣先生看来，互联网医疗不可能像有的人预言的那样，颠覆传统医疗，他说："移动医疗要对线下医疗和传统医疗有深刻的理解，只有基于这个基础才能做好，而互联网只是手段和工具。"杨瑞荣先生过往投资的一些案例所收到的良好效果，诸如投资为医生提供教育服务的项目、改善医患关系的项目以及医院内部 IT 整体解决方案项目等，正是对他的见地的最好诠释。

至于远毅资本为什么会投资基因测序的应用行业，他这样解释："这是基于我在北极光时期投资华大基因、安诺优达和燃石生物科技等二代基因测序技术在平台应用的经验，远毅资本更关注基因筛查、个性化用药和精准医疗。我们投资了广州市基准医疗有限责任公司（简称：基准医疗），基准医疗是以基因测序技术为平台，筛查早期癌症等，为患者、医生、医院提供精准医疗整体方案。我们还投资了一家专注于用基因测序平台检测肠道微生物菌群的早期公司。"

在远毅资本的投资策略定位中，还有一个细分领域是金融技术的基础设施。对此，杨瑞荣先生的投资观点也别于很多投资人。他认为金融是国家命脉，从法律法规、政策监管、行业规模等对传统金融机构依赖的角度去看，互联网不可以颠覆现有的金融机构。因此，用技术来为现有的金融机构提供服务的方向才是对的。基于此，投资金融业底层技术架构的平台性公司成为远毅资本的方向。

比如，在保险行业，由于信息不对称，保险产品和中介机构之间有很多衔接不上的空白带，针对这个问题，远毅资本投资了 e 家保险，该公司专门为经纪公司和代理公司提供工具，前端帮助其管理销售人员，后端在平台上再推广各保险公司的产品。"这个平台有点儿大数据的性质，就是一个工具型数据，有了保险前端的需求数据，生产出的产品可能会比保险公司的产品更好。用这个工具型数据技术生产出产品，帮助众多小型保险公司跟上大保险公司的脚步。随着时间的推移，这些数据的积累会变得越来越有意义。"杨瑞荣先生说。

再比如，中国的银行间存在很多市场，但由于中国的银行发展非常不对称，五大国有银行及大型股份制银行为银行业主力，优质客户资源及产品丰富，而其余 4000 家持牌金融机构中，有 3000 多家都是村镇银行、农商行、地方城商行。比之大银行，这些小银行存在着优质客户资源稀缺、没渠道找到好产品以及没能力创造产品等劣势。针对这一市场需求，远毅资本投资了盛事金服网络科技有限公司，这是一家致力于为银行和非银金融机构提供银行理财及其他资管产品的交换、交易及基于科技手段的其他创新金融与技术服务的公司。该公司底层基础设施建设技术将中国现有的大大小小的农商行、村镇银行及小城商行联合起来，打造出中国国内唯一一家银行间理财产品第三方的线上交换平台。杨瑞荣先生说："现在（注：2017 年采访时）这个平台上已拥有超过 60 家银行，并在技术上做好了产品间的无缝对接，使 60 家银行整合后变成一个大渠道，打造了一个相当于全国第十大的银行的产品销售平台，只是这个平台不会去改变产品，没有资产证券化的功能，不参与清算，所卖产品与平台无关，平台只做产品间的无缝对接，属于银行间的信息系统功能。中国有超过 3000 家小银行，我们希望最后能整合到 1000 家（注：截至 2020 年 6 月，该平台已整合了 150 家银行）。从某种意义上讲，建好交易平台，就做好了基础设施建设。"

至于信息披露领域的基础设施建设，他认为也有很多空白和缺失。比如，如何利用技术手段帮助监管部门对阳光私募的合规、合法进行综合管理？远毅资本最近投资了智道金融公司，其中有一个产品叫"信批宝"，这是一个针对中国二级市场阳光私募领域、帮助机构做信息披露的基础设施建设平台的产品。"通过这个工具为私募基金提供了很好的工具，同时为各大资管机构提供了很好的基金评价数据来源。"他解释说。

从远毅资本投资的金融技术项目看，他们在金融技术领域的投资基本是按照其投资策略，只投资各细分领域基础设施平台公司，为现有的金融机构或监管机构等提供服务。杨瑞荣先生告诉笔者，未来，他们还会考察中国的信用评级公司，选择最优秀的公司进行投资。"中国还缺乏这样的基础设施建设，因此，这个细分市场的机会和空间很大。"他这样说。

创业者需要很强的综合素质，这是大方向

最有权威评价创业者的恰恰就是像他这样与创业者无数次零距离接触、入行较早的风险投资家。若以他 2003 年进入风投行业为界，在他看来，之前的创业者要么是草根出身，要么就是依靠各种资源的低配创业者，比如靠政府关系或通过各种信息不对称赚钱、局限于消费领域或互联网领域的创业者比较多。之后，中国创业者的成熟度以及各方面的素质都在稳步提高，特别是近些年，从各行各业，特别是从跨国公司、大企业走出来一批具有专业知识、运营经验和社会阅历都非常丰富的创业者，使创业者队伍素质大幅提升，交往时的语言互动少了诸多障碍，多了更深层次的认同，这使中国的创业公司有了良好的发展基础。

当笔者问到杨瑞荣先生："您最欣赏什么样素质的创业者？会讲故事的创业者是你喜欢的吗？"他这样回答："首先，中国的创业者不能只盯在自己的技术专业领域，还要在专业领域之外的其他方向花时间，包括如何跟政府部门打交道、如何利用社会资源等方面，现在的创业者需要很强的综合素质，这是大方向。第二，企业家的诚信非常重要，尤其是在早期的投资，投资人和企业家的互信基础基本上都建立在企业家的诚信上。我们会通过行业的人脉关系对创业者的背景做比较详细的调查。第三，我欣赏的创业者除了上面两个基础素质外，

还要有技术门槛，对所在的行业非常了解并有一定的积累；同时，这个创业者能够撸起袖子踏踏实实干活，把公司运营好。中国大部分的创业者都很聪明，没有想不到的点子，但靠一个好点子就创业很不切实际，能够把想法实现才是关键。我们希望有更多的时间对创业者们进行考察，如果这个人能够坚定不移地执行他的初衷，那他肯定靠谱，我们投资的信心会大大增加。如果他第一次说的事情和第二次说的不一样，或者说的东西根本就没实现，这种人我会远离他，况且，中国现在靠忽悠出来创业的人确实不少。我经常和我的投资人讲，我所投的创业家们都有很多相似之处，最大的相似之处就是踏踏实实干活，好张扬的人不多。我会通过看他们每年年末是否达到年初定下的预算目标来评判他们，完成率达到80%90%是关键的考核指标。"

在他看来，能否找到优秀的创业者，这是门艺术。如果是具备判断细分行业市场趋势的国际大公司或领军企业的人出来创业，从风投角度看，则是最佳的创业人选。

做风险投资的人必须提前知道风口在哪里

作为投资早期项目的VC，如何判断投资风口？杨瑞荣先生有他的见地。

他认为，第一，要判断行业大趋势。他早期在北极光时就非常注重对行业趋势大方向的判断。他说："2016年至2017年我开始专注金融领域的基础设施建设的大方向，其实早在2008—2010年时就有人给我介绍过P2P项目，但那时风险太大，我没有考虑，到2012—2013年时，我认为政策已相对明朗，可以投了。那时我投了点融，目前已成为业内的标杆。当时我对P2P的投资依据就是判断这个行业能不能发展起来。总而言之，了解行业趋势、模式的大方向是第一位，只要提前知道风口在哪里，就会知道往哪里投。"

第二，对行业细分领域的技术判断。他以医疗行业为例展开说："我偏重医疗领域的基因测序技术，为此，我请教过很多专家和学者，他们都跟我说基因测序还是别涉猎了，业内已经研究了十几年都没起色。但是，当看到唐氏综合征的筛查技术已有超过99.96%的精确度时，我意识到它的技术优势可以成为行业标准，技术的成本也会大幅下降。所以我们决定在基因测序领域加大投入，最终投了4家基因测序的应用公司。这4家公司每家都是应用层面细分领域的技术领头羊。"

第三，对政策的判断。他解释说："一旦某个领域的技术成熟，国家政策就会鼓励这个行业发展。而技术不成熟的领域，政策风险则会非常大。远毅资本投资的两大基石原则就是对政策方向的把握和挖掘好技术。只要政策层面对该领域放开，我们对该行业就有信心。"

在VC领域，有这样一种评判投资成功与否的标准，如果投资10个项目，其中有一个上市退出时获得高倍回报，那就是成功，如果有2～3个获得高倍回报，那就是大成功。纵使其他项目都失败了，从一只基金总体收益来看，依旧是成功的。

在杨瑞荣先生过往投资的几十个项目中，总体成功率很高，但失败案例也在所难免。对此，他说起来毫不掩饰："我在北极光时投过一家淘品牌的公司，当时我们认为淘宝是个大平台，电子商务公司应该有前途，但这个项目最后还是没有达到预期。这家公司的两个创办人跟我关系很好，虽然公司发展有些缓慢，但他们还在坚持运营，甚至实现了盈利。但因种种缘由，错过了电子商务发展的最佳机会，发展速度大不如前。我们复盘这个投资觉得其间最大的战略失误就是对淘宝这个单一平台的依赖度太大，一旦淘宝出现政策调整或发生问题，风险较大。果不其然，这家公司受淘宝内部进行政策调整的影响，导致该公司的产品从淘宝平台上下架。当时我们投资时，该公司是细分领域淘品牌的龙头，经过一年多时间，销售规模增长已超过 1 亿元，但因为这个变化，销售额大幅下滑。接着，我们又重新帮助他在诸如唯品会、京东、当当网等平台重新建立平台渠道，但因机会稍纵即逝，该公司发展速度和团队士气都大不如前，再融资也变得比较困难，发展已错过了最好的时间点，速度和我们当初预计差距很远。但我并不觉得这个项目完全失败，因为我没有选错人。和很多花了投资人的钱没做好就放弃的创业者不同，这家公司的创业者始终坚持初心，甚至将自己的身家都搭了进去。"他欣赏的正是这位创业家的执着与责任。凭借这个难能可贵的优点，谁能知道风水轮流转的哪个时点，天使不会把机遇送给这位有准备的创业家呢？

既然是做 VC，投资的风险就会很大，但为什么还会有那么多的投资人在做早期风险项目的投资？大风险的背后深藏着的巨大商机和未来可以想象的巨大利润空间，是有经验的风险投资家愿意为此一搏的动力，而他们之所以能赚得盆满钵满，则是因为具备常人没有的智慧和坚持，再加一点儿运气。

智慧从哪儿来？不断深入学习而来，每了解一个领域、一家新公司、一位创业者都是学习，都是在种智慧的种子。杨瑞荣先生的成功秘钥就在这里。他喜欢与人打交道，但不是夸夸其谈的演说者，而是喜欢聆听的思考者。和他在一起交谈，你会发现，他没有很多投资人身上的霸气，没有居高临下的俯视姿态，他和交谈者之间是平等的，甚至更多的时候，他表现出的学习姿态让对方感到亲和。在这种氛围中，他收获了他想了解、想学习的东西。"在一个行业中，不论成功与否，真正能够做得久的首要因素必须是喜欢这个行业。我喜欢 VC 这个行业。表面上看，做 VC 就是判断人和事，但其实是要在背后做很多积累的。VC 是一个很耗体力的工作，要不停地去建立关系，通过和创业者们交流发现他们身上的亮点，这也是做VC 比较有趣的地方。很多人都曾疑惑我作为政府部门出身又没有医疗背景，为什么投的项目还不错？原因就在于通过不断深入学习去了解行业。VC 的平台优势是有广度，但缺乏深度，这个短板可以通过咨询业内的资深专家来解决。只有把行业的深度和广度有机结合起来，才能抓住行业的商业机会。"他说。

杨瑞荣先生善于求教于业内专家，但是，他的成功却不是因为他听从业内专家对创业企业的判断，而是他追求对企业亮点的心灵感知。他说："与业内专家交流，会发现他们不光对行业了解深入，还对创业公司的要求也非常高。比如，我们评价一家类似元祖食品的传统零售食品行业的公司时，就会和星巴克、麦当劳这样的顶级国际品牌公司负责运营管理的高管交流，请教他们的看法，但他们的回答通常会说这个项目不行。从一个成熟的跨国公司的角度来评判一个初创公司，总可以挑出一大堆的包括运营中的很多毛病，如果光听这些意见的话，这个项目注定会被否定。无论是健康医疗还是金融技术行业，都实实在在地存在着这个问题，可能是因为在优秀的大型跨国公司高管见多识广而不能容忍有缺陷公司的缘故吧。

但是，从事早期风险投资，不能看到项目有缺陷就不投。我把这种错误叫作'验尸官'的错误：分析起创业公司的问题头头是道，当创业公司失败时总觉得自己特别有道理。但真正好的投资人不在于能否看见公司的不足，而在于能否发现初创公司的亮点。我的原则是如果创业者的道德品行有问题，肯定不投；但如果是运营方面的问题，我们就会通过判断是否为致命伤，能否有改正提高的空间再做是否投资的结论。如果投了，我们会帮助他们判断在什么时间点去做市场营销，然后再帮他们找到合适的人才负责市场推广。"

杨瑞荣先生强调了投资成功的关键要素，首先是要发现、拎出创业公司的亮点，然后才是考量这个亮点如果发挥得好会带来多大的利润上升空间？考量的结果假如得出正面而积极的结论，那他就会"扣动投资扳机"。

风险投资行业永远是一个优胜劣汰的行业

作为资深风险投资家，杨瑞荣先生对中国 VC 行业未来的发展变化做出了这样的预判："中国 VC 未来的发展方向肯定会走向专业化，会越来越专注于各种细分领域，这也是北极光支持我出来创办远毅资本的主要原因。我觉得目前中国整个 VC 行业还处于早期阶段，VC 机构的数量会进一步增加，但行业会不停地洗牌，不合格的会被淘汰，新机构会不断涌现。我认为，VC 行业永远是一个优胜劣汰的行业，同时，VC 行业的划分也会越来越细。我觉得大致可以分成三大类：第一类是大平台性质的 VC 基金公司，较知名的有红杉、北极光等，什么领域都涉猎，我们把这种叫作通用大基金；第二类是像远毅资本这样由专业人士组成的专注于某个细分专业领域的 VC 公司，随着行业的专业性体现越来越强，这种专业性的基金也会越来越多；第三类是产业出身的人出来创立的基金，像互联网领域的 BAT 会出来做 VC 基金，医疗领域的迈瑞医疗或各大上市公司、药厂也会出来做 VC 基金。"

优胜劣汰的规则，促使风险投资行业的投资人必须不断学习。杨瑞荣先生是哈佛大学商学院全球校友会的董事，每年要回学校开两次会，他便利用每年两次回美国的机会，与哈佛医学院和其他院校的教授和华人学者交流。为了加强和健康医疗领域行业专家的交流，他加入了以中美两地各大医药公司高管和研究人员为主的 BayHelix（百华协会），他还和一些医疗投资领域的投资人共同发起了中国健康医疗产业投资 50 人论坛执委会，希望能够通过投资人的群体为健康医疗领域做出更多有意义的事情。在金融方面，远毅资本的另外两位风险投资合伙人都是金融技术方面的资深人士，对底层技术和传统的金融领域都有非常深刻的理解。远毅资本还邀请了全球风险投资领域知名的 Josh Lerner 教授作为顾问，通过他系统了解美国早期风险投资在健康医疗和金融技术方面的趋势。

说到未来哪些行业机会值得投资者关注，杨瑞荣先生是这样分析判断的："在每段时期，凡是有投资机会的行业和人群都会发生一些细微变化，比如 2004 年至 2005 年是投资基础消费的好时机，现在就变成了消费升级。总之，消费的主题从 2004 年至今虽有变化，但一直都还存在机会。此外，医疗和金融领域在未来20年会有蓬勃发展的战略机会，这两个行业的增长速度会比GDP的增长速度快得多。"（摘编自《国际融资》2017年第9期，李路阳、曹月佳文，杜京哲摄影）

杨瑞荣：累并快乐地将VC进行到底

杨瑞荣先生是远毅资本的合伙人，拥有上海对外贸易学院经济学学士学位和哈佛商学院工商管理硕士学位。在进入风险投资领域之前，有近10年的政府和跨国公司工作经历。在全球贸易与投资以及大宗产品贸易方面有非常丰富的经验。

自2004年起，他进入VC行业，先后在兰馨任投资总监；在北极光任董事总经理、合伙人；2016年创立远毅资本，为创始合伙人；是一位资深风险投资家。

他在消费、医疗健康以及金融技术等行业投资了众多成功的创业公司。在兰馨期间，他建立了上海和北京的办公室并主导和参与了一系列在消费和技术领域方面的成功投资。2010—2016年他加盟北极光团队期间，负责医疗及金融技术方面的投资，先后在正保远程教育、中科创达、安诺优达和奕瑞影像等公司担任董事。

2016年创立远毅资本后，他没有给自己设计独立的办公室，十分享受和全员在大办公室里随时零距离交流的感觉。他每天6点左右起床，到处出差非常忙碌，和众多投资人一样，每年乘机空中飞行一百多趟，被人戏说成"空中飞人"。他还是一位马拉松爱好者，即便工作如此繁忙，他仍然会抽出时间享受长跑。做风投虽然很累很辛苦，但他喜欢，所以累并快乐地像对待长跑一样，将VC进行到底。这就是他的真实写照。

截至2020年2月，远毅资本累计投资的创业公司已达39家。（艾亚文）

资本创新篇

企业创新催生了资本创新，新社会资本、技术资本、创新资本、企业家资本的不断创新又加快了产业创新与技术革命的速度

2013 年的春天,《国际融资》记者专程采访了长江基金及扬子资本管理公司董事总经理赵聪,采访令记者深感到他的另类:他,没读过大学,是"老三届",但 30 余年国际市场打拼积累的成败经验却可以成为专业领域课程的经典案例;他,管理的投资基金虽小,但坚持"不怕错只怕贵"的第一轮投资原则;他,选项目时,认为财务报表做得再好没用,就看人,而且是以平等、尊重的态度去观察、对待创业家;看准了,果断投资,失败了,立马斩断。

赵聪:一位另类投资家的传奇经历与逆耳忠言

相约在扬子资本北京代表处办公室采访赵聪先生。落座后,《国际融资》记者提问话音刚落,他便开门一句反问:"知道我今天为什么接受你们的采访吗?"素以拒绝记者采访著称的他随即自答:"因为我马上要退休了。"而后灿烂地大笑。整个采访长达近 3 个小时,其间他述说了他的投资理念和他的故事。

学历无大,资历甚丰——投资家的慧眼与定力是靠市场锤炼出来的

长江基金及扬子资本管理公司的董事总经理赵聪是"老插",像所有那个年代城里毕业的青年人一样,被下放到农村广阔天地。在东北莫利达瓦旗插队的 5 年里,他学会了种地、放马、打渔、伐木,凡是农民能干的活儿他都干得很娴熟,而且还在不经意间当了回英雄——上山伐木时,为了救村民的儿子,被倒下的大树砸断了手臂,至今,手术镶入的钢板还在他的右臂中。他也因此在回京难于上青天的当年被病退回来。这之后,他做过中学教师和工厂工人。

1979 年 1 月,梦想从香港转道去美国读书的赵聪,因诸多原因滞留在香港。然而,谁都不曾想到的是,他这一留就留了 34 年(注:采访时计年)。

赵聪把他在香港 34 年的经历分成了 3 个阶段。他对《国际融资》记者说:"我到香港 34 年,

第一个 10 年我是每 3 年左右换一份工作；第二个 10 年是每 5 年左右换一份工作；第三个 10 年及之后我没换过工作，也没换过老板，就是我至今还在做的风险投资。"在第一个 10 年阶段，赵聪是为生存而干。头一年他每天打 3 份工，拼的是他在插队时练就的体力和首都青年的见识。第二年，他跑生意时被一家日资贸易公司的老板看中，于是，有了第一份正式工作，一做就是 3 年，让他彻底学会了怎样做进出口贸易，以及日本公司认真负责的工作作风。第四年，他跳槽到一家专营大型设备进口的有台资背景的香港公司（那时对台资有些政策倾斜与优惠），专做大型设备的采购和引进工作，当年上海磁带厂从美国引进的中国第一条录像带生产线就是他促成的。在那 3 年里，他参与了为中国国内多家企业引进大型设备的种种谈判，在这方面积累了大量经验。1986 年，赵聪刚加入不久的另一家香港公司和天津打火机厂合资，成立了当时中国大陆最大的一次性打火机生产企业，由于他的出色表现，他被合资双方股东一致推举为企业第一任总经理，在这个位子上，他深深体会到管理中国企业的艰难。回望在香港的第一个 10 年，"这段经历增长了我在国际贸易、设备引进、洽谈、合资、合作、企业管理等方面的专业知识。"赵聪这样总结道。这为他随后 10 年全面展示能力奠定了良好的专业根基。

1992 年，邓小平的南巡讲话，让许多爱国华商看到了中国大陆改革开放的商机。此时，印度尼西亚著名企业家黄鸿年先生从新加坡转战香港成立了香港中策集团投资有限公司（简称：中策），将未来的投资目标对准了中国大陆。受黄鸿年先生之邀，赵聪被拉进中策，任中策中国部总经理。随后的近四五年间，黄鸿年决策，赵聪执行，中策先后在山西、福建、大连、宁波、烟台、北京、杭州、重庆、宁夏等地兼并收购了数百家国有企业。他们在福建泉州一把打包收购了泉州全部国有轻工企业，总共 40 多家，尽管那些企业都是做雨伞、鞋带、拉链之类的小型国有企业，但却打响了中国大陆行业兼并、收购、合资控股的第一炮。尽管通过兼并收购方式，对这些企业实施关停并转产生了很好的效果，但在当时计划经济色彩十分浓烈的国有企业中间仍激起了轩然大波，引发了政界、商界和学界对"中策现象"究竟是令国有资产流失还是流通的焦点讨论。在中策这一系列兼并收购行动中扮演实际操刀人角色的赵聪，自然毫不犹豫地参与了这一讨论。他曾在《求是》杂志上发表了一篇题为《国有资产是流失了还是流通了》的署名文章，以并购后企业产生的效益，来证明国有资产并没有流失，而是流通了。今天我们理性地回顾国有企业改革的历程，其实一定程度上走的就是中策之路。只不过中策当年走得太快了，快得几乎让所有还在计划经济的温床上酣睡的人，被中策大刀阔斧干起搞活市场经济买卖的声音惊醒。就是这种惊醒"美梦"的做法，在当年引来了多少指责与叫骂是可想而知的！

改革初期，中国的市场经济之火十分微弱，中国政府借助三资企业之外力，给国有企业开刀放血，毫无疑问，是为了推进改革开放。但是，在与根深蒂固的计划经济体制的较量中，中策的兼并收购不仅遭遇了形形色色的阻力，还遭遇过滑铁卢。对此，赵聪不无感触地说："当时中策用了这种我们叫作资本主义的最常见、最普及的方式，即：寻找有潜力、未来能上市、能挣到钱的企业去投资，不挣钱的企业就关停。中国人经过 30 多年的改革开放实践，现在也开始逐步运用这种方式了。因为中国人认识到只有遵循经济规律，资产才能流通，企业才能发展，而一路赔钱、没有生存价值的企业就得关！把企业做得一路赔钱的管理层就得撤！"然而这些理念在当时刚刚接触市场经济不久的中国企业，尤其是受到国企改革波及、端惯了铁饭碗的干部和职工看来，是难以接受的，推进改革开放也因此面临着巨大的阻力。赵聪告诉《国际融资》记者，当年中策在山西以合资方式收购一家盐化企业的开幕典礼上，就遭遇了这样的场景：一位老盐工冲到主席台上指着某位省级领导的鼻子说：'满清政府都没把盐池卖了，你们竟敢把盐池卖给外国人？'在这场市场经济与计划经济旷日持久的博弈中，我们应该庆幸的是，正是由于有一批像中策这样勇于牺牲与不懈坚持的开拓者，才有了中国经济发展之路朝哪儿走的依据，才有了改革开放 30 多年来取得的历史性成果。

回顾这段经历，赵聪依然感慨万千，他说："我在中策的四五年，真的相当于读完了大学，我学会了怎么运作资金，怎么收购、兼并，怎么做上市、怎样处理股东、董事与管理层的关系。在那几年中，我光看企业就差不多看了近千家。"在中策的经历给予他的知识能量与实战经验，恐怕是任何学府都传授不了的。

离开中策之后，他先后在中国投资、盈科数码、澳门五星卫视等公司担任过要职，虽然经历依旧精彩，然而，当被《国际融资》记者问起哪段经历对他影响最大时，他仍然毫不犹豫地选择了中策。"我觉得对任何一个成功的投资者来讲，有没有机会给你去操作实践是最重要的。我没学历，但我有资历，当年中策对我的影响，让我得到的知识使我终身受益。因为我在中策，不是边缘性地参与兼并收购，而是在前线真正从头到尾地亲自参加。"

赵聪坦诚地告诉记者，他从黄鸿年先生那里受益良多，黄先生处事果断，从不瞻前顾后、患得患失，这让他最为受益。赵聪这样评价黄鸿年："他投资时果断进取，失败了也能果断地停止、斩断，这在投资领域是很重要的。当然，果断一定要建立在思维超前、考虑全面的前提下。用下围棋来讲，你把这粒棋子'啪'地摁下去，你在摁这粒棋子的时候，就要考虑到这粒棋子对整盘棋的作用、价值和意义。一旦摁下去，速度必须快。投资也是这样。投资要果断，但是同时也要考虑得很全面，要把眼光稍微放得长远一点。黄先生就是这方面的高手。"除此之外，还让赵聪感触颇深的一点是：黄先生给予他的指示总是很明确。"当我谈完一个项目回来跟他汇报时，他或者说：'这个项目就不要再谈了，不用浪费时间了'。或者说：'这个项目你再多留一天吧，如果明天能谈到某某程度，我就做'。他不会说：'我再想想'，更不会说：'我考虑考虑或我们研究研究'。他是个赢得起也输得起的人。我觉得做领导的，不管你下面用什么人，你给他的指示越明确，越能得到好的结果。"

在经历了 20 多年职场历练后，2002 年，赵聪出任长江流域创业基金即扬子资本前身的基金管理人。凭借过去经历所积累的经验和他自身敏锐的判断力，在他第三个再也没有换过工作的十几年中，赵聪将这前后两个基金管理得有声有色。

不怕错，就怕贵——清晰定位引领扬子资本屡创佳绩

长江基金初创于 2001 年，这个基金由当时的沪港经济交流协会牵头，联合香港地产界和商界的知名人士共同出资成立，主要在长江流域从事项目合作、项目投资、风险投资、项

目融资、资产重组、融资上市、私募融资等相关咨询与推荐业务。第一期的资金并不多，只有 1 亿港币。赵聪开玩笑地说他很幸运地管理这个基金，主要是因为这个基金太小了，别人嫌太小不愿意管。这是赵聪的谦逊，他认为小可以做大，因为他的另类投资思维使得他压根儿就不想管那种额度大、每投一个项目还要多层申请的"好看不好干"且没自主权的"大基金"。在之后的十几年中，长江基金一期又一期地不断增资，发展到后来的扬子资本时，赵聪已经用平均年收益率约 70% 的不俗成绩单证明了自己不负所托。

在任何一个行业里，如果想取得不错的成绩并脱颖而出，就一定会要求企业的管理人必须对自己所管理的企业特点有一个清醒的认识，基金行业当然也不例外。在投资界摸爬滚打 20 余年的赵聪，在这方面无疑是个行家。

在谈起他管理的基金的特点时，他说："我管理的基金，首要特点是小，所以钱一定要到位，要全部在基金公司的户口里，此外，小也决定了我没有办法做项目后期投资，我只能做早期。早期投资对我来讲，可以说挑战性很强，风险也很大，所以这样的投资要及时，不能拖拉，一旦决定投就要有资金即时到位，这才会对投资的项目有利！并且一旦成功了，就会有成功的自豪感。我管的基金不像国内外的一些大基金，动不动就管理着 5 亿美元、10 亿美元，或者 5 亿人民币、10 亿元人民币。我认为那叫'额度性'基金，国内外经济形势好、资金充足时，股东就催着你快投；一旦经济形势不好，投资项目的钱又会迟迟不批！我不喜欢管理这种'好看不好吃'的基金。赵聪笑着说："说实话，这些大基金根本不会去看那些太小的项目。举个例子，5 亿的基金盘子，假设投 3000 万的项目，他们得做十几个。这十几个项目，要先寻找几十个、上百个项目，再评估出十几个好项目，而后再做尽职调查、几轮的谈判等一系列环节，周期会很长，每个项目不投上三五千万，它都摊销不掉他自己的那些费用，所以，那些大基金公司基本上都是做上市之前的私募项目。我们扬子资本没法跟他们比，我才管 1 亿港币。折成美元还不到 2000 万。当然后来管的不止 1 亿港币，但每期还是控制在一两亿港币的规模，所以我管的所有基金投的全部都是第一轮，我没做过第二轮、第三轮。原因不单是我们做不起，还有就是不符合我的风格。"

赵聪讲的"风格"，是他投项目的一个基本态度。他向《国际融资》记者介绍说："在投项目时，我的态度是'不怕错，但是不能贵'。很多基金合伙人说他们的基金不怕贵，但是不能错。其实他说不怕贵，实际上他们是又想便宜，又不能错，但这世界上哪有这样的投资啊！所以，这些大的基金一般投的都是快上市的公司。因为快上市了，基本上就错不了，最起码错的百分比小很多。我呢，不怕错，我投的是最早期的，风险在这摆着呢，但是不能贵，每个项目我顶多投两三百万美元，有时也分两期投入，最多也就五百万美元到头了。"

跟那些国内外大基金相比，赵聪形容自己是在潘家园踢地摊儿的，如果能踢出一个小罐来，冲洗干净了还不错，就卖个好价钱。如果踢完不行，错了，就自个儿一摔，拉倒完事。他把大基金看作是要上苏富比、嘉德拍卖行举牌子的，买的东西不会错（最起码错了可退），只是价格贵，有钱有兴趣的都去竞拍。赵聪把这种投资称为"投标式投资"。在他看来，"投标式投资"是要拼资金实力的，而这不是长江基金与扬子资本的定位。他把自己管的基金看成是"小额投资"，说："现在多少中小企业希望拿到小额贷款，但是他们贷得很困难，银行嫌贷款额太小，不愿意贷给他们，所以，民间小额贷款是有出路的。投资也是同样的道理，小额投资也是出路。但是，很多大基金在这方面没法做，大基金的管理人每年拿着上千万的管理费，去做两三百万的小项目，那是要赔死的。所以说，每个基金的投资特点基本上是由基金的规模决定的。"实际上，早期的投资才是真正的"风险投资"。

观察扬子资本近几年的投资项目，无论是高科技行业还是传统行业，大多集中在与消费者日常生活息息相关的领域。对于长江基金与扬子资本的投资偏好，赵聪表示，首先，医药、食品等领域不在他的考虑范围内。因为这些领域对品质安全监控的要求很严格，一旦出事儿，人命关天，相对而言，人为的风险就大很多，而且医药行业，投资线很长，投资金额也不会小。他个人比较青睐于投资新材料、新能源、绿色环保等高科技新兴产业，以及那些能够出现爆炸性增长的行业。

基金行业其实是员工跳槽比较频繁的行业，但是长江基金与扬子资本的管理团队却一直很稳定。大部分员工都是基金创立之初就跟随赵聪的，该公司工龄最短的员工至今也已5年了。是什么造就了扬子资本管理员工的稳定局面呢？赵聪说："大家在一起，第一个是凝聚力。第二个就像我跟我老板讲的，'做得开心就做，做得不开心就不做'。我个人觉得，人在外谋生不外乎要有两个东西，一个是挣到钱，一个是开心。如果又开心又能挣到钱，那是最完美的事儿了。对员工来讲，你给他工资，那只是给了一个硬东西，软的呢，就是一种宽松和谐、上班舒服的工作环境。我觉得我给予公司员工的工作环境是宽松的、快乐的，虽然他们工作压力不小，也有犯错误的时候，但是犯了错误你再骂已经没有用了，只要把错误拿出来大家讨论一下，下次千万别再犯这个错误就行。"同时，赵聪也讲到，公司的团队，首先从他的老板王英伟先生开始就比较信任下属，能给下属提供一个相对宽松、和谐、很有人情味的工作环境，这在香港是很难得的！而赵聪自身也一直致力于把所管理的公司变成一个让大家"一早起来就想去上班"的公司。"有时候别的公司来挖人，我们的员工会衡量：我在这儿最起码做得开心，工资还OK，为什么要走呢？这是蛮重要的。"赵聪讲道。

基金管理公司的成功，是和赵聪在前两个10年积累的经验、判断力分不开的。正如他自己所说："做基金投资的最大特点是眼光，我个人觉得我在中国做了这么多年，有很多实战经验，所以我对自己的判断力还是有一定把握。当然我也有失败的时候，当时看对的人后来也是会变的，但最终要看怎样去降低风险、减少风险，这才是风险投资的本质。"

魔鬼就藏在细节里——多年实践积累的经验是忠言但逆耳

在投资界闯荡20余年的赵聪，深谙投资之道，但也发现其中存在的不少弊端。而在弊端中，他抨击最多的就是"报表分析"这种投资决策方式。在他看来，以看财务报表来做投资决策的方式只适用于财务制度健全、经营者法制观念强的公司，因为只有这样的公司，其财务报表的可读性、可分析性才是真实的。而在中国，尤其很多民营企业在刚起步时因为体制等这样那样的原因，存在大量伪造报表、做假账的现象，有些企业还有两三本账，有给银行看的、有给税务看的。在这种情况下，只看财务报表，在某种程度上，就是自欺欺人。

　　既然这种现象大量存在，那为什么很多投资人在明知报表真实性、可读性差的情况下仍然要依赖这种方式呢？对此，赵聪通过打比方给出了解释："就如同现在某些人事部经理在招聘员工时，先看简历、学历来决定用什么人，一看只要是北大、清华，或国外名校的毕业生就用了。之后这个被招进来的人如果不能胜任，人事部经理至少可以说我看过他的简历、学历达到公司标准了啊。这样一来，他承担的责任就相对轻了很多。如果这个经理靠自己的判断，招进来三流大学的毕业生，万一不能胜任工作，他承担的责任就会重很多。"赵聪认为，在私募基金领域也是同样。看财务报表这种按程序走的方式减轻了很多基金管理人的责任，如果投资失败，基金管理人可以说他看的报表最起码没错，是被报表骗了。"在他们看来，被文字的东西骗、被白纸黑字的数字骗，不是自己的过错。如果投资人不看报表，而是依靠自己的判断犯了错误，那后果就严重了。"赵聪意味深长地说。在他看来，用这种投资界习以为常的方法投资民营企业十分不可取，他毫不客气地说："他说他按程序全做足了，他没责任了，而事实上这本身就是不负责任。"为了更有说服力，他举了一个他曾经投资的项目案例。那个投资项目的财务报表曾一度显示货币资金也就是流动资金为零，外国董事看了这个报表后，让他撤账，把这个项目作投资失败处理。赵聪这样对他们投资基金的外国董事说："他们的财务报表上显示是没钱了，但你要看看他什么时候没钱的，这公司一年前就没钱了，按说他一年前就死了，但他现在还活着，员工薪水还在发！这在国外是不可想象的，但这是中国创业企业的现实。人家老板、创业的股东把房子卖了，还在为员工发工资，一路在这儿坚持呢！你让我撤账，我怎么能撤啊！结果，半年后，这家我们投资的项目企业开始盈利了。但如果当时真的撤了账，我们才是真的失败。"回顾这个案例，赵聪总结了两条投资经验：第一，投资人判断创业企业，光看报表不能说明什么问题。第二，投资人必须真正读懂中国文化，真正了解中国创业家那种敢于"倾家荡产"也一定要完成自己创业梦想的精神理念。中国的企业家从来都把企业视为自己生命的一个组成部分，不论有多困难，都会玩命扛着，绝不会轻易宣布破产。因为他们知道坚持到底才会胜利，成功就在最后一步的努力之中！

　　赵聪有他独到的投资决策模式，这是他在几十年投资经历中悟出的真经。他说："我做投资看项目，首先这个项目必须得吸引我，比如做新能源、新材料或节能环保的朝阳企业，未来的市场很大，就容易吸引我。其次，我会再去了解这个项目的负责人、创始人。而这一条的关键在于看人准不准。如果看人看准了，出大错的可能性就基本不大了。可能只是你原本想两三年收回投资成本，结果变成四五年了，投资时间变得长了些，只要你找到的这个人是一个敬业的人，是一个负责任的人、是一个真正想做事的人，那么，即便他所做的产品可能不对市场的路子，但他会根据市场不断修正产品，不断做出调整。即使有这样那样的困难，他也会以身作则去克服，这就是看对人了。我觉得人是第一生产力，看人是最重要的。人看准了，你的投资就有一半成功了。人没看准，再好的项目也会出问题。"

　　在看人时，赵聪娓娓道来他的经验："这跟谈恋爱、找朋友一样，重在察言观色。人的行为习惯、言谈举止、个性修为、思维理念，甚至一个眼神、一个手势等，都会流露出这个人的很多重要信息，我要从这些信息中分辨出这个准备花我钱的人究竟是一个什么样的人？

我出去跟项目融资方交流，一般开始都不先谈项目，而是从侧面了解一些其他事情。在交流中，我会去分辨这个想融资的老总是那种夸夸其谈、天马行空的浮躁创业者呢，还是那种每走一步都已深思熟虑，并且知道怎么应对可能出现的风险的创业者。比如说：一家企业想融资，但他请我吃的第一顿饭是鲍鱼鱼翅，不管他怎么热情，我都不会给他的企业投资。想想看，你明明没钱，还这么虚，那以后会怎么做？再比如，企业老总跟我交谈时进来一个向他请示工作的职员，老总很不耐烦地说：'你没看我正在跟外商开会呢吗？'这样的企业家我也不喜欢投。你想想，请示工作的人可能已经在门口犹豫了半天，最后是硬着头皮进来的，所要请示的问题一定是需要老总马上解决的呀！还有的老板动不动就讲：'看你投多少钱？钱多大做，钱少小做'。面对这样的人，我也低头离去！"很多人都喜欢讲细节决定成败，赵聪说得更入木三分："老是说细节是成功的关键，其实很多魔鬼就藏在细节里，你不把细节问题解决了，你就死在细节上了。"

考察项目、了解团队是每一家投资机构必须履行的程序，但是，究竟怎么履行？怎么判断团队的优劣？当《国际融资》记者问及此话题时，赵聪的见解让我们看到了另类思维。

赵聪先生的建议是：看一个团队得首先看看这团队的队长。在他看来，一个团队的队长很重要，能当好一个连长，有没有潜能当好一个军长。也就是说当连长与当军长完全是两回事儿，不是多管一些人的问题！管公司同样是这个道理。其次是要看这个队长能不能把他的团队成员凝聚在身边。他详细地介绍说，如果一个公司成立三五年了，但是团队里的人都是在一年之内招过来的，即便是 CFO、CEO 全有，北大、清华和美国大学学历背景都占了，这个团队也称不上是什么团队，充其量只能叫作"团伙"。如果这个公司成立三五年甚至更长，公司里有不少人都是从一开始就跟着这个团队的头儿一起摸爬滚打，一块儿吃苦受累，共同承担过风险，这样的团队才叫真正的团队。他强调："有多少人跟着你一起走到今天，这一点很重要，这就能在某种程度上说明这个团队队长个人人品很好、有人格魅力、有凝聚能力，应对困难及风险的应变能力很强，能团结、照顾自己团队的队员。"

对于有些投资者不愿意投夫妻俩共同持有股份的公司这一情况，赵聪给出了另一种建议。他说："这种情况不是不可以投，但是一定要注意其中谁做主，谁做副，并且这主副之间是否配合。做主的不管是老公还是老婆，做副的都心甘情愿地去辅助，这样就是好现象。就怕主副不分，暗中较劲，这就有问题了。"赵聪表示，如果从风险角度看，他还乐意投这种夫妻店。因为公司一旦失败，投资人可以撤账离开，对创业者来说，公司成败是关系到两个家庭生存的大问题，所以他们会使出百分之二百的拼命精神做好这家公司。但是，有一种情况赵聪不欣赏。他举了个例子说，有家企业的老板是位女士，公司股份却是她和她母亲的，问及股份为什么没有她老公的，她说不用给他。后来赵聪了解到，她老公就是开车接他来看项目并给他倒茶水的那位男士。"这个细节让我感到她的这个家庭不平等，而且她不重视她自己的家庭。这样的企业我们也不会投。当然有些夫妻店能同甘共苦，但不能共享成功富贵，这也是要尽早注意与预防的，这在中国已不是个案了。"

近几年，也有些投资者比较偏好投海归创立的项目，甚至有的只投海归，对此，赵聪表示他自己在碰到海归的时候反而会更加小心。他的看法是："我常跟人讲，我不在乎他是海归还是土生土长的，人的贪婪本质是一样的，不是你留洋几年，你就不贪婪。我碰到过一些海归，他们在国外找不到'称心如意'的工作，这些年国外经济那么差，中国还有机会，于是，只好跑回中国创业做老板。假使哪天美国什么公司突然出十几万美元、几十万美元的年薪聘他，那会怎样？我碰到想融资的海归，就会问，你为什么回国？你原来在国外做什么？有的海归为了抬高身价说自己在国外怎么怎么好，百万年薪都不做，就想回国创业。我一般都不太相信，这么年轻就有这种境界，怎么可能？这可不是新中国刚成立时啊！我曾帮助分析过一个海归项目，我对投资人说，对这个项目的投资你千万不能超过 30%，让那两家公司创始人（海归）控股，他们才会有责任心，但那个投资人说这个项目好，市场很大，于是通过对赌条款一点点吃，最后吃到他占了 60% 以上的股份，那两海归占不到 40%。当公司碰到资金链要断的时候，那两海归说去美国催账收钱，但一去不复返，听说要到的钱也装到自己兜里了。海归一般留过洋、见过世面，英文讲得好，商业计划书写得漂亮，但团队实践与经营能力不一定优秀，但他们忽悠老外的基金比较容易！因为外国基金的有些管理人在中国找投资项目还是戴着有色眼镜的，他们认为留过学的、受过国外大学教育的都是'君子'，值得相信。尤其有国外专业文凭的专家更值得投资。这个世界死在谁手里？其实往往就死在专家手里，雷曼不就是被专家弄死的吗？美国很多上市公司做假账的都是那些洋专家，所以，要坚持实践是检验真理的标准，其实国内外大学生都一样，关键是人品！"

作为投资人，他给同行的一个最大建议是"平等方可互利"。在赵聪看来，靠拿点儿钱，就想把人家前途命运全操控在自己手里是不可能的，投资人首先要学会尊重创始人。他举例说："比如一个家长已想好了通过读什么大学、上什么系这个路径培养他的孩子，突然你一个外人去人家，发现这孩子歌唱得不错，于是就对孩子家长说我出钱让她去做超女吧！这个家长能接受吗？同样的道理，投资人投了某企业，这说明事先已认同了创始人的理念，那就应该考虑怎么样随着创始人的思路同行，同时在他错的时候去引导他向对的方向走，而不能把企业家当小羊，想怎么宰割人家就怎么宰割人家。作为投资人，应该永远记住，你只是个小股东，你这个小股东是决不能替大股东安排命运的。"

他再三强调投资人与企业家之间必须平等相处，在平等的前提下实现互利共赢。他说："投资人如果不能做到尊重企业家，就是戴着有色眼镜去对待企业家了。那么，你所设计的全部合同条款，实际就是针对一个你认为准备做'小偷'、准备骗你钱的人而设定的合同条款。"在赵聪眼中，这种做法后患无穷。"中国的企业家都是有个性的，如果他被逼得没辙，不得已忍着屈辱签了合同，但之后他有的是功夫治你呢！"赵聪进一步说。

当《国际融资》记者问及被投企业如果融资渠道通畅且运营良好，是否还有必要上市这一话题时，赵聪分析说："作为风险投资，上市是我们最好的退出方式。当然，如果这家企业的创始股东有能力回购我们手中的股份的话，不上市也是可以，但回购的价格是个很重要的因素。我们开价很高，他买起来也会很心痛。但上市就不一样了，上市会有一个很公平的市场价格，你不买，别人可以买。这是其一。其二是，作为企业家，要考虑你的企业是否需要不断地扩大。有些项目、有些产业是需要不断注入资金、不断扩大的。稍慢一步，就可能被竞争对手淘汰掉。而在企业不断扩大、不断需要资金的过程中，上市实际上是最好的融资方式和渠道。其三，企业上市还有一点很重要，就是可以提升企业的社会地位、行业地位和信用地位。从另一个角度上讲，生意伙伴会因为你是上市公司而获得安全感。"

当然，长江基金与扬子资本因为是投资早期的基金，在项目发展不错的第二、三轮再融资时，该基金都会根据合同出让一些老股，以利于减少大股东股份的摊薄，同时，也能收回一些本金再投新项目，用这种方式来控制风险规模，这也是这种小基金的特点。

对于饱受非议的对赌条款，赵聪也有自己的独到见地。在他看来，对赌条款是风险投资的程序条款。如果没有对赌条款，双方就没有目标。他表示他所投的所有项目都有对赌条款，但同时，他也从来都没有执行过。对此，他也用打比方的方式给出了解释："比如说你的小孩正在上学，你看他一直都很认真、很努力地学习，但是考试却没考好，没有达到你制定的要求，你是鼓励他还是罚他？我要说的是，对赌条款不应该没有，而且双方——投资者和被投资者，都要很严肃、认真地对待它，但是如果预期目标没有实现，投资者应该具体情况具体分析，冷静、客观地分析这个项目是不是由于时间还不够才没能在市场整个铺开，才没有完成指标等等，而不是不分青红皂白上来就一棍子。同时，被投资者也要反省自己为什么没完成目标以及应该怎么样解决这个问题。实施对赌条款总是消极的办法并且伤感情，所以还是用积极的态度解决问题最好！"

回看 30 多年在市场上打拼的经历，赵聪先生用一句话这样总结道："岂能尽如人意，但求无愧我心！"（摘编自《国际融资》2013 年第 5 期，李路阳、陈婷文，黄承飞摄影）

点击赵聪

赵聪先生，长江基金及扬子资本管理公司的董事总经理。

他是 1950 年生人，祖籍云南，幼年在北京读书，曾上山下乡多年（老三届），后赴香港。

他曾任中策集团中国区总经理，跟随黄鸿年创立了中国招商引资的新模式。当年时任国务院总理朱镕基曾重点评价的中策现象，均出于赵聪先生操作的案例。之后，他又陆续在中国投资集团、盈科数码、五星卫视等公司任要职。2002 年，出任长江流域创业基金（扬子资本的前身）董事总经理。至 2020 年，他已从事投资行业 28 年，是中国风投界元老级领袖人物。

赵聪先生执掌长江基金与扬子资本期间，投资了金门科技、武汉华丽、古杉生物、巴士在线、唯美度、V2 视觉等约 20 个项目，平均年收益率约 70% 以上。（艾亚辑）

北京首都创业集团（简称：首创集团）是北京市国有资产监督管理委员会（简称：国资委）所属的特大型国有集团公司，自 1995 年 12 月完成重组以来，首创集团逐步打造了以基础设施、城市地产、金融服务业为核心的三大主业，其中，水务和房地产已跻身中国国内同行业领先地位。2013 年春暖花开之际，《国际融资》记者在北京首创大厦独家采访了时任首创集团党委书记、董事长刘晓光。作为集团的领头人，他敢于担当，理念超前，具有金融家的远见和思想者的睿智，对中国大企业与国际大企业之间的差距有着难得的清醒，不避讳谈及集团改革中的挫折，也不避讳谈及与资本打交道中的艰辛。刘晓光这样说："首创集团的定位是'城市综合投资运营商'，我们将继续坚持'四·四·二'资源配置战略，即 40%的资金投资于基础设施，40% 的资金投资于房地产，20% 的资金用于兼并收购等金融投资，同时，牢牢抓住参与国际竞争的绝好商机和中国消费升级的战略契机，推进商业模式和发展模式上的改革创新，让首创集团的国际化程度上一个大台阶。"

以远见与睿智推进资本创新

从沉疴臃肿到金盆满盈

1995 年，北京市政府把原来隶属于北京市计划委员会、北京市财政局、北京市人民政府办公厅的多家经济实体进行重组，首创集团应运而生。受组织任命，刘晓光调离了原任北京市计委副主任的岗位，出任首创集团副董事长、总经理，参与首创集团重组，从政府官员转为企业家。

首创集团重组之初，可谓是一无周转资金、二无盈利产品、三无核心产业。其下属公司多达 112 家，拥有近 6000 名员工，涉及 40 多个行业，业务驳杂，经营风格、管理模式、制度建设也各有不同，企业文化更是千差万别。如此沉疴臃肿的企业，账面现金上加起来才有约 1 亿元人民币，平均每个企业只有 100 多万元，最困难的时候甚至连工资都发不出去。首创集团到底该走一条什么样的路？没有人知道，也没有任何先例可以借鉴。

为了首创集团的运转，刘晓光曾找到一个银行贷款 1000 万元，银行负责人告诉他："贷了这笔款，你就好自为之吧"。这一句话曾让刘晓光几欲落泪。那个时候，国有企业不良贷款率高、效益低下，备受市场冷眼，从原来审批项目的官员变成自己企业的项目被别人审批，刘晓光也像所有企业家一样，为项目跑前期、搞规划、找审批部门盖100多个章、陪外地审批项目官员到天安门广场照相等，身份转换后所带来的落差和集团重组的艰难，由此可见一斑。

此时的首创集团虽然步履维艰，但其管理团队主要是来自北京市计划委员会、财政局、办公厅的官员，这些"下海"的官员们很多是学金融、投资出身的，不少都参与过1994年"ING北京投资基金"赴香港挂牌上市的全过程，对国内外资本市场的运作非常熟悉。此外，首创集团旗下的公司还拥有大量的金融、投资、产业人才，他们了解政府，知道资源在哪里，知道怎样利用政府资源，怎样把社会上的各种资源整合到市场中去。就是这么一帮人，在京都假日酒店仅两间房的小办公室里运筹帷幄，让首创集团逐渐驶向正轨。

首创集团起步时几乎涉猎了所有产业，产业庞杂不利于企业管理，而单一的产业不仅风险太大而且不足以抢占先机。随后，集团找准了方向，制定了"盘活资产，突出重点，创收还债，少说多做，少添麻烦"的经营方针，并痛下改革决心，凡是亏损的企业就立即断臂。首创集团收缩战线，处置关闭了一大批管理水平低、盈利能力差的小企业，盘活了存量资产。此后，首创集团开始大刀阔斧的产业重组，从1997年到1999年，首创集团关停8家下属企业，并在100多家经济实体的基础上，将原来散乱而庞大的40多个产业，梳理为金融、地产、基础设施、科技、贸易、旅游酒店等六大行业，主业轮廓逐渐凸显。

1995年到2000年，重组后仅5年，首创集团的利润就增长了22倍！

这不仅得益于管理层当初为该集团设计的富有创见的战略定位：以投资银行业务为主导，以实业为基础，投资银行和实业两个"轮子"相互促进，共同发展；更得益于他们在战略实施上的执行能力：1996年到1998年，他们成功地收购了广西虎威、宁波中百（工大首创）和前锋股份等上市公司；1998年又成功收购广东佛山证券公司，并将其改制为第一创业证券公司。通过这一系列收购案，首创集团实现了投资银行业务与资本市场的衔接，将资本市场融到的资金输入产业重组之中，再用产业形成的利润支持投资银行业务的快速发展。

如果首创集团当初只发展实业一个轮子，那么，要在短期内实现超常规增长，是万万不可能的。实业只有和资本结合，才能做大。

善用金融、资本的刘晓光始终在探索国企的体制内创新，寻求做强之路。在首创集团成长发展的第二个5年里，首创证券、首创股份、首创置业相继成立或上市，成为引领该集团基础设施产业、房地产业和金融服务业三大核心主业创新发展的"三剑客"。

首创集团凭借三大核心主业18年来不断扩张的版图和不断壮大的实力，而今已明确将自身定位为"城市综合投资运营商"。刘晓光称，一个城市的基础设施建设完成后就需要房地产的介入，盖完了地产建设还需要再引入各类商业和资本，这就需要有金融部门帮助融资。基建是长线，回报率不高，但是非常稳健；地产利润高，但是风险也比较大；金融具有高附加值，创造的价值也是最高的。另外，考虑到产业的周期性影响，金融不行了有地产，地产不行了还有最稳定的基础设施建设作为集团的保障，正所谓"东方不亮西方亮"。

"下一步我们要着眼于中国的消费升级，整个战略要跟中国的消费升级同步。在这个阶段，谁走在了前面，谁就能吃到这块大巧克力。"刘晓光对《国际融资》记者说。

我们看到，首创集团业务重心随着消费者升级这一方向标做出微调。首创集团基础设施建设投资已从单纯水务环保扩张到城市交通设施领域，其中，京津高速公路和北京地铁 4 号线、14 号线已成为首创集团基础设施板块中最为核心的部分。地产投资也已从单纯住宅或写字楼投资转为城市综合体投资，涉及商业地产、旅游地产等。首创集团三大核心主业由原先的"五·三·二"战略变阵为"四·四·二"战略，即基建业务占比 40%、地产业务占比 40%、金融业务占比 20%。由于金融投资业务为高风险行业，这一业务的比例始终被控制在 20%，而由于看好地产业务在中国消费升级中的刚性需求，地产业务与基建业务的比例已经持平。

借资本的力量做强两家产业王牌

刘晓光对《国际融资》记者说："首创集团的创立与资本市场息息相关，首创集团的发展则与国际融资息息相关，没有这些，首创也没戏。"

刘晓光是中国企业家中最优秀的资本运作高手之一，也是最善于利用国际资本的力量扩大产业疆土的投资家。从首创集团起家时快速构建包括证券、期货、担保、基金等在内的金融牌照，到并购多家上市公司，自己企业上市，再到产业扩张。在这个金三角中，善于借国际融资之力的刘晓光，从国际投行、国际大公司那里学会了很多。

2001 年，首创集团将旗下的首创股份推向上海证券交易所并成功上市，融资规模达 26.7 亿元，成为当时中国市场中募集资金量最大的上市公司之一。

接着，首创股份开始了一系列并购、扩张、国际合作等大手笔：2001 年，首创股份成功收购高碑店污水处理厂一期工程，成为当时中国水务市场上最大的一笔购并案。2002 年，首创又出资 9000 万元与马鞍山自来水公司合资成立马鞍山首创水务有限责任公司，持有该公司 60% 股权。2003 年，首创集团与法国威立雅合资合作，实现间接投资宝鸡供水项目和深圳水务集团，创下当年中国水务市场投资额之最。2006 年，在受让了高碑店污水处理厂一期工程后，首创股份又与北京市排水集团合作，成立了中国国内污水处理能力最大的北京京城水务公司，并占有 51% 股权，一改过去旧有的补贴收入模式，创新了市场化的污水处理价格。而自 2008 年首创股份 100% 设立湖南首创投资有限责任公司股份后，首创的水务产业开始探索流域治理、区域投资新模式。近年来，首创股份努力实现由水务投资型公司向经营型公司转变，由单纯水务公司向环保企业转变，加快推进水的工程设计、建设、咨询、管理服务以及固体废弃物处理等领域的市场开拓。2011 年，该公司成功收购香港上市公司——新环保能源公司，成为其单一最大股东，将垃圾收集、分选，到焚烧发电或厌氧发电，至残渣处理一揽子解决方案等环保新能源业务尽收囊中。截至采访时，首创股份在北京、天津、湖南、山西、安徽等 16 个省、市、自治区的 37 个城市拥有参控股水务项目，水处理能力近 1410 万吨 / 日，服务人口总数超 3000 万。截至 2012 年 3 月 31 日，首创股份总股本

22 亿股，总资产 233.49 亿元，净资产 93.07 亿元。从水的日处理能力规模看，首创股份已位居全球十大水务企业之列，并居中国水务企业之首。

城市地产是首创集团的又一核心产业，从 1995 年到 2000 年的 5 年间，首创集团在开发了投资大厦、月坛大厦之后，又连续开发了建阳科贸中心、盛世嘉园、国际金融中心、新起点等一大批写字楼、住宅区、别墅和酒店，大大小小共 50 多个项目。首创集团在房地产领域的成功投资和良好的回报，使它声名鹊起，成为中国房地产最早舞起来的龙头企业。

2003 年 SARS 肆虐之时，首创集团却启动了首创置业在香港的上市计划。身兼首创置业董事长一职的刘晓光清楚地记得，当时他乘飞机去香港与汇丰谈上市问题，那架飞机上就两个人，而且都戴着口罩，谁也不理谁。负责首创置业上市的汇丰投行老总告诉刘晓光，这样的时期是无法上市的，赶紧回家去吧。但他并没有因此退缩，因为他知道，首创置业如果能在香港上市成功，对企业实现快速发展，将是一次难得的机遇。他毫不动摇地带领首创置业管理团队在香港和欧美不停地向投资者路演。2003 年 6 月 19 日，首创置业在香港联合交易所主板上市。

10 倍的市盈率被认为是港股 IPO 的"生死线"。当时有分析师说，首创置业在 H 股上市能够达到 8 倍的市盈率就不错了，但首创置业最后达到近 12 倍的市盈率，全球发售 5.64 亿股，最终公开发行价为每股 1.66 港币。公开发售和国际认购部分分别获得 4.5 倍和 10 倍的超额认购。也就是从那时起，新加坡政府投资公司（GIC）成为首创置业的战略合作伙伴及策略性股东，并长期持有首创置业约 10% 的股份。

首创置业成功上市后，为加强与国际投资者的直接沟通，刘晓光带领他的团队在香港、新加坡、伦敦、美国纽约、中西部地区、西海岸及波士顿等地进行了卓有成效的路演，受到了投资者及国内外媒体的普遍好评。香港媒体曾评价称，这样的举动在一家 H 股上市公司实属罕见，反映出首创置业管理透明度的提高和规范的国际运作模式，也充分体现出首创置业管理层本着为股东创造最大价值的经营理念。

截至 2012 年 12 月 31 日，首创置业已在北京、天津、沈阳、成都、重庆、西安、无锡、湖州、青岛、烟台、昆山、镇江、海南万宁 13 个城市拥有 36 个项目，土地储备总建筑面积超过 1100 万平方米。业绩报告显示，2012 年全年，首创置业实现签约金额同比增 20%，签约面积较 2011 年同期上升 46%。而首创置业 2013 年的销售目标更是直指人民币 200 亿元。

2013 年 4 月，首创置业发行了 4 亿美元的高级永续债。此次发行的债券年利率为 8.375%，所得净额约 3.942 亿美元，汇丰是此永续债的独家全球协调人，汇丰及瑞信是建议证券发行的联席牵头经办人和账簿管理人。永续债的发行为首创置业提供了可持续的资金来源，这无疑是首创利用国际融资寻求发展的又一大手笔。

永续债券具有永久性、高票息的特征，有资本金性质，非信用良好的企业不可为之。在此之前，中国还没有任何一家企业发行过永续债。首创置业此次成功发行永续债，标志着首创置业的信用、品牌、创新度和控制风险的能力得到了国际资本的认同。刘晓光这样评价永续债对解决中国企业受制于资本金偏少的特别意义："中国企业过去很少用这种金融产品，或者说没有能力用。但现在中国企业的品牌、信誉等都达到了一定的程度，也可以发行永续债了，这实际上是中国企业的进步，是中国经济力量的进步。如果中国企业都拿到这种金融产品，它为企业带来的好处不亚于上市。"

打造全球化企业始终是刘晓光追求的梦想

谈及国际化，当年首创置业在境外上市，只是首创集团整体战略中先行一步的小试牛刀，而谋求首创集团整体合资、上市，才是该集团管理团队的梦想。

2004 年，首创集团希望改变单一的国有体制，尝试引进美国的黑石、KKR 等机构作为战略投资者，以实现集团的国际私募，此次私募的金额更是高达人民币上百亿元。首创集团谋求境外整体上市的思路属中国"首创"，但难度之大也可想而知。

黑石是全世界最大的独立另类资产管理机构之一，也是美国规模最大的上市投资管理公司；而 KKR 是国际金融史上最成功的产业投资机构之一，也是全球历史最悠久、经验最丰富的私募股权投资机构之一。尽管刘晓光在中国国内享有"资本运营高手"之称，但是，国际化的投资大鳄才是刘晓光心中学习的偶像，将首创集团打造成全球化的企业更是刘晓光的梦想。他认为，在国际体制下锤炼过的企业，才算是真正的企业。在他看来，首创集团这个国字号的企业与国际化还相隔好几万里路，而这一次却是首创集团"一步登天"的绝佳机会。

可以想见，如果首创集团整体私募成功，无疑将为首创集团在产业投入上搭建一个更大、更强的资金平台，借助国际资本的力量，首创必定会得到快速发展。当然，引进战略投资者还不是唯一目的，当年首创集团谋划的最终目的是通过引入战略投资者，建立风险机制，规范企业管理和企业结构，进而在海外上市，最终将首创集团打造成真正国际化、市场化的大型企业。

经过两年多的努力，到 2006 年，首创集团整体私募的股权结构和交易方式均已设计完成，最后只剩下交易价格的谈判。然而，创新从来就不是一件容易的事，资本创新尤难，国企的国际私募也不可能不与现有体制碰撞。首创集团原计划以几个上市公司净资产再加一倍的价格与国际投资者对价，但是，当时证监会新制定的政策却要求，上市公司资产对价必须是其市值的 90%。首创集团旗下的上市公司此时的股票市值高出净资产数倍，这样的价格让国际私募难以接受，首创集团整体国际化私募的计划也因此止于离成功仅有一步之遥的地方。

那次失败，让刘晓光多年后谈起仍颇感遗憾，他对《国际融资》记者这样说："当时如果我们谈成功了，那就是中国第一例特大型企业与国际企业的合资重组，这意味着不同的市场、资金、体制机制融合在一起的首创集团将被重新塑造、脱胎换骨，成为国际化的投资型企业，首创集团的力量也会因此变得非常强大。"

对于那两年间的筹划、奔走、挫折与辛酸，刘晓光并没有做更多的描述，只是用"不甘心"一词道出了他心中的郁结以及从头再来的决心。对心中的梦想与希望，刘晓光表示，作为集团董事长，他还会继续推进首创集团的国际私募。"中国企业下一步应该朝这个方向前进，打破不同所有制企业间的界限，成为混合所有制企业，企业股份结构中应包含有国有、民营、外资，甚至还有股民，这样就能形成更好的企业治理结构，可以使企业拥有更强大的约束力和动力机制。企业是一个经济细胞，是一个纳税主体，就应该按照国际经济规律来运行。"他很坚定地表示。

尽管曾经失败，但是，首创集团从未间断过与国际巨头们交流与合作，并从很早就开始了它的资本连横，分层次、有选择地与世界级公司合资。说到首创集团的国际合作成果，刘晓光如数家珍："一是我们最早与荷兰的 ING 合作成立了保险公司。二是与法国威立雅合资成立了水务公司。三是与新加坡 GIC 在地产上进行合资。四是与香港地铁公司合作打造北京地铁网络，北京地铁 4 号线、14 号线就是我们与香港地铁合作的产物。五是与日本住友商社合作共同投资环保项目，包括水务、垃圾处理等。六是与摩根大通联手设立 5 亿美元的地产产业投资基金。七是与摩根大通共同投资成立一家大的投资银行。"

在刘晓光看来，中国有好的市场，但是中国目前并没有真正培养出具有国际竞争力的企业，很多企业看上去很大，实际上却很弱。针对这一问题，他认为，中国企业需要在体制上、机制上、观念上、国际市场上有所突破，需要有一个崭新的动力、约束机制，创造出能够融入全球一体化的环境和条件，让企业在市场中培育出真正的细胞，融入全球一体化。"让中国产生出千千万万非常强大的企业，这是我的理想。"他说。

为了这一理想，刘晓光始终没有放弃在自己能力与权限范围内的体制内创新，始终将眼睛盯住国际一流的大投资公司，并开展合作，以期能够学到真经。在与首创集团合资的国际公司中，不少都在世界五百强之列，ING 是全球排名第 11 的金融集团公司，拥有近 160 年的历史；GIC 是全球最大的基金管理公司之一，管理的资产超过几千亿美元；摩根大通更是世界最大的投资银行之一；威立雅则是全球三大水务集团之一，为世界 100 多个国家提供服务。与这些国际大公司合作，使首创集团获益颇丰。"这些国际大公司的实力都是从市场中摔打出来的，而我们是在被窝里养大的，二者有着很大的不同。另外，它们的资本积累也不是一年两年。所以，中国企业要达到它们那样的水平，估计还要花上几十年的时间。中国企业要想成为国际化企业还得靠改革，不改革的话一百年也没戏。"刘晓光这样对《国际融资》记者说。

刘晓光认为，国际大公司领先中国企业不只是二三十年，可能是四五十年，中国企业跟它们比都还是"小儿科"。他用兔子和骆驼比喻两者间的差距："它们都是大骆驼，有驼峰，能经受风险，七天七夜不吃草也没事儿。而我们是兔子，几天不吃草就得饿死。中国企业与国际大公司的差距太大了，所以，我们必须向这些国际大公司学习，跟这样的国际大公司合作，其实是一种更高级的国际融资方式。"

说到国际合作的目的，刘晓光非常坦诚："我们就是要站在它们这些'巨人'的肩膀上，利用国有资本来调动社会资本和国际资本，加快首创集团国际化的进程。在吸引国际资本的同时，我们还要把它们的机制、理念、资金、人才组合方式都引进来，这对首创的发展能起到很大的作用。"

在首创集团未来战略规划中，加快首创集团国际化的进程，不仅仅是把国际资本吸引到中国境内，还包括到海外的投资。

2012 年，首创集团旗下的首创置业以不到中国国内相同位置 1/20 的地价款获得中法经济贸易合作区建设经营权，以打造一个为中国企业"走出去"提供配套服务的国际孵化器。该合作区位于法国中央大区安德尔省夏斗湖市的 CBD 区域，距巴黎 220 千米，地理位置优越，项目总占地面积为 7.8 平方千米。在这个合作区内，按照当地政府的承诺，企业可以享受法国和欧盟特许优惠政策。这个合作区的深远意义不仅意味着到此合作区发展的中国企业能有效避免贸易壁垒，将产品出口到欧洲，而且还可以让中国企业更好地与国际企业合作，更顺畅地将国外的先进理念、技术嫁接到自己的企业中。

他认为，中国企业还应该积极参与到国际并购行列中，并购境外资源类项目，收购境外品牌，并购境外的资产管理类公司，参与到发达国家腹地的国际一体化的竞争中，这样才能做强企业。

最后的赘语

采访首创集团董事长刘晓光，让记者强烈感觉到的是思考的沉重与创新的能量。为了推进改革，首创集团做出了太多的第一，成为被中国企业争相效仿的典范，但是，每每被记者提及，刘晓光都几句了之，神情淡定。但是，每每说到中国企业与国际大公司的差异，他便显得十分焦虑与不甘。他是我们见到的最清醒地知晓自己几斤几两的企业家，无好大喜功，也不夜郎自大。"还要继续改革，我们过去的商业模型可能是'失败—成功—失败—成功'，今天如果再不改，还有可能失败。"这是采访结束时他说的最后一句话，分量很重很重。（摘编自《国际融资》2013 年第 6 期，李路阳、李留宇文）

刘晓光素描

与许多出生在 20 世纪 50 年代的人一样，刘晓光的学业在上小学四五年级的时候中断了。那样的年代，或是上山下乡，或是到工厂当工人，或是入伍当兵，年轻人似乎并没有太多的选择。15 岁那年，新疆的一场中苏之战，让年轻的刘晓光带着保家卫国的信念，踏上了西去的列车，这一走就是 5 年。

军队的生活很艰苦，那个年代也没有多少书可看，《法兰西内战》《共产党宣言》《反杜林论》之类的书是刘晓光的文化食粮，而他的最爱却是《资本论》，越是看不懂就越反复看。从中他开始知道什么是一把斧头能换两只羊，什么是商品转化为货币的惊险一跃，同时他也知道了欧洲，了解了世界，领悟了经济学。

1975 年，刘晓光复员回到北京，并被分配到了北京测绘仪器厂任车间主任。而 1977 年恢复高考的机遇，改变了刘晓光的命运。

刘晓光从小就喜欢绘画，曾经梦想当个画家，就连考大学的时候都还在想着进美院。但他发现，中国还是很穷，应该学点儿经济，学点儿商业，为改变当时中国落后的局面做点儿事。然而，在备考的时候，刘晓光甚至不知道数字还有负的，从正负数到解析几何，6 年的数学课程，他仅用了两个月的时间。功夫不负有心人，他考进北京商学院，攻读商业经济学专业，并于 1982 年获经济学学士学位。

毕业后，刘晓光被分配到北京市计划委员会商贸处。1982 年至 1995 年期间，刘晓光历任北京市计划委员会处长、委员、总经济师、副主任，北京首都规划建设委员会副秘书长等职，期间，他管过外汇、房地产，也做过配额。

1994 年，受北京市政府委派，时任北京市计划委员会副主任的刘晓光主持了"ING 北京投资基金"在香港的上市活动。当时，他穿着一身红都牌西服、一双旧皮鞋赴港，却受到了意想不到的冷遇。国际资本圈里的人看到他这身打扮戏称其为"大陆表叔"，并"警告"他，要想进入资本市场，这一身行头是万万不行的。心里不是滋味的他随即与同事们凑钱，买了一套新西装，并在别人挑剔的目光中换了衬衣、领带、皮鞋，最后一咬牙，又买了一块浪琴手表。这身行头显然不是出于虚荣和浮夸，却是他刘晓光对资本的尊重以及征服资本市场的决心。就这样，初尝酸果的刘晓光开始走进了国际资本市场。

1995 年，刘晓光被组织派进北京首都创业集团，并参与了一个大烂摊子的集团重组。他以智慧与胆识，以金融杠杆推进了产业从亏到赢，从弱到强。我们都知道首创集团，但是恐怕有一半以上的人不知道北京首都创业集团才是它的全名。这个全名凝聚着创业者的精神，而那个简称却积淀了开拓者的成功。

采访时，刘晓光任首创集团党委书记、董事长，首创置业、首创股份董事长，新资本国际投资有限公司董事局主席，同时，他还是瑞士达沃斯世界经济论坛会员，阿拉善 SEE 生态协会创始会长、理事。2015 年 5 月 21 日，刘晓光从北京首都创业集团有限公司党委书记、董事长任上退居二线。阿拉善 SEE 生态协会创始会长的公益慈善机构的身份伴随着他走完生命的最后一程。2017 年 1 月 16 日，刘晓光因病去世，终年 62 岁。

刘晓光也是国际融资"十大绿色创新企业"评选活动（2013）独立评审团专家。（艾亚文）

　　北控水务集团有限公司（简称：北控水务）是香港联合交易所主板上市公司（HK00371），也是香港主板上市的北京控股有限公司（HK00392）旗下的水务旗舰企业。作为一家混合所有制企业，北控水务缘何会在上市5年内呈现出井喷式增长？缘何会受到如此多的国际金融机构的青睐？又是如何在国内外水务市场跑马圈地的？为此，2014年10月，笔者专程采访了北控水务执行董事、执行总裁（CEO）周敏先生。

北控水务：借国际资本之力打造水务旗舰

一段不能忘却的北控水务重组之往事

　　话要从历史说起，笔者从过去媒体报道中了解，1997年5月29日，由北京市8家优质资产组合而成的北京控股有限公司（简称：北京控股），在香港挂牌上市，成为北京市企业最早走向国际市场的成功典范之一，为首都经济发展开拓了新的领域及融资渠道。好景不长，1999年，北京控股盈利水平下降，而其母公司京泰集团更是背负了数十亿港元的债务，账面显示仅有100万美元，北京控股面临破产的威胁。时任市长助理、兼对外经济贸易委员会主任、北京市经济技术开发区管委会主任的衣锡群临危受命，被北京市政府决策层任命为京泰集团副董事长、北京控股董事局副主席。当时的媒体报道说：在京泰集团出现债务危机、北京控股被香港投资者宣判为"红筹已死"的情形下，衣锡群带领他的团队成功完成资产重组，最终实现北京控股业务由多元化向以公用事业为主业的转型，母公司京泰集团亦从负债30多亿港元成为一家零负债且有近20亿港元净资产的企业。2003年，衣锡群看中了北京燃气集团的发展潜力，向时任新市长王岐山建议对两家企业进行联合重组。2005年1月8日，由京泰实业和北京市燃气集团联合重组而成的北京控股集团，以近370亿元人民币的资产总额，成为北京市最大的国有企业之一。此时的衣锡群也被任命为北京控股集团的董事长、北京控股董事局主席及其母公司京泰集团董事长。

　　此时与北京市燃气集团的联合重组，使北京控股初步实现了向城市能源服务为核心的综合性公用事业公司的转型，其战略目标也明确定位在"北京市政府对基础设施及公用事业从事经营管理的主导企业及海外资本市场投、融资平台"上。2007 年，北京控股开始琢磨发展北京控股的水务板块，但他们的水务资产实在是太微小了，只有一家水源厂，于是北京控股董事会决定并购一家具备市场运营能力、经营状况良好的私营水务公司，而后与北京控股的水务资产一起装入壳资源上市。这时，一家名叫中科成环保集团（简称：中科成）的水务公司进入了北京控股视线。

据周敏先生回忆，当时，他和现任总裁胡晓勇都是中科成的股东，也是中科成管理团队的主要成员，他们从 2000 年进入水务行业，在与北京控股合资前，已在浙江、山东、四川拥有 13 家污水处理厂，水处理规模达 100 万吨／日，并拥有水务处理技术优势。对北京控股而言，中科成的技术、管理团队的能力和百万吨水的现成资产是他们最看重的。对中科成而言，如果与北京控股合资，北京控股的雄厚资金实力就可以使公司在水务市场的业务拓展进入快车道。毫无疑问，这种优势互补可以实现合资公司股东利益最大化，当然，这也是双方达成合资、上市共识的基础。北京控股以 8 亿港元资金注入，将中科成的股东资产、水务资产及其管理团队尽收囊中，成立了北控水务，北京控股占 44% 的股权，中科成的十几个股东占 43% 股权。2008 年北控水务在香港联交所主板上市。"经过这几年，原中科成其他股东余在北控水务的股份已经很少，我和胡晓勇因为一直在北控水务做管理工作，加上我们对企业的未来充满信心，所以始终持有公司的股份。"周敏这样说。

在北京控股麾下的数百家企业中，北控水务应该说是一家十分特殊的企业。它的特殊不仅表现在其重组之初股份结构的配置中，私营企业的股份仅仅比国有企业少了那么一点点，更为重要的是，北控水务的管理团队不是从母公司北京控股派入，而是由中科成管理团队全权管理，从市场上招聘。周敏告诉笔者："当时的董事局主席衣锡群对我们说：'北控水务就用你们的管理，所有团队就由你们自己从市场上找。'后来北京控股就派了一个人，在北控水务做副总。与其他北京控股所辖的国有企业相比，北控水务的管理很特殊，一个是管理职位没有行政级别。另一个是管理团队享有北京控股的一个特别授权：主业范围的投资项目由我们管理团队自行决定，无需报北京控股批准。'"

形式上完成重组和能否将混合所有制进行下去最终实现股东利益最大化，这是两个不能相提并论的事情。前者容易后者难。"记得北控水务成立后召开第一次战略研讨会，由于是国有公司跟我们私营企业第一次合作，大家都很重视，北京控股各部门领导全部到位，衣锡群也去了，会议开了两天，大家各抒己见，但现场气氛有些紧张。会议最后，衣锡群发言了，他很简单地说了几句：'中科成管理团队在这公司里有很多投资，他们肯定会更关心企业的发展，而且我们限定他们两年内不能卖股票。我们要给他们搞市场化机制的权利，给他们主营业务授权，只要他们专注于搞水就可以。'"周敏回忆说。

衣锡群的战略胸怀为北控水务的健康发展定了政策之调。他将管理北控水务的大权交给了私营企业家，这不要说是在当年，就是现在也鲜见。在这个问题上，作为当时北京控股一把手的衣锡群承担起独立做出这项决定的全部风险。他曾对媒体说过这样的话："有时一个决策不是本身有多困难，是不能和别人商量，得独自做出决定，得承担所做出决定的全部后果，这是最大的困难。通常国企的老板都很不情愿独立地面对这种困难，他会很犹豫，到最后可能就算了。"结果怎样呢？上市后的北控水务，股票市值一年涨了几倍！短短五六年的时间，北控水务的股票市值已从原来的二三十亿涨到了 400 多亿！已近母公司北京控股 900 亿市值的一半。

周敏感慨地说："衣锡群是一位非常有远见的领导。我们这支管理团队后来在张虹海主席带领下也很争气，把北控水务做到了今天这么大的规模。"

假使北控水务重组之始没有搞混合所有制，假使北京控股没有给管理团队这么大的权力，假使最初定调没有以完全市场化的方式经营这家上市公司，今天的北控水务会有这么骄人的业绩吗？国有资产能够得到如此井喷式增值吗？笔者认为一定不可能！

笔者想以上海实业控股有限公司（简称：上实控股）为例做个说明：上实控股是上海国资委控股的香港上市公司，北京控股是北京国资委控股的香港上市公司，而北控水务只是北京控股有限公司控股的香港上市公司。就 2014 年年底的数据显示：上海实业的市值是 200 亿，北控水务的市值是 400 多亿，而北京控股的市值是 900 亿。北京控股有限公司控股的北控水务市值是上海实业的 2 倍！而北京控股的市值是上海实业的 4 倍！有人说，上实控股应该向北京控股、北控水务学习。但事实上是无法学习的，因为他们没有碰上北京控股和北控水务当初所处的特殊的历史环境，自然也就不可能推出受命于背水一战、敢于承担独立做出决定的全部风险的企业指挥官，当然也就不可能在市场井喷出现之前率先构建出混合所有制这样大胆而富有远见的顶层设计，也就不可能先人一步跑马圈地了。

历史无需假设，但在推行混合所有制的今天，北控水务的经验值得所有国有企业学习借鉴。

不能不特别一书的北控水务 PPP 模式

北控水务是一家国有控股、与民营水务公司合资的香港上市公司，这种基因组合使之对 PPP（Public-Private Partnership，即政府和社会资本合作）模式表现出天然的亲近。PPP 模式通常是由社会资本承担设计、建设、运营、维护基础设施的大部分工作，并通过"使用者付费"及必要的"政府付费"来获得合理投资回报；政府部门负责基础设施及公共服务价格和质量监管，以保证公共利益最大化。

水务是各类公用事业行业中较早运用 PPP 模式的领域之一，而北控水务又是该领域的成功实践者。

早在 2002 年，北控水务前身中科成收购绵阳市城市污水净化公司并取得绵阳市塔子坝污水处理厂一期"移交—经营—移交"项目融资方式（TOT）特许经营权时，就采用了这种国际金融机构推崇的 PPP 模式，约定在未来 30 年经营期内公司向政府收取污水处理费。

北控水务重组创立以来，继续采取这种 PPP 模式，凭借其工程咨询、工程设计、环保设施运营等甲级资质，以及核心工艺、技术研发、战略联盟、项目管理和融资渠道等多重优势，先后在中国国内 24 个省市自治区及马来西亚、印度尼西亚、葡萄牙、新加坡等国家和中国台湾地区通过 DBOO、BOT、TOT 等方式，投资、设计、建设、经营了 301 个水务项目，规划水处理能力超过 2000 万吨 / 日，服务人口超过 8000 万，积累了包括污水厂、供水厂、再生水厂、海水淡化、水源（包括水库）等水务全产业链投资、建设、技术、运营、管理的经验，成为中国国内水处理行业运营成本最低、收益率最高的"水老大"。

经过 10 多年 PPP 模式成熟运营和经验积累，北控水务在资金、管理、技术、品牌方面在业内均具备了较大优势。

多年来，北控水务始终强调修好内功、提升管理水平和服务质量、效率，并将其视为维系 PPP 模式中公私合作的基本纽带，让 PPP 模式得以有效运行的灵魂。

北控水务 2013 年年报显示：该集团 2013 年水处理服务及水环境治理建造服务的营业总收入为 64.065 亿港元。其中水处理服务的营业收入总额达到 25.246 亿港元，占总营业收入的 39%；综合治理项目建造服务和 BOT 合约建设的水厂的营业收入达到 37.643 亿港元，占营业总收入的 59%；水环境治理技术服务的营业收入为 1.176 亿港元，占营业总收入的 2%，但是毛利率是所有服务中最高的，达到 85%。比之前 2012 年度，2013 年水处理服务及水环境治理建造服务的营业收入增加 72%。而 2014 年上半年，该集团营业总收入为 38.15507 亿港元，其中水处理服务的营业收入总额达到 19.31479 亿港元，综合治理项目建造服务和 BOT 合约建设的水厂的营业收入达到 17.82305 亿港元，水环境治理技术服务的营业收入为 1.01723 亿港元。

周敏向笔者介绍了北控水务的盈利模式："第一个盈利模式是我们通过 BOT、TOT 模式，投资诸如污水、再生水处理服务和供水服务项目，取得 30 年水处理的特许经营权，收取这种水处理的服务费。第二个盈利模式是针对那些没有特许经营权的，或者说是不可能通过这种服务收回投资的水环境治理建造服务项目，诸如改善整体流域环境、水环境，恢复水环境的生态服务和水环境治理技术服务等，通过采用 BT 模式，投资完成后，由当地政府以 BT 形式回购。"

在北控水务众多 PPP 模式水务项目中，特别值得一提的是河北省唐山市曹妃甸 5 万吨 / 日海水淡化厂项目。"这个 5 万吨海水项目的投入成本为每吨水 5 元多，当地政府在此基础上为海水淡化的补贴为 1.2 元，使这个项目在每吨水价格 5.99 元保本的前提下得以进行。实际运营供水后，当地政府为减少财政补贴压力，从我们北控水务手中回购 40% 股份，成为持股 70% 的控股股东，而我们北控水务的股份减持到 30%。"周敏说。

当笔者问及为何北控水务还要在这个规模小又不赚钱的海水淡化项目上持股时，周敏的回答是："虽然这个海水淡化厂的供水量很小，但为了海水淡化的进京工程，为了解决北京市水资源缺乏的问题，我们也要运行。目前我们正在曹妃甸给北京做百万吨海水进京项目的前期规划和可行性分析等工作。未来，我们将投资建设全球最大的海水淡化厂。从商业运营的角度考虑，将海水淡化后供给北京，从成本上看，有很广阔的市场空间。从北京市水资源的重要战略补充考虑，我们投资这个海水淡化项目非常有价值。"

用业绩赢得国际银团贷款并竞得境外项目大标

2014 年 10 月 9 日，亚洲开发银行（简称：亚行）与澳新银行集团有限公司、三菱东京 UFJ 银行、菲岛银行、中国工商银行（亚洲）有限公司、荷兰合作银行、华侨永亨银行有限公司、国民银行、蓝天亚太金融有限公司、印度国家银行、彰化银行、换银亚细亚财务有限公司、新韩亚洲金融有限公司以及合作金库商业银行等 13 家银行签订了开创性的协议，共同支持北控水务在中国境内推广高标准的污水处理和污水再生利用。北控水务因此获得一笔利率与市场同期水平相比有较大优惠的 2.88 亿美元 B 类银团贷款，加上 2013 年 11 月获得的亚行 1.2 亿美元 A 类贷款，总计融资 4.08 亿美元。

根据协议约定，这笔资金将全部投向中国境内污水及再生水厂的收购、并购、建设、升级改造和运营维护，从而使中国国内的污水处理厂达到最高的国家标准。该笔资金支持了 69 个 BOT 及 TOT 项目投资、建设、升级改造及运营，覆盖全国 8 省 42 个地区，污水、再生水及自来水处理能力约 220 万吨 / 日。经过处理的污水水质达到再生水水质要求，还可用于工业冷却和城市环境等再生用途。

亚行在不到一年的时间里，以极低利率将两笔大额资金贷款给北控水务，源自他们在历时 9 个月的尽职调查中对北控水务的业务模式、环保建设成就和运营管理能力的高度认可。正如亚行私营部基础设施融资东亚区主任木村寿香所说："我们注意到中国的发展状况、技术以及市场都在不断变化。在众多可能发展 PPP 的领域中，我们选择的是能对既有观念形成挑战、能改变行业现状以及能提供创新性解决方案的项目。通过 PPP 改善人们的生活质量，正是我们通过提供融资，支持 PPP 发展所希望达到的目的。我们选择融资支持的项目都有很强的示范效应，并且能切实地满足人们提高生活水平的需要。我们非常高兴能够和北控水务展开合作，是因为北控水务作为一个富有远见的企业，能够着眼于未来，为亚洲提供污水再生利用这样创新性的、也是亚洲急需的解决方案。"

周敏告诉笔者，亚行对北控水务及其所投项目进行了近一年的尽职调查，调查得非常仔细认真，让他们很感慨，但最终结果也很让他们自豪。亚行 50 多个成员国以全票赞成通过了对此项目的贷款。不仅如此，亚行还根据合作中建立的信任和积极的市场反馈临时提高了对北控水务的贷款授信额度，并表示愿与北控水务继续在环保及基础设施建设方面开展进一步的深入合作。

亚行基础设施投资贷款的最终目的是让公众享受更高质量的基础设施服务，是将企业的社会责任放在首位的。但商业银行是遵循商业原则的，贷款是要有回报的，所以利润是他们选择企业项目的首要标准。那么，这 13 家国际商业银行为何会将资金贷给北控水务呢？周敏回答说："这 13 家商业银行主要看重的是我们北控水务可持续的盈利能力和现金流情况及经营情况。我们北控水务在 2008 年上市以后的市场表现是有目共睹的，他们对我们的财务报表、工作情况和盈利模式等做了全面的评估，除了我们对社会的贡献，我们的盈利模式和收益也还是挺让他们认可的。"

周敏还告诉笔者，这笔 4.08 亿美元贷款进入中国境内后，还可以产生放大效应，在中国国内取得相应的配套项目贷款，也就是说，可以增加 2 ~ 3 倍的贷款规模，从而将产能扩大到 450 万 ~500 万吨。这是其一。其二是，由于这笔资金没有明确规定投哪个项目，只要是污水、再生水方面的投资，都可以使用，这种相对比较灵活的资金使用规定有助于项目投标。其三，因为有了亚行和国际银团贷款的支持，使资本市场上的很多基金对北控水务股票产生了信心。为北控水务在国际水务行业的品牌知名度提升又加了一分。

2014 年以来，北控水务连续在海外市场发力：

2014 年 5 月 6 日，北京控股集团与台湾力麒建设成功签署合作协议，京泰发展、北控水务分别取得台湾力麒建设子公司鹤京企业股份有限公司的 25% 和 5% 股权。而鹤京企业旗下的山林水环境工程公司具有优异的水资源环境工程处理技术（如污水处理、废水处理、下水道系统、海水淡化等）以及丰富的实际营运经验正是北控水务参与此次并购的主要原因。

新加坡汇聚有超过 130 家水务公司和 28 个研发中心，是被公认的全球领先的水务枢纽。2014 年 6 月 1 日，北控水务将其国际业务总部设在了这里，冠名北控水务国际有限公司（简称：北控水务国际）。北控水务国际作为北控水务中国大陆之外的海外水务市场的总平台，预计未来在海外的潜在投资将达到 20 亿新币。北控水务集团执行董事、总裁胡晓勇在新加坡国际水周（SIWW）首日举行的对外新闻发布会上表示："我们的长远战略之一就是通过国际化发展和业务扩展，增加北控水务在不断发展的国际水行业中的市场份额。我们的全球扩展计划是基于我们已经在中国水务市场奠定的'领头羊'地位的优势。而当我们着眼于中国之外的水行业技术和处理方案时，新加坡因其在水务技术研发上的不断创新和卓越成果以及新加坡政府的扶持政策，自然而然就进入了我们的视野，因此，我们决定在新加坡设立我们的国际总部。"

3 个月后的 9 月 18 日，新加坡公用事业局正式公布：北控水务国际与新加坡联合工程有限公司旗下的全资子公司 UE NEWATER Pte Ltd 组成的 BEWGI-UEN 联合体为新加坡樟宜第二新生水厂 DBOO 项目的最优中标人。樟宜第二新生水厂的日产水规模为 22.8 万吨，第一年综合水价为 0.276 新币 / 吨。自预计的商业运营日起（预计为 2016 年），特许经营期限为 25 年。此项目将应用微滤加反渗透的双膜技术，最后经过紫外消毒处理将新加坡樟宜污水回用厂二沉池的出水处理成为新生水，并将新生水输送至新加坡新生水管网系统。参加此次竞标的还有新加坡凯发有限公司（Hyflux，简称：凯发），凯发是新加坡交易所上市的水务公司，市值超过 10 亿新元，是被认可的全球最佳水工业企业和亚洲领先的水和流体处理公司。

北控水务与凯发这样一家新加坡老牌水务公司竞标并最终胜出，原因有四：第一，北控水务是一家香港上市公司，从出生到成长的十几年间，PPP 都做得落地有声，叫好也叫座，市值超过 400 亿港元，远大于凯发；第二，虽然北控水务在技术与管理上与凯发难分上下，但在水处理的投入成本上却略低于凯发；第三，北控水务在融资方案设计上没有输给凯发，标的项目直接选择在新加坡的银行做融资；第四，国际金融机构对北控水务有分量的评价，2014 年入选"全球水务四佳"的行业荣誉，北控水务在中国大陆、马来西亚、葡萄牙、印度尼西亚和中国台湾拥有、管理和经营的 300 多个水务项目和北控水务每年两次在新加坡的路演，都为北控水务国际品牌的提升加了分。

周敏表示："我们是一家专注于水务的公司，我们每年都会增加一些国际项目，这是公司国际发展战略的需要。我们希望用 5~10 年的时间成长为世界上数一数二的大公司。"

最后的赘语

2014 年 11 月，就在笔者完成本文之时，北控水务集团新的 5 年战略规划也已亮剑。周敏告诉笔者："北控水务未来 5 年规划的战略目标是：到 2020 年，实现集团在污水处理、自来水供水的中国国内市场占有率从现在的 4% 提高到 10%，市值达到 1000 亿港元水平，拥有 800 家以上水厂，水处理规模每天达到 4000 万吨，进入全球水务行业前 10 位，成为在业内和资本市场上有影响力、领先的专业化水务环境综合服务商，实现股东回报的最大化。"

为实现这一战略目标，未来 5 年，北控水务将在核心竞争力方面继续强化资本实力和高效快速的投资拓展能力，同时，积极打造技术竞争力，实现投资与科技两轮驱动发展。在管理方面，完成从积极介入型管控模式向战略型管控模式的过渡，建设战略型管控体系，优化授权，提升其内部市场资源、金融资源、管理资源、技术资源的协同共享效率，打造管理优势，实现北控水务发展速度和行业地位的持续提升。在社会目标方面，力争形成良好的产业效应，为所在区域创造更多产值、税收及就业需求，提升当地环保水平，改善人民生活环境。（摘编自《国际融资》2014 年第 12 期，李路阳文，采访录音及资料整理田露、李留宇，陈醒摄影）

今日北控水务

2020 年 3 月，周敏先生在电话中告诉笔者：截至 2020 年 2 月底，北控水务于 2014 年为企业规划的战略目标，除香港资本市场表现太差而市值未达到原定目标外，其余均已实现。北控水务已拥有 1048 家水厂，在污水处理、自来水供水的中国国内市场占有率按原有计算方式已达到 10%，按现在加进农村市场的计算方式为 7% 左右，水处理规模每天超过 4000 万吨，位列全球水务行业综合排名第 3 名。

点击周敏

周敏先生是北控水务执行董事兼副总裁，北控中科成环保集团有限公司董事、财务总监，清华大学 EMBA 硕士毕业。他也是四川绵阳市浙江商会副会长。

他曾在浙江省人民银行永康支行及浙江省工商银行永康支行工作；曾任北京景盛投资有限公司董事长。

时任中国科技发展战略研究院副院长房汉廷先生在 2015（第 6 届）清洁发展国际融资论坛上发表了题为《新型资本要素驱动中国创新》的演讲。他认为，创新驱动是一个新资本体系的驱动，这个新资本体系包括四方面，新社会资本、技术资本、创新资本和企业家资本。如果不把这四大要素作为财富创造的主力而是单单把财富创造放在很高的地位，就不会有新的发展。

房汉廷：新型资本要素驱动中国创新

中国改革开放经历 35 年的历程，经济总量已经是全球第二，依照 2014 年国际货币基金组织的测算，购买力平价，中国 GDP 为 63.5 万亿元，事实上已经超过了美国的经济。这就是我们的一个成绩。按理说发财了，有钱了，应该高兴，为什么我们还不高兴？因为我们创造财富的方法是用了大量低水平的劳动力，用压低财务成本的资本，用了破坏环境的办法，甚至还用了低人权的保障，才完成了现在这样一个财富创造的一个过程。前一段时间有一位有官职的经济学家在清华大学演讲，他认为我们的《劳动法》有问题，认为工资提高了，把权益放大并不是什么好事，他主张应该把工资继续压低。这是一种什么逻辑？我认为：发展就是要惠及亿万人民，而不只是惠及少数人民，也不是惠及国外人民。所以，我们要走向一种新的模式创新驱动。

关于创新驱动有很多讲法，这些讲法是不是都符合实际？我认为现在不一定。2015 年我们还遇到这样几个问题：第一个问题是中国的制造业能不能在信息化、工业化双化叠加的情况下形成两化融合，完成 4.0 这样的发展水平。第二个问题是我们加入 WTO 15 年了，过渡期已经结束，中国市场已是全球的市场，是一个没有壁垒没有管控的市场，也就是说我们开放得更加彻底，竞争更加彻底，在这样的背景下，中国产业能做到创新发展吗？

实际上，创新驱动是一个新资本体系的驱动，这个新资本体系包括 4 个方面，新社会资本、技术资本、创新资本和企业家资本。过去我们知道两个驱动，劳动力和资本，后来增加了技术，我认为，如果不把这四大要素作为财富创造的主力而是单单把财富创造放在很高的地位，就不会有新的发展。

第一，新社会资本讲究的是网络、定制等这样的关系，在这样的前提下，极具变动是一个变量，现在最大的变量就是互联网。互联网有两个最大的要素，去中心化、去不均等化，所以整合资源、配置资源得到了变革。互联网去中心化消除的就是信息不对称，这就是互联网给我们带来的最大利好。领导获取信息要通过层层汇报，当信息传递到他的时候，可能已经是末端，而一个黑客可以任意游荡在所有的网络上。在当今这样一个互联网时代，社会资本的核心内容就是大数据、移动、智能化、云计算，这个方面解决了两个重要问题，一个是对风险的识别和风险的分散，一个是风险预防。当资产最突出的内容发挥出来的，即使有短板也有别人给你补上。互联网面对着是 70 亿人的判断，总有一些比你更好的解决方案。互联网带来的新社会资本使整个创新创业、社会资源进一步地整合，而不再是短板。今天我们会看到，90 后能够很快地成功创业。我们能看到马云、马化腾做的事情为什么产生如此爆发性的增长。这是主要的长板定律的关系，如果按照传统的短板定律，他们今天还不会被我们所认识。

过去我们一直认为经验很重要，其实现在已经不然。最近我做了创业调研，大概是这样的一个过程，目前社会资本面临的经验已经归零，现在的创业成果以几何级数增长，数据不断增长。今天数据的增长有大数据的模式，我们每个人其实都进入了一个时代，我们每个人都看似自己是独立的，其实你都是社会的群体。我们原来一直头疼的中国信用体系建设，中国的诚信在新社会资本情况下变得简单了，你已经完全暴露在所有可视的范围当中。大家记得前一段时间有一个开斗气车案例，一开始网民都责骂男司机打女司机，行车记录仪公布后网民转而责骂女司机。所以，大家都处在一个公开的环境下，因为你的财务数据、行为数据进行二期叠加。这个社会资本的蓬勃发展，也开创了很多新的商业机会，应该说也是一个新经济的典型。

第二，技术资本化。技术能不能成为资本，技术显然是 21 世纪当中最重要的资源参与创造，我们很多的财富都是由新技术引进，甚至整个人的社会都是以技术为标准划分，因为先有生产力、社会关系。技术和资本在我们国家可以说强调得很高，但技术和资本化不相干。中国 2013 年的发明专利是 20.8 万件，美国 2012 年的发明专利是 25 万件，也就是说我们现在已具备了这样一个技术水平、技术资本化的环境。1991 年，也就是改革 10 年左右的时候，我们的专利只有 220 件，又一个 10 年过去了，也只有 1.6 万件，但到了 2009 年，就破了 10 万件，到 2013 年已经过 20 万件。也就是说中国在这个方面经过持续不断的同步发展，这为以后奠定了基础。但技术只能形成这么大的盘子，我们现在真正技术创造财富不过5% ～ 15% 的区间，也就是说大量的技术不是财富的工具，这涉及知识产权的保护，发明人保护。

第三，创新资本。按照 GDP 的原则来计算，中国大概投入到创新的资本是 5 万亿，只占 1.2%。这一部分资本驱动显然不足。

第四，企业家资本。以前我们说企业家精神，其实企业家在运营过程中是一种资本要素，我们每年的就业人口要增加 800 万到 1000 万，想一想这里如果能有更多创新企业家的诞生，将具有重大的力量。有企业家资本这样一个要素来创造，超过所有其他要素创造的财富和能力和贡献。企业家是最重要的，没有企业家的资本化，没有企业家作为一个资本要素，轻者降低效率，重者扼杀中国经济的发动机。（摘编自《国际融资》2015年第8期，井华根据房汉廷演讲整理编辑，杜京哲摄影）

点击房汉廷

房汉廷先生是经济学博士，科技部研究员，现任中国科技大学教授、博士生导师，科技日报社副社长。他曾任中国科技发展战略研究院副院长。

他著有《制度创新的空间》《资本驱动与金融创新》《为创新投资：政府的责任》《科技金融的兴起与发展》《中国企业金融制度创新》等10余部论著。

房汉廷先生对科技创新有独到见解。他也是国际融资"十大绿色创新企业"评选活动（2016）50评委专家团专家。（艾亚辑）

当前，国际公益事业的发展创新出公益创投这一模式。那么，到底什么是公益创投事业？它的实际运作模式是怎么样的？这一模式是否适用于中国呢？带着这些问题，《国际融资》杂志记者在2015年金秋的京师公益讲堂上采访了亚洲公益创投网络执行副主席Andrew Muirhead先生。

有一种公益创投模式值得分享

记者： Andrew Muirhead先生，能否请您先给我们介绍一下到底什么是公益创投事业？

Andrew Muirhead： 当然可以。如果要让大家了解我们亚洲公益创投网络到底是干什么的，首先必须让我们界定一下公益创投到底是什么。坦白地，中国针对公益创投也已经举办了非常多的论坛来进行讨论，但是如果让我来对公益创投做一个总结和定义的话，就是通过一种结构化的战略化的方式，把那些跟社会项目有关的资源整合到一起。实际上，公益创投就是将慈善基金和与投资相关的技能结合到一起，为了实现社会项目的成果，从而将投资领域关于公司治理、管理等方面的专业技能与资金结合起来，给非政府组织以及社会企业和任何有兴趣开展社会目标的组织提供这方面的投资。

可以说，公益创投这个网络来自各种各样的组织，从NGO即非政府组织到传统的商业组织都可能产生社会的影响。也就是说，产生社会影响力的这些基金可以来自于赠款，也可以来自商业投资。所谓的公益创投网络就是打造一个平台，让任何感兴趣产生积极社会影响的组织可以通过这个平台携起手来去帮助那些面临社会挑战的人群，使他们受益。如果让我换句话表达一下我们成员之间的关系，我觉得实际上就是把政府部门、企业部门以及社会部门整合起来，进行跨部门的合作，从而产生真正、持久、积极的社会影响。

记者： 您能详细介绍一下有关公益创投日常实际的运作模式是什么样的吗？

Andrew Muirhead： 我刚才解释了公益创投，这里面还有几个词我想做进一步的解释。

第一，一些组织，重点包括 3 个子部分，即包括 NGO、社会企业和任何社会组织，把 3 个组织放到一起叫 Social Challenges，别人把钱捐给我们，我们再把钱提供给这些 NGO、社会企业来开展项目。第二，投资者，我说投资者，真正指的是捐助者。另外，当我讲投资的时候，我讲的就是投资者。第三，是大家比较容易忽略的一个术语，就是成果，指的是人们生活得到了改变，也就是指在当今社会中，人们可能面临比如健康、贫困、环境等方面的诸多挑战，如果我们把这部分人的问题解决了，改善了他们生活，这就是成果。

之所以我们关注上述这些，是因为我们看到了这些社会型的组织是有这样的需求缺口的，因为他们现在面临的问题就是缺乏短期的资金支持，他们得到的资金也是比较碎片化的，很难形成规模。另外，他们在进行资金支持竞争的过程中，也竞争不过那些大的组织。所以，这种情况下，我经常会看到这些社会型的组织非常忙，其实他们是可以真正发挥作用改变人们的生活的，可以真正产生不同的效果，他们也是成天疲于奔命，使自己的组织能够运行下去，但是结果往往是不尽如人意的。基于此，8 年前，我在苏格兰创造了一个机构，即"激发苏格兰"。不管怎么说，这是我创立的一个公益创投组织，就这个组织来讲，我们设立了 5 个创投基金，主要是针对苏格兰的这些相关的社会问题。

记者：那您能再给我们介绍一下"激发苏格兰"这个项目的具体运作情况吗？

Andrew Muirhead：我们知道现在大的环境对这种社会型的组织来讲都是非常不利的。我们"激发苏格兰"整个业务模式的核心组成部分就是 3 个部门的合作，其实我们最基本的想法就是把政府部门、企业部门以及社会部门整合起来共同解决问题，我们希望真正基于这些组织的需求给他们提供相应的帮助，而不是从出资人的角度按照出资人武断的决定来给他们提供所谓的资金的支持，要首先了解他们的需求。除此之外，我们还希望给他们提供人力资本以及技能培训等能力建设方面的帮助，从而让他们更好地利用资金。

另外，我们"激发苏格兰"还希望鼓励各组织之间能够尝试新的东西，对新的东西进行尝试就意味着可能会失败，我们也是允许失败的。总而言之，这就是我们简单的业务模式。在我们这个模式项下，我们针对的第一个社会问题就是关于所谓的脱节的年轻人并帮助这些人。这群年轻人是 14~19 岁这个年龄段的，他们在高中毕业之后融入社会的时候没有很好地过渡，显然被社会孤立或者与社会脱节，对于这部分群体我们进行了干预。

针对这个社会问题，我们的整个运作模式也非常简单，我认为在整个干预过程中，最重要的就是基线设定，也有人把它叫作成果开发。具体说就是摸清整个问题的基本情况，看一下社会问题到底是什么，包括几个维度，几个方面，人口的组成部分是什么，它面临的主要问题是什么，哪些社会创投或社会组织能在这里面产生真正的影响和变化，为什么我们要让这个组织参与进来或者他是怎么样做的。基于这样的一个报告，我们就开始进行募款，对于这个项目的干预应该是 10 年，我们需要筹资 10 亿的资金。所以，有了这样的整个计划之后，我们就向政府、企业，还有高净值人士和基金会开始进行募款。其实我们从社会上募集到的最重要的财富并不是资金，而是我们庞大的工作人员和志愿者队伍。在有了基线设定之后，我们还让它起到类似于金融界的募股召集书的作用，于是我们就拿着这些基线报告找那些社会创投组织，最后有 44 个社会创投组织进行了尽职调查，在几个月之后，最终有 24 家社会创投企业决定开展这样一个为期 10 年的项目。当然，在这个社会问题干预的过程中，我们不仅仅给他们提供资金，还雇了团队来帮助他们不断地发展和成长，而且在这个过程中我们还动员了 200 个公益型的一些外部专家，包括 IT、人力资源、法律、会计以及维护方面的专家来帮助这些组织。

5 年之后，我们这个项目取得了非常大的成就，我们给 80 多个社会组织提供了大概 5 亿左右人民币的赠款，其实我们只有 24 个员工来管理这样五个项目组合。虽然这些数字在中国的大背景下听起来都很小，但是我们确实取得了成功，当然也有一些失败。期间我们动员了 200 个外部的公益型的专家库来支持这个项目，而且最重要的是，进展报告得到剑桥大学的出版。这里面不仅仅是钱的问题，通过这个项目的实施，我们在促进人力资本方面的发展也起到了很大的推动作用。

大家到亚洲公益创投网络的网站以及我们"激发苏格兰"的网站上都可以找到这份报告，搜索引擎也能查到这份报告。这份报告涉及在整个公益创投或者说社会创投组织里的治理结构、治理能力和人员技能以及逻辑模型，还有这些组织如何分享和彼此借鉴成果，以及他们利用这个项目作为一种杠杆又额外吸引了很多其他的资金等，剑桥大学对这个项目的第一期进行了梳理，一共总结了 10 点。大家不一定非要读我们的这个报告，我想说的意思是大家可以看到这样的公益创投项目带来的不仅仅是资金的资本，更重要的是人力资本在这个过程中产生的巨大价值。

记者：您已经成功运作了类似于"激发苏格兰"这样的项目经验，请问您觉得这样的经验在运作"亚洲公益创投"方面是否也是有用的呢？对于中国在公益创投方面的情况您有什么看法呢？这些经验是否适用于中国公益创投的发展？

Andrew Muirhead：就我个人的观点而言，好的创意总会产生良好的结果，所以我认为这些经验和模式也适用于中国这种体制。但可能具体的实施路径与欧美会有所不同，实践证明，我们亚洲公益创投网络的许多成员国的成功经验最终也会影响到欧洲和美国的具体运作模式。

对于中国发展公益创投事业，我愿意尽我所能提供帮助。我现在来中国非常频繁，事实上 2015 年就已经来了 6 次，参加关于公益创投项目的学术会议、圆桌会议以及各种聚会等。我认为最重要的是分享经验，然后将其付诸实践，这中间需要获得来自社会层面的支持，重要的是要有资金的支持。我们亚洲公益创投网络在新加坡分部的一些优秀的同事已经在这方面取得了成功的经验。目前我们已经拥有一支能掌握流利汉语的人才队伍（可惜的是我本人还不会中文），能保障将我们的经验准确地翻译成中文资料。我们亚洲公益创投网络还有一个新的知识交流中心，在中国一直很活跃。知识交流中心拥有亚洲公益创投网络在全世界各地经验积累的庞大数据库，我们正将其转换为中文资料并将其在中国付诸实践，所以，所有这一切都是有利于中国公益创投事业发展的。

记者：您能谈一下您对中国的印象吗？您喜欢中国的哪些方面？或者说哪些地方令您印象深刻？

Andrew Muirhead：虽然我第一次来北京是两年之前，但是在过去的两年当中，我已经 12 次来中国开展各种工作了，所以，我非常热爱中国，而且我也非常热爱中国充满着的发展活力和巨大的潜能。在公益事业方面，我注意到中国已经有 5000 多年历史的互助互惠的精神，而我在中国遇到的人们也非常关心这种公益创投的新公益事业的运作模式，在这一点上，我们可以实现共鸣。亚洲公益创投网络的存在就是为了能够促进国与国之间的这种交流和经验的分享。未来全世界都将面临来自诸如环境、人口等领域的严峻挑战，我相信中国在这方面能够率先探索出创新性的解决路径。（摘编自《国际融资》2015 年第 11 期，石洋文，杜秋摄影）

点击 Andrew Muirhead 先生

Andrew Muirhead 先生，现任亚洲公益创投网络执行副主席，董事会成员。他同时也是欧洲风险投资协会的董事会成员，慈善捐赠和慈善事业中心的监事会成员，还供职于一家卫生部部长级工作队。

他从 1993 年起就一直在英国公益事业部门工作，2008 年开始担任苏格兰的劳埃德银行基金首席执行官，继而建立了"激发苏格兰"基金项目。多年来，他为苏格兰慈善团体的发展壮大进行了许多创新性的尝试，做了许多成功的项目，他还一直为解决英国以及亚洲、非洲、东欧和南美的发展中国家存在的关键性社会难题而努力。这些开创性的工作让 Andrew Muirhead 先生获得了 2008 年的灯塔奖。（石洋辑）

　　由于人们对于抗衰老的理解不到位，抗衰老产业发展还需要有相关产业基金的支持，才能让这个新医学体系中的创新与应用加速度。那么，怎样形成中国抗衰老医学体系？中国推进抗衰老产业发展的最大难点在哪儿？合作共建"健康中国 2030 抗衰老示范城"的意义是什么？产业基金如何在其中发挥金融杠杆之作用？ 2017 年春天，《国际融资》杂志记者专程采访了中国抗衰老促进会应用与创新分会总干事、中认畅栋（北京）投资公司执行董事吴隽女士。

吴隽：抗衰老是中国健康产业发展的一大商机

形成中国特色的抗衰老医学体系：问题与思路

　　记者：请问抗衰老医学是何时诞生的？它的核心是什么？

　　吴隽：1992 年，美国的两位犹太西医医生根据中医理论，采用西医的诊疗模式做了 12 个分类，形成世界抗衰老医学体系，并成立世界抗衰老医学会。抗衰老医学与中医"治未病"有很多相似之处，只是它把"治未病"与功能及再生医学结合在一起，采取早期干预、早期预测、早期预防、早期治疗等方式，在人体功能性出现问题但并没有产生器质性病变时就开始治疗，进而减少人体发病率。

　　抗衰老的核心就是预防，欧美发达国家对疾病预防特别重视，中国自古也讲究"上医治未病"，但中国近代由于经济状况原因，导致国人消减了"治未病"的思维习惯，生病了才到医院治病。同时，人类的生活环境、不健康的生活方式、生活压力及心灵健康对人体的影响也非常大，用医疗方式修复缺陷的方法应该是人身最后一道保障，注重改变所处环境的质量，改变生活方式以及对自我心理和心灵调节是抗衰老最重要的部分。

　　记者：请您谈一下目前国际上抗衰老医学的发展状况？您如何看待中国目前提倡的抗衰

老医学体系?

吴隽：抗衰老分为人体的新陈代谢和 DNA 修复、免疫细胞再造、荷尔蒙平衡、心血管、肠道、脑部认知、疼痛管理、运动医学、医学美容、心灵修复、生活方式改变等 12 个很细的门类，通过这 12 个门类综合分析人体出现问题情况及潜在问题。分析方法从生化检测、基因检测及抗衰老特殊检测开始，通过检测报告进行综合治疗，但并不是哪个地方指标高就治哪儿，这是抗衰老医学和普通西方治疗方法的差别所在。当发现某人的检测报告里出现几个比较高的指标时，抗衰老医学则会系统地分析造成高指标的原因。比如血液的黏稠度很高，医生会调查这个人的生活方式是不是出了问题，如果是因不运动或过度饮食等不良生活习惯造成的血液黏稠度高的话，不会给这个人开治血稠的药，而是会开具一个整体的解决方案，包括膳食调节清单、运动计划单和一些植物同源性的可替代膳食补充剂等非化学药品。这是西方的抗衰老医学目前的治疗模式，每个抗衰老治疗周期为 3 个月。虽然中国的抗衰老医学才刚刚起步，且当下市场呈现碎片化，但实际上，基于这种治疗基础的中医抗衰老早在几千年前就已经这样做了，只不过现代中国人没有系统的总结而已。

2016 年，中国提出医疗体制改革，同时提出以"治病为中心"向以"预防为中心"转变的新战略。在 2016 年之前，中国召开的是"中国卫生大会"，但 2016 年首次召开了"中国卫生与健康大会"，并于同年颁布了《健康中国 2030 战略规划纲要》，这是中国 30 年来第一次真正将健康问题放在头等重要的位置，而且习主席亲自推动发展中医药，他说"中医药是打开中华文化宝库的一把钥匙"，还提出了中西医并重的重要理念。因此，我们也在突出传统文化、中医药的方面积极创新思路。

记者：基于中医抗衰老在中国碎片化的现状，贵会打算用什么方法推动中医抗衰老在中国的发展？

吴隽：首先，我们想把西方的抗衰老医学体系引进中国，再把我们对中医抗衰老的总结融汇进去，进而形成中国自己的抗衰老体系。比如西医抗衰老 12 个分类中的"疼痛管理"，西医的抗衰老对这种尚未形成疾病的症状没有有效手段，只能采用运动或部分镇痛的急性方法，但中医就有非常有效的解决方案，诸如：20 多种针灸、不同手法推拿按摩和药食同源治疗等。因此，我们把中医的针灸、推拿按摩、药膳、八段锦操等传统技法融汇进西医里，让抗衰老体系更加完善。

第二，2017 年，我们成立了一个学术部，主要就是总结中医如何抗衰老，从哪几个角度入手，其中包括天人合一的生活方式训练、科学运动、膳食营养补充以及人体需要做的一些疏通经络、针灸、推拿等一系列的健康管理内容，进而结合西医抗衰老的其他治疗手段，形成一套完整的中国抗衰老医学体系。同时，我们也在做临床示范基地，目的是为了做抗衰老诊疗体系标准。

第三，我们会做一些慢病康复治疗的研究，比如糖尿病白皮书。希望在慢病领域为政府提供研究报告，提出我们的一些有针对性的解决方案和意见建议。

第四，我们还要做一些独立学科研究，比如教人们认识什么样的植物和食物能够让人抗衰老以及怎样抗衰老，进而归纳成册出版。在总结的过程中，我们会形成自己的一个小品牌，叫"四季五行餐"，每一季节的气候都对应并影响身体的某一个器官，比如春季肝火会慢慢显现，易伤肝，这时要吃哪些东西可以保肝平火进而平和人的心情呢？"四季五行餐"会有一个针对性的餐食匹配单，配合季节、五行、药食同源的食材形成食谱。我们会进而推出一些类似的主题餐厅，在不同地方，结合当地气候和特色食材、药材，采用"四季五行餐"的定制化经营模式推广应用。我们团队有很多国医大师和中青年名医，这些医师们手里都有一些药食同源的方子，我们会整理出这些方子，并根据地区和人群情况修改落地，与不同地方的百姓生活结合在一起，这也是推进抗衰老很快进入人心的最简单方法。

记者：请您预测一下抗衰老产业在中国未来的发展前景。

吴隽：我认为中国的健康产业市场在未来有 10 万亿的规模，如果发展得好甚至会超过 10 万亿。抗衰老产业涵盖面非常广，把医疗与抗衰老结合起来就是大健康产业，具有极大潜力。目前资本方已经看到健康产业的潜力，只是他们不敢进来，原因在于市场还很乱、不规范、缺乏标准，毕竟医疗属于专业领域，资本方不知道抗衰老的定位在什么地方。实际上，抗衰老的市场定位很复杂，所有人都需要抗衰老，那么，该从谁身上赚钱呢？如果能够引导资金正确进入抗衰老领域，抗衰老产业会在未来迎来爆发式增长。

记者：那么，应该如何正确引导资金进入抗衰老产业呢？

吴隽：首先，我们希望培养高端人群作为抗衰老的受众群，同时让高端人群去孵化、培育针对大众的抗衰老事业。高端人群可以为抗衰老起到 3 个作用。一是对市场的贡献，比如高端人士接受抗衰老系统治疗；二是为抗衰老产业做贡献，比如让高净值人士来帮我们孵化抗衰老产品、服务等配套企业，做孵化的资金池；三是希望高端人群在接受抗衰老治疗时能够为抗衰老做一些公益事业，因为高净值人士本身具备一定实力，况且公益本身也是抗衰老的一部分，能被需要自然会心情好，心情好也能抗衰老。

其次，打通高端人群的渠道后，我们会从中选择适合于中端或低端人群的服务模式，抗衰老最终是要普惠于民，走进社区的。

打造"健康中国 2030 抗衰老示范城"，精准扶贫

记者：贵会为什么要致力于打造"健康中国 2030 抗衰老示范城"，有何现实意义？

吴隽："健康中国 2030 抗衰老示范城"活动是我会响应中共中央、国务院建设健康中

国号召的一个落地工程。2016 年，中国提出"2030 健康中国"的战略大规划，各个地方也都在做自己的"2030 健康"小规划。我们觉得整个健康产业的发展趋势非常好，并且具有非常大的吸金能力。但如果我们只是做一个健康的小 IP，对于一个城市的拉动力是远远不够的，抗衰老其实与环境、医学、有机种植、饮食、运动、文化修养等结合得非常紧密。中国有很多山清水秀的地方，而这些地方大部分属于老少边穷地区，我们打造抗衰老示范城的目的有三：一是用绿色经济将绿水青山变成金山银山，这是大方向。为绿水青山之处引进绿色环保的经济模式，以此来带动当地的健康产业、旅游产业、文化体育产业和特色农业种植等创新建设，把整个大 IP 一起植入到抗衰老示范城里，这就是我们要做的"共建工程"。二是我们希望抗衰老的概念能够根深蒂固地植入到人们的思想观念中去。一个人生活在一个充满雾霾的地方不可能抗衰老，生活环境周围都是垃圾不可能身体好，即使保持良好的运动习惯，也不可能产生与在绿水青山环境中运动相同的结果，况且文化修养对于人的心灵滋养也是抗衰老中很重要的一部分，让人们追寻内心的愿望去选择一个宜居的地方休养、调节心灵、改变生活方式、接受抗衰老治疗都是抗衰老示范城存在的意义。三是精准扶贫。绿水青山的地方还有很多野生药材和特色种植的药材以及有机种植的食品，这些对于抗衰老治疗来说不可或缺，用抗衰老带动一个产业在地方落地，真正做到产业扶贫，使贫困地区的经济可持续发展，这是我们为精准扶贫做的一点儿贡献。

记者：那么，抗衰老示范城在与精准扶贫相结合的过程中会如何发挥作用呢？

吴隽：国家中医药管理局局长王国强面对中草药种植之乱象曾说过这样一句一针见血的话："中医最后会死在中药上。"目前中医的尴尬局面很大问题出在中草药的种植上。中草药种植长期采用化肥种植，无度乱施农药，这样的结果怎么能让饱经污染的土壤长出有药效的中药材？抗衰老示范城大都选择在一些山清水秀的地方，那里基本都沿袭着原始种植中草药的方法，而好的中草药就需要在优良土壤中种植，这样种植出来的中草药才会保证药效。

除了中药的种植问题以外，中药的炮制方法也很重要。有些中草药具有毒性，需要使用一些炮制手段，诸如：酒制、蒸煮、炒制等，用这些方法消除中药中的毒。但现在的中药都是简单的工厂化炮制，需要蒸就放一下蒸汽，一瞬间就蒸好了，需要酒制就用酒喷一喷，然后晾一晾就行了。这些简单的炮制与中医药的古法炮制差别非常大，不光可能没有疗效，还会因没有完全去除药材的残留毒性而有副作用。过去老中医在开药治病时通常会先开 3 天的开路方试试这个人的体质情况，而后再开正式治病的方子，但现在由于中药材药效不够，3 天的药效试不出来，往往会开 7 天。老百姓会发觉看病越来越贵，开的药越来越多，实则是药力不够的原因所致。因此，通过在贫困地区发展中药材的有机或绿色种植是精准扶贫的最好方式。这些贫困地区具有一些可开发的药食同源性植物，我们把抗衰老的市场需求嫁接给当地，变成企业家与农户的订单农业模式。更为重要的是，原始方式种植中草药对解决中药材药效不足的行业痛点会有很大帮助。

记者：怎样才能让抗衰老示范城项目真正落地？

吴隽：我们会以"生命健康城"项目的形式植入到地方，然后因地制宜地帮助其引进与绿色经济有密切关系的商业、旅游、健康、种植、养老等产业，带动当地村镇或地级市的经济发展，我们的核心价值观是以保护绿水青山的绿色经济模式实现共建工程。抗衰老的外延很大，涉及很多周边产业，巨大 IP 会给地方政府带来很大承载力，同时让 VC、PE 进入产业当中，进而形成一个完整的闭环。

为抗衰老产业链搭建产业基金平台

记者：抗衰老的发展实际上构建的是一个巨大的产业链，体量非常大，如果要把这件事做到位就涉及资金的问题，请谈谈贵会打算怎样利用资本的力量去打造一条完整的抗衰老产业链？

吴隽：我们考虑在大健康领域搭建一个产业基金平台，用以支持抗衰老产业的发展。我们也在孵化一些先进科技，比如，利用中医与仪器相结合的技术，寻求形成一个较精准的辩证性医疗方法。目前一些仪器的厂商已经在着手研究这个方向性问题了，但还需要被孵化。我们建立的产业基金包括 VC，孵化这些新技术成功后，再把它运用到产业中去。而提升产业需要 PE 的加入，包括医疗服务、物流、设备、仪器等领域上帮助企业做强做大，这都需要 PE 投资的推动，最终这些企业会逐渐成为 IPO 上市公司。我觉得用产业基金的方式去扶持产业的发展是非常必要和必需的。

记者：这个产业基金平台的具体发展会偏重哪些领域？

吴隽：第一，医疗级保健品。抗衰老产业中有很多做保健品或膳食补充剂的企业，但并非属于在生产真正药品。目前市场上的保健品良莠不齐，很少能达到医疗功效，而抗衰老是在医疗级层面上治疗功能性问题，所以我们希望在抗衰老产业链上能发展医疗级保健品，填补国内空白。在做相关产品测评平台时，如果发现了一些好的保健品生产企业，并且已经具备了做医疗级保健品的能力但缺少资金支持，我们就希望让产业基金去支持这样的企业。

第二，抗衰老临床示范基地。目前中国的抗衰老诊疗市场混乱，没有形成完整的诊疗体系。我们希望自己做一个"抗衰老临床示范基地"，形成完整的诊疗体系，同时制定标准，根据标准尝试加盟的模式，最终形成一个类似医院的抗衰老诊疗中心，其间必须有产业基金的大量资金来配合产业发展。

第三，人才培养。中国目前没有真正的抗衰老教育体系，应引进西方抗衰老医学与中医抗衰老结合，形成中国自己的抗衰老教育体系。我们用这个体系对医生进行专业培训，像世界抗衰老医学会对抗衰老医师的资格认证一样，我们会在中国做抗衰老医师的资格认证，最终形成与世界抗衰老医学会的专业医生进行资格互认。我们不仅培养医生还会培养医士，把医士分成几个不同的门类，诸如：膳食营养、减肥、性健康、产后康复、防治老年痴呆和儿童自闭症等门类的专业培训，与老百姓的生活健康紧密结合起来，向终端客户做预防知识的引导和技术服务。

第四，医养结合。目前中国提倡养老应做到医养结合，但医养结合应医到什么程度呢？关于这个问题并没有系统地研究。养的问题看似简单许多，可以引进美国、日本等模式，让老年人住得好、吃得好，但是吃与住能做到让老年人精神愉快才是真得好，但这个看似简单的问题解决得并不好。抗衰老的末端就是养老，在医养结合的问题上会更具备竞争力，包括老年人的慢病管理、饮食健康、身体保健、老年人的运动医学、老年痴呆与心理疾病的预防等都涵盖在抗衰老体系内。抗衰老可以与养老的医养结合成一个体系，并可以迅速在养老院做普及，最终形成商业化的落地项目。

记者：能否请您介绍一下抗衰老产业基金的盈利方式？

吴隽：首先，抗衰老临床示范基地属于医疗服务行业，服务行业不同于医院仅仅是靠治病盈利，它的盈利模式可以包括检测、治疗、药品、休养、运动、养生、食疗等，这些都可以形成医疗服务中的某个节点。从医疗服务入手也能快速打通整个抗衰老产业链的基础模式。

其次，因为我们有了测评产品的平台就有了优选产品，这类企业发展需要基金介入，我们同时会给企业附加一些更有科技含量，更具备价值体现的技术和产品，让他们迅速长大。目前市场上很多药品与医疗器械方面的企业因缺少亮点，而不受资本青睐。我们希望可以培育这些企业，为他们植入新技术和抗衰老产品，与产业基金配套，扶植他们快速成长，同时资本也能赚到钱。将来我们还会开展一些培训方面的工作。资本现在对培训领域比较保守，主要是因为培训属于平稳发展且没有很高增长率的领域，但它又不可或缺，所以，我们以后会在平衡投资比例上做权衡。

记者：比之其他产业基金，抗衰老产业基金的盈利能力如何？

吴隽：我觉得抗衰老产业基金的盈利能力非常强。

首先，2015年，中国医疗行业所占GDP的比重只有5%，而欧美国家的健康产业所占其GDP比重远远高于此。到2030年，预计中国健康产业会有10万亿的市场。此外，2014—2015年，整个VC、PE行业对生物、医疗、健康的投资排名为第5位。2016年就跃升为第3位，可见资本市场很看重医疗、卫生、健康领域。之所以资本市场没有花更大力气去投资，是因为目前医疗健康的产业链还相对碎片化，只要形成完整的产业链条，资本就会大量涌入该领域。

其次，中国刚刚在提倡健康产业的发展，健康产业的盈利模式还没有形成。目前我们促进会正在做健康产业的体系性标准，随后用这个标准往下铺开就会形成一个完整的产业链。如果资金可以助推产业与科技、市场的结合，其盈利能力就会非常强。抗衰老是针对客户端的市场，看上去是一片红海，但只要形成体系和标准后，它就是真正的蓝海。

其三，抗衰老会先针对富人阶层再慢慢渗透进大众。富人的付款能力很强，基金只要投对了能让富人接受的项目就肯定盈利。况且，目前中国只有中国抗衰老促进会这样一个品牌，只要产业基金能够落实，与我会充分结合，就能带动整个抗衰老体系的发展。

记者：您觉得贵会可以为产业基金带来哪些增值优势？

吴隽：产业基金跟我会合作解决了专业性问题。医疗健康行业包括抗衰老行业都是专业性很强的行业，而我们团队中有很多专家和医生可以为产业基金做顾问，这是我们在行业调研方面所具有的大优势。同时，我们还帮助客户评估产品市场和应用，比如有些客户打造的抗衰老产品究竟有没有市场？仅凭产业基金自己去了解会缺乏行业深度，而我们的专业团队会看得更远，可对产业基金难以预判的中远期市场的发展趋势做出有价值的辅助工作。因此，产业基金与我们合作会节省很多原消耗在尽职调查、行业研究、客户选择、渠道推荐等环节中的时间，在这些方面我们都可以提供专业性服务。同时，我们还可以与产业基金共同为企业内部转型和业务提升提供有力支持。（摘编自《国际融资》2017年第5期，李路阳、曹月佳文，王南海摄影）

吴隽：钟情于抗衰老大健康事业

吴隽女士现任中国抗衰老促进会应用与创新分会总干事、中认畅栋（北京）投资有限公司执行董事。

1992年，她毕业于对外经济贸易大学国际贸易系，毕业仅3年就出任福建省普汇经贸有限公司董事长。5年后开始她人生的第一个重要转折，从做贸易转而搞投资，参与投资江西省南昌液化石油气公司国有股份改制，并出任该公司董事，还出任江西省安泰燃气公司及京安骏通危险品运输公司董事。

自2000年开始，她从做国有企业的并购重组到2007年受聘于瑞典VOLVO卡车公司中国分公司任融资部总经理，进而出任中认畅栋（北京）投资有限公司执行董事，在长达20年的投资生涯中，她先后独立完成VOLVO卡车与纽科租赁公司的中国市场商用车融资租赁业务，山东工艺进出口公司与东方资产管理公司的不良资产剥离和省外贸重组项目，香港独资广东中山嘉华电子有限公司与中国银行上海分行的应收账款融资项目，石家庄商业银行（现改名为长城银行）的不良资产债转股及与中城建集团第二大股东的股权交易，长春蓝锐节能服务公司与中国第一汽车制造厂的节能技术市场及销售战略规划咨询等，积累了丰富的投资与并购经验。

2011年，她与中科院理化技术所合作，对石油和造纸、纺织工业污水的超导磁分离技术进行研发和应用，也因此对环保领域投资情有独钟。此后，她先后投资了马来西亚废船油、废机油处理项目，在新山市建立环保处理工厂并出任董事长；投资建设棕榈废弃物制成有机钾项目，并正式落地马来西亚柔佛州永平，出任执行董事；投资河南瑞新环保设备制造股份有限公司，出任董事。

资本运作的丰富经验、对环境保护的深刻认识，以及对建设旅游文化项目良好的执行力成为她的三个优势，她开始把目光对准了能产生巨大经济效益的抗衰老大健康产业链上。2016年，她组建了中国抗衰老促进会创新与应用分会，并出任总干事。她对笔者说："专业人才与市场资本之间缺乏沟通的语言，我得让资本能听得懂，市场能听得懂，老百姓能听得懂，这样整个抗衰老产业的发展才能对接起来。"她希望这个促进会平台能够成为打通资金、市场、客户之间沟通的纽带与桥梁；以保护青山绿水的理念发展绿色经济，带动"老少边穷"地区致富；以打造抗衰老示范城项目推动中国健康产业的发展。

自2017年4月采访她后的3年间，她领导中国抗衰老促进会应用与创新分会，做了不少实实在在的事情：第一，用1年时间成立了"中卫健抗衰老医生集团"，并作为商业组织于2018年7月落地。第二，推出3项创新：一是研发完成了抗衰老服务体系和抗衰老MDT（Multiple Disciplinary Team，多学科团队协作）综合干预方案，针对"全人健康"理念，中西医并重，预防疾病发生，阻断亚健康和亚临床向临床发展的过程；目前正在做行业技术标准。二是采用MDT干预方案，在天津武清养老院开展"阿尔茨海默症干预，减缓病症加重和轻度逆转的临床实践"。三是研发了中医现代化设备，结合中医经络和人体电磁场的关系，采用12正经能量精油，共同疏通人体经络，达到人体气血平衡的目的，推动中医抗衰老减少熟练技师的依赖度，更容易标准化和推广，目前已开始全面使用。第三，在应用创新领域也有3大突破：一是与绿地康养集团合作，建成"绿地中卫健抗衰老主题馆"，在成都、贵阳、三亚、宁波开展"抗衰老+旅游+康养居"的抗衰老主题康养模式，落地"三亚中医抗衰老主题馆""宁波大脑睡眠抗衰老主题馆""成都慢病调理主题馆"等。二是与携程高端品牌合作，在三亚完成抗衰老的主题治疗，推出了"抗衰老+皮肤减龄""抗衰老+免疫提升""抗衰老+美丽再生"等5条线路，还将陆续在云南丽江、贵州遵义、无锡等开展主题抗衰老服务。三是在宁波杭州湾建立"国际抗衰老医学中心"，引进海外先进的抗衰老技术和产品，结合中医理念和技术，打造"天地人、身心灵"合一，解决中国国内在高端消费的短板。

吴隽女士也是国际融资"十大绿色创新企业"评选活动连续6届（2015—2020）50评委专家团专家。（李路阳文）

指点迷津篇

投资是一门学问，建设性干预是风险
投资的生命线；融资更是一门学问，
创新企业唯有找到适合自己的商业模
式，融资才有可能

　　2016 年 5 月中旬的北京下了第一场难得的透雨，雨后阳光明媚、空气清新，令人心情格外好。在健一公馆会客室，笔者专访了澳银资本（中国）控股有限公司（简称：澳银资本）创始合伙人、董事长熊钢。澳银资本自 2003 年在新西兰创立并成功募集 3000 万美元"澳银均衡基金"到 2009 年起募集人民币基金，一路走来，已募集多只美元基金与人民币基金投资中国大陆优质中小型企业和创业企业。以建设性干预能力控制投资后风险是澳银资本的特色。那么，何为建设性干预？干预的基础是什么？干预的对象是谁？怎么干预？能否实现成功干预？干预的价值体现在哪儿？为此，笔者对熊钢先生进行了长达 3 小时的采访。

熊钢：建设性干预是风险投资的生命线

猪就是猪，站在风口上也不会飞，即便飞出去也会跌下来

　　熊钢是澳银资本的创始合伙人、董事长。在中国国内屈指可数的真正从事风险投资的基金中，澳银资本 2003 年创立时是一只规模很小的基金，仅募得 3000 万美元，而且其中一半以上来自熊钢家族的投资。后来进行了 2 轮增资，引进两家家族信托基金近 2000 万美元，使基金本金总额增至近 5000 万美元。这种家族基金的资本结构，使澳银资本有别于那些单纯通过管理金融产品获取绩效报酬的私募基金，而更像巴菲特基金模式：以自有资金为主，出资人很少并以直接投资为主，创始合伙人既是管理者也是最大的股东。

　　正是因为此，澳银资本不仅做得专注，而且在投资挖掘、资源掌握、敏感度以及投资判断和投后干预上都达到了一流水平。

　　投资是一个需要冷静、理性的行业，熊钢说："它是一项系统工程，从捕捉、挖掘到分析判断、决策，再到投资后的干预都很重要。但在选择项目时，要着重于前端，选择最新、未来成长空间大的领域。"他对风险投资界时髦之说"风口论"持有不同见解，他认为："猪就是猪，站在风口上也不会飞，即便飞了出去还是会跌下来。"在他看来，"对投资的冒险是基于对较高成功概率的认知，而不是一时的投资灵感。凭灵感能成功吗？能，但是要想持

续成功就很难了。"他把风险投资基金的成功定格为 70% 基于稳定的投资框架，30% 基于经验的调整。

当笔者问及目前中国国内风投机构最缺乏什么时，他说："最缺乏对底层的关注，赚钱就忘了风险，亏本就忘了还有机会。如果有谁能把握住这两点，那就会比大部分人好很多，因为人是受贪婪和恐惧左右的，只要战胜这两点，就战胜了大部分人。"

对风险无辨识能力和再加工能力，就不是称职的风险投资人

澳银资本经过多年的投资体验和积累，总结了在风险投资过程中须遵循的投资纪律——"投资十诫"。这"投资十诫"是澳银资本合伙人和投资团队用大量的时间和金钱换来的经验和教训。只有谨记风险投资的本质，才能在任何情况下都保持冷静的头脑，才可能培养辨识风险的能力，也才可能实现对风险再加工的建设性干预。

澳银资本制定的"投资十诫"，要求澳银资本团队全员从投资风险、投资纪律、投资心理和投资伦理 4 个方面约束自己的行为。对此，熊钢这样一一解释：

"关于投资风险，我们认为，第一，真正的高风险带不来真正的高收益，风险投资是对风险的一种再加工，或者再认识的过程，如果真的有致命风险的话，是绝对不可能带来高收益的。第二，市场中，平庸的企业永远多于出色的企业，风险永远高于收益，因此，对风险一定要时刻谨慎提防。第三，没有哪家企业是完美的，但应该弄清楚企业的缺陷是否致命，如果并不致命的话，就可以投。第四，不要相信 3 次不能兑现业绩承诺的团队，这样的团队要么就是给自己定不准位的菜鸟；要么就是明知定不准位还要承诺的骗子。"

"关于投资纪律，一定是价格为先，因为没有卖不出去的产品，只有卖不出去的价格。为什么垃圾债券价格低得很，照样可以卖出去？这就是价格在起作用。所以，价格一定是优先考量的因素之一。以高价买入，并指望更高的价格卖出的行为是投机，不是投资。"

"关于投资心理，是成功带来自信，不是自信带来成功。在投资这个行业里，越自信就越容易犯错误、遭风险。既然是做风险投资，就要有做长时间打算的准备，如果不准备干上10 年的话，那就连 10 天都不要干。这就像打网球，既要场面打得漂亮，最后还要赢球，有时候鱼和熊掌不能兼得，但是，最后能赢就可以。"

"关于投资伦理，我们的原则是自己不想投的项目，也不会让别人来投，这是我们的投资伦理。我们要促使基金的管理人和投资人尽量地靠近，这样才能使责任到位。我有一个原则，我分享的东西一定是我想做的。"

以澳银资本跟投的一个互联网彩票企业为例，澳银资本在投资后实际调查中发现，该企业彩票在网上销售的方式不正规，而且不具备最基本的契约精神，在正向干预不起任何作用的前提下，澳银资本便在互联网彩票领域投资热潮中干预了自己，以该企业无法拒绝的低价，即原始价格的 1.3 倍成交，成功退出。3 个月后，国家网信办发文全面禁止互联网发售彩票，这家企业很快被清盘。

这个案例被风投界视为传奇，对此，熊钢表示："这件事 30% 是我们的运气，70% 是我

们投资军规的约束。我向来对不太健康的商业生态持反对态度，最重要的是该企业的行为违背了我们崇尚的契约精神，绝不可容忍，这是原则。"

从 2003 年创立第一只美元基金至记者采访时，澳银资本已经投资了 80 余个风险投资项目（注：至 2020 年 2 月已投资百余个项目），在风险边际行走获得的经验与遭遇的教训，不仅促使他们创立了投资军规——"投资十诫"，更为重要的是让他们以近乎宗教似的虔诚，恪守"投资十诫"，从而成就了他们建设性干预的基础，使 90% 以上项目获得良好回报或成功退出。

对风险投资的安全边际必须谙熟于心

在谈及如何看待投资风险与稳健控制这个话题时，熊钢表示："在我看来，风险控制的成果体现在项目的有效退出率上。对风险的控制是获取收益的根基，只有高水平的风险控制，才可能带来高额的收益。澳银资本做任何投资首先考虑的是底层的风险，而不是顶层的收益，稳健是我们风险投资的特点。比如说，那种收益能高达几百倍的'独角兽'项目，其实是很难产生的，所以，我们澳银资本坚持的建设性干预策略是，如果投资 10 个项目，10 个项目就要能在本金安全的情况下都有一定收益，其中两三个项目能有比较出色的表现，这样的话，整体收益就不会差。"

与一些风险投资机构投资 10 个项目只求一两个项目大赢特赢的打法不一样，澳银资本做的是概率性的事情，是将他们的投资管理水平建立在一个有效的风险控制基础上的。

这个有效的风险控制基础是澳银资本设计的从投资挖掘、研究、决策、投后管理、干预以及投后退出等系统链，这个链条的每一个环节都有不同的人把关，投资前与投资后的把关人是隔离的。尽管熊钢是公司董事长、创始合伙人，但在这个链条上，他只是投后的干预者、把关人，因此，他无权将自己的意见带给前端的挖掘分析者，不能干扰他们的思路，否则会违背投资规律。他认真地说："如果权利集于一身，就要承担全部的责任，但实际上，没有一个人具备从选择项目一直到退出项目全流程的决策能力。在不具备这样能力的条件下，唯有分权才是一种有效控制风险的好办法。"

熊钢告诉笔者，他和澳银资本其他合伙人投入大量时间钻研，开发出一套将投资的经验标准化、模型化并通过机器量化的形式对拟投项目进行初步科学分析的 IT 系统。对此，他解释道："投资是基于良好训练的艺术创造，但前提需要有一个稳固的基础，要有分析的底层，要建立适合自己的投资工具，就好比画家，基本画工是底层的基础，而顶层才是灵感发挥。熊钢介绍说，他们研发出的这个底层投资分析框架是基于经验的积累，通过分析要素的确立形成分析体系，涉及商业机会、企业竞争力体系等六大核心，每一指标之下还会再分列不同的参数，设定各个指标的权重，在此基础上设计整个投资模型，把感性的经验上升到量化的标准。

但他同时指出，这样的模型设计并非万能。有些早期项目的投资其实就是个影子、趋势，过于依赖这样的一种分析方法可能会丧失投资机会，所以，这套模型不具有普适性，更适合投资布局以中期为基础向两边延伸的机构。

熊钢一再强调，安全边际是风险投资的底层，任何时候都要考虑到它的内在价值和投资价格之间的差异，在中间的一段是安全边际最高的，在它的套利期，不仅价格很低，而且它的内在价值也比较低。"其实，每一个成熟的投资机构对他投资的项目都有熟悉的安全边际，我们澳银资本认定的最熟悉的安全边际区域就是平衡期和优化期之间的那段，我们投资的重点就是这段安全边际区域"。

风险投资是面镜子，既看创业者，也看投资人自己

澳银资本的创始团队是从管理自己的家族基金开始，再上升到同时管理家族基金和LP的资金。这种投资角度多元化的特点，使他们更容易关注各方的诉求，不仅关注投资企业的诉求，关注基金管理合伙人的诉求，也关注家族投资人的诉求。这一投资特点也折射了他们的投资风格：不追求明星项目，但追求整体的基金回报，希望基金的持续性回报的偏离度小一些，使每一个LP都能分享投资收益。

熊钢说："投资即投人，好似是看创业者，但其实还应该是看投资人自己，因为创业者的素质是决定项目成败的必要条件，而投资人的素质能力却是决定成败的充分条件。"他表示，如果自己觉得没有能力来帮助这个创业者，即便这个项目再优秀，他也可能选择放弃。因为在他看来，投资决策一旦敲定，干预就是一个很现实的问题，但如何干预却是投资人、创业者都不愿意过多提及的。其原因一方面是很多投资人没能力或是干预不当，另一方面是创业者往往不愿意被干预。"一个好的选手一定是在一个优秀教练的调教下才能打出好成绩的，不是仅仅只靠运动员就能把比赛打好。"他再三强调。

熊钢被人称为成功的投资干预者，在谈及怎样进行建设性干预这一话题时，他表示：只有在企业发展不太好，或是有可能出现方向性问题的时候才有干预的必要，所谓建设性干预就是引导其能够回到正确的轨道上。"总的来说，我们对企业的干预其实就两个方面，公司治理的干预和金融服务的帮助，权利的安排就是公司治理的核心，我们的干预始终围绕着责、权、利的干预。我们的干预主要把握两个问题：一是通过干预提升价值，提升自己控制风险的能力，使企业不至于崩盘，避免损失；二是在企业出现问题时，推动他们解决问题。"他说。

导航犬是澳银资本成功干预的一个项目，2009年3月，澳银资本与其他几家机构共同投资了这个中国第一代手机导航软件项目，这是一个市场前景非常被看好的项目。第一年，由于3G的网络不稳定性带来导航系统不稳定以及产品技术不很成熟，该项目在C端的发展不尽人意；第二年，企业老总又将市场转向B端，结果B端发展也受到阻力，企业出现资金压力。熊钢对企业的决策作了两次建设性干预，第一年当企业老总对开发C端市场产生动摇时，熊钢给出的建议是继续在C端发展，澳银资本可以帮助企业做第二轮融资，但是企业老总没有听取这个建议而转向B端。第二年当企业产品在B端发展受阻后，其提交的融资报告对资金怎么用，技术、销售、客户服务如何具体配备，均没有详细列出。熊钢认为，该企业团队的摇摆恰恰说明该企业很难作为独立公司担此市场重任，而被实力强大的大公司

并购应该是该企业最好的选择。当时，像腾讯这样的公司都与之有过这方面的接触，但是该企业老总仍旧没有采纳熊钢的建议，最终拒绝了被并购，错失了企业发展良机。到此，熊钢认定该企业团队的问题已经非常致命，既然不能说服企业团队，那么，他决定主动干预自己，在4G环境已经具备，手机应用导航软件市场将呈现爆炸式增长的前景下，以任何投资机构都可以接盘的价格退出该项目。事实证明了熊钢的判断，导航犬因为没有坚持资金的市场定位而左右摇摆，加上对自己的致命软肋没有清醒的认识，结果导致一次次错失商机，最终以清盘告终。

另外，澳银资本对于平庸项目的退出速度也在加快，原来在第三年开始退出的项目，现在到第二年就开始进行并购，以此加快滚动投资，提高投资收益。这就是干预者角色的作用，也只有干预才会有较高的退出率。"这不仅仅是在帮助企业发展，也是在帮助我们澳银资本发展，这就是建设性干预。"他说。

只有通过正向干预才能提升企业价值

澳银资本投资的所有项目中，通过正向干预帮助企业提升公司治理水平的案例比比皆是。在他看来，正向干预还是有规律可循的。说到此，他一再提到人性，强调要对人性有警惕、有理解、有自己的原则。

说到创新企业家，熊钢表示："创新企业家一定要具备这样两点：第一是智慧，包括认知水平、判断力和组织力；第二是专注，任何事情可以从头再来，只要专注就总有成功的时候，不要有一点儿小的挫折就选择放弃。一个企业家，他的智慧含金量有多高、意志含金量有多高，他最后的成功就会有多高。"

他认为，投资干预其实是教练的一项工作，这种干预应该以正向为主，反向为辅，而在澳银资本内部，熊钢的最大工作就是负责投资干预，他甚至把自己称为机构内部的核心干预者。但是，如何平衡干预是门艺术，熊钢指出，在企业具体操作时不宜干预，投资人只是要给创业者一些工具，给他的决策提供建议，但绝不能代替，就好像教练不能当运动员，这是基本的底线。

然而，他也坦言，在企业出现问题的极端情况下，教练则一定要通过干预帮助企业顺利渡过难关、扭转局面，把企业从很危险的状态拉回来。比如，帮助股权十分分散的传统国企改制，解决企业面临的破产风险问题，通过设计联合控股股东来平衡各股东方利益，完善公司治理结构，最终实现成功上市等等。

再有，澳银资本与企业签订投资协议时，企业创始人会给出企业自主制定的年度计划及绩效成绩的承诺，对此，澳银资本绝不会干预。但如果承诺3次还达不到既定目标，澳银资本就一定会干预，把劣势尽可能转为优势。熊钢说："可能很多人会觉得我这么做太强势，但这是必须的，也是为了确保项目良好运作以及保障资本的收益。"

把握风险投资行业转折变化中的市场机遇

在熊钢看来，学习了解政策方向、市场趋势和业内动态，是控制投资风险的需要。他表示，中国的风险投资行业正站在很重要的转折点上，混合模式将成为未来风险投资的主流模式。为了加速现金流的回流，风投也要做短期配置，向基于风投底层逻辑，结合基金加速变现的混合型并购基金的模式转变。既做风投也做并购将是未来的方向。

关于风险投资行业转折点的路径，他认为会有 3 点变化：一是资本结构会有大的变化。二是投资方式会有大的变化。三是基金治理会有转折。

基于此，他告诉笔者，澳银资本的投资治理或者基金治理，也会围绕 3 方面发生变化：

第一，决策模型化与经验化决策模式的结合。现在人工智能可以在围棋上战胜世界顶级的围棋高手，思想的智能化将是一个趋势，因此，从个人经验为核心的决策模式，将向以经验系统化、系统模型化为基础结合人力干预的决策模式转变。

第二，投资与干预的均衡要求更高，从重投资、轻管理的粗放式管理，向投资管理并重的精细化管理转变。

第三，团队从全能型的投资人独立作业的模式，向投资挖掘、投资分析、投资决策和投资干预的团队协作模式演进。

基于这样的考虑，熊钢表示："澳银资本的未来发展战略，一方面会沿着以控制创投风险的底层路径，延伸到更加丰富的投资组合，也就是说，在提高风险控制水平的基础上，敢冒更多的风险，而不是承担风险去扩大规模；另一方面将继续发挥投资干预能力的作用，加快平庸企业的退出速度，我们的项目中大多是平庸的，要通过各种手段，包括金融产品的配置以及投资干预来不断地调整，将退出时间从五六年降到三四年。当然，只有提升差异化干预能力才能做到这一点。我觉得把企业想得平庸一点儿就不会错得太远，但如果把企业想得非常优秀，则一定会错得太远。"

在谈到中国风险投资激增会对中国未来经济走向产生什么影响，他这样回答笔者："中国风险投资的激增是必然的，原因有两点：第一，随着中国财力和民间财富的增长，高净值人群和家族财富人群增长速度特别快，因此，并不缺少投资人，这是资本方面的基础；第二，中国经济的转型升级、消费升级带动模式升级，再带动技术升级，这样企业就产生了对风险资本的需求。这造成中国的风险投资有增无减。这种激增对中国经济而言，毫无疑问会是正面的影响，一是帮助资本找到了合适的出口，把资本引向长期投资，引向创新型投资，特别是高净值人群；二是对产业的发展有利，只有愿意将钱投向长期资本，愿意承担技术创新的风险、模式创新的风险、转型的风险，引导大家进入创新技术的升级，甚至是原创技术的研发等，那么，对中国实体经济的发展才会是积极的，相比资金进入房地产或是股票等二级市场，整个经济的质量会得到提升。"（摘编自《国际融资》2016 年第 6 期，李路阳、赵昭文，陈醒摄影）

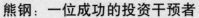

熊钢：一位成功的投资干预者

21世纪以来，熊钢先生以一个投资人加管理者的双重身份亲历了风险投资的甜酸苦辣，见证了中国风险投资行业从无到有、从小到大的历程。2003年之前，他作为独立投资人管理自己投资的产业。2003年，他在新西兰奥克兰正式创立澳银资本（中国）控股有限公司（简称：澳银资本），募集了第一只3000万美元家族基金，截至2020年2月底，澳银资本旗下管理的4只美元基金，市值已超过7亿美元，其中3只已进入清算；澳银资本旗下管理的人民币基金，其中2009年7月发行的第一只人民币基金，起步规模1.36亿元人民币，目前市值已达7.54亿元人民币，整体回报倍数为5.55倍；目前管理的10只人民币基金（含3只投资期基金），市值98.42亿元人民币，整体回报倍数3.99倍。截至2020年2月，澳银资本旗下基金共计投资100余家有潜质的创业企业和中小企业。其中一些业绩突出的企业或成功IPO，或通过并购等形式获得更广阔的发展空间，同时涌现出一批杰出的企业家、创业家。

熊钢能把一家定位在早期天使、风险投资并规模很小的家族私募基金做到如此规模，这得益于他对风险的把控能力以及对"危机"的正向干预能力，也得益于他早年间的两段工作经历和独立投资的经历。

第一段经历，是他1984年从湖南大学毕业后被分配到中国机电部第七设计研究院的工作经历，他跟着一位老工程师从事电子机械工厂的工艺设计达5年之久。工艺设计是整个工厂设计的龙头，上下水系统、通风系统、弱电强电系统、建筑设计、结构性设计，统一都要由工艺设计领衔完成。他说："回头去看，工艺设计其实充当的就是知识管理的角色，比如如何管理工程、协调进度。工艺设计要把所有的知识安排到位，'不要让水管打架'是我们当时常挂在嘴边的一句话。"这段项目管理经验，成就了他今天对风险投资这种知识型组织的管理能力，也奠定了他职业投资的基础，用他的话讲："千金难换"。澳银资本"投资十诫"的方法论就源自他在这段经历中养成的思维习惯。

后来，他从设计院离职赴美国Kansas State University攻读量子化学，毕业后进入某跨国化工集团的材料实验室工作，而后便有了到其深圳分公司从事销售工作的经历。这第二段工作经历使他的沟通能力大幅提升，也让他在和形形色色之人打交道的同时，对人性有了深刻认识。

而1996年在深圳独立投资创办电缆厂的创业经历，不仅让他积累了企业管理的大量经验，也让他在今天的项目投资中能准确地感知创业者的人性，加上他之后以独立投资人身份投资软件、高端制造等经历，使他有能力实现对企业危机的建设性干预，也有足够底气扮演好干预者的角色。熊钢告诉笔者："干预的前提是要让团队建立正确的工作态度、工作习惯、工作方法；让他的思想认同你的思想，一旦获得认同，这种干预的想象力就会很大。"

作为成功的风险投资家，熊钢先生应邀参与国际融资"十大绿色创新企业"评选活动，是连续5届（2016—2020）50评委专家团专家。（李路阳文）

　　刘向东先生是资深风险投资家，他对创业投资的创新实践，对如何甄别、选择早期创业项目和怎样帮助创业企业从技术的自我束缚中超脱出来走向市场等，具有独到见解和不俗的认识。为此，2016 年 6 月，笔者专程到天津高新区采访了这位原海泰科技投资管理有限公司（简称：海泰投资）总经理，现中科达创业投资管理有限公司董事长、创始合伙人刘向东先生。

刘向东：创业投资，投选手？投赛道？

关于创投模式：创新实践与冷思考

　　2007 年 1 月，刘向东从天津海泰控股集团战略发展部调到专司中早期投资的天津海泰科技投资管理有限公司任一把手，那时候的海泰投资，虽然已经经营了 10 年，但在整个海泰集团版图上并不大，注册资本仅 1000 万元，投资总额不足 3000 万元，仅相当于当前中等规模的一家投资管理公司。在中国，但凡做开拓性事业的人，其成功的核心要素，依古人语，须天时地利人和；按今人说法，必是在对的时间里找对人做对事。

　　2007 年，对走马上任海泰投资掌门人的刘向东来讲，可谓天时地利人和。2006 年，天津滨海新区为中心的环渤海地区被国务院定位为中国经济第三增长极，依靠国家给予天津滨海新区全国综合配套改革试验区的一系列先行先试的优惠政策，天津市政府把直接融资作为先行先试的首选领域，下大力气创新，不仅成立中国首只产业基金——渤海产业投资基金，还于 2007 年搭建了中国企业国际融资洽谈会（简称：融洽会）大平台，鼓励私募股权基金创新。对刘向东来讲，入道正逢其时。他把在集团公司做战略规划的经验以及博士研究成果即战略领导特征与企业绩效关系的研究带进海泰投资，用 3 个月时间梳理发展战略。

　　第一，明确了海泰投资的战略定位。他将海泰投资未来发展的高度定位为做天津、华北，乃至全国的知名投资机构。将海泰投资的发展方向定位为在区域经济中发挥引导作用，一方面通过政府与国有企业投资，带动区域经济发展；另一方面，通过设立市场化投资基金、培养队伍，创造更大价值。他说："因为海泰投资是国有投资公司，国有资金不完全以追求效益、价值增值为最大目标，所以，培养区域企业、带动区域经济发展并在其中发挥引领作用则是海泰投资的目标。"

第二，有计划、有目的地打造一支投资管理团队，让企业价值增长与员工成长同步。

第三，由团队来执行海泰投资战略，形成由政府引导，市场为主体的投资基金。

2007年6月，海泰投资创新的中外合作平行基金——海泰戈壁基金亮相首届融洽会。刘向东告诉笔者："创新这样一个基金模式，是因为双方熟悉程度不够，但是做基金首先需要人和，于是提出了一个平行基金模式，即：他公司的资金归他的基金，我公司的资金归我的基金，双方共同成立基金管理公司，由管理公司负责挖掘项目、论证项目，由共同的投委会评判后，按照事先约定的比例，各自再用各自的主体进行投资。"

同年，海泰投资和深圳市创新投资集团有限公司（简称：深创投）合作成立了海泰创新基金。"与海泰戈壁基金不同，海泰创新基金是国有背景下的两个大型企业集团成立的基金，结构相对简单，当时有限合伙法还没出台，就做了一个有限投资公司，双方共同管理公司。由于双方领导理念相差较大，投资上存在较大分歧，因此，基金对项目投资的进展并不理想。"刘向东说。

2009年末，海泰投资又开始与美国优点资本合伙企业（简称：美国优点）接触谈合作，由于美国优点是外资投资企业，海泰优点基金创立必然是中外合作体制，由于这个中外合作非法人制基金申请科技部的引导基金尚无先例。刘向东一次次地跑科学技术部、财政部游说，天津滨海新区金融先行先试政策优惠产生发酵反应，最终海泰优点基金拿到4000万引导资金。这是刘向东认为比较满意的合作基金。

而院地合作采用的是以滨海高新区财政出资直投中国科学院落地项目、海泰投资管理的模式，充分展示了海泰投资团队的投资管理能力，其投资的中科曙光、中科遥感、中科理化和中科蓝鲸4个早期项目的发展业绩很让刘向东自豪。

根据刘向东回顾，他当年为海泰投资设计的发展战略，是计划做10个海泰参股或控股的区域内基金，通过直投上市公司，形成市场化的基金，继而打破区域壁垒，形成投资公司主体和管理公司主体的匹配。"当时我计划做10只基金，但遗憾的是，在我任职期间，最终只做成了4只，只达到了目标的百分之三四十。"他说。

当笔者问及其中缘由时，刘向东很坦诚地说："像海泰这样的国有投资公司在市场竞争中是有短板的，投资区域有限制，投资决策复杂、效率低，投资人一般不愿意把钱给这样的投资公司。而投资公司最好的设计是由财政资金引导市场化的资金进来，但现在像海泰投资这样的投资公司不光自身是全资的，子公司也是全资的。即便是我们创新的几个合资或合作基金，虽然合作伙伴不同，但并没有遵守公司法的相关要求，让股东、董事会、经营层等各治理层面承担相应的权利和义务。从基金的模式来说，投委会以及LP在对投资提出战略定位后，具体决策应该放在GP，即管理人身上，但体制的现状是最后都回归到国有企业说了算。"

10年的投资管理实践，让他对面临的种种问题的思考更趋理性、更为深刻。他总结说："VC投资的最佳模式一定是市场化资金和政府引导资金匹配的市场化运作的基金，国有体制下投资机构是没法做到的，尤其是最近几年的管理模式及国有企业不能投资失败等潜在要求，让国有基金管理者无法承担未来的不确定风险，这是一。第二，现在的决策机制问题。由于国有集团的投资委员会和风险投资项目没有利益关系，但又要承担投资失败的决策责任，那么，选择不失败的唯一途径，就是尽可能选择不投资。第三，从创投基金管理团队的角度来说，国有企业没有激励机制，没有利益的绑定，团队做和不做一样，选择项目优劣一样，项目从投资、管理、退出多个环节都不能很好地衔接，人员变化频繁，对项目都是很大的伤害。"

那么，国有企业在这样基金中的最佳角色应该是什么？面对笔者的提问，刘向东回答说："根据 10 年的实践，我认为，国有企业在风险投资基金中的最佳角色应该是区域经济中小企业的支持者。像我们做的院地合作项目，由于国有资金没有走出所在的管辖区域，在政府财政出资支持的基础上，选择项目的决策流程就能通过，而且不求最高回报，推动了区域内企业的发展，这是最好的模式，也是国有、区域投资公司应该干的事儿。市场化的基金，或者国有基金想参与创业投资，我个人认为应该培养出优秀团队，在市场上进行资金募集，同时，其国有背景能够更好地拿到财政资金的支持。比如说，科技部火炬中心的创业投资引导基金、科技部科技成果转化基金的政策模式和管理模式都非常好，目前天津科委的天使投资引导基金、创业投资引导基金和并购基金的政策也都非常不错。科技部创业投资引导基金给团队和市场更高的自主权，约束条件少，明确不参与管理，只起到引导作用，政府引导资金在前 4 年无偿使用，第 4 至 5 年按照银行贷款利率偿还，6 年以后同股同权。这样的模式下，基金做得好的话是对其他 LP 或者团队的让利，做得不好的话，6 年以后能起到同股同权、共担风险的责任。在这样的政策下，市场化运作的基金是非常愿意和它匹配的。比如当年我在海泰投资设立的有科技部创业投资引导资金参与的海泰优点基金，该基金前期做完后，其他 LP 马上进行回购，这就是国家创业投资引导基金的作用。"

谈到国企投资机构是否应该在天使投资和风险投资这样的阶段扮演角色时，刘向东表示，在这个阶段，除了像海泰投资这样做区域性风险投资外，还可以做行业投资。比如具有行业背景的大型国有企业集团，就可以利用在这个行业的优势，设立创业投资基金，围绕该行业进行投资，一方面支持集团内部创业；另一方面，可以选择与自己行业相匹配的优质项目进行培养，为做大做强主营业务发挥作用。"我觉得国企的创业投资要么做区域投资、要么做行业投资，根据自身体制，进行目的性投资，而不是参与到市场化的 PE/VC 模式中。"他强调说。

甄别早期创新项目，选赛手？选赛道？

做风险投资最难的一件事，莫过于在大量先进技术项目中淘出未来可以实现爆发性增长的优秀项目，几乎所有风险投资人都会说，在这类项目中，他们最看重的是项目的领头人。但刘向东的观点却有些不同，他认为，所谓投赛手还是投赛道，通常都是投赛手，选择优秀的选手，赛道稍微差点儿没事，不行改改赛道，优秀的选手也能跑成。但是当你的水平做不到选准赛手的时候，那就先看赛道。

对此，他这样分析："首先，看行业、看市场，看这个企业所处行业是否具备高成长可能性的行业，看市场的竞争业态是怎样的，在市场上有没有发展的可能，或者创业者拿到风险投资后有没有可能借助自己的优势扩大市场份额。比如汉柏科技项目老总的创业经历我就很认可。他是靠代理国外产品和二手设备销售起家的，但后来逐渐有了自己研发的产品，成长为国内行业佼佼者。我看好这个年轻创业者的抗压能力，他们的业绩保障、公司运作和资源整合能力都比较强，到 2010 年时已经自主研发了几十款新产品。在汉柏科技新产品上市前，我们和戈壁投资用海泰戈壁平行基金共同投资了这家企业，成为 A 轮投资人。当时 A 轮投资前估值为 4.5 亿元，投资 3000 万元。为支持该公司发展，海泰系的海泰优点基金在第二年又牵头对该项目进行了 B 轮投资，投资前估值 8.5 亿元，投资 1 亿元。后来，其他投资人又对该项目进行两轮投资，最终投资后估值达到 21.2 亿元。2016 年，上市公司工大高新（600701）收购了该公司。而在上市公司收购该公司前我们已经有了大约 4 倍的回报，再加上上市公司并购的溢价，差不多已有十几倍的回报，这一个项目就让海泰优点基金赚回了该基金的所有投资。第二，在对市场的成长性和容量都比较满意的情况下，要看项目公司的核心技术是否具备独到的优势，以确保实现快速成长。比如海泰投资以海泰优点基金投资的泰森数控项目，这家创新企业做的数控机床控制器能做到六轴联动控制，并可实现工业化应用，其技术的领先性使他在这个行业市场竞争中拥有国内领先地位。第三，再看团队是否完整，配合是否合理。第四，看规范性，财务数据的真实性以及是否合法、合规。"

基于对投赛道还是投赛手的独到认识，以及与创业企业打了十余年交道的经历，刘向东认为，一家创业企业要想成为发展型的企业，产品是否能够快速被市场接受非常重要。产品能够在多大程度上满足市场需求，以至于市场愿意掏钱来买，这与市场规模、容量，产品竞争情况以及产品的市场接受度有关。

对此，他以海泰优点基金投资的 3 个项目为例一一梳理分析，他说："中科遥感这个项目之所以投资后发展速度不够理想，实际上和市场需求有很大关系，团队很优秀、背景资源也很优秀、占位也很强，但由于市场本身还没成熟，因此需要等待。中科蓝鲸的产品虽然非常好，全球领先，市场需求量也很大，但是在创业初期，团队把产品推广到市场上的能力不足。直到 2015 年，项目的销售量才有所上升。而中科理化这个项目，产品出来了，也得到了市场的认可，但因市场的要求非常苛刻，需要经过各种测试，又出现资金紧缺和市场营销能力不足的问题，导致市场接受慢，企业成长动力不足。

在采访中，刘向东不避讳谈失败案例。他告诉笔者，海泰投资曾投资一家装备制造企业，这是一个典型的融资成功、企业失败的案例。海泰投资通过尽职调查和分析后，认为该产品市场空间容量太小，而该企业打入的汽车行业每年更新换代需要的设备数量有限，从当时来看，虽然该产品技术很好、产品不错，但是市场容量限制了该企业的成长，加上他们还没有开始针对其他行业的应用开发，因此，很难实现快速成长。但是，对这个项目，地方政府存在拔苗助长的问题，地方政府希望通过投资让这家企业快速成长，尽快做大做强。而海泰投资却从职业投资的角度给出相反的意见，认为这个项目从目前看不能投。他们希望创始人将设备在其他行业的应用开发出来扩充市场后再扩大规模。而在政府给的土地上新建厂房，如此重资产投入，会使该企业项目将来的财务成本过高，加大企业的经营风险，还是租厂房为宜。但是，创业者非常自信，认为企业的产品、市场和推广都没有问题，僵持一年后，地方财政直接给海泰投资 1000 万元，要求定向投资这家企业。企业拿到这笔投资后，在 2011—2013 年间开始走上扩张之路，2 万平方米场地盖了办公楼和厂房。由于自身规模不足以支撑，因此找担保公司担保，银行贷款最多时达 8000 万元人民币。自有资产规模最多时为 2000 万元人名币。结果真的应验了海泰投资当初的判断：担保公司突然出问题，银行立刻抽贷，使这家企业销售额从最高维持在 2000 万元人民币降至最低时的 1000 多万元人民币，可谓雪上加霜。加之倒贷借的高利贷，很快这家企业的利润和资产就被全部吃光。尽管 2012 年新三板扩容，该企业第一批上新三板挂牌，但是 2013 年企业账面的净资产已经变成负数，临近破产。找投资人做股权增资，解决资产问题，增加注册资本金，降低负债率，均无果；想将剩余的地皮卖给房地产投资者，也没成。最后，幸亏地方政府为招商引资，愿意收购该公司土地与厂房。该企业将土地和厂房出让给政府，使企业还清银行 6000 万元贷款，账面转亏为盈。现在该企业扩展了自己的商业模式，除了生产设备，还利用自有设备为企业提供服务。

　　"从融资角度看，这是成功的项目。"刘向东强调指出："但从企业自身成长角度来说，这个投资项目是失败的。这个项目的教训让我们看到产品应如何对接市场，以及足够的市场空间对于产品成长的重要性。如果企业产品的市场容量上不去，这家企业再怎样努力，也是一家长不大的企业。一家长不大的企业是不适合风险投资公司投资的，只适合于自己创业或者战略投资人投资，因为这种投资不需靠资本溢价增值，只需靠生产经营获取分红的回报。"

投资后企业发展路漫漫，怎么帮？帮什么？

　　VC 投资早期创业项目，陪伴企业走上高速增长的快车道，短则需三五年，长则需七八年，在这个漫长的发展阶段，投资人怎样做到"帮忙不添乱"？

　　对此，刘向东说："在大的方向没问题的情况下，投资人要放手让创业者发挥其能力，因为项目的成功最终是要靠创业者实现的。当出现重大问题，或者企业遇到难处时，投资人应该挺身而出，这也是体现投资者价值的时候。对于投资者而言，以最少的付出获得最大的回报，是投资者最希望看到的。但实际情况是，投资人每卷入一个项目的经营管理，都会遇到很多始料未及的问题和难题，都需要投入精力、资源帮助创业者解决。"

　　中科遥感是海泰投资创新的院地项目的投资杰作。该项目最初由中国科学院遥感与数字地球研究所（简称：中科院遥感所）固定资产和专利入股 1500 万元，海泰投资现金投入 1000 万元、山西煤矿企业现金投入 1000 万元注册，3 年后进行第一轮增资 1500 万元，使注册资本金达到 5000 万元，中科院持股 30%，中科融知持股 30%，海泰投资持股 20%，山西煤矿企业持股 20%。投资后，刘向东以股东的身份出任中科遥感的副董事长。这个项目很特殊，该公司一成立，就有盈利，每年营业收入 1000 多万元，200 多万元的净利润，财务报表非常好看，但是所有收入都来源于中科院、地方政府、国家部委的课题，该公司没有持续成长的潜力。刘向东深入企业管理后发现，这家公司的技术只能做项目课题，做不出产品和服务。看到这个阻滞企业发展的潜在风险后，刘向东多次和该公司总经理沟通项目的未来发展路径，但很难改变其习惯的课题经营思路，企业市场能力没有提升，现金流越来越少，企业面临潜在经营危机。为了保护股东的合法权益，作为股东代表的副董事长，刘向东相继跟天津高新区管委会和中科院遥感所领导就企业未来发展何去何从交换意见，并达成共识，调整了企业管理团队，由新任总经理定行业市场方向，刘向东定管理方向。新管理团队就任后，按照既定的行业方向和管理方向，中科遥感在广东东莞设立了子公司，并得到东莞市政府资金支持。由于遥感行业在中国国内是新兴产业，刘向东深入参与该公司的经营会，了解企业内部的真实情况，为该公司早期转型，包括主营业务架构的匹配、人员管理等耗费了大量精力。同时，他也要求海泰投资的投资经理不能只参加董事会、股东会，需每半年至少参加一次企业经营会，为企业管理献计献策。

中科遥感转型后，股东与项目团队合作十分默契。项目团队接受了刘向东的观点与意见，一切以市场、顾客为导向，不能像研究所那样以政府和课题为导向。企业发展方向明确后，营业收入大为提升，2013 收入 3000 多万元；2014 年收入 8000 多万元；2015 年收入 1.5 亿元，利润 2000 多万元人民币。刘向东说："从结构上看，是围绕遥感产业面来做市场。第一步，从卫星、航空和无人机三个层面上获取数据。获取数据的过程就相当于农民种地，投入大，但不一定有高回报。第二步，获取到数据就相当于得到了麦子，进而需要把麦子变成面粉。第三步，将数据转为有价值的信息，好比用面粉做点心，这一步是纯粹面对市场的行为。"对于中科遥感未来市场及其挑战，刘向东这样描述："数据来源是这个行业的基础，需要有人把数据集中起来，这也是这个行业不成熟的原因。目前国家各部委没有实现数据共享，而且实现共享的难度也很大。尽管如此，中科遥感以其技术优势，以市场为导向，搭建了遥感集市互联网平台，包括零碎数据和能够获取到的数据，并利用这些数据为环保、水利等行业提供数据服务，同时也可以为大众创业的数据提供平台。"

作为国有风险投资公司，海泰投资用 5 年时间完成使命，以两倍回报成功退出，但是，为了夯实中科遥感未来实现井喷式增长的基础，刘向东在海泰投资退出后继续帮助该公司完成了包括高层、中层、拥有核心技术的员工等 30 余人在内的项目团队的股权激励架构。由于股权激励架构基础已做实，在下一轮投资者进入前，对管理团队再做一次股权激励，使团队无障碍地实现实际控制企业的股权架构，为企业最终走进资本市场提前做好基础性准备。

采访中，笔者可以感受到刘向东对中科遥感的那份只有付出艰辛努力才会流露的深深之情。他说："这个囊括了地理信息、空间信息与遥感应用的新兴行业，全球的关注度都比较高。在海泰投资投入的多个项目中，这个项目是耗费我精力最多的项目。经过我们与项目管理团队这几年的共同努力，中科遥感在东莞、北京、南京、深圳、贵州、秦皇岛陆续设立了分公司，集团规模和管理架构及其在全国的布局已经初步形成。目前，中科遥感已成为中国遥感产业的领头羊，并得到国家发展改革委、多个地方政府对项目的资金支持。我坚信，中科遥感未来一定能够成为一个巨无霸型的企业。"（摘编自《国际融资》2016 年第 7 期李路阳、张少婧文，杜京哲摄影）

做一个到六七十岁还能为创业企业提供价值服务的投资人

认识刘向东时，他刚到海泰投资做法人并担任机构的一把手，那是 2007 年 6 月天津融洽会上，他信心满满地为他创新设立的海泰戈壁基金做推广游说。会上，我采访了他，并以《海泰—戈壁联姻创建中外风险投资合作模式》为题写了一篇文章，发表在《国际融资》2007 年 7 期上。跨越 10 个年头，2016 年，依旧是 6 月，笔者到天津再次采访他，这一次，他的身份是中科达创业投资管理有限公司董事长、创始合伙人，采访文章发表在《国际融资》2016 年 7 期。世间的事情有时真的就这么凑巧。

10 年前，他激昂奋进，为海泰投资脱胎换骨，描绘了一幅 10 年战略发展规划，但由于体制的原因，这个规划只完成了 40%。

10 年后，他反思过去，深思熟虑后，毅然决然离开体制，为 10 年前设计的战略规划得以继续，为实现市场化的创业投资事业再重新奋斗一回。前一次，不惑之年的他对未来充满期望；这一次，已到知天命的他要做一个到六七十岁还能为创业企业提供价值服务的投资人。

用现在流行的话说，刘向东是一位看上去特靠谱的人。我想，凡是跟他深入接触过的创业者都会被他这一特征吸引，即便是非常有个性的创业家，也会在他的策略指点的潜移默化引导下，悄然改变不切合市场需求的想法。

刘向东原本不是投资行业的人，他大学就读于上海海运学院轮机管理专业，毕业后被分配到天津航运公司，做了 10 年海员，最后做到大管轮。当他通过考试拿到轮机长资格证后，竟毅然决然地跟天津航运公司提出辞职，那时他正当而立之年。用他的话讲："我已经看见了我在这个行业的未来，正常情况下作为轮机长长期工作在远洋船舶上，幸运的话，由船上转到公司，在公司做机务，最好的结果是做到总轮机长。"他不想沿着他的大部分同学走的这条路径继续走下去，2002 年，他报考南开大学 MBA，边读书，边工作。2003 年，他应聘到海泰发展公司从事孵化器工作，开始了解管理，了解中小企业成长中的障碍以及如何帮助他们成长。2005 年，他被海泰集团选聘为中层干部，在集团战略企划部工作两年。在学习和实践中，他已对大企业集团、母子公司管理谙熟于心。同年，他边工作边在南开大学攻读工商管理博士学位，获得博士学位后兼任南开大学 MBA 课程导师，每年带两个硕士。

他在读 MBA 的时候曾对自己未来做过两个决定，毕业后一是不去上市公司，因为不炒股；二是不去投资公司，因为不懂投资。结果，命运跟他开了个大玩笑，2003 年他进了上市公司海泰发展，2007 年他又被派到海泰投资。2016 年，他竟下海创业，把风险投资定位为自己终身职业。

一个人但凡想成就一番事业，其实他之前从事的所有工作都是为这番事业准备资粮、夯实基础。刘向东的 10 年航海生涯，特别是他做大管轮的职位让他对方向刻骨铭心，这也是他最为看重创业企业市场战略方向的原因，也是他先选赛道的原因。

他攻读博士学位时的论文研究方向是战略领导特征与企业绩效关系，就高层领导的哪些特征可以对企业绩效产生哪些方面影响做了深入调研。在海泰投资工作的 10 年中，他将这方面的研究成果与投资实践相结合，在看项目的时候，除了常规的行业、市场份额、企业基本条件之外，还对企业领导、创始人进行研究判断。大家都说投资投人，怎么看人？在这方面他下了很大功夫。以他对企业整体品质判断和对企业创始人判断的优势，与投资经理的行业研究形成互补，最终形成对项目的判断。

而在海泰发展公司做孵化器以及在海泰集团战略企划部工作的经历，又为他投资生涯中如何选择优秀企业、把握企业方向奠定了扎实的基础。

他在海泰投资掌门 10 年的工作经历，让他深谙股权投资、资产重组、上市公司股权结构设置、上市公司内部治理结构机制等，特别在设立中外合资基金方面，具有丰富的法律知识和实践经验。自 2007 年始，他作为基金主要发起人与美国 Gobi Partner 共同成立了海泰戈壁基金（1.5 亿元人民币），与深圳创新投资集团成立了海泰创新基金（1 亿元人民币）、与香港中信国际集团成立了海泰事安基金（1 亿美元），与美国第一大 CleanTech 投资基金 VantagePoint Venture Partner（VPVP）成立了海泰优点基金（1 亿美元）。

从事创业投资以来，他先后投资并退出的项目有：中环股份（002129）、天药股份（600488）、郑煤机（601717）、汉柏科技（工大高新（600701）并购）、久日化学（430141）、津伦股份（430197）、壹鸣环保（833916）、森罗科技（已报新三板）、红鹏天绘（2016 新三板）、津投租赁、天地伟业数码、中科理化、中科遥感、中科蓝鲸、泰森数控、赛乐新创、中环天仪、亚星科技等项目，并取得了很好的投资业绩。

但是，在为体制内投资管理公司掌门的 10 年里，又让他更深刻地认识到只有市场机制才是风险投资公司可持续发展的出路，而体制内风险投资公司是很难在市场上正常发挥作用的。这也是他走出体制、创建市场化的风险投资公司、实现自身价值的原因。为了这个目标，他还在天津发起成立了新三板同盟会，并出任理事长，为创业企业与科技金融搭建了一个交流互动的平台。

2016 年，他创立中科达创业投资管理有限公司（简称：中科达），投资若干高科技项目。2020 年，中科达致力于天津市国企混改，已发起设立首只混改专项基金"中科泰富"，基金总规模 10.05 亿元人民币，专项投资天津市国企混改项目。

刘向东先生也是国际融资"十大绿色创新企业"评选活动连续 10 届（2011—2020）50 评委专家团专家（李路阳文）

如今中国私募股权基金市场可谓是前所未有的火热，其发展速度之快，一方面源自中国国内市场的"不差钱儿"，另一方面源自创新市场的如日中天，于是，那些想通过私募来筹集资金投资好项目以赚取多倍回报的人渐成气候。投融资市场热闹了是好事儿，但问题也会接踵而来。那么，哪些问题是亟待解决的？风险投资人对哪些创新企业有偏好？如何促进创新企业的成长环境的改善？中国不缺 VC，但为何鲜有风险投资家？创新企业面临的最大挑战是什么？为此，2018 年秋，《国际融资》杂志记者采访了君联资本管理股份有限公司（简称：君联资本）董事王能光先生。基于冷静的思考和丰富的阅历，他一一做了详细回答。

王能光：一位 VC 专家对投资热的冷思考

投资人要与被投企业共同发展

记者：您是资深风险投资人，在您的投资经历中，哪些变化让您感触最深？

王能光：让我感触最深的是现在的外部环境和当初我入行的时候已经截然不同了，我完全没有预想到这个行业会发展得如此之快，甚至发展到了如今的规模。君联资本是 2001 年创立的风险投资机构，2008 年之前，我们主要投资的是 TMT 项目，而且是以 VIE 架构海外上市为主，普及面还不算大。

从 2006 年开始，中国股市限售股的全流通使得市场上关注上市前的股权投资出现了全民 PE 的热潮，人民币基金变得活跃起来，创投公司、投资公司的整体规模和数量剧增。行业规模扩大了，我们也看到，资本市场有了很大改善，被社会上越来越多创业企业所认识和接受。近年来，国家又提倡从间接融资向直接融资转变，2014 年提出"双创"，从政策层面支持推进了创新企业发展。

但我认为，今后风险投资将会由量变转向质变，外部环境的变化也将有利于"质"的提高。今后融资将不会像近两年这样容易，未来几年会是质量提高的阶段，投资人在选项目时表现出的疯抢、追风、追热等现象将会减少，投资机构内部对规律的认识、对项目的把握将会提高。

记者：您对当前投融资市场的火热局面怎么看？其中哪些还有待改善？

王能光：投融资市场火爆有好的一面，对于创业者而言，获得投资比较容易、快速，估值也高，但由于项目多、速度快，可能导致投资人对创业者的实质性帮助显得比较缺乏。同时，因为钱来得容易，也可能会在创业者中出现融到的资金无法尽其用的现象。从另一个维度看，一个人的青春很宝贵，创业 3 年，融资之后再 2 年，如果没人指导他该怎么做，一旦创业失败，再融资就会变得比较难，那么，他的企业发展势必会遇到瓶颈。

从国外的经验来看，风险投资是以投资技术为主。比如美国硅谷，那里的投资家和创业者是互动的，往往投资家都曾有过在知名大企业的工作经历，他们知道行业的趋势，知道下一代产品是什么，因此，会去支持与未来发展相关的创业者，甚至在投资的过程中还会主动分享自己的想法，告诉创业者应该怎么做。但是这样的引导和互动在中国国内还是比较缺乏的。

现在中国投资机构的情况是数量多、规模大、活跃度高，但是缺少有想法并能够引导创业者的投资人。年轻的创业者有钻研精神，但对事物的认识、企业管理、行业趋势等方面有局限性，所以投资人应帮助他们跳出思维局限，给予行业趋势的指导，让他的创业成功率尽可能地提高，这样一来投资环境也会变得更好一些。

记者：与美国风险投资行业相比，中国的风险投资存在哪些问题？有何解决之道？

王能光：一是风险意识要加强。中国的风险投资发展得很快，现在有些投资人，无论是否有经验，看到热点项目，只要有钱就会冲过去，这也使得创业生态环境出现一些问题。比如现在清理整顿的互联网金融 P2P，其本质是用互联网平台把资金方和需求方连接在一起，促进双方交易，这本身是件好事。但萝卜快了不洗泥，有人开始不认真了，有人开始不审慎了，或是不守规矩，出现了"跑路"现象。发展快、氛围热，就会导致人们的警惕性降低，有些 P2P 的收益高到离谱，很多像庞氏骗局一样，拿后面投资人的钱堵前面的窟窿。而监管是滞后的，积累了问题出了事才考虑如何监管，因此，不能仅仅依靠监管部门的管理，还要加强对大众的教育，要让人们对高回报的投资项目多加思考，多些判断能力，让全民都有风险意识。

二是企业承诺要务实。创新企业的创业环境火热之后，创业团队都比较有激情，一些创业者甚至会夸下海口。像我们去考察投资项目，回来之后都会对项目企业所陈述的利润数据重新进行评判，然后计算是不是值得投资。因为很多企业会夸大数据，将前景描绘得过于乐观。有句话说"A 轮热、B 轮火、C 轮死"，指的就是企业获得 A 轮融资后，趁着热乎劲还能获得 B 轮融资，但等到 C 轮融资的时候，之前的承诺无法兑现，现实和当初的预期差着十万八千里，导致 C 轮没人愿意跟进。所以，创业企业千万不能说大话。其实，无论是投资人还是创业者，都应该有契约精神，说话要重信用。被投企业要对投资人守信，投资人要对 LP 守信，只有这样，整个投资行业才能良性运转。

三是外界因素尽量稳定。外界因素中，现在主要是政策调整的不确定性，这也给一些企业创造了不履约的借口，有些企业会以政策变化为由，说自己无法兑现之前的承诺。因此，契约精神是需要相对稳定的政策环境的，而且也需要对企业进行契约精神的不断教育。

记者：中国不缺创新企业家，但您觉得中国缺风险投资家吗？什么样的人能被称为风险投资家？

王能光：中国不缺风险投资机构和风险投资工作人员，但要称为"家"的风险投资人还是很缺的。我认为，风险投资家对企业的认识与行业趋势的判断应该有一定的高度，有行业引导作用，能促进行业发展，并为投资人获得持续的回报。但我相信，通过未来几年自身的锻炼和环境的熏陶，中国的风险投资家一定会越来越多。

我们可以通过以下几个维度去判断一个人是否称得上风险投资家。首先是能对创业行业有持续密切的关注；其次是能与被投企业有良好的互动，除了投入资金外，还能给予被投企业其他方面的帮助，帮助企业发展，从而与被投资企业建立起更深的感情；再次是要能给LP 创造稳定的回报。

投资人在给被投企业资金后，要和被投企业共同创造、共同发展，而不是给了钱，就坐等从企业身上拿回报。如果投资人不是能帮助企业持续做好，只追求持有阶段价值的快速提升，企业后续将难以持续发展，持有的股权极有可能是转让不出去的，即便转让了，新的投资人也会因此对你的信任产生质疑，影响之后的其他合作。

记者：您觉得中国孕育、促进创新企业的环境究竟存在什么问题？您有什么思考与建议？

王能光：从 2014 年开始的中国，鼓励创新、创业的"双创"氛围总体上是好的，各地方政府也出台了很多政策，使得创新、创业确实成为某一个阶段性的热点。但是过度渲染热点会对没有经验的创业团队产生误导，导致企业对外部环境和对未来判断不够谨慎，造成资源和人员浪费，这是一个问题。

此外，地方政府的思路要更广阔些，只要创业企业符合国家产业政策，无论是第一产业、第二产业，还是第三产业，也无论是出口、投资还是消费，都不能偏颇。政府官员要像一家集团的大领导，要兼顾各个方面，实现百花齐放，而不是盲目追求当下的热点。

君联资本的投资要诀：富而有道

记者：君联资本是中国本土老牌风险投资公司，其投资策略这些年来有什么变化？君联资本的投资偏好有哪些？

王能光：总体上，君联资本是不断地开拓新的领域，在策略上逐步延展，从消费、制造到医疗，在阶段上以投资早期项目为主，同时兼顾成长期的项目，现在我们也会投资一些成熟期的大项目。成熟期的项目分两类，一类虽然估值高、市场规模大，但企业还处于快速成长阶段，有盈利空间。另一类公司规模虽然不大，在细分领域有领先位置，盈利稳定。2018年，君联资本稳步发展，原来当期管理的基金规模是3亿元人民币，现在当期管理基金的规模接近100亿人民币，累加的话，所管理的基金规模已有400多亿元人民币。原来团队只有30多人，现在已发展到100多人，我们还在控制人员和基金规模，以保证投资质量和效果。我们认为，扩张太快不好，有序扩张并能兼顾投资人员的学习曲线，避免因人员扩张导致投资效果下降。如果盲目扩张，虽然规模扩大了，但很可能就没有精力去支持、帮助创业团队，同时投资业绩也可能会出现不稳定。合适的规模才能够保证质量及回报水平。

公司要发展，人员要成长，就要寻找到确实有发展的领域。仅凭着钱多，盲目追求项目数量，肯定就会出现盲目追高的情况。

记者：以您积累的投资经验，您喜欢什么样的创业者？您更看重他们的哪些特质？

王能光：第一，要有动手能力。对于执掌上千人的大公司的董事长而言，放手把日常运营管理交给团队，自己腾出精力去抓企业战略和方向，这肯定是没问题的，但对于百十人的创业公司而言，如果企业老总只会动嘴说，却不会干，这样的企业是难以发展的。我们总说老总凡事亲力亲为不好，但实际上，亲力亲为也是要分阶段的，不同阶段的亲力亲为的程度应该是不一样的。

第二，做事要有思路，知道先做什么后做什么。

第三，也是最重要的，那就是创业者要有自己的想法。现在很多创业者都有一个特点，脑子灵活，口才也很好，但却没有属于自己的想法。创业者要能确确实实有一些自己的想法，视野开阔，有着符合逻辑的观点，而不是人云亦云的。不论是技术类的还是模式类的，对自己的行业都应该能有一些比较深刻的认识。

在大企业的一个部门里，上级会事先铺垫好，把任务分配给各个部门，各部门只需要做好相关工作就行。但在一家创业企业里，创业者要有自己想法的。一个有自己想法的人，能够比较好地解决创业过程中遇到的各种棘手难题。如果创业者没有自己的想法，就不可能留住有能力的团队，团队的能力就差。有想法的领导往往会比团队成员更高瞻远瞩，可以更好地带领团队。这样，有能力的团队成员也就愿意留在企业里。这之间是一个相辅相成的关系。

我们在与创业企业接触时，通常在讨论商业发展方向的时候，就可以判断出创业者是不是有想法的人。因为有些创业者拿出来演讲的PPT是别人帮他做好的，因此，我们会让他抛开PPT解答一些别的话题，以此判断这个PPT是不是他自己深思熟虑后搞出来的。一些成功企业都有自己的想法，有些创业者甚至会跟投资人坚持自己的观点，如果是经过深思熟虑后的想法，这样的效果反而更好。

通过见面接触，是比较容易对创业家的能力和思路给出评价的，但一个人是否有想法却是比较难以在一两次见面后给出评判的。这往往需要通过多次接触后才能判断出来。一个人有没有想法，跟年龄大小没太大关系，跟公司的大小也没关系，有些小公司的年轻人也很有想法。

记者：您觉得要将一家风险投资公司做出风采、做出品牌，需要在哪些方面下功夫？

王能光：我认为要从外在和内在两个层面下功夫。

外在层面，即要讲究投资策略和投资风格的相对稳定。虽然都叫股权投资，但无论是LP也好，还是被投企业也好，对你的认识就是你在做哪个细分领域。所以投资策略要相对明确、稳定。当然也要随着外部环境变化做一些调整，这样投资人就能积累自己的策略经验和风格经验。投资人若对行业深思熟虑，能帮助被投企业，这种投资风格就应保持相对稳定，不要摇摆。

要看到那些不顾价格而争得的项目，虽获得了可观的回报，挺光鲜的，但其实这类是偶发的。我认为，机构投资人还是得发挥自己的专业特点。

内在层面，即与被投企业、投资人等方面要有合伙精神。君联资本一直强调一句话："追求与志同道合的伙伴共创心仪的事业，并分享成功"。分享不仅是与内部的合伙人分享，还要与被投企业、投资人分享，这有助于增强大家的合作氛围。久而久之，创业团队就知道跟君联资本比较好打交道。

被投企业有时候确实也不容易，会遇到业务发展不顺利的情况，投资人如果在此时能够帮助企业，企业是会感谢的。投资人只给钱，不帮助企业解决困难，被投企业也不开心。马克思经济学说讲劳动创造价值，我认为投资人在投资的同时帮助了企业也创造了价值，创业团队创造了价值，VC的从业人员也创造了价值。

君联资本的核心理念就16个字："富而有道，人才资本，团队制胜，创新精神"，后面几点大家都比较容易理解，但要理解"富而有道"则并不容易，但这恰恰又是很重要的。君联资本董事长朱立南先生一开始就强调"富而有道"，这词的核心是道德，而不是为了致富。其中包含了三层含义：第一层含义，要求自己做事的时候要有职业道德、职业操守、专业精神。第二层含义，与相关方要有良好的合作，这包括被投企业、投资人、内部自身以及监管机构的合作。第三层含义，要回馈社会，除了我们做投资这个本业对经济、创业发展有帮助外，还要有其他贡献。帮助所投资企业在业务关联上的扶贫项目，以回馈社会。

此外，在投资行业里，大家天天跟钱接触，往往容易出现道德问题。所以我们会对员工提出更严格的要求并制定相关监管规则，给予员工比较好的关照和适当的待遇，促进遵守职业道德和职业操守。

记者：对于未来风险投资的走向，您有何判断？您看好哪些细分领域？

王能光：智能制造领域、消费领域、健康医疗领域，此外，还有文化领域。

初创企业要集中精力做好一个产品

记者：很多初创期和扩展期企业都抱怨：与大公司竞争太难，产品、模式很容易被模仿甚至取代。对此，您怎么看？

王能光：小公司很难全都发展成为大企业而后上市。创业团队应该有一定的认识，不要固执地认为创业后一定要把企业规模做大。创业团队要想明白，即使一个国家，也不可能每个领域都做到全世界一流，要摆正心态。创造一家企业，最后被大公司收购，并不是坏事，这也是创业者实现理想的一种途径。小企业被收购后，原来的团队人员在大企业的一个部门里继续奋斗几年，然后继续研究其他项目也是不错的选择。如果创业者一心只想着宁当鸡头不当凤尾，创业的过程将会很累。有一些互联网的创业团队就挺聪明，成立一家公司，把项目做好之后就把公司卖了，卖了以后再创一家公司。

当然也要注意一点，小企业卖给大公司后可能被制约，原来的团队进入大公司之后可能会导致效率下降、活力下降。

记者：其实中国不缺创新技术，也不缺创新企业家，但是创新成果在推向市场的时候，难度很大，特别是与原有利益集团发生利益冲突的时候，难度就更大。遇到这个问题，该怎么办？

王能光：市场经济中，竞争在所难免，创新企业遇到这种问题确实会让人感到悲观。大公司里做投资、做业务的人员也在持续寻找机会，或许哪个团队里还有你的同学，对你很了解，看到你的创新成果出现了，知道你做的产品好，就利用大公司的优势，也做这件事情，要么把你买了，然后组建一个新的业务单元。比如阿里巴巴，投资了200多家公司，对他们来说，拿出10亿美元去做一件事是很容易的。

所以，小企业要抵御大公司其实是很难的，只能是尽量将产品做得更有特色一些，让别人难以在短时间内复制，让大公司想要这个业务的时候还得跟你讲讲价。缺乏特色产品的小公司，会很快下滑。要想跟大公司抗衡，小公司就一定要集中主要精力去做一个产品，把产品做细、做精、做到极致，让自己的公司更值钱，而不该分散精力去做多个产品。当其他公司要花大力气才能达到像你一样的水平时，他们就会考虑以不同的方式与你合作。大公司发展到一定程度就想多点开花，什么都做，但往往都不给力，规模扩大了，但管理和创新水平可能会下降。所以，创新企业一定重视企业产品，把自己的产品做到独特、精致、优质。

记者：您如何看待企业创新？未来企业创新方向有哪些？

王能光：我理解的创新有3类，一类是模式创新，一类是技术创新，还有一类是管理机制创新。

关于模式创新，如果投资人曾经在BAT等大企业待过，当投资类似的项目时，他们就会有感触。比如现在的拼多多，实际上是对过去一些模式的变形。如果投资人之前有相关投资经验的话，再次投资类似的项目的话，则会对被投企业有所帮助。

关于技术创新，这可能还需要一个互动的过程。像云计算、大数据、AI、VR、AR 等领域的互动周期相对会短一些。这些领域互动快，指引的效果也会比较好，创业企业和投资人都在摸索，双方能产生更多的互动。而新材料、医疗领域的互动周期可能就会相对长一些，因为这需要有很强的行业领域的专业知识，而从专业性很强的领域里出来做投资的人较少，所以形成互动的周期时间就比较长。

关于管理机制创新，像早些年民营企业、家族企业通过股权改制上市就是管理机制创新。他们做的事不是新的，但企业管理发生了变化，原来的企业里家族成分占比比较重，没有职业经理人的股份，企业再发展就需要引入职业经理人，改善管理机制和治理结构。比如最近百丽国际的私有化调整，它的主业并没有太大变化，做的还是鞋类和运动行业，但下一步却有可能在管理结构、组织结构方面做出一些调整，最终达到提高效率的目的。我觉得未来管理机制的创新应该会占有一定比重。

过去大家重视模式创新，这几年开始重视技术创新，提出了"中国制造 2025"。对于管理机制创新，虽然大家的认识还没有提升到一定的高度，但我觉得这对经济的再发展是有一定帮助的。

比如我们所说的一些夕阳产业，往往都是民生所需要的产业。这些产业的老总们的岁数可能都比较大了，体力和精力都将渐渐跟不上，但手中又持有很大的股份，而且可能还是上市公司的股份。这就需要企业机构化和并购重组。比如，某一民营企业上市公司的老总拥有几十亿市值的股票，基金公司、保险公司买下他的股份后，让新的管理人员去管理，老总可以把获得的资金分别做公益事业和股权投资，这样一来资金就活跃了，同时也让上市公司变成机构共同拥有，避免大家把民营企业视为家族或个人所有。此外，企业运营当中不可能不出现一些问题，因此，让企业变得更社会化，让职业经理人去解决问题，这对整个资本市场而言是更好的选择。

企业融资要务实，要言行一致

记者：您认为，对创新企业而言，最大的挑战是什么？融资前最需要解决的是什么问题？

王能光：最大的挑战还是要把自己想做的事做细、做到位、做出特色。只要投资人是懂行的，他就能从你的产品中看出你的思路。投资人往往会把你的产品拿去与其他产品做对比，如果你缺乏特色，投资人就会失去兴趣，也就少了一个资金支持的机会。

各行各业都是同样的道理，包括投资人看风险投资机构也是一样的，他们会对风险投资机构进行细分，看看主要投资哪些领域，有什么特征，是稳定型的还是激进型，投资的成功次数是多少。

需要注意的是，很多初创企业在把某项产品做成之后，往往容易要么急于扩展，要么急于发散，什么都想做，其结果是难以做好的。这也是很多企业的通病，应尽量克服和避免。

记者：在您看来，企业应该如何处理好与投资者之间的关系？

王能光：要处理好与投资者关系，我认为要从硬性和软性两个方面去考虑。

硬性方面就是要对公司的项目情况清楚熟悉，面对投资人提问的时候要坦诚回答，而且要说得准确，不能夸大项目预期。因为投资人的投资期是很长的，投资人差不多3个月或半年就会跟被投企业见一次面，企业哪儿不好迟早会被发现。当投资人发现被投企业在夸大预期，内心肯定会对企业的未来产生怀疑。被投企业夸大一次可以，夸大两次三次，投资人就不相信你了。

软性方面主要是对待投资人的态度。一种情况是，有些创业者觉得，这些投资经理虽然来了解企业情况但实际上不会投，所以表现出对这些投资经理很不耐烦、爱答不理。另一种情况是，投资机构之前投过这家企业，但因为某种原因后来又不投了，创业者就不愿再和该机构接触，甚至后期融资也不允许该机构介入。其实，只要投资人找到你、关注你，无论投与不投，创业者都应该以礼相待，投不投不是投资经理一人决定的，还取决于投资机构自身情况和企业的业绩和发展，这需要综合平衡后才能得出投与不投的判定。很有可能你曾经怠慢的一位投资经理，随着时间的推移，他的关注程度提高了。所以，对投资人要平等对待、一视同仁，至少人家来了，说明对你这家企业是看重的。如果人家不投你，你就不搭理人家，你的口碑在圈子里也不会好。

记者：企业应该怎么给自己估值？

王能光：企业估值都是随行就市，但不是简单地乘以一个增长率，而是要把估值的组成部分拆开细分，主要通过产业趋势、盈利业绩、行业地位、客户组成、团队成员等方面进行综合评估，还可以参照行业里最好的那一家来估值；如果企业的团队有想法、有思路、有能力，估值则会高一些；如果创业团队中的成员曾经就职于某些大公司，那么，附加值也会多一些。此外，还有客户质量等。很多创业者都希望自己的企业获得更高的估值，但估值高了，如果企业完不成既定任务，无法兑现承诺，这将给投资人带来不小的伤害，更严重的则会影响企业的口碑，影响之后的再融资。

记者：企业融资后最需要解决的是什么问题？

王能光：融资之后，企业应该做到言行一致，要按照之前向投资人承诺的计划发展，原来承诺要做的事必须落实，资金的使用和之前承诺的要基本到位，不能说一套做一套。但是很少有企业做得比说得好，通常是说得好听但做得就差一些。

君联资本投资的公司中，科大讯飞就是能够做到言行一致的公司。我们2001年投资了科大讯飞，到2013年退出时回报率已达若干倍。现在科大讯飞的PE已经很高了，价格也很贵。

但它能够按期完成规划、兑现承诺，它研发的每一代产品都让投资者有盼头，所以它估值高大家也能接受。科大讯飞以语音为切入点，做到了中国国内同行业的龙头。它的主营业务是以 to B 为主，主要是和政府、电信业务的语音配合，比如成套的呼叫中心等。此外，它也研发 to C 的产品，像叮咚智能音箱、翻译器、手机软件等。目前，科大讯飞还打算实现 AI 诊疗，通过语音询问，利用 AI 技术对重复性和常规性的病症进行解答，这是它未来的一大领域。

记者：您怎么看待企业的中长期可持续发展规划？

王能光：从我个人角度看，太过于长期的发展规划是存在很大变数的，企业首先要做的是把今年该做的事搞清楚并落实，然后考虑明年的事，一般做好两年内的计划是比较靠谱的。现在的环境变化很快，企业能把一两年要做的事说清楚、落实到位就非常不错了，不说百分百兑现，能兑现七八成就算是好企业，至少还算是及格的。至于长期规划是一个方向性的，过细的说给别人听可以，但创业者自己千万别当真，否则就容易务虚。很多成功的企业其实并没有特别长远的详细规划，大多都是后来回过头来的总结。（摘编自《国际融资》2018年第 10 期，李路阳、李留宇文，杜京哲摄影）

点击王能光

截至 2020 年，王能光先生在中国风险投资界拥有 20 年的专业经历。20 世纪 90 年代初，他被当初联想的一句广告语"人类失去联想，世界将会怎样"点醒内心深处的激情，毅然决然地离开安逸且工资丰厚的一家央企，经过面试、笔试几道考关，1992 年 8 月最终如愿以偿地走进联想。当时的联想还在创业阶段，工资不足他原工资的六分之一，但能够像磁石一样牢牢吸住他的是联想的创新精神。从此，他在联想一干就是 26 年。这与现如今行业的跳槽常态犹显格格不入。

进入联想不到两年，他成为集团财务部负责人，把部门管理得井井有条，任职 6 年间，随着集团的发展，财务团队从 50 人发展到 280 多人。

2000 年，联想分拆，对于他来说，可以选择的方向很多。联想投资董事长朱立南先生邀他去尝试一个新行业——风险投资。他欣然接受，一句话："我跟你干"。就这样，他加入联想投资（2012 年更名为君联资本），成为初始团队成员、董事总经理。

在一家风险投资公司从业 20 年之久，这在风险投资界比较少见。究其之因，应该是君联资本"富而有道、人才资本、团队制胜、创新精神"16 字的吸引力，也是王能光先生初心的折射——人活着是要有理想情怀、道德操守和专业精神的。这便是气味相投者休戚与共的温度吧。

在我们眼里，王能光先生应该是称得上风险投资家的，但他拒绝这个称谓，认为自己只是中国风险投资界的老兵。在他看来，风险投资家应该对企业的认识与行业趋势的判断有高度、对行业具备引导作用，并对投资人有持续的回报。

王能光先生也是国际融资"十大绿色创新企业"评选活动连续 9 届（2012—2020）50评委专家团专家。（李路阳、李留宇文）

创新企业者的创业路究竟该怎么走？怎样才能找到最适合自己的商业模式？是否知己缘何创业也知彼投资人为何投资？是否知道怎么弥补自己的短板？是否想了解中国下一个投资的朝阳行业在哪里？带着读者、创业者关注的诸多问题，2019 年 5 月，《国际融资》杂志记者专程采访了创业导师、资深风险投资专家周家鸣先生。

周家鸣话说创新企业者的创业路该如何走

创业者之路从来就不平坦

记者：创新企业，特别是绿色创新企业创业艰难是一个不争的事实。您是创业导师，也扶持过不少创业企业。您觉得他们存在的主要共性问题是什么？

周家鸣：我从 1994 年开始在投资公司工作，投资的项目全是实体企业。20 多年里，我看了太多的项目，我觉得搞清楚创业者的创业动机是个关键性问题。从创业动机上，创业者大概可以分为两类：一类是搞技术研发的专家、教授创业者，这类人的创业动机是想得到社会的承认，把他们的科研成果变成资产、市场产品，是情怀驱动的创业。另一类创业者的创业动机是为了赚更多的钱，是利益驱动的创业。这两类创业者是有很大区别的，长项和短项不一。第一类人熟悉技术，长项是了解所在行业的全球发展趋势。比如，我认识的一位专家创业者，他创新了一种新能源电动自行车中轴转换技术，不仅电转换效率高，而且体积小，功率大。这个技术还可以用到电动汽车上，提高电的使用效率。谈到自己的技术优势，谈到日、德、美在这方面技术的发展情况，他如数家珍，但却全然不知该如何将技术市场化。他很疑惑地问："我的技术国际领先，投资人只要拿一两个亿，我就可以将它量产化。为什么没人投？"因为他不懂市场运作，也不知道这个技术在变成市场产品之前会有多少投入？有多大成本？能不能挣钱？利润怎么计算？因此，不了解投资人的顾虑在哪里，也很容易上当，被骗子欺骗。这是初始创业者、特别是很多创业公司做不起来的主要原因，也是第一类技术专家创业者普遍存在的问题。

记者：您对技术专家创业者的建议是什么？

周家鸣：首先要了解投资人关心的重点，投资人不仅仅是想取得高额的投资回报，还要尽量降低投资的风险，创业者懂不懂企业管理？有没有一个高水平的团队？对市场及竞争对手的认识是否准确等都很重要，这些搞不清楚，可能利没赚到，本儿都没了。另外，在融资时要分清楚真假投资人。"山寨"投资公司会根据报道或创业企业自己的技术介绍，表示对项目感兴趣，然后会问创业者需要多少钱？无论创业企业要 1 个亿，还是要 10 个亿，他都会说没问题。接着让你拿材料，跟你签协议，并告诉你要走尽职调查、财务审计、律师事务所出具律师函等程序，总之需先出费用才能上会讨论是否给项目投资。其实这些"山寨"投资公司挣的就是这个钱，最后找一个不符合投资要求的理由，拒绝企业。"山寨"投资公司的伎俩从 21 世纪初开始，至今都还有市场，原因就是真投资人的路数和假投资人的路数在前期过程基本一样，很难分辨真假。我只能说，我所在的投资公司在考察项目时，无论是差旅费还是尽职调查费用，都是我们自己出的，不会让企业出一分钱。

记者："山寨"投资公司的套路现在也有了升级版，他们以所谓投资控股若干家高科技企业项目来骗取政府的土地，再将土地卖给第三方从中赚钱跑路，如果从天眼查平台查阅这家投资企业的资信，也没有半点儿疑点。这就是我们绿色创新企业遇到的新骗术。

周家鸣：万变不离其宗，假投资人背后没有钱，就是为了借创业者的技术骗钱。

记者：您前面提到了第二类老板创业者，针对他们的短板，您的建议是什么？

周家鸣：这类老板创业者遇到的困难是全凭感觉判断技术价值。因为不懂技术，所以会找专家做技术咨询，请专家从行业分析层面给出一个评估报告。但值得注意的是，这些评估报告往往是专家根据创业老板的意愿完成的。比如说，专家如果发现老板确实很想投这个项目，这个报告的撰写就会倾向于光明、倾向于成功。专家如果发现老板对这个项目很犹豫，那这个报告的撰写肯定会将项目风险评估得高一点，对成功的可能性评估得低一点。所以说，这些报告的中立性是很差的，其公信力也是值得怀疑的。其实，一个新的技术市场价值究竟有多大，谁能说得准呢？一个移动支付，改变了人们多少生活习惯！真正要把一项高新技术市场化，坦率地说，是会遇到很多问题的。例如技术团队的建立、产品的研发、市场的开拓、竞争对手的变化等，假使老板没有做好资金的充分准备，砸进去五六千万以后，突然发现钱不够了，可能还需要 3 亿、5 亿，那么，后续资金从哪儿来？

这类老板创业者通常并不清楚一个新技术项目实现产业化并达到盈利阶段需要的投资总额与各方面的资源，结果，很多时候就栽在了这里，从先锋变成了先烈。当你在快成功的最后一步倒下的时候，别人就可能踩着你的肩膀从最后一步跨上去。

记者：这就是市场的残酷，竞争的惨烈啊！

周家鸣：老板创业者遇到的另外一个问题是高新技术更新换代太快，如果老板创业者没有后续的技术做支撑的话，很可能等不到企业产品打开市场，就会有更新的技术取代并超越你上市了。如果投资人不看好你这一点，或者你的技术发展速度不够快，即便你已经烙出了大饼，也可能没人买。

创新企业要找到最适合自己的商业模式

记者：这两类创业者，哪一类的成功概率更高些呢？

周家鸣：从创业成功概率来看，那种懂市场的老板创业者要比技术专家创业者的成功率高一点。比较好的组合是懂市场的老板创业者找到了一个技术专家成为铁杆合伙人。

记者：大多数情况下，技术专家创业的企业通常不太愿意被别人并购，您怎么看高新技术企业被并购这一问题？

周家鸣：我觉得这是个心态问题。如果你的技术好，只是说你的技术是值 5 亿还是 50 个亿的问题，但不合作就做不大。可是大多数技术专家都有个通病，就是希望自己能够控制发明专利，这就阻碍了他们把自己的技术推向世界。想想看，投资人投成千上亿的资金，怎么能压在你一个人的身上呢？

我在扬子资本做风险投资的时候，曾遇到过一个发明三角形而非活塞式发动机的技术专家，他说他发明的三角形发动机的功率比活塞式发动机高 25%~50%，而且在一家坦克制造厂做过实验，但他不卖技术，而且要控股。这就出现一个问题，那些有可能对你的技术感兴趣的大型国有企业，特别是军工企业，是不可能让你一个人慢慢去做的，也不可能受制于你的研究并完全依赖于你，人家需要买进这个基础专利，然后组成研发团队去做高层专利，最后使这个技术变成成熟技术并发展起来。结果，就是这么个好技术，却一直捏在这位老先生手里，20 年没卖出去。

不过现在做网络技术的不在我说的这个范围。因为网络技术通常都是团队研发，而且更新太快，所以创业者会很明智地选择尽快并购合作。

记者：这位老先生的心态在技术专家创业者中很有些代表性，您怎么看技术创业企业的合作模式问题？

周家鸣：一般来说，如果技术尚未实现产业化，其技术的成熟与否有待实证，因此，选择技术入股的方式，最好与有实力的企业合作，这样的话，才能让企业很快做大。当然，如果技术成熟的话，选择控股也是可以的，但你必须得让投资人认可你的管理能力和市场把握能力。

技术专家创业最早做的都是试验阶段的基础专利，要实现产业化，还需要再投入大量的资金去进行二次开发，如果舍不得让别人控股进行二次开发，最后的结果就是别人超越你。

再有一种技术研发属于系统性开发工艺路线，这种技术在申请专利保护上比较困难，而且容易被模仿。这类技术企业只能一个一个项目地去做技术配套，确保那些项目能够为企业降低生产投入，而且快速回笼资金，只有这样，项目企业才会愿意与技术企业共同分享这块蛋糕。做这类操作性技术项目，坦率地说，对单纯技术人员组成的公司而言，几乎是死路一条。如果是一家市场运作能力特强的公司，做到部分市场垄断，这也许可以蹚出一条生路。

对于那些以新的市场运营模式来创业的人来说，最简单的方式就是用商业计划书招商，找到看法相同的投资人就是成功。

创业者一定要明白资本是逐利的

记者：我觉得很多创业者不了解投资人，不知道投资人感兴趣的是什么？知己而不知彼，怎么可能从投资人那里拿到钱？对此您怎么看？

周家鸣：马克思早就讲得很清楚了，资本就是逐利的。创业者，特别是那些技术专家创业者跟投资人讲什么社会情怀、国家情怀是没有意义的，不是不应该坚持，而是这些跟投资人一点儿关系都没有，谈都不要谈。我要说明的一点，慈善基金投资不在我说的这个范围内。投资人拿的是资本家的钱，特别是拿着国外资本家钱的投资人，他们看项目的评估标准就围绕一点：能不能挣钱？对投资行业有分工的投资基金而言，还要加上一个行业限制：如果是投医药的就只看医药项目，其他行业的项目再挣钱也不碰触。

现在资本的逐利性仍然是向高利润方向流动，而且有一定的投机性。就拿环保行业来说，先是太阳能行业容易融资，后来又是风能，现在又是大数据物联网，就这么一波一波地变成了一种投机性投资，不看长远，现时哪个行业热，就进哪个行业。这些投资人的出发点是短视的，只看三五年内能不能撤出资金赚了钱。但现在成熟的企业越来越少，新兴企业越来越多，像我们刚才探讨的这些高新技术创业企业怎么拿到钱呢？现在的投资人玩的是击鼓传花，A 轮投资人进去的时候，要先看 B 轮、C 轮融资的可能性有多大？有没有人感兴趣？如果 B 轮、C 轮投资人说企业做到什么程度他们就可以投资，那么，A 轮投资人就会第一个先冲进去，把企业做到他们期望的规模。这个规模就是一些流量、客户数据包等虚拟的东西，但就凭这个流量，按照国外的一套评估方式，就能够卖钱了。在美国，你有上亿人的客户群，那可是了不得的，但中国企业拥有几千万、上亿的客户群并不太难，像共享单车、团购网站、音乐网站、视频网站等，只要有点击率就有钱，就能评估出好价值。

中国在美国纳斯达克上市的很多公司的价值其实都是这么搞出来的。他们可能 5 年、10 年内都还亏本、不挣钱，但企业的估值在那里。那些 A 轮、B 轮、C 轮的投资人完全是根据后端的变现市场的要求在前端选择项目，是随着纳斯达克选项目的风向进行投资。

记者：对真正做实业的创新企业来说，他们无法得到这些 VC 的青睐。

周家鸣：真正需要资金投资技术成果转化的创新企业，不仅需要钱还需要时间才能做成项目，但是这类投资人恐怕连两年的时间都不会给这些创新企业，因为他们根本就没有投资的长远考虑。因此，我觉得比较靠谱的成功方式是让大的实体集团购买创新企业的技术，与他们形成合资公司，这样的话，实体企业才能静下心来，把创新企业的技术发扬光大。

记者：大股东不会把钱给技术创业者，让你净身出户，因为他玩不转技术，他让你做股东，却没有话语权，而且会把营业利润随时转走，然后年终告诉技术股东没赚钱，或许几年下来，技术股东都拿不到分红。这个问题也是现实存在的，对此应采取什么对策？

周家鸣：老实讲，这其实也是一种博弈。这种博弈，技术专家通常不懂。正因为技术专家不懂，大股东把利润转移出去就很简单，这是资本家获利的一个模式。但反过来讲，这也是可谈的，创新企业别掉进这个坑里就可以。可采取的对策是：第一，拿技术入股，且技术本身有没有专利保护？这是关键。第二，对创新企业的技术是采取一次性买断还是使用权授权？如果是买断，那就要求大股东拿钱，否则就不卖。如果大股东不买断，创新企业就要用专利权的使用权享受项目公司若干股的红利，而且使用权要有年限，比如说 3 年、5 年或者 10 年。因为是大股东搞经营，那就需要给创新企业一个兜底承诺，无论是否有利润，都要保证技术投资人每年至少享有多少份额的回报。这是对赌协议，这协议不单是大股东对赌新技术要保证生产出的产品没问题，创新企业也得对赌大股东经营业绩要上去。在这种情况下，如果资本家愿意谈，那就是双赢了。有点儿良心的资本家，他会按照协议比例分配，没有良心的就会少分你一点儿，再坏一点儿的就会干脆把你吞掉。至于合同，由于没有办法保证这些资本家有高尚的道德水平，因此，创新企业只能采取合同约定的方式，用法律条款尽量保护自己。

记者：中国的高科技创新企业家基本上都是民营企业，这个群体大概是全球创业最艰辛但又百折不挠的群体，很多时候他们被伤害是"血淋淋"的。VC/PE 的逐利和追风，也让很多实业家的投资转向互联网、金融等虚拟经济，但没有实体经济做基础支撑，泡沫必将破灭。

周家鸣：是的。像共享单车的出现，由于其盈利模式有问题，其实就是毁了自行车生产行业。开始轰轰烈烈，现在又大批倒闭，而且它还有一个更大的危害，就是导致了一些实业家的投机。实业家一看投资人都那么投机，我为什么不投机？你想要什么产品，我就给你做什么产品，至于产品有没有生命力则不在考虑范围。包括前几年有一个理论叫作"生产企业"，这不是生产产品的企业，而是要生产出来"企业"，把企业作为商品，目的就是要做出一个商品型的企业，卖给投资人。因为很多投资人喜欢这样完美的故事。一些弄潮的大亨，就是用这么一个个所谓完美的故事让投资人砸进去几十个亿甚至上百亿，然后……就没有然后了。正是投资人的这种选择带来了前端创业人的选择。这个问题很难说谁对谁错。

再顺便提一下华为的"备胎计划"，该计划恰恰证明了任正非先生眼光独到，想想看，有哪家企业愿意拿那么多钱做这么一套备胎方案？但是华为做了！而且华为不做公众公司，也是出于对企业风险控制的考虑，从长远出发规划集团的整体发展。这样，即便风浪再大，对企业的波动影响也不会太大。与一些只注重资本增值的大企业相比，华为的价值观完全不同：哪怕资产增值受到影响，也要踏踏实实把华为的 5G 做起来。

记者：在目前投资人喜好投机炒作的大环境下，坦率地讲，创新企业的发展面临的是生死挑战，创业者能做的就是保持良好的心态，以宰相之肚，在急速前行中，路遇知音。如果创业者坚信自己的创新是最好的，那么，结缘知音投资人和市场伙伴，那只是时间问题。

周家鸣：是的。作为创业者，特别是技术专家创业者，一定要客观地搞清楚在这个市场经济环境下，企业创新的技术与产品究竟会怎样。

创新企业一定要给自己的短板下药

记者：您觉得技术专家创业者应该怎样扩大自己的社交圈？

周家鸣：我的观点是：第一，要注意对方的人品。如果这个人骗过别人，就不要跟他谈，不管他跟你怎么交心，他能骗别人也能骗你。第二，在现在的商业环境下，商人们的社交圈是讲利益往来的，一定要想到能不能让对方挣钱？如果创业者还没有想清楚这个问题，但对方却信誓旦旦地保证说给你投资，给你好处，就不要信。既然他不挣钱，为什么要跟你合作？他想跟你合作一定有他的利益在里面。现在有些投资人为了先把这个项目控制住，可以把你说得天花乱坠，然后在必要的时候再把创新企业甩掉。第三，在与任何社交人员交往的时候，一定要给自己留后路，不要满腔热血地一下全扑上去，什么都说，假如对方不守信用的话，你怎么办？要留这条后路，没有这条后路，创新企业一定死得很难看。第四，要给合作的上下游让出利益，不管对方在意不在意，你都必须让利。否则，就没有长久的合作。第五，要请法律顾问和财务顾问，哪怕是临时性咨询，也必须要做。如果想免费请朋友帮忙，偶尔一次两次可以，但质量也会打折扣。只有按照市场行情给予对方利益，对方才能给创业者提供专业性、靠得住、能抵御风险的意见。这不是钱的问题，是你能否尊重对方专业水平的问题。

记者：您觉得创新企业的优化结构应该是怎样的？

周家鸣：我觉得从企业形式来说，至少应该设置营销、生产、财务、法律岗位，当然法律人员可以外聘，甚至生产人员都可以不是团队的核心人员，因为生产可以外包，但市场和财务人员必须是信得过的专业人才。开拓市场的重要性不用说了，控制财务成本很重要，企业做得越大越明显，当营销模式的架构确立后，谁生产产品？谁提供原料？生产出来后怎么供货？都将和企业的财务成本产生关系。比如说，拿原料的时候，给不给账期？这时间成本就差了很大一块。再有，生产过程中，哪些成本有进项税？哪些没有？17%的增值税能不能拿到抵扣？另外，销售环节是自己直接销售还是通过代理商销售？销售模式中间会有些什么关键点？这些都需要财务人员做筹划。对企业来讲，有没有优秀财务人员很重要，不是随便找个会计记记账就行的。

记者：关于创新企业的技术估值，您觉得创业者应该怎么跟投资人交流？

周家鸣：我遇到的创业者大多数都是高估自己。很多都是这样估值的："中国有14亿人口，有1%的人用我的产品，我的市场有多大；如果我的产品在国际上占有0.1%的市场，我的国际市场有多大；以此测算，市场一年销售能够达到多少百亿；这多少百亿销售额的利润达到10%的话，企业利润每年能达到多少亿；前几年全世界该产品的市场增长率为15%，如果我的产品增长率为15%的话，3年后我的利润会多大"。这种算账模式算出来的是一个巨大的估值，实际上，这是不可能实现的。

估值应该从投资人的投资成本角度来看，比如说，投资人拿出来1亿，这1亿首先有一个银行边际成本，也就说这1亿如果存在银行5年，无论是大额存单、保本理财，还是国债，每年回报都至少在4%以上。结果创业者告诉投资人，5年后的平均利润才3%，投资人怎么可能投你？所以说，创业者首先要考虑融资成本，如果你的回报高于投资人的预期，就有可能谈。同时，企业家一定要明白，计算估值的时候，一定不能算得太远，不要讲你10年后怎么样，要老老实实地把你后3年会怎样讲清楚就可以啦。对3年的经营目标，投资人不一定都有对赌条款，但基本的约定是有的。投资人允许你亏本，但是会要求亏本年年减少，到第几年要打平，要有一个增长趋势。而且投资人会要求企业说清楚用款计划。有的创业者一下子把10年需要用的两三个亿一并说了，这样做的结果多半融不到钱。如果你列出的用款计划非常清晰，比如：第一次需要500万，用以完善公司的基本生产结构和盈利模式架构；待整个架构完善后需要投资人再投2000万，形成生产能力；产业化后，需要投资人再投5000万，确保企业生产盈利、成本打平。这样的话，投资人会觉得你非常实在，是干事儿的人。因为投资人看得非常清楚：投资500万的风险是多少？如果不能搭建完善的公司基本架构，只是这500万打了水漂。待投资人投资到2500万的时候，企业已经有了生产能力了。如果出现风险，产业能力和技术专利便可以转让，这样不会让投资人一点儿钱收不回来。当投资人投资到7500万的时候，企业开始卖产品了，虽然还不能持平，但至少不会完全亏损。

这个梯次融资计划，可以让投资人很清晰地看到投资风险越来越小，离目标实现利润越来越近，这比创业者向投资人一下子要 7500 万更容易拿到钱。

记者：分阶段谈估值和一次性谈估值，其估值会不一样吧？

周家鸣：不太一样。投资人投进 500 万的时候风险最大，比如说，根据整个公司初始估值是 4500 万，这 500 万投资人的钱进来之后占 10% 股份；再到投资人投入 2000 万的时候，公司估值可能就到了 1.8 亿，还只能增加 10% 股份；最后当投资人投入 5000 万的时候，如果公司估值到 4.5 亿，那投资人总共能占到将近 30% 的股份（原来的股份有稀释）。如果一次性投入的话，相当于公司初始估值要在 2.5 亿以上。可以想象一下，是只有一份计划书加专利证书估值 2.5 亿可信，还是公司已经使用新技术具备了生产能力后估值 4.5 亿可信？而且创新企业的估值在一步一步增加，同时也满足了现在投资人击鼓传花的套路。

记者：创新企业怎么让自己的技术永远处于领先地位？您觉得国外的经验有什么值得借鉴的地方？

周家鸣：就拿日本来说，很多日本大公司都是从小公司一点一点做起来的，他们的技术也是与大学合作一点一点地研究积累出来的。像索尼、松下这样的全球大公司的技术人才招聘并不是在硕士毕业季，而是从学生上大学时就开始跟踪，如果发现哪些学生的课题做得不错，就会把这些学生招到公司科研部门，为他们的课题投资，最终拿出基础研究成果。这就是日本大公司的人才培养、技术储备路线，值得我们企业学习。但这种做法是要花不少钱的。

（摘编自《国际融资》2019 年第 7 期，李路阳、吴语溪文，杜秋摄影）

说说创业导师周家鸣先生

与周家鸣先生认识已经近 20 年了。21 世纪初，《国际融资》杂志刚创办的时候，VC、PE 对大众来说还是陌生字眼，对行业来说是时髦词汇，我们穿梭于各种与资本、融资相关的国际论坛，认识了一群国际风险投资界的投资人，现在被称为"大鳄"。周家鸣就是我认识的其中一位。认识他的时候，他是扬子资本北京代表处首席代表，十几年，他没有跳过槽，和 VC、PE 行业的跳槽常态完全不搭界。而每次在会上听他与创业企业家对话，都觉得干货多多。他对企业项目的点评坦诚而犀利，和别人不大一样。

自 2011 年首届"十大绿色创新企业"评选活动以来，他已连续做了 10 届（2011—2020）50 评委专家团评委，这也是他退休后唯一保留的社会兼职。在他退休前，我曾多次带着绿色创新企业的创业者到他的办公室，听他与创业者面对面交流。他对创业者的建议、对行业的判断几乎是百分之百的言中。每一次，都让创业者十分感动、脑洞大开。他从来不按套路出牌讲话，我把他视为风投界的另类，因此，也非常好奇地想知道他的经历，但他总是一笑而过。

他一直拒绝采访，这次约他见面之前，也没敢告诉他我的目的，直到见面后，才和盘托出。我知道他无法拒绝老朋友，也无法拒绝给创新企业一些经验指点。当我们的采访接近尾声，最后问到他的经历时，我的好奇才有了答案。

周家鸣先生1976年年底参军，在第二炮兵服役16年。由于是技术兵种，他在工作、训练中接触的都是技术性东西。后来，他考上了武汉二炮指挥学院指挥系，还被他的一个学音乐的朋友误认为是学乐队指挥，他告诉这位朋友，军队指挥学院指挥系学的课程与组织策划系统协调有很大的共通性。经过3年的学习，他对组织和计划有了全面的认识与理解，很多课程内容让他受益匪浅。直到今天，他都认为政府公务员很有必要学习军队指挥学院指挥系的课程。

他告诉我，指挥学的系统性观点，让他养成了分析问题时看一条线而不是看一个点的习惯，这也成为他后来在投资公司判断分析项目的好方法。"把整个项目从头到尾进行评估和预测，最终制定出一个比较完善的方案，这是我在军队十几年学习工作养成的习惯。为什么军队做事情相对风险较小，就是因为他们把问题、困难事先都考虑到了，而且应对方案也都提前准备好了。"他这样说。

从指挥学院毕业后，他留校当了一年多教师，最后又调到二炮做组织训练参谋。1992年他转业到地方一家高级公务员培训中心工作，应聘的时候，老板和他的一段对话很有点儿意思。老板问："你在军队机关干得好好的，地位、待遇都不错，为什么想转业到地方？"他让老板从楼上的窗户往外看，说："在军队的时候看中国社会，就像我从楼上的窗户里看外面的大街一样，能看见，但隔着玻璃、隔着距离。只有到地方企业工作，我才能对社会有一个真正的了解，才能知道老百姓怎么生活。"

两年后，也就是自1994年开始，他选择了投资行业，到香港一家投资集团从事内地基础设施投资，主要从事公路、桥梁项目投资。在此期间，根据当时国家招商引资的政策指引和自己工作中的总结，撰写出版了《中小企业招商引资操作指南》一书。2000年，他又受聘于香港扬子资本管理有限公司（简称：扬子资本），成为专注高科技企业的风险投资公司的一位高管——扬子资本北京代表处首席代表，直至退休。

知晓了周家鸣先生的经历，我便找到了答案：他对项目的独到判断、对创业者的中肯甚至逆耳的建议，来自他深厚的系统协调学的阅历，更来自他在多个毫不搭界行业游刃有余的工作经历。这些让他学而致用，做而悟道，当年他那些让创业者不信或半信半疑的判断，经历了时间的过滤几乎都得到了印证。（李路阳文）

在 2019（第 10 届）清洁发展国际融资论坛暨 2019（第 9 届）"十大绿色创新企业"
颁奖典礼活动期间，《国际融资》杂志记者专访了高兴资本集团（简称：高兴资本）创始合
伙人、董事长马向阳先生，请他为创新企业，特别是绿色创新企业解惑、支招儿。在他看来，
企业不一定选择上市，但是"对大多数徘徊不定，尤其是对于未来发展充满迷茫的企业来说，
让资本市场成为公司战略的导航仪，从中观察方向、发现机会，以市值最大化为战略选择的
依据，未尝不是一个有效的方式。"

马向阳谈靠什么驱动企业战略目标的实现

做风险投资须有个人预判

记者：高兴资本是从 1999 年进入到中国风险投资领域的，到 2019 年正好 20 年，投资
大致分为几个阶段？各阶段的投资偏好都有哪些变化呢？

马向阳：主要是分 3 个阶段吧。第一阶段是 1999 年到 2004 年，当时我还同时担任美国
AAG 集团中国区公司总裁，我们双方建立了战略合作伙伴关系，在这一阶段，我主要从事
直接投资和投资咨询方面的工作，主要开展可转债或者说是股债混合型的股权投资业务，还
有一部分是外商直接投资业务（FDI）；第二阶段是 2004 年到 2011 年，这段时间主要从事
的是 VC 和 PE 投资，主要涉及资本市场、风险投资和私募股权投资、对冲基金投资这部分；
第三个阶段是 2011 年到现在，除了收购兼并、资本运营为主的项目投资之外，还包括部分
早期的天使投资和产业投资。坦率地说，自进入投资领域以来，我们的投资范围没有发生什
么显著变化。高兴资本的投资领域主要关注四大板块：新材料和高端装备、节能环保和清洁
技术、卫生健康以及科技服务领域，最近一年也开始投资文化产业领域。随着中国市场消费
能力的提升，消费需求也面临转型升级，也是很有市场潜力的，我们看好这个领域。

记者：您刚才提到那么多的投资领域，当您在对企业项目考察时，您最看重企业哪些方面？您是更在乎他们的商业模式、管理团队？还是盈利情况或其他方面？

马向阳：这还是要分阶段考量的。在企业的早期阶段，我更关注企业所在产业领域的市场稳健度与市场合理性；在企业的发展阶段，我更关注企业的扩张成长性；并购投资阶段我更关注产业重组的各类资源在项目方面的整体权重和比例。比如说，在 VC、PE 阶段，高兴资本更多关注的是人的问题，我们会用半年的时间跟踪考察项目。相对来说，我们的尽职调查各项指标所涉及的范围比别人都要多，我们会尽可能考虑每一个细节，并时刻对项目所在产业预研与预判。其实在考察项目的同时，也是一个按照我们自己的投资思维与投资逻辑来进行投资验证、产业研究的过程，就是说我们需要预判多少年之后，这个项目是否会有可能成为下一个迅速发展的先进企业。由于中国经济发展速度快，我们通常会聘用更多的产业专家研究分析各类产业项目。经过 3 年或 5 年，就会形成我们公司投资文化及相配的投资经理个人风格。我们在做投资之前必须要多做"功课"，每个投资经理必须对项目要有自己深厚的研究基础才可以提交投资计划。可以这么说，我们的每个投资项目基本上都是从研究调查开始的。从我们的角度来看，在中国的市场环境当中，要追求稳健的投资回报，风险控制能力是追逐投资回报更为重要的要素。

企业要准确把握定位，善于获取养分

记者：您是"十大绿色创新企业"评选活动的 50 评委专家团专家，在参与评选并与绿色创新企业接触中，您发现他们都有哪些共同特征？

马向阳：从目前的角度看，分析绿色创新企业的创业实践过程，我们可以发现优秀企业都具有以下 5 个特点：一是市场化导向。紧跟市场趋势，挖掘市场需求，基于企业市场定位不断细化企业创新策略；二是系统化战略。这些优秀企业在实现绿色技术创新过程中，能够紧密地贯彻系统性设计原则，进行系统化规划，达到系统最优化目标；三是专业性原则。从技术创新、产品创新、体系创新、运营创新到模式创新等，在每个专业领域都体现了专业专注的特色；四是知识产权管理和协同创新策略。创新过程呈现出集团创新、协同创新的新格局，例如产学研、技工贸、国际合作、金融合作、中介机构合作等形式，协同范围也越来越宽广；五是政策参与和利用。积极参与政府的政策制定与标准研制，在企业发展的制高点上做足文章。

记者：作为投资专家，您对这些绿色创新企业有哪些建议呢？

马向阳：结合资本市场的现实状况，站在投资机构与企业投资的角度，我对企业、特别是绿色技术创新企业的建议有 3 条：第一，企业在发展初期需要同步制定资本市场战略，通过跟踪资本市场的发展状况，不断调整执行策略；全面打开自身发展关注的视野，开始的时候就要去关注资本市场选择、资本市场周期、股东结构等方面的问题，这会让企业战略目标实现的资源禀赋更加全面，更有益于战略目标的实现。第二，以适应资本市场要求的业绩目标来勉励自身成长；将这些财务要求作为企业阶段性的业绩目标，用这个目标来勉励团队同心协力、使命必达，迅速将企业的规模上升到一个新的平台。第三，以适应资本市场需求的商业模式来调整自身的竞争战略。资本市场往往要求企业有稳定可持续成长的商业模式，这会倒逼创业企业认真思考在所处的行业中，企业自身究竟应该以怎样的模式有效展开竞争？自身的盈利模式是否具备显著的竞争力？自身的盈利模式是否具备长期增长的可能性？等等。这些问题都会有助于企业真正形成一套行之有效的竞争战略。

记者：小微型企业，尤其是小微型绿色创新企业，它们的融资能力，比之那些规模较大、发展态势比较稳健的企业来说，应该是比较弱的，对于这类企业，您认为他们提高融资能力的关键突破点在哪儿？

马向阳：任何一个企业都有市场行为的问题，市场定位不仅仅是生产能力的问题，还有资源获取能力。小微企业一定要学会在大环境中和其他企业共生共存，要明白地意识到，自己是整个社会供应链的一个重要环节，要明确与其他各关联板块的相互关系，学会吸收养分。小微企业怕的不是"小"，而是不能获取资源。作为企业，综合利用各种资源的吸附能力越强，它的生长空间就越大，它就越能更快速地成长。为什么我们强调团队？每个团队都有一个最佳经济规模临界值，比如说，一个100人规模的企业，可能有效资源是500人，还有增长空间。而一个10人的团队，实际可能5人就够了，人数多了反而产生副作用。当然，最佳的企业规模还是要依靠企业所在的阶段和产业特点确定。无论是企业领导人还是企业管理团队，只要看看他们的人脉怎样？有多少持有或可控的资源？营销方式如何？团队建设怎样？我们只要对这些要素做调查研究分析，就可以做出一个大致的判断。

记者：有些小微企业的老总认为，公司治理是大企业要做的事情，当下自己企业的事情是解决融资问题。您怎么看这个问题？

马向阳：首先，我觉得小微企业尽管小，也需要建立适应资本市场需求的公司治理结构，规范企业内部管理。任何成熟的资本市场都对企业的公司治理提出了相当系统的规范性要求，公司治理是通过公司内部治理机制和外部治理机制来运行的，资本市场作为外部治理三大机制之一，不仅是企业筹集资本的场所，也是实现社会资源配置的工具，并在完善公司治理结构方面起着重要作用。因此，不管企业规模大小，都要提前搞好公司治理结构。

另外，要利用资本市场进行直接融资，优化股东结构。直接融资的根本途径就是把社会的各类资本吸引到企业中，在形成企业规模优势的同时，通过投资主体多元化，实现企业经营风险的共同承担机制。优质的股东资源可以与企业发展形成有效协同，从而促进企业战略目标的更好实现。总之，还是那句话，企业一定要摆正自己的位置。

记者：您认为企业发展到相当规模，一定要选择上市吗？

马向阳：关于这一点，我需要说明的是，建议企业以走向资本市场来驱动企业自身的战略目标实现，但我并不是要鼓动所有企业都去上市，我们身边也有众多未上市甚至完全不考虑上市的优秀企业。对于绝大多数徘徊不定，尤其是对于未来发展充满迷茫的企业来说，让资本市场成为公司战略的导航仪，从中观察方向、发现机会，以市值最大化为战略选择的依据，未尝不是一个有效的方式。这样以终为始的发展模式会让企业的发展进入良性轨道，也会吸引和留住更多优秀人才携手前行，最后即便是没有进入资本市场，举目四望，也会发现企业的发展已然今非昔比了。

围绕一个核心要素来做资源整合

记者：您曾在 2018 年（第 9 届）清洁发展国际融资论坛的"投资人、专家与绿色创新企业专题对话"上提到您的主要精力是放在产业整合，围绕产业链做一些资本方面的运作的事情，能否就此深入详细地谈谈？

马向阳：好的。我觉得无论是做投资也好，还是做企业也罢，只要抓住一个原子核心，再依托这个原子核心做一些资源整合，就能够把一些产业整合起来，而且相关要素集中在一起就会形成"1+1>2"的功效。所以我们在投资项目的时候，都会围绕一个核心要素来做资源整合。通过这种资源整合来吸附其他优秀企业。通过资本的力量，包括吸收合并，或者是联盟，或者是其他各种方式，打造自己的技术链。就相当于一个人，永远不可能承担起企业中所有事项，企业内部和企业之间都有配合和协同，围绕产业链做整合，比简单投资一两个项目的效果要好得多。因为在现今这个社会中，资本喜好投资的项目，往往是最容易去做上市辅导的。而我们要做的事情，无非是选择有价值的资源，在并购的项目当中做好价值评估。

突破了这个点之后，其他事情就是一个价格评估的问题了，从自身交流上要放大角度，普通的上市公司可以参考看看自己的股票处于什么状态，但不完全是以市盈率为标准，还有企业价格和净资产的比例，很多企业基本上就在 3~5 倍之间，少一点的可能在 2 倍多，对于一些涉及国计民生领域的企业，用 2 倍或 3 倍的价格收购下来，再放到资本市场，利润空间还是很大的。但是，站在国家层面就不一样了，有些企业项目的生存与发展，依托的是国家政策，这就需要进行资源的整合。我一直强调新要素资源点的合并整合就是这个意思，这也是最富有挑战性的。

记者：我们感觉金融工具在推进绿色经济发展方面，其创新金融产品的速度远低于企业技术创新的速度，二者之间显得非常不协调。技术创新型企业通常都是轻资产公司，与银行的传统信贷逻辑不符，根本拿不到贷款。您怎么看这个问题？

马向阳：这个很正常，因为两类之间的投资理念完全不一样。传统金融机构更多是以稳健风控要素为核心的，是以资产作为评估基础。但是以企业发展和成长角度上来看，在轻资产的状态下，主要还是看技术水平和专业程度。我觉得创新企业或者绿色创新企业怎样才能够获得相关的投资机构的青睐，主要看以下两种情况：第一是国家政策。传统业务当中，通常会有一些资产或者投资的配置角度，主要是根据中国国内的情况，包括资产管理、经济形势，或者说政府决策部门宏观经济角度去考虑问题。金融工具可能会受到一些相关政策的传导。但是，在没有政策干预的前提下，普通金融机构的资金很难向最需要的创新企业或者是创新部门贷款。需要国家引导银行业金融机构合理确定绿色技术贷款的融资门槛，积极开展金融创新，支持绿色技术创新企业和项目融资。第二是企业创新。这里我们提到的概念叫作"吸附式创新"，就是说，有些创新点一定要依附于传统的企业架构上，采用创新部门或者创新单元的方式发展，发展到一定阶段后再和大型机构合作、分离或脱节。我认为这种模式可能对很多中小创新型企业会有价值。因为国有企业等大型企业往往不易掉头转向，反而是很多创新企业更容易获得支持，和一些大型机构产业合作，依靠大企业的资源有可能会更容易成功。当项目发展到基本上可以形成一个独立状态的时候，再结合某些正常的项目，分步骤脱离。在学会跑之前，一定要学会走。

对海外并购和中国资本市场的分析

记者：刚才您提到了"一带一路"倡议，我们知道"一带一路"倡议提出以来，中国和"一带一路"沿线国家签署了诸多协定，构成了中国对外开放的新格局。就中国企业"走出去"参与海外并购而言，面临的主要问题有哪些？对策是什么？

马向阳：我估计以后的海外并购形势可能会逐步变好，就目前而言，并购单个项目的成功率，总体比例还不会太高。比较成功的并购比例，除了很多大宗物资或者像石油、金属等战略物资外，其他资源性并购从运营的角度来看，我看百分之八九十是不支持的。最主要的原因，可以归结到文化的多元性、多样性问题。中国的管理模式加上现有的文化冲突，可能会影响很多并购项目。当然，随着中国的国际化，"一带一路"倡议为中国企业提供了更多"走出去"的机会，大量的人员流动和国际交流，西方对"一带一路"文化理解的加深，会逐渐使这样的管理模式和文化冲突得到缓解。

以前中国企业"走出去"参与海外并购，就是为了并购而并购。然而真正成功的并购一定是要围绕企业的资源和核心价值进行资源整合的，因此，海外资产就会和中国国内市场相结合，一定要尽快把在海外整合的资源融合到企业在中国国内现有的链条或者是资源链条上，否则，大部分海外并购还是会失败的。

从我们现有的案例来看，采用反向并购可能会更好。比如，我们现在最关注的方面就是在大陆本土的外资企业对其他本土企业及项目的反向融合，虽然这些外资项目的大股东都来自境外投资，但外资企业管理层基本上都是中国人，他们有足够的企业文化、企业管理、融合能力，可以以反向并购的方式逐步整合国内外相关资源，并作为国际化企业的一个链条切入到国际化进程当中去，我觉得这是一个很好的并购方式。

记者：您觉得未来中国的资本市场会面临哪些机遇？

马向阳：作为投资人，我们时刻关心各类证券市场。中国证券市场科创板的推出及注册制的实施，再加上创业板政策上也开放允许上市公司企业的并购重组，由此看，资本市场的机会还是很多的。结合目前上市公司企业情况来看，估计从 2020 年开始，科创板可能会对其他板块产生连带效应，也就是说，科创板运作半年甚至大半年之后，可能会对其他证券板块产生一些影响，包括主板、中小板、创业板在内，也会在审批制基础上适当地会采纳注册制的有关政策与制度。

证监会虽然说形式上讲只是在发行环节进行审批节奏控制，但在这个过程当中，会根据证券市场的变化启用一些调节手段，并不是完全放开，证监会肯定是会按照循序渐进的逻辑向前推进。

另外，证券市场平台也有一定的规模限制，对于中国近 5000 万家中小企业来说，证券市场根本不可能全部兼容得下这么多企业，所以我觉得资本市场的更多机会不是在 IPO 板块，而是在资源的整合和并购板块，这才是真正的市场机会。因为有很多企业，尤其是中小型企业采用诸多手段和方式跟着资本走，像并购、吸收、合并、债券、混改等，都是不错的机会。而中小企业的融资能力及融资规模比例，最终是要看国家政策的调整情况。比如，可以把新三板做成类似于推行注册制的科创板的实验层：新三板分层也好，降低投资人条件也好，都可以逐步提高新三板企业直接融资能力，通过新三板企业适当能力建设与引导，扩大企业的直接融资规模。

用毕生精力去做最感兴趣的工作

记者：富不过三代是中国俗语，作为财务自由人士，您怎么看这个问题？

马向阳：富不过三代本身就是告诫中国人要转换财富管理的传统理念。实际上，国外早已形成了很独特的模式，并已推进了很多年。像财富信托、家族基金等，在我们看来都是很成熟的模式。我们觉得文化理念上，这句俗语更多强调家族财富传承的私有属性，但是我们现在更多强调的是财富的公共属性。所以说，我们反过来看，就是家族财富管理机构，包括家族信托等机构在中国的诞生和发展，这种延续财富的管理模式，已经渗进一些中国企业老板的理念，而且转换得越来越明显。

马云基金已经建立了，港澳台也在这么做。看上去财富可能是别人的，但是作为家族成员来说，能够维持生活就可以了。我估计将来这肯定是个发展趋势，但这个转变过程可能会比较漫长，毕竟大富大贵的中国人还是极少部分。

记者：您能否结合一下您的个人经历对青年人择业、发展提些建议呢？

马向阳：好的。我觉得最主要的是以兴趣为导向。我先后修学过物理、电子技术、工商管理、管理学等专业，也曾经先后从事过公务员、科技开发、商务、贸易、管理咨询、企业管理等岗位，最终才将职业定为投资方向。无论中国的投资人也好，全球的投资人也好，你可以看到投资人的投资范围与投资领域有许多是不一样的。因此，作为投资人，有时候我们必须涉猎一些各个相关领域的专业性知识，随时更新自己的知识与能力。现在我更多地在关注康养、文旅等消费升级的项目，更多地关注那些与提升幸福指数相关的产业。

除此之外，我也会参与一些公益机构的设立与活动，为提升大家的幸福指数做点儿小贡献，也没有什么太大的苛求。

有的时候，我也会和年轻人交流，偶尔也会谈一些职业生涯规划，因为很多年轻人甚至在中学阶段就发现了自己的兴趣爱好，就开始培养自己的知识专长。虽然有些人学习的专业可能与将来的工作没有太多的关系，但是，在相关性方面，我们还是希望年轻人选择自己最有兴趣的工作，如果将来从事的职业能够应用上所学的技术，成果可能会更大。大家都说跨专业是好事，因为可以多元发展，但是有的专业技术领域，特别是工程类、技术类专业，是需要专业技术的大量积累的，也更需要专业的人才建设机制，社会需要创造条件让年轻人真正知道他愿意从事的职业是什么，如果年轻人利用他的毕生精力去做最感兴趣的工作，那可想而知，这样的产出将会有多大！（摘编自《国际融资》2019 年第 8 期，王芝清、艾亚文，杜秋摄影）

马向阳：以高兴之心行公益之事

马向阳先生是高兴资本集团创始合伙人、董事长，并担任该集团投资决策委员会主席，领导高兴资本集团在中国的业务发展。其专业方向包括私募股权投资、收购与兼并、项目融资、资本市场投资、运营管理、管理咨询等领域。

他拥有超过 20 年的投资经验。在创立高兴资本集团之前，主要在中国从事有关对外直接投资（FDI）、私募股权投资基金设立、投资项目分析与研究、项目融资和发展协调的工作，他的职责亦包括海外产业投资基金的股权投资、项目投资和跨国投资，主持过众多项目的直接投资及并购运作。在开展投资业务的同时，马向阳先生也作为管理咨询顾问为企业提供投资增值服务，涉及企业管理咨询、企业顾问服务等方面业务。

马向阳先生曾任职于美国 AAG 集团中国公司，并先后担任上海办事处首席代表、中国公司执行总裁、董事总经理、中国公司董事长等职务；还曾担任过万豪管理咨询公司的创始人和首席顾问，为多家企业提供过企业管理咨询与投资策划，内容涉及企业发展与战略管理、企业管理体系设计、企业投资发展战略研究、市场营销与客户服务体系、项目投资研究等方面。

目前，他还分别担任多家投资企业的高级顾问、合伙人、董事、董事长职务，同时，也是国际流程与业务重组协会常务理事，国际公司治理协会常务理事，以及江南并购俱乐部执行委员会主席，该俱乐部汇聚了近3000名投资与并购业务领域的中国专业人士。

马向阳先生有一颗公益之心，更是有着公益之行的一位投资人。在接受《国际融资》杂志记者采访时，他谦逊地说："我参与了一些公益机构建立与公益活动，为提升大家的幸福指数做点儿小贡献，也没有什么太大的苛求。"

2015年与他相识后，他独到的投资建树让我觉得他就是创业企业的导师，于是便向他发出邀请，邀请他做"十大绿色创新企业"50评委专家团的专家评委，他欣然接受，一干就是6届（2015—2020）。在这些年来，他为每一家绿色创新企业写的推荐词有高度有温度，如画龙点睛；他向每一家绿色创新企业的提问有力度有厚度，能一语点醒创业者。每一次他与绿色创新企业对话，其点评都直言不讳，一语中的。凡是和他对过话的企业老总，都称他为有见地、有水平的投资人。

投资人恐怕是天下最忙碌的"空中飞人"，而马向阳先生，不仅是高兴资本的掌门人，还是多家投资企业和机构的核心人物，其忙碌程度可想而知。但他却在百忙中，答应我们在2019（第10届）清洁发展国际融资论坛上为3家演讲企业（宇能精科、中海润达、太鲁科技）做点评总结演讲。他挤压了自己的睡眠时间，分析了这几家企业的实践过程，归纳了优秀绿色创新企业的6点共同特质，并从研究企业的现状及国家宏观政策入手，将最新的金融投资方面的政策动态梳理出来给予绿色创新企业和投资机构同行分享："第一，国家提出要加大绿色技术创新金融支持，国家引导银行业金融机构合理确定绿色技术贷款的融资门槛，积极开展金融创新，支持绿色技术创新企业和项目融资。对这些企业来说，可以为绿色技术创新项目提供更低的融资门槛和成本。第二，国家正在研究制定公募和私募基金绿色投资标准和行为指引，把绿色技术创新作为优先支持领域。这意味着更便捷的绿色债券发行上市流程，支持企业发行募集资金主要用于绿色项目的资产支持证券，支持绿色PPP项目资产证券化等。第三，国家一直在发展多层次资本市场和并购市场，健全绿色技术创新企业投资者退出机制。随着地方股权交易所和公共资源交易平台制度的完善以及优惠政策的持续推行，绿色企业、绿色项目的股权将会有更多合适的渠道来实现直接退出。第四，国家鼓励绿色技术创新企业充分利用国内外资本市场上市融资，未来绿色创新企业可以借助科创板的相关政策实现上市。第五，鼓励绿色金融双向开放，引导国际资本投资绿色技术创新企业，支持符合条件的绿色企业走向国际市场融资。"

他以自己20余年的投资经历及其帮扶企业的经验告诉这些以情怀创业的绿色创新企业家们，要心想事成，就"一定要加强与投资机构、金融机构、中介机构等方面资源的接触，并随时跟踪资本市场变化的趋势，调动国内外各类资源，实现企业投融资范围的优化选择，从而实现企业的快速发展。"

"马向阳先生的一席话，点醒了我！"会后，有一位绿色创新企业的老总非常感动地跟笔者这样说。（李路阳文）

"一带一路"篇

市场在哪里，企业就会走进哪里。但走进"一带一路"沿线国家，企业不仅要着眼市场，还要履行社会责任，同时防范东道国法律不透明和政府违约风险

许景南是福建匹克集团有限公司（简称：匹克）董事长，也是匹克的创始人。在匹克发展的 30 余年间，许景南带领团队，以中国闽南商人特有的执着与眼光，锻造了支撑匹克品牌的几大核心资产：品牌的国际化，资本的国际化和市场、研发的国际化。许景南十分清楚，锻造国际品牌，需要两个关键性因素支撑：一个是国家的强大，因为任何一个国际品牌的发扬光大都离不开其祖国背景的支撑；另一个是企业的实力，不但企业全员要有做百年老店的信念，而且企业经营创造的利润要足以支撑公司对品牌锻造的大量投入。

匹克锻造国际品牌的商业发展之路

20 万元配套投资失手却成就了自主创业

许景南的青年时代赶上了改革开放，这让出身于福建泉州城乡接合部农民家庭的他第一次拥有了与城里人同台参与市场竞争的机会。他从下海捕鱼积攒的钱中拿出 50 元做投资，与其他俩人合伙购买了一辆拉板车，在码头做拉货生意赚钱。接着，他又靠拉板车赚来的钱投资乡镇小企业，陆续创办了包括壳灰厂、机砖厂、专做旧箱回收改造的包装厂、板车运输队、拖拉机队、汽车运输队等在内的十几家乡镇企业，成为 20 世纪 80 年代靠勤劳致富的最早"万元户"之一。到 20 世纪 80 年代末期，他已拥有 20 万元积蓄。

许景南此时又赶上了另一个机会，那就是泉州市政府提出迎接二次产业转移，依靠民营企业和三资企业创办外向型大企业。当时泉州有一家叫胶鞋一厂的企业为耐克做来料加工，生意很红火，许景南与一位懂得制鞋技术和市场销售的朋友合计后，觉得运动鞋的市场远比他投资的那十几家企业更有前途，于是，他萌生了新的念头：投资创办一家给胶鞋一厂做配套的企业，专做鞋帮面。他说："我拿出创业积攒的 20 万元投资建厂房，同时引进外商做设备投资，双方合资成立了一家公司。没想到的是，厂房建起来了，设备也买回来了，胶鞋一厂却搬到了福建莆田，结果，配套做不成了。我被逼得只好自己干，由此还引发了雪上加霜的连锁反应，外商对我们没信心了，提出要退股。我当时把钱都投资建厂房了，哪有钱退给外商啊！外商执意要拉走设备，幸亏政府出面解决问题，最后，外商才同意了我们的提议，等我们有了钱再分期付给他。尽管当时非常艰辛、难受，但也有值得庆幸的地方，胶鞋一厂搬走后，该厂泉州本地的大多管理人员和技术人员都表示愿意来到我们这个企业。我因此拥有了一批骨干，使企业的产品研发和制造有了技术与管理上的保证。而这次被动收购，也为十几年后，我们能在资本市场顺利上市奠定了一个令投资人喜欢的股权结构。"

尽管匹克的发展让外商对退股的决定后悔莫及，但许景南心里很清楚，匹克的创业之路太艰辛，而这种艰辛跋涉，如果没有足够的自信是很难承受、很难坚持下来的。"刚创办匹克的时候，我们非常希望能接到外单，但新办企业很难让外商信任。当年我在中国进出口商品交易会（简称：广交会）上认识了一个外商，他手中有 20 万双鞋的订单，我想把这个订单拿下，狠了狠心，一双鞋亏一块钱也要做，但外商还是不放心，要求我们交保证金。我本想通过这个订单拿到一些预付款，没想到人家还要我们交保证金，这事自然是谈不成了。怎么办？只好放弃接外单的幻想，老老实实地在中国国内市场做自己的产品和品牌。"许景南对《国际融资》杂志记者说。

1990 年，许景南为其自主生产的运动鞋注册了个"丰登"商标，并在上海、北京、天津等大城市的壹佰、华联、力生等商场率先销售，结果，卖得特红火，一炮打响。但他不满足，他的梦想是把产品卖到国外去。"PEAK 匹克"之名就是在他国际品牌的梦想中创设的，1992 年，"匹克"正式在中国国内注册商标。"匹克"商标拥有的奥林匹克精神之魂，为匹克创国际品牌奠定了具有国际味道、不需太多解释、容易叫响的商标基础。也就是从那时起，匹克开始了锻造国际品牌的漫漫长路。

数十载投入，积聚专属性品牌资产蓄水池

1991 年，许景南公开宣布，匹克实施国际化战略，做国际品牌。

许景南做出这个决定，是基于对经济全球化发展趋势的一个理性判断。他说："要建百年企业，首先要有品牌，而要做国际品牌，就要有国际化战略。"

在今天看来，匹克当初的战略定位无疑是具有前瞻性的，但是，在 20 世纪 90 年代初，中国经济尚处于粗放型阶段，中国制造虽然活跃，但其质量、技术、管理、资金实力，均与世界同业相距甚远。许景南此时提出匹克要做国际品牌，这在很多人看来，是痴人做梦。对此，匹克团队内部就有极强烈的反对声音。反对者认为，一家没经验、没资源的小企业，怎么可能做国际品牌！许景南则不然，他对匹克有信心，"虽然我们当时一没经验，二无资源，但我们可以慢慢打基础、慢慢朝着那个目标走。也正因为中国没有国际品牌，我们匹克才有机会啊！"他发自内心地说。

许景南对推进匹克国际化战略，非常坚定，也十分执着，但他当时也有担心，他说："当时我最担心的问题是国家不强大。资源是可以慢慢积累的，经验也是可以慢慢摸索的，但国家不强大就不可能有品牌。同时，我也相信，改革开放必然会使中国强大。从改革开放 30 多年为中国带来的翻天覆地的变化看，我当初的判断是正确的，改革开放为我们匹克创国际

品牌提供了很好的保障。"

企业要锻造国际品牌，需要内功，也需要环境。其环境包括所在国家的经济实力是否足够强大，民众消费能力是否足够活跃。德国的阿迪达斯、美国的耐克等百姓耳熟能详的体育品国际品牌，其身后无一例外地都站立着一个经济发达的强国。中国改革开放 30 多年来的最大成果之一是成就了一批有远见、敢担当、内功好、实力强、不惧怕"走出去"与最强竞争对手挑战的民营企业家以及他们在市场竞争中锻造出的品牌。许景南及其团队锻造的"匹克"品牌便是其中之一。

许景南很清楚，要想让匹克成长为国际品牌，需要投入的还有很多很多，需要走的路也还很长很长。作为一家家族企业，他必须排除干扰、一如既往地做到底，因为他没有任何捷径可走。

1993 年，继"匹克"商标在中国国内成功注册之后，许景南带领团队开始"匹克"商标全球注册的历程。鉴于在马德里联盟一家注册就意味着对联盟内 70 个国家的注册，他们将"匹克"国际商标注册地的首选之站定在了马德里，而且取得了成功。

这一开局被许景南视为匹克品牌国际化的一个重要步骤。经过 20 余年的不懈努力和巨资投入，截至 2014 年，"匹克"商标已在 180 多个国家注册，覆盖全球 92% 的国家。期间，在美国申请商标注册可谓旷日持久，花了整整 15 年时间。许景南向《国际融资》记者道出原由："1995 年我们向美国提交了'匹克'商标注册申请，但我们的申请最终被他们以近似商标为由驳回。我们不服，提出异议，又被他们驳回。我们提出上诉，再次被他们驳回。后来，由于我们和 NBA 的合作，以及我们在美国 NBA 赛事上的广告推广活动，NBA 的影响力最终帮助我们于 2009 年拿到了'匹克'在美国的商标注册。商标注册是件非常严肃的事情，来不得半点儿含糊。如果我们在某个地区没有申请注册商标的话，那么，不要说市场，就连参展的资格都没有！美国市场对我们匹克来说，太重要了！不管多艰难，我们都要将'匹克'商标在美国成功注册，不达目的决不罢休！没想到这一商标之战竟打了 15 年。"

作为修炼匹克品牌国际化的必要内功准备，除了注册国际商标之外，管理标准国际化、质量标准国际化也是匹克追求的目标。早在 1995 年，匹克就通过了 ISO9002 国际质量管理体系和产品质量保证体系的认证，成为中国国内运动鞋行业首批通过双认证的企业；继而他们又于 2009 年和 2011 年分别通过了国际 ISO1400 环保认证和 ISO8000 职业健康安全认证。

更为重要的是，匹克持续投资新产品的研发，不断创新推出自主知识产权设计及专利。截至 2013 年 12 月 31 日，匹克已在中国北京、广州、泉州及美国洛杉矶设立了 4 家研发中心，拥有 200 多名研究及设计专才。通过不同研发中心设计团队的相互交流，使匹克得以打造更具创意及风格的产品，满足了世界各地不同消费者的需求。截至目前，匹克已获得包括 3 级缓震、梯度双能技术等在内的 67 个专利。仅以 2013 年为例，新申请的鞋和服装研发项目的专利就有 36 个。这些专利，特别是新近研发的专利，均是针对消费者的实际需求，不仅为匹克未来 3 ～ 5 年的产品提升打造了良好的技术创新基础，而且还可以进一步提升匹克在运动科技领域的竞争力。2013 年，匹克共向消费者推出了 623 款新鞋类产品、1439 款新服装产品及 349 款新配饰产品。

对此，许景南表示："在产品研发方面，匹克将不断增加技术创新的投入，并加强现有各个研发工作室之间的配合，以优质的产品及良好的品牌形象来巩固消费人群，并吸引更多消费者。"

除了产品的功能性与风格外，出于企业的社会责任，匹克的研发中心在选择原材料和设计产品时还会考虑环保元素，不断引入更多对环境无害或可再造物料，并采用节能工序生产其产品。

可以这样说，经过几十年对专属性品牌资产毫不吝啬的投入，现如今，匹克在知识产权保护、技术创新、质量产品、社会责任等方面已基本实现了与国际标准的无缝对接。

向具有国际影响力的球星与体育组织借光

2005 年，匹克全面加速实施"品牌国际化"战略。许景南自信地说："我觉得我们已经到了加速推进品牌国际化的时候了。我们的对手是耐克和阿迪达斯，但我们做过分析，他们的管理标准和产品质量标准跟我们差不多，在有些方面，我们的标准甚至比他们的标准还要更高些。

既然如此，匹克与耐克、阿迪达斯相比究竟差距在哪儿呢？用许景南的分析，这个差距就是商业模式的差距、品牌高度的差距和资源渠道的差距。他认为，通过对国际资源的借光以及产品的不断提高，匹克会逐步缩小与国际品牌的差距，并慢慢靠近这些国际品牌，而后再超越它们。

从 2005 年开始，已经具备相当资金实力的匹克集团，开始依托自身优势，全面启动"品牌国际化"战略。借助国际体育组织、国际赛事、国际知名球星的影响力，提升匹克的知名度和含金量。

2005 年，匹克赞助了当时拥有姚明、在中国具有最高关注度的 NBA 球队——休斯敦火箭队，成为第一个进入 NBA 赛场的中国运动品牌。并以装备赞助商和战略合作伙伴的身份，参与欧洲篮球顶级联赛（全明星赛）和"斯坦科维奇洲际篮球冠军杯"。这为匹克从此之后与 NBA 和国际篮球联合会（简称：FIBA）陆续建立的战略合作伙伴关系打下了坚实的基础。

在与美国 NBA 休斯敦火箭队建立合作的同时，匹克的球星代言计划也正式启动。匹克首先选中的是火箭队的防守大师、时为姚明队友的肖恩·巴蒂尔。2006 年，巴蒂尔以匹克代言人身份在中国展开了第一次球迷互动活动，获得了极大成功，该活动也因此成为"匹克 NBA 球星中国行"活动的雏形。

2007 年，匹克与 NBA 正式达成合作伙伴关系。旗下签约球星陆续达到 15 人，其中包括后来获得总冠军的贾森·基德等。2012 年 2 月，NBA 的夺冠热门队伍——迈阿密热火队，也成为了匹克的合作伙伴。2013 年，匹克与全明星球员托尼·帕克以及其所在的传统强队马刺队成为合作伙伴，再次加强了其 NBA 领域资源。截至 2013 年，匹克已先后与 20 多位 NBA 球星进行代言合作，与多支 NBA 球队长期保持合作关系。

众多球星的亲身体验成为匹克产品专业品质的佐证。借助 NBA 稀缺的优质资源，匹克从 2006 年巴蒂尔中国行开始，便每年坚持举办"匹克 NBA 球星中国行"活动，为中国球迷带来与顶级球星互动的机会。此外，匹克还每年与 NBA 共同开展 NBA 大篷车活动，将篮球运动带到中国国内更多的城市，培养中国青少年的篮球兴趣和技巧。

2011 年，匹克成就了具有里程碑意义的品牌国际化之大事：与国际最高篮球管理组织——FIBA 达成共识，成为该组织全球合作伙伴。这一权威背书，为匹克国际化再次添码。

匹克现在是 FIBA 的第一大合作伙伴，是 NBA 除耐克、阿迪达斯之外的第三大合作伙伴。为什么这些权威的国际体育组织会在众多品牌中选择匹克？许景南这样回答了《国际融资》记者的提问："这是因为我们之间有共同的目标。匹克有着深刻的篮球基因并在中国拥有扎实的市场基础，我们与他们的合作，无论是 NBA 还是 FIBA，都可以将他们的篮球运动、篮球资源、篮球商业输出到中国市场，提升他们在中国市场的影响力。而借助这些国际赛事组织，匹克也将自己在篮球领域的专业态度、专业产品带到了世界各地。"应该说，对发展全球性体育运动市场的憧憬与贡献，是匹克获得众多国际资源支持的内在动力。

现如今，匹克与篮球组织的合作已经不仅局限于 FIBA 和 NBA，匹克已与多个国家篮球协会（负责管理所属国家的国家队）建立了伙伴关系，包括澳大利亚篮球协会、黑山篮球协会、塞尔维亚篮球协会、新西兰篮球协会、喀麦隆篮球协会、科特迪瓦篮球协会、德国篮球协会、冰岛篮球协会、伊朗篮球协会和黎巴嫩篮球协会。合作的其中一项责任就是匹克向这些国家队提供在指定运动会及赛事上使用的体育用品。除此之外，匹克还跻身于篮球世界杯赛，成为该赛事的官方合作伙伴。

匹克品牌国际化的战略推广模式的特点，是根基于篮球，却超越了篮球，辐射到其他球类运动。匹克在不断增加对篮球赛事与组织的合作签约的同时，还将触角投向女子网球联合会（WTA）、环青海湖国际公路自行车赛等国际知名赛事资源，并与这些组织与赛事结成合作伙伴关系。2013 年，在 ASB 精英赛（新西兰奥克兰）、布里斯班国际赛（澳大利亚布里斯班）、Apia 悉尼国际赛（澳大利亚悉尼）、莫里拉霍巴特国际赛（澳大利亚霍巴特）、PPT 芭提雅公开赛（泰国芭提雅）、广州国际女子网球公开赛（中国广州）、BMW 马来西亚网球公开赛（马来西亚吉隆坡）及深圳龙岗金地公开赛（中国深圳）等 WTA 巡回赛中，匹克成为这些赛事的官方运动鞋及服装合作伙伴。匹克旗下签约的网球明星代言人也因此增至 26 人。

匹克还把品牌国际化的战略推广投向奥运会。在 2014 年索契冬季奥运会上，匹克成为新西兰奥林匹克委员会、斯洛文尼亚奥林匹克委员会两个国家代表团的合作伙伴，为这两个国家代表队参加索契冬季奥运会赛事提供体育用品。

在 2012 年的伦敦奥运会上，匹克赞助了新西兰、斯洛文尼亚、阿尔及利亚、塞浦路斯、伊拉克、约旦和黎巴嫩 7 个国家代表团。作为中国体育用品企业中赞助奥运代表团最多的品牌，匹克军团在该届奥运会上收获颇丰，共获得了 7 金 5 银 7 铜的出色成绩。也就是说，匹克设计的领奖装备在 15 天内 19 次伴随着这些优秀运动员站上了伦敦奥运会的领奖台，并展现在世界各地体育迷面前。

而这所有投入最终如愿以偿，许景南言简意赅一句话概括："那是价值观认同的结果。"

为了获取创国际品牌的资源通道，择港上市

2006 年，匹克在加速推进品牌国际化的同时，也开始了上市前的准备工作。

谋求上市的匹克当时有两个融资渠道可以选择，一个是上海证券交易所，一个是香港联合交易所。如果选择在沪市 A 股上市，匹克的市值将可能翻番至 100 亿元人民币以上，而选择在香港上市，其融资额一定会比境内上市少很多。即便如此，许景南仍然认定，市值的差距对他没有那么大的吸引力，匹克要创国际品牌，到香港上市才是他们的不二选择。

2007 年 8 月，匹克引入红杉资本做财务投资人，完成首轮私募融资；2008 年，匹克引入建银国际、深圳创新投资等私募基金，完成第二轮资金募集；2009 年 4 月，匹克又继续引入红杉资本、建银国际的资金，并新引入联想投资私募股权投资基金，完成第三轮资金募集，融资总额近 6000 万美元。至此，匹克为自己上市前私募融资画上了圆满句号，这 3 家财务投资机构的股份约占匹克总股本的 24%。

由于引入红杉资本等风险投资的资金，匹克如鱼得水，从 2007 年至 2009 年，连续 3 年销售额保持 80% 的增长。2008 年，匹克营业额达到 20 亿元人民币，到 2009 年上半年，匹克毛利率较 2008 年又增加了近 6%，达到 38.1%。而在 2006 年，匹克的营业额仅几千万元人民币，利润不过几百万。

至此，我们可以感受到资本的力量，也可以清楚地看到资本是如何帮助企业实现从成长期到发展期的爆炸性增长。

2009 年 9 月 11 日，匹克开始全球路演历程，首轮公开招股由瑞信担任 IPO 承销商。许景南董事长在与投资者见面的路演会上这样表示了匹克选择香港上市的动因："香港是国际资本市场，可以将匹克品牌带向全球，加速匹克的资本国际化进程，有利于匹克在国际市场首先是美国市场的拓展。"

2009 年 9 月 29 日，匹克体育用品有限公司（「匹克体育」，股份代号：1968，连同其附属公司「集团」）于香港联合交易所挂牌上市。

据当时媒体消息，匹克体育本轮公开发行总募资为 17 亿港元，较之前 15 亿港元的预估值高出约 14%。公开认购部分共录得超额认购 22.18 倍。匹克全球发售 41958 万股股份。由于香港公开发售获超额认购，匹克随即启动回拨机制，香港公开发售部分的总股数增至 12587.4 万股，占全球发售总数的 30%，其余 29370.6 万股为国际配售部分。若不计超额配股权，匹克上市后总股本达 20.98 亿股。许景南家族共持有匹克体育约 61% 的股权：其中许景南及其夫人分别持约 17.5%，许景南两个儿子许志华和许志达分别持股约 13%。按当时每股作价 4.1 港元计算，上市后匹克总市值达 86 亿港元。

匹克上市后，为其推进品牌国际化融到了足够的资金。许景南告诉《国际融资》记者，通过国际资本市场融资，匹克不仅还掉了上市前 5 亿元左右的负债，还扩大了匹克在山东菏泽、福建惠安企业的生产线，以及在江西的投资。从规模看，上市前，匹克的营业额约为 20 多亿元人民币，上市后持续增长，到 2011 年营业额增至人民币 46.5 亿元，利润为人民币 7 亿多元。

资本是趋利的，尤其是在资本市场。在中国境内上市的企业，无论做得好坏，不分红甚至多年不分红已成为一些上市公司的常态，股民拿这样的企业没辙，当然也就推升了股市投机和持续低迷。但在香港股市，如果哪家企业不分红，就会遭遇股民质疑，并会被股民抛弃。

许景南坦诚地说："刚涉入资本市场时，我们对金融市场的投资规则不是很了解，操作上出现过失误，包括分红。我原以为到年底时再一起分，不曾想，刚上市半年，还没反应过来就要分红了。分少了股民还有质疑，还会影响股民对企业的信心。"经过这几年在香港资本市场上不断摸索出来的经验，许景南发现，分红是成熟资本市场的规则，一家企业分不分红，是股民判定该企业是否绩优的关键指标，而分红的多少，又是股民预判该企业股票是否可继续持有的衡量标准。企业要发展，需要资金再投入没错，但也必须将利润大蛋糕切下一大块与投资人分享，这样才能保证上市公司的长远利益。"上市这几年来，匹克分红表现还是不错的，特别是在股市不好的情况下，更是加大了分红力度。2013年，虽然市场不太好，但我们的分红增长是百分之百还多，把利润的30%都拿出来分红，结果，股票从一块一毛多涨到现在的两块多港币。我们承诺，今后要把利润的50%拿出来分红。"许景南坦诚地说。

以牺牲自己的一些利益，换取投资人对匹克锻造国际品牌战略的长期支持，这是算大账，当然最终也必能赢得厚利。

为新10年战略，匹克欲再度寻求志同道合者

好事可以变坏事，坏事自然也可以变好事。

经历了上市前3年和上市后3年快速增长后，由于受中国运动品行业市场衰退等因素影响，与其他运动品牌一样，匹克在2012年至2013年也遭遇了库存积压和销售下滑之劫。

2013年岁末，有媒体报道称："匹克体育接连遭遇'打击'，先是其主动披露，2012年前10个月，关店逾千家，成为行业里已披露信息的公司中，关店数量最多的。此后，与其相守多年的红杉资本大幅减持，表达出对其未来业绩的怀疑。" 2012年12月17日，据联交所股权数据显示，匹克于2012年12月12日遭红杉资本场外减持5400.47万股，每股均价1.27元。

许景南并不避讳谈匹克的问题，坦言："针对整个行业消费下滑和我们渠道战略上出现的问题，我们主动做了调整，关掉一些没有效益的门店；把原来41%的毛利调降到37%、38%，让利于匹克的经销商；对电商和内部架构问题做了战略和战术的双调整；特别加大了向国外市场拓展的步伐。这两年的调整，为匹克赢得了10年的发展空间，很值。我认为，国际市场这么大，匹克未来以每年两位数递增并不会是件太难的事情。"

其实，红杉资本、联想等风险投资基金退出匹克，是投资规则使然。任何风险投资（简称：VC）、私募股权投资（简称：PE）都有它的投资周期，在企业上市后两三年内退出，是VC、PE的通常选择，红杉资本也不会例外，何况这些资本已经盈得盆满钵满，这是一；其二，资本是逐利性的，任何VC、PE都不会成为长期持有企业股份的战略合作股东，他们会在市场最佳时机逐步卖掉持有的股份，在市场不妙时加速抛售所有的股份，之后，斗志昂

扬地奔向下一个高成长企业。

尽管两大投资商相继因为投资规则淡出匹克，但许景南仍然坚信，匹克是中国国际化程度最高的运动品牌，匹克销售下滑是暂时的，上市公司匹克体育的股票是被大大低估了。基于此，他毫不犹豫地做了一件事：回购股票！ 2009 年匹克体育上市时，许景南及其家族持有匹克体育约 61% 的股权，现在已持有近 70%。此回购之举，向市场传递了这样一个信息：匹克的家族股东坚信，匹克是最好的，匹克是值得长期持有的中国国内最为国际化的运动品牌。同时，他还表示，希望能够引入具有社会责任感、对锻造匹克国际品牌有着相同认知和信心的投资人做匹克的董事股东。

在战略上，许景南及匹克团队更加鲜明地提出做国际化品牌，加大对境外市场，特别是美国市场的投入。但对这个决定，有些投资者并不认同，认为，这样做的结果是放大风险，不如在中国国内市场多下功夫。许景南坚决不改加快匹克国际品牌建设的初衷，并提出推进匹克国际化进程新 10 年"三百目标"战略，即在 100 个国家和地区注册匹克商标，在 100 个国家和地区销售匹克产品，在境外销售匹克产品收入达到人民币 100 亿元。第一个目标，匹克已远远超过；第二个目标，匹克已完成了 40%；第三个目标，匹克 2013 年才完成 5 亿多元人民币海外销售额，距 100 亿差之远矣。对实现第二、第三目标的路径，许景南这样描述："关于在 100 个国家和地区销售匹克产品，目前匹克产品在 90 多个国家销售，但有稳定销售的大约是在 40 个国家的 200 多家店面，我们还在美国开设了两家直营专卖店。匹克的目标是每年增加四五个国家的销售，通过建立团队，推广品牌、提升服务等，为那些国家培养销售匹克产品的经销商。关于境外销售额达到 100 亿元人民币的目标，我认为，只要我们在 100 个国家建立稳定销售，100 个经销商每年实现 1 亿元人民币的营业额，那就是 100 亿！为了实现这个目标，我们在战略设计中，已把对经销商的回报捆绑在其中了。我们的做法是，当品牌提升产生附加值后，我们会在经营上给予境外经销商更多的获利空间，还会通过允许经销商和加盟商做研发、给予他们研发费用支持和研发成果在全球线上线下订货会上共享等开放研发的策略，让这些海外经销商与加盟商拥有更多的盈利空间。"采访时，许景南告诉记者，签约实施正在进行时。

许景南坚信："有中国庞大的市场做支持，匹克赶上国际领先的运动品牌只是个时间问题。"（摘编自《国际融资》2014 年第 5 期，李路阳、陈晓丹文，陈醒摄影）

许景南与匹克

许景南，福建泉州人，福建匹克集团有限公司董事长，匹克体育用品有限公司董事会主席，匹克创始人。全国优秀企业家。

坦率地说，匹克集团已融入了许景南的生命。与他在一起，他说的最多的就是匹克如何创国际品牌，三句话不离国际品牌。

2009 年 9 月 29 日，匹克体育于香港联合交易所挂牌上市。历时近 7 年，2016 年 11 月 2 日，匹克体育从港交所撤销，历时 5 个月正式完成私有化退市。（艾亚文）

据联合国世界水资源发展报告披露：全球目前约近一半的人口居住在缺水地区，到2025 年，将有三分之二的人口面临水资源短缺；在拉丁美洲、非洲和亚洲，几乎每条河流的水污染情况都在进一步恶化，且水质情况还将在未来数 10 年进一步恶化；然而全球对水资源的需求却以每年 1% 的速度增长。为此，联合国教科文组织总干事奥德蕾·阿祖莱女士呼吁：需要以新的方式来管理水资源，以应对人口增长和气候变化给水安全带来的挑战。那么，有谁发现了新的方式吗？这个回答是肯定的。香港天泉鼎丰集团（简称：天泉鼎丰）创办人、总顾问，联合国"水促进可持续发展"国际行动 10 年（2018—2028）高级别国际会议指导委员会委员，联合国环境科学政策商业论坛指导委员会创会成员拿督斯里吴达镕先生对空气制水的重大发现以及对空气制水系列技术与产品的发明，为面临水资源、水安全严峻挑战的人类带来了永续的福音。2018 年岁末，他接受了《国际融资》杂志记者的独家专访。

天泉鼎丰空气制水：实现水资源安全永续的解决方案

基于自然的水资源与安全解决方案缘何如此重要？

1998 年，为响应联合国可持续发展委员会第 6 届会议的建议，以联合国教科文组织等国际机构为主要成员的联合国水机制决定，每 3 年发布一版《世界水发展报告》，阐述全球淡水资源现状和在实现千年发展目标与水有关的子目标方面取得的进展。2003 年发布了第一版主题为"人类之水，生命之水"的《世界水发展报告》，在之后的 2006 年、2009 年、2012 年分别发布了主题为"水：共同的责任""不断变化世界中的水资源""不确定性和风险条件下的水管理"3 个《世界水发展报告》。自 2014 年起改为每年一版《世界水发展报告》，陆续针对"水与能源""可持续世界之水""水与工作""废水：尚未开发的资源""基于自然的水解决方案"等特定主题进行了问题分析、案例印证和政策建议。在这些报告中，可以发现一个清晰的脉络：从最初的观念引领、风险警示到水资源延伸的可持续发展领域，最终落到废水开发和基于自然的水解决方案上，系统揭示了由于受人口增长、气候变化、环境污染、消费急剧增长以及浪费资源的生活方式普遍化等诸多因素的影响，人类水资源与安全正面临越来越严峻的挑战。

第一个挑战是，淡水资源量与需求量不匹配带来的资源危机。全球淡水只占总水量的2.6% 左右，其中占 99% 的绝大部分被冻结在南北两极和冻土中，无法利用，只有不到 1%的淡水散布在江河湖泊与地底下，而便于人类利用的淡水资源只有 2.1 万立方千米左右。由于这些淡水资源在时空上分布不均，加上人类的不合理利用，水资源短缺地区和饮水困难的人群正在逐年增加。正如联合国《世界水发展报告》数据显示，全球水的使用量在过去 100年里增长了 6 倍，现在还在以每年 1% 的速度继续增长。未来 20 年，全球的水需求将继续大幅度增长，目前每年 4600 立方千米的水需求现状已经接近了可持续水平的上限，但到2050 年可能增长 20%~30%，达到每年 5500~6000 立方千米之间，届时将有 50 亿人生活在水资源匮乏的地区。按此推测，如果人类没有找到与水需求大幅度增长相适应的可持续发展解决方案，到 21 世纪中叶，人类赖以生存的淡水将成为最昂贵的稀缺资源，水之战难以避免。

第二个挑战是，有限的水资源与人口增长、环境破坏等给水安全带来的挑战。全球水污染情况正如联合国《世界水发展报告》所示：自 20 世纪 90 年代以来，在拉丁美洲、非洲和亚洲，几乎每条河流的水污染情况都在进一步恶化。未来数 10 年，水质还将进一步恶化，对人类健康、环境和可持续发展的威胁只增不减。其中，最为普遍的水质问题是水体中的营养物含量升高。根据地区不同，这种情况还经常和病原体含量升高有关。上百种化学物对水质都产生了影响，包括农药污染水源、工业污染、未经处理的污水污染干净水源，以及过度抽水等滥用水的情况，这些不仅加剧了人类水资源的紧缺，还威胁到饮用水的安全。

如果按传统套路走，可能永远无法从根本上解决。因此，联合国在 2018 年世界水日提出"用大自然战胜水资源挑战"并积极倡导"基于自然的水解决方案"。其实，早在 2014 年，空气制水发明人拿督斯里吴达镕教授就已经通过绿色创新探索，完成了基于自然的空气水解决方案这一史无前例的重大实践，用空气鲜榨水产品诠释了人类"用大自然战胜水资源挑战"是一条可持续的出路，是一次划时代的革命。

拿督斯里吴达镕教授告诉笔者，他从 20 年前就开始关注水资源问题，他发现人类在从寻找水资源到挖掘水资源，包括过滤水资源的过程中，从来就没有自主性地制造过水，一直对这个大自然恩赐的"取之不尽，用之不竭"的水资源进行着无度的挥霍、污染和破坏。"20 年前我就研究过滤水的饮水器，后来发现由于工业废水、生活污水、土壤的农药残留等进入江河湖泊，已经超过了水体自净能力，这种污染导致了水体在物理、化学、生物等方面特征的改变，即便是对水做了过滤，也还不能完全滤净。我也研究过海水淡化，但并不理想，成本太高。蒸馏水也不行，不仅没有任何营养，水的来源实际上也有污染。有一天，天上下雨，我看着降落的雨水，突然想到了空气冷凝，想到了大气中每天的蒸发量，灵感让我发现了空气中的水资源。我即刻上网查了一下资料，发现了这样的数字：世界海洋每年蒸发量约 50.5 万立方千米，向大气供应 87.5% 的水汽。这些从海洋或陆地蒸发的水汽上升凝结后，又变成雨雪降落在海洋和陆地上。全球每年降水量约 11.9 万立方千米，其中只有约 30% 渗入土壤形成地下水，70% 通过地表流入江河湖海，从而构成了地球上周而复始的水文循环，能够较为稳定地被人类利用的水大约只有 1.4 万立方千米。这是什么概念呢？每年向大气供应的 87.5% 水汽约为 44 万立方千米，而全球每年的降水量约 11.9 万立方千米，也就是说每年约有 32 万立方千米的水汽在空中被白白蒸发或没被利用。如果我们将其中的零头——2 万立方千米的水汽制成空气鲜榨水，那就真的实现了水资源的取之不尽，用之不竭。"

找到了水资源可持续的新路径，这让他异常兴奋。如果 2 万立方千米的水汽制成空气鲜榨水，则意味着人类各地区普遍获得了一个安全饮用水的通道；意味着人类在目前 4600 立方千米的水需求之外，还有 2 万立方千米的水供应储备；意味着因水资源匮乏导致的贫困以及地区间冲突从此可以化为乌有；同时还意味着人类在面临人口增长、城市化和工业化提速，燃料、粮食与能源安全保障，新消费模式应对，受威胁的生态系统保护等一系列挑战中，水资源将不再是被担心的制约因素，而是有保障的推动因素。从发现空气水的那一天起，吴达镕教授开始夜以继日地加紧研发空气制水的技术，2015 年，第一台空气制水设备研发成功，制出的水质量非常好。这时他决定，要让联合国知道这个重大发现，他兴奋地奔走于联合国各非政府组织，参与各种与水机制相关的会议，不厌其烦地介绍空气制水这一基于自然的水资源与安全解决方案。同时，他有了一个愿望，要让"一带一路"沿线国家，特别是那些缺水国家能够受惠于绿色创新企业带来的共享成果。

让联合国了解空气制水能给人类带来怎样的福音

拿督斯里吴达镕教授发明了"空气提纯冷凝技术""大气甘露转化系统"等 7 项空气制水发明专利及其制水设备，通过"空气提纯冷凝技术""大气甘露转化系统"的运动产生结冰的原理，对结冰前的水进行处理转换，制作出空气鲜榨水。当他看到利用空气资源高效制取的"零用水、零公害、零添加"的安全饮用水缓缓流到容器中，当他沉醉地品尝着甘甜的空气鲜榨水时，感到无比的欣慰。"我看到了希望，因为这个绿色创新设备制出的水可以救更多的人，想到我们的子孙后代都能有安全的饮用水喝了，这让我很快乐。特别是当人们喝着空气水，认同这个制水设备，并有越来越多的人参与到这个事业当中时，我内心就会涌起强烈感动。"

但是，他发现推广空气制水并不像他想的那么简单。因为绝大多数人第一次听到这个发明的反应都是根本不信！他以为从 20 世纪 90 年代就致力于全球水资源可持续发展研究的联合国水机构，一定会认可这个技术。然而令他没想到的是，当他从 2015 年第一次参加联合国大会的时候开始直到现在，无论向谁介绍这个技术，只要是第一次接触这个技术的人，包括联合国大会主席，他们的回答都是一致的："不可能！"但他每次的回应都很冷静而给力："如果你亲眼所见、亲自品尝，你还是这个回答吗？"回答转向了："东西在哪儿？""就在会场外面。"因为他在此前已经不知道领教了多少次固执己见的面孔，他知道这些人不见实物根本不会相信，于是，干脆把空气制水机也带了过来。他在设备前给联合国官员介绍空气制水的原理，并将制作出来的空气鲜榨水一一递给他们品尝。结果瞬间赢得了一张张不可思议状的表情和惊讶的赞叹与恭喜。

拿督斯里吴达镕教授发明的空气制水机核心技术，包括有 200 多项国际专利，其中"空气提纯冷凝技术""大气甘露转化系统""标量波光量子导入系统"等 7 项空气制水发明专利均已在世界知识产权组织注册，覆盖联合国 WIPO-PCT 体系的 152 个缔约国。他对人类水资源与安全的贡献，以及他对水资源与安全保障的倡议，让他在联合国赢得了一系列荣誉并承担了更多的责任：他成为联合国"水促进可持续发展"国际行动 10 年（2018—2028）高级别国际会议指导委员会委员、联合国环境科学政策商业论坛指导委员会创会成员，成为唯一一位荣获联合国水行动 10 年高级别国际会议贡献表彰的国际知名人士，还获得了联合国工业发展组织革命性水资源解决方案奖、塔吉克斯坦外交部联合国水 10 年国际行动贡献表彰奖。由于他创立了量子技术应用发展的新标杆，被多个联合国非政府组织和国际社会誉为"空气制水之父"。

2018 年 10 月 6 日，他在联合国全球水资源可持续发展论坛上发表的主旨演讲，可谓是他多年来积极倡导并推进水资源利用与水安全行动的观点浓缩，更折射了他为终结贫水、污水给人类带来疾病、战争与死亡所做的不懈努力。他在演讲中一针见血地指出，在过去的 50 年中，人类活动对水资源的污染是史上前所未有的。水资源的短缺和污染已经成为国民经济和社会发展的主要制约因素。因此，必须实现用可持续发展的方针和政策，完善和促使科学和自然的解决方案。由于水处于基础性自然资源和战略性经济资源、生态环境的关键要素和社会经济发展的重要支撑保障的特殊地位，因此，保护水资源的成本，要远远低于污染后的清理整治成本。一旦水资源稀缺，社会公平问题就突显出来。他提出在资源需求中找到平衡是确保水资源可持续发展的关键。他强调说："保障水安全已经超越了单一学科的研究范围，也超越了单一部门的管理能力。学科融合将在水科学的发展中成为大趋势。"他希望有更多跨学科、跨部门、跨行业的人能够广泛参与到这个关系到人类可持续发展的事业中来，共同合作。

据媒体报道，拿督斯里吴达镕教授关于《向空气要水的水资源解决方案》的倡议与空气制水技术，在 2018 年联合国 2018—2028"水行动"国际高级别会议、联合国环境大会中，获得了联合国大会主席、联合国环境大会主席、172 个国家的联合国代表，以及各国科学技术专家的一致认可和支持，并在中国、美国、澳大利亚、韩国以及中东和中亚等地区获得了积极响应和实践。

科学不是理论和套路，她就在灯火阑珊处

拿督斯里吴达镕教授发明的空气制水技术，被中央广播电台视频健康频道称为是中国的"第五大发明"，这项技术也让他本人及他领导的天泉鼎丰集团和子公司在中国获得了多个奖项：2015 年意大利米兰世博会中国企业联合馆入选品牌、入选科技品牌和入选科技代表品牌三连冠；2016 年中国自主品牌十大创新企业，中国（行业）十大影响力人物，中国（行业）领军品牌；2017 年全国商业质量品牌示范单位、全国商业质量品牌质量奖单位，中国

共享经济十大领军企业；2018年拿督斯里吴达镕教授获得智能制造创新人物奖、中国改革开放40年影响中国诚信建设杰出成就奖、中国经济新模式发展十大创新人物及全球最具影响力华人领袖奖等殊荣。

这项技术给人类可持续发展带来的贡献，让拿督斯里吴达镕教授在美国获得了国会最高贡献表彰、加利福尼亚州议会最高贡献表彰、美国陆军最高荣誉贡献表彰等近30项殊荣。有些国家希望他能够带着技术加入他国国籍，均被他拒绝。他说："我是永远不变的中国人，我发明的空气制水技术属于中国。我要让中国人首先喝上质量安全的空气水。"

作为空气制水行业的创建者和引领者，具有国际专利和运用航天高新科技的空气制水企业，天泉鼎丰和他本人虽获得了多项国内国际奖项，但在中国推进空气制水成果落地的过程中，其难度已经超出了他的想象。

他无不担忧地告诉笔者：中国属于人口大国，是全世界13个缺水最严重的国家之一，是人均淡水资源贫国，水资源可用量、人均和亩均的水资源量极为有限，降雨时空分布又严重不均，地区分布差异性极大，北方属于资源型缺水，南方水资源虽然比较丰富，但因水体污染，水质型缺水问题相当严重。据公开信息披露，近三分之二的中国城市供水不足，六分之一的中国城市严重缺水，其中也包含北京、天津等特大城市。到2030年，中国用水将达8800亿立方米最高峰期，而这数字将超过水资源、水环境承载力极限。同时，水污染日益严重，也加剧了中国水资源短缺的矛盾。"我发明的空气制水技术目前已经推出了日产水量由30升至5吨的系列鲜榨空气制水机，还推出了规模日产水量由50吨至100吨'零添加、零公害、零用水、零废水的天然活性饮用水'的鲜榨空气制水厂，结合太阳能、风能等清洁可再生能源的供电系统，为解决海岛、轮船、钻探平台等无水源补给情况，旱涝等灾害情况以及沙漠等自然环境的饮用水问题，提供了新思路和新途径。但是在中国大陆推广落地时，挑战的确不小。最难突破的就是从没有变成有。"他说。

第一是注册难。2015年，当空气制水设备研发成功后，天泉鼎丰决定在深圳投资设立一家空气制水高科技公司，但在申请工商注册时，却遇到难题，因在工商企业注册的行业里没有空气制水这一个类别，如果用空气制水注册公司，根本无法通过名称审核这一关。但在境外，企业注册了就可以从没有变成有，但在中国国内则不同，工商注册的类别里没有的就不能有。照章办事讲原则讲规矩，一点儿错都没有，但是从科技创新的角度讲，这会制约中国高科技发展的速度。想想看，如果我们不去做机制上的突破，这个制水的"零到一"过程怎么完成？又如何区分落后与先进？

他和团队四处奔走，不停地找有关部门沟通，寻求突破口，毕竟深圳政府的改革开放力度大，他们终于陆续获批以鲜榨空气水智能科技有限公司和深圳市空气制水科技有限公司的名称注册公司，实现了企业名称中空气制水新类别零的突破。

第二是建厂难。天泉鼎丰要在广东河源投资一家空气制水厂，但又遇到麻烦：由于水厂目录里只有污水处理厂、自来水厂，没有空气制水厂，所以无法建空气制水厂。这又是一个"零到一"如何突破的问题。他又开始到处游说，谈机制创新的突破。他说："幸好我们是在中国最开放的地方——广东和深圳，最终投资收购了当地一家水厂并改制注册成立空气制水厂，突破了这一问题。"

第三是最难的，空气制水厂运营必须要有牌照，但空气制水是全球首创，所以关于空气制水的牌照不可能先于它诞生。这就出现了一系列问题，按规定要提交水质检测报告，但已有的联合国、香港、欧盟的检测报告都不算数，内地检测机构又因没有空气水这一类别而无法检测。最后只能按饮用水标准检测，最终拿到中国饮用水检测报告。

由于空气制水在水行业没有先例，在短时间内根本不可能拿到牌照。没有牌照就不能投资建厂，这是行业规矩，谁都无法逾越。难道就眼睁睁地看着这个可持续的水资源与安全的创新解决方案因为没有"一"而搁浅吗？如果搁置一年，就意味着中国距离用水超过水资源、水环境承载力极限的 2030 年近了一年。拿督斯里吴达镕教授——这位致力于让全世界的穷人和富人都能喝上空气鲜榨水的发明人是不会坐等的，他知道，这是人类在和时间赛跑。于是，他提出用并购手段，拿下一家水厂。就这样，很快有了牌照，在经营范围内增加了空气制水。"我很感谢这些领导，正是因为他们的大胆突破，才使得像天泉鼎丰这样的高科技企业真正走向产业化。"他这样表示。

天泉鼎丰最终将并购的河源水厂建成了全球首家鲜榨空气水厂及生产和示范基地——河源市天泉鼎丰空气制水科技有限公司，整个鲜榨空气水厂采用全球首创的回收过滤、消毒和循环再生清洗系统，可使生产用水量节省 40%，生产成本降低 15% ~ 20%。

从起名到产业落地，一步又一步地化解创新产业落地的难题，天泉鼎丰用了 3 年时间。拿督斯里吴达镕教授庆幸而欣慰地说："幸好天泉鼎丰的内地公司设在敢于突破条条框框的深圳，在 2018 年，天泉鼎丰智能科技有限公司从万宗申请中脱颖而出，成为中国首家获得'国家级高新技术企业'资格认定的空气制水企业。这一殊荣意味着空气制水已被划入国家重点支持的高新技术领域。对于我们港资企业来说，这是国家对天泉鼎丰的研发能力、技术成果转化能力以及在空气制水行业领军地位的肯定。"

欣喜之后，天泉鼎丰又遇到了新难题，虽然并购了一家水厂，但空气制水还没有国家标准，在全球水危机的今天，这将掣肘这一产业的健康发展。坦率地说，任何产业创新要想实现"零到一"的技术成果转化，确实不是靠企业单枪匹马就可以完成的，这涉及体制的突破。"我们需要突破体制上没有的东西，为了实现'零到一'的突破，我们绝不能等，要创造条件，主动去和有关部门就标准制定工作进行沟通。"他坚定地说。

他告诉笔者，天泉鼎丰已经邀请 12 个国家的特使和中国国内几十位水专家，设立了全球空气制水产业行业标准国际高级别成员会议，为空气制水行业制定生产标准和饮用标准。他说："生产空气制水机器的标准要按欧盟标准走，这样才能实现出口；空气制水机制出的水要按照世界卫生组织标准，通过检测水的能量和成分跟国际接轨，同时要制定空气制水的最高标准和最低标准，还要将抽湿机、空调机抽出的水的区别标准也搞出来，免得让消费者产生误会，错将抽湿机、空调机抽出的水当成空气制水。空气制水的标准一定是按照健康合格饮用水的标准做的。"目前，天泉鼎丰正在积极配合工信部等有关部门制定空气制水的国家标准。

完成水资源的系统架构是可持续发展的最佳选择

水是万物之源，对水资源的需求涉及国民经济的各个方面，根据 2018 年世界水资源及中国水资源概览及水利部信息披露：中国农业用水占中国总用水量的 62.4%，工业用水占 21.6%，生活用水占 13.6%；人工生态环境补水（仅包括人为措施供给的城镇环境用水和部分河湖、湿地补水）占 2.4%。全国城市每年缺水 60 亿立方米，因缺水造成的经济损失约 2000 亿元。而工业废水、生活污水和其他废弃物进入江河湖海等水体，超过水体自净能力，导致水体污染，使其物理、化学、生物等方面特征发生改变，从而影响到水的利用价值，造成水质恶化，破坏了生态环境并危害到人体健康。严重的缺水和水污染问题已经制约了中国城镇现代化建设进程和 GDP 的增长，也制约了居民生活水平的提高，特别是健康中国的幸福指数。

鉴于水在农业和工业占比 84% 的重要地位，水的有无、优劣，都将在国民经济与社会发展中发挥正向的推动作用或反向的制约作用。拿督斯里吴达镕教授是一位具有系统整合格局意识的大家，他发现了淡水资源可持续的自然之源，创新发明了空气制水，如果这项革命性技术发明能在全世界各国应用的话，终结水之战就不再是天方夜谭。但他的发明并没有就此停下来，还在提速。

接着，他又把目标对准了农业，创新推出空气水新农业技术整合项目，在中国广东虎门，天泉鼎丰投资建立了全球第一个空气水新农业基地，将其投入的大型量子能量水处理厂净化和精滤的量子能量水用于农业灌溉，将美国超钻光量子导入农业种植，大幅度降低了化肥的使用量，并达到近零排放的目标。这种采用空气水以"仿生农法"种植生产出的"空气水量子超能蔬菜"，杜绝了农药及含有激素等化学成分的肥料；灌溉用水均通过独创的过滤及磁化技术进行改良，使水分子进行重新排列组合而形成极易被植物与土壤吸收的小分子结构的磁化水；土壤均是运用改良水结合天然植物与微生物菌种混合发酵研制而成的营养液，以独特的地下灌溉渗透技术彻底净化形成；植物在最佳的自然生态环境中聆听音乐成长，使这种"空气水量子超能蔬菜"具有了超强的抗氧化功能并含有多种微量元素和维生素。突尼斯驻华特命全权大使迪亚·哈立德参观了这个全球第一家空气水新农业基地，非常震惊，连连赞许并给予高度评价。

不仅如此，在"空气水种植"成果的基础上，他又带领团队进行"空气水水培法""空气水气耕法"等无土栽培技术、栽培设施、栽培工艺的研发。"空气水气耕法"只需传统耕作 10%～15% 的用水量，收成却是传统种植的 3～4 倍；这些技术的推出，有利于非耕区开发的立体式垂直化栽培，可以做到无需甲溴基的土壤消毒和无虫化的免农药生产，实现废料、废物、废液的零排放，从而重构缺水地区和土壤污染地区的绿色农业生态。

这一系列在空气制水基础上创新的农业生产、环境美化及生态修复方面的集成技术，让我们看到未来中国农业摆脱土壤沉疴、重回基于自然的健康生态农业的希望。

在拿督斯里吴达镕教授眼里，这还不是完美的闭环。他看到了水在未来工业革命中的重要性。工业是国民经济的重要支柱，发动机是工业的灵魂，但燃油发动机的资源不可持续，锂电池有二次污染的问题，只有氢燃料电池的源头资源——水是可持续的，特别是洁净的空气制水的诞生，使电解制氢获得了永续的资源，因此，氢燃料电池被发达国家公认是解决未来人类能源危机的终极方案。在山东日照高新技术产业开发区，天泉鼎丰投资参股了一家氢能汽车制造企业，空气制水将成为这家氢能源汽车产业基地的重要资源。

他说："氢能源发展是中国国家战略，它会给全球工业带来一次重大变革，而且是一次必然革命。"他进而指出："随着氢能发展的进步，世界可预见氢燃料电池应用的普及。水资源作为氢能的原料，则意味着全球对水资源需求的进一步提升，而空气制水技术将在其中发挥关键性作用。从空气高效制取永续、安全、可靠的水资源，可以保障氢能生产的水供给，同时摆脱如沙漠、海岛等干旱、缺水地区的气候和地理限制，降低取水和净水成本。天泉鼎丰创新的可移动式空气制水厂能够随时随地提供各类用水服务，实现'有空气的地方就有永续的氢能源'。另一方面，氢燃料电池也能为空气制水设备提供清洁能源，兼得相辅相成之效。"

他的探索还不仅仅停留在氢燃料电池对汽车的应用上，"我还在考虑将我们对氢燃料电池的研发延伸到氢能源发电厂，为工业供电、民居供电。因为膜技术已经很成熟，空气制水因纯净度高，提取氢的含量就比较高、能源效率也高，两者结合一定会在未来的发电领域发挥更好的作用。"他这样说。

最后，他谈到了天泉鼎丰以"绿色、智能、永续"为核心的智能建设项目，这个项目以可再生能源及空气制水为基础，带动电解制氢系统发电，采用无土种植系统在楼顶种菜、空中花园养花，使用氢能汽车出行等绿色闭环生态。该系统集成技术方案是智能型电脑、通信、信息技术和建筑艺术的有机结合，通过对设备的自动监控、对信息资源的管理和使用者的服务，以及建筑的优化组合，实现楼宇自动化、办公室自动化、通讯自动化，继而发展成高效率利用能源、最低限度碳排放及保障水和能源自给自足的永续社区。这个架构将为"生态城市"和"智慧城市"的规划发展提供一个可持续性的优化解决方案。就在发稿前，天泉鼎丰与湖南海凭国际投资集团有限公司于深圳就辽宁医械园并购合作事项签订协议，首个空气制水新能源房地产项目正式启动。

最后的赘语

作为笔者，写至此，便有想呼吁几句的冲动。一个重大发明专利往往是某个人或某几个人基于其重大发现而研发出来的，但是，当这个重大发明对我们现有行业或整个工业、农业产生颠覆性革命的时候，靠某个企业或某几个企业的力量是不大可能顺利实现其成果转化的。像空气制水，它所能带来的革命性进步不仅涉及资源、能源，也涉及农业、工业、建筑业等几乎所有与民生相关的领域，因此，政府支持产业创新的机制也应该改革，应该通过跨行业、跨部门的系统协调，形成与企业自主创新重大发现相吻合的政策支持机制，推动这个基于自然的覆盖空气鲜榨水、健康农业、清洁能源和绿色建筑的革命性大产业尽快落地，提速发展，造福人类。（摘编自《国际融资》2019 年第 3 期，李路阳、吴语溪文，杜京哲摄影）

独角兽的逻辑：做最难的事儿

与拿督斯里吴达镕教授畅聊，会发现他的思想非常跳跃，而且跳跃的跨度很大，如果笔者不是事先做了不少功课，恐怕很难跟上他的节奏。在几个小时的畅谈中，我感到他是站在一个水资源能否可持续的思考高度去探索、发现、实践、推广，他的所思与所行都不是基于某一个点，而是基于一个面，这就是他发现可永续的空气水源并将它制成空气鲜榨水，进而将其延伸到农业、能源、建筑等与人类基本生存需要相关的各个方面的一个可循环的闭环模式。

"一个理念、一个哲学、一个观点、一个发明被认可是非常难的。人生最累的事情是夏虫语冰。"这是他的感慨，也应该是所有在科学路上探索者的共鸣。但是，即便是无人认可，也不会阻止科学家探索的脚步，因为没有任何框框可以限制他们跳跃的思维，这也是古往今来的事实。但是，当一个重大发现是关乎人类基本生存保障之安危时，"你就必须要有一个落入红尘的方法或套路，也就是说要从企业运作的角度，用老百姓听得懂的话让别人听懂，用看得见的事实让别人看明白，用世俗的东西完成脱俗的理想。"他说。

他认为，很多科学技术发明没能实现成果转化，外因有很多，但是内因只有一个，那就是没有突破自己。"只有突破自己才能突破别人。用别人听得懂的话来突破别人并不难，难的是你能不能放下自己的清高与桀骜不驯。我和很多搞科学的人一样，过去也曾有这个障碍，但我最终放下了，走出了这一步。伟大的理想只有落到地上去做事才能实现，"

拿督斯里吴达镕教授是一位有着强烈使命感与忧患意识的发明人，他说他不是科学家，只不过搞了些小发明，发现了宇宙中原本的存在，并将这些东西组合起来罢了。他创新水资源与安全的整体解决方案，是为了阻止人类因安全饮用水减少而导致的疾病与死亡人数的上升，减少争夺稀缺的水资源而可能引发的地区冲突。为了让更多的生命有机会、有尊严、有质量地活下去，他像一位公共外交家，在联合国各种与环境、资源等相关的会议上奔走，呼吁各国政府，特别是发展中国家关注水资源可持续发展问题。

每天只睡3小时、吃一顿饭的他，白天致力于国际社会的公益、经贸、文化、教育等多领域社会活动，夜深人静时，便进入探索发现的兴趣王国，伏案疾书。

他知道天泉鼎丰制出鲜榨空气水设备并使空气制水厂投产运营后，一定会形成可预期的庞大生产链和商业链，但也不可避免地会有很多人冒仿。"我不怕别人冒仿，相反，我会很高兴，有人冒仿就说明这个事业成功了。未来要解决80亿人喝水的问题，光靠天泉鼎丰一家企业是做不到的。从商业角度来讲，有些股东会认为应该打击冒仿，但从另外的角度讲，这个市场太大，纵使有几十万家冒仿，都不一定来得及解决80亿人喝水的问题。我的目的是救人，他冒仿我的技术，能够被救到的人就会更多。"他站在挽救生命的高度这样说，"而且我们也希望能够与更多企业、投资机构开展合作，共同推进这个事业。"

在别人看来，拿督斯里吴达镕教授是一位成功者，但他却这样说："失败这个东西都是成功的人用来忽悠的，其实没有什么失败，所谓失败就是成功地发现了一次不对的方法，是又一次经验的积累。给予我成长营养的是我的老师——庄世平先生的身教与言教，他一生与巨贾高官打交道，身家上千亿却全部无偿捐给国家，他说过一句很深刻的话：'人到无求品自高'，这句话对我影响很大。而支撑我走到今天的其实是信仰，如果不是因为菩提心和慈悲心的驱使，人生对我没有任何意义。这是我的真心话。"

2020年3月，吴达镕教授告诉笔者，面对新冠病毒疫情全球蔓延，天泉鼎丰秉持危难时期携手互助、共度难关之理念，在中国广东河源市扩建符合国家标准的10万级洁净生产车间（无尘室）和5条全自动口罩生产线，规划产能为每日60万个欧盟标准医用口罩，以支持全球疫情国家或地区抗疫、防疫。天泉鼎丰的空气制水机也已售往中东、欧洲、亚洲地区和美国。（李路阳文）

2019 "十大绿色创新企业"：天泉鼎丰

天泉鼎丰智能科技有限公司（简称：天泉鼎丰）创新的纯净安全的空气制水系列技术与设备产品，具有可持续、适用场景多、推动新农业和新能源等多产业发展的特点，为全球水资源可持续发展找到了一条新路径，因此荣登国际融资2019（第9届）"十大绿色创新企业"榜。

《独立评审团对2019"十大绿色创新企业"天泉鼎丰的推荐词》见本书《2011—2020"十大绿色创新企业"一览》。

《50评委专家团对2019"十大绿色创新企业"天泉鼎丰的推荐词》精选如下：

李国旺（上海大陆期货有限公司首席经济学家）推荐词：中国是水资源匮乏且水污染又十分严重的国家，天泉鼎丰高效、节能、安全、永续的自主绿色新水源即空气制水，为全球水资源可持续发展提供了突破性的解决方案，也为人民幸福、国防安全、社会经济可持续发展提供了可靠保障。

王靖（时任中鑫鸿运（北京）投资基金管理有限公司合伙人）推荐词：向天要清泉，颠覆了传统制水的观念。

董贵昕（北京尚融资本管理有限公司合伙人、中国并购公会秘书长）推荐词：天泉鼎丰已形成以"空气制水促进可持续发展"为核心的产业生态链，将为解决水资源匮乏的世界性难题提供新方案，具有重要的战略性意义。

张震龙（中国节能协会节能低碳专家联盟秘书长）推荐词：创新地解决饮用水问题。

丁盛亮（中银国际证券股份有限公司执行董事）推荐词：该公司致力于空气制水技术，在可饮用淡水日益减少的背景下，具有远见性。目前可用于特种地区满足特殊需要，未来应用场景很有想象空间。

马向阳（高兴资本集团有限公司董事长）推荐词：该公司通过不懈的创新追求，实现了出众的质量和令人信赖的可靠性以及领先性的技术成就。

张立辉（青云创投管理合伙人）推荐词：空气制水理念技术先进，可以解决空气湿度充足但缺乏淡水的地区或自制水要求高的军用场景下的制水问题。

滕征辉（北京股权投资基金协会副秘书长）推荐词：技术领先，研发能力强，市场空间极具想象力。

贺强（中央财经大学教授、证券期货研究所所长）推荐词：空气制水前景可观，是解决水资源问题的潜在途径。该公司掌握大量专利技术，科研能力强，业内领先，技术较为成熟，业务覆盖范围较广且参与行业标准制定。

　　周树华（开物基金主管合伙人）推荐词：市场广阔，技术新颖并且有较完善的知识产权保护体系。

　　郭松海（山东财经大学教授，第九届、十届、十一届全国政协委员）推荐词：空气制水为全球水资源可持续发展提供了突破性的可行方案，为人类带来了福音。

　　王能光（君联资本董事）推荐词：用低能耗的方式空气制水，解决了特殊环境的用水，有着广泛的空间。

　　彭慈张（福建弘金投资有限公司（弘金资本）总裁）推荐词：天泉鼎丰的空气制水技术为面临水资源、水环境严重挑战的人类带来福音！（摘编自《国际融资》2019 第 7 期）

中国企业海外投资，特别是在"一带一路"沿线国家投资，一定要用好有国际律师联盟平台的律师团队，听取他们的法律建议，少走弯路。只有这样才能事半功倍。带着"走出去"企业关心的若干问题，《国际融资》杂志记者在2019年"两会"期间采访了连续3届全国政协委员、北京金诚同达律师事务所创始合伙人刘红宇女士。

资深律师话说中国企业海外投资

中国企业到海外投资要过两道审批关

记者：您能否结合实际先具体谈谈我们国家对企业"走出去"有哪些新的审批要求及您的法律建议。

刘红宇：2017年以来，我们国家抑制非理性的境外投资行为，将房地产开发、体育娱乐等行业规定为限制投资的行业，同时也属于需要核准的敏感行业。这其中与"一带一路"沿线国家投资相关的中国国内审批对象主要与房地产开发有关。基础设施建设一直是"一带一路"沿线国家中比较热门的投资领域，近年来特别以园区、交通产业等基础设施建设为导向的综合土地开发项目最为多见，如果这类项目被归类为房地产开发，那么投资就会在很大程度上受到限制。国家发展改革委员会（简称：发改委）发布了相关指导意见，对房地产境外投资的范围和例外情形进行了解释，此前也有以基础设施建设为导向的综合开发项目成功解释为例外情况并通过了发改委备案，比如：印度尼西亚雅万高铁TOD土地综合开发项目。因此，如果企业准备投资类似项目，需要从一开始就详细分析具体项目是否属于限制政策的例外情况，并由专业律师协助，再向主管部门进行详细和清晰的解释，以便后续顺利通过审批。

记者：东道国外资准入方面又有什么新情况？您有哪些法律建议？

刘红宇：随着中企境外投资的逐渐深入，东道国外资准入政策、反垄断政策、环保政策可能存在持续变化：出于保护国家利益、国家安全的政策性考虑，东道国可能拒绝批准交易，或提高审批门槛、附条件批准项目，要求企业做出限制性的承诺，或对目标资产进行分割。目前，这个问题比较突出的是在北美、欧洲等发达国家，但不排除未来在对"一带一路"沿线国家的投资中也遇到类似问题。从一开始就要特别关注拟议投资可能涉及的东道国审批问题，大型资源能源类项目及涉及稀缺资源的项目中尤其需特别注意。企业从一开始就要分析清楚投资可能涉及哪些审批，投资难度如何，对投资有什么影响，从而做好预案。

中国企业"走出去"要用好出口信贷融资与股权投资基金

记者：中国企业"走出去"，在借助传统的出口信贷融资渠道和近些年出现的产业基金、私募股权投资基金融资渠道方面，通常遇到的障碍和法律问题都有哪些？您有什么建议？

刘红宇：第一，在利用出口信贷债权融资方面，中国企业"走出去"涉及的传统银行融资主要包括项目融资和并购贷款。近年来，国家信贷融资政策趋于收紧，银行对于贷款的审批更为审慎，除了项目本身的还款能力，通常还会要求资信好的母公司提供担保，同时，贷款额度也受到中国企业对外放款额度的限制。实际上，企业能够从银行拿到的贷款与企业自己设计的股+债的商业方案不一定匹配。此外，境外投资往往受限于非常紧张的时间表，银行贷款的审核和放款速度往往导致时间表的拖延。

第二，PE 直接融资方面，近年来，新兴的 PE 融资方式在中国企业"走出去"和海外布局方面发挥了巨大作用。除了提供资金，PE 的参与还带来了更精细的交易技术和更成熟的交易经验。但是，由于 PE 通常是作为财务投资人与产业投资人进行合作，双方的商业诉求存在着天然的不一致：PE 会比较关注项目的短期投资收益；而产业投资人会更关注项目的长期收益以及项目能给整体业务带来的协同效应。

第三，亚洲基础设施投资银行、金砖银行、丝路基金等一系列投融资机构的设立，为"一带一路"发展进程中的企业境外投资开拓了新的融资渠道。中国企业应根据自身和项目的特点，结合融资的规模、用途、周期、还款等灵活设计融资结构。

鉴于融资对项目的关键性作用，需要从项目一开始就着手进行融资方案的设计，与银行、私募基金或金融机构进行初步沟通，分析各方的共同利益和分歧点，理顺合作关系，尽早发现障碍和问题，对融资方案进行调整。最好能够设计 A、B 两个方案，以免由于融资到位不及时而导致项目失败。

在"一带一路"国家投资要注意防范四大风险

记者："走出去"的企业在"一带一路"沿线国家投资，应注意防范哪些方面的风险？

刘红宇：一是政策法律不透明的风险；二是法律变更风险；三是政府违约风险；四是境外公司治理风险。

记者：您先具体谈谈如何防范政策法律不透明的风险，好吗？

刘红宇：好的。中国企业到"一带一路"沿线国家投资，特别要防范东道国政策法律不透明的风险。"一带一路"沿线国家多为发展中或欠发达国家（地区），市场在发展壮大的过程中，法律体系也正经历着一个逐渐完善的过程，往往很多情况下是实践先行，法律有一定滞后性。在这个过程中，中国企业去投资，难免会遇到某些东道国政府的行为或者中国企业的投资行为缺乏明确法律依据的情况。比如，我们律所在协助客户进行一个东亚某国的基础设施建设项目时，就曾遇到这样的情况：当地政府想要采用瑞士挑战的竞标流程来授标，但是其法律并没有明确授权政府有权采取这种模式（虽然也没明确禁止）。由于缺乏明确的法律依据，不仅程序需要单独设计，而且采用这个程序的合法性也可能在未来会受到质疑。这就要求企业在专业律师协助下对相关问题进行深入分析，寻找实践案例支持，进行创新性的合理设计，同时在交易文件中通过政府承诺和赔偿责任保护投资者的利益。

记者：这就会涉及法律变更的风险？

刘红宇：是的。由于"一带一路"沿线国家的法律体系正在逐渐完善过程中，因此，就会出现经常发生变化的情况，特别是涉及税收、环保、许可证照、汇兑等方面的变动，对中国企业在当地投资项目的影响则会非常大。比如，东道国政府取消税收优惠或提高税率，会导致项目收益率降低。更有甚者，东道国政府采取变更许可条件、增加企业社会责任支出等手段提前终止特许权协议，导致投资的项目无法继续进行。从法律专业的角度看，首先需要对项目相关的现行法律体系和规定进行调研，还需要关注其发展趋势，特别是相关立法草案或动议，预判新的立法或政策一旦通过可能给项目可行性和收益率带来的影响；同时，需要在交易文件中设置精细的法律变更条款和国际仲裁条款，确保在发生法律变更的情况下，企业能够依据合同向东道国政府索赔。

记者：中国企业应如何防范、应对东道国政府违约风险呢？

刘红宇：中国企业在"一带一路"沿线国家的投资大多是在能源、基础设施建设等行业，往往涉及东道国政府的特许经营或其他方式的参与，而东道国政府一旦违约就可能导致投资的项目失去权利基础，项目提前终止，企业遭受损失。比如，东道国政府发生政变或正常换届选举导致政权更迭，新政府拒绝承认旧政府决定实施的项目或选定的投资人；又比如特许经营项目获得可观收益，东道国政府要求提前收回特许权自行经营项目或通过变更特许权协议的方式分享项目收益。而一旦东道国政府单方废标或单方终止特许权协议，除了企业自身会遭受损失，还可能导致企业在与工程方、融资方等第三方的合同下违约，承担违约赔偿责任等。

首先，对东道国政府可能出现政府违约的情形，在特许协议中进行概括描述和非有限列举，尽量使政府违约的情形容易判定，并明确规定政府违约情形下，政府的违约赔偿责任，保证中企在政府违约情况下有索赔的合同依据；同时，还要妥善选择争议解决方式和适用法律，在不违反东道国法律强制性规定的情况下，尽量选择在东道国之外的第三国进行国际仲裁，尽量选择适用成熟的第三国法律；此外，要求东道国政府在投资合同中明确放弃政府违约情形下的主权豁免等。

记者：境外公司治理是任何海外投资企业都无法回避的问题，这涉及公司经营是否健康、可持续，但中国企业在这方面是有短板的。请您就境外公司治理风险，谈谈法律建议。

刘红宇：在实践中，中国企业由于不熟悉东道国法人治理法律规则，对境外公司复制沿用中国国内传统运营理念或治理模式，这可能导致公司治理僵局、管理层内部控制和项目推进困难、难以及时安全退出等问题。为尽量避免这些问题发生，我的建议是：首先，需重视专业律师在公司治理结构设计中的作用发挥，及时熟悉和掌握东道国公司治理相关法律规则，对公司治理结构、权利分配、决策机制、法律责任进行合理设计与安排；同时，还要完善境外公司内部制度流程，明确境外企业职能部门和管理人员的职责权限，使相关权利能够得到合理分配与制约，建立健全项目人员管理、项目信息管理制等；此外，还要做好项目退出预案，设计合理的退出机制并在协议中落实，确保及时安全退出受损项目，降低损失。

如何将金融工具、金融服务运用到位

记者：目前，中国企业在海外投资中，会遇到一些PPP的合作方式，您对回避一些PPP项目的法律风险有何建议？

刘红宇：PPP项目的特点，主要体现为企业和政府的优势互补，弥补公共部门资金不足。PPP项目因涉及众多主体，且前期投入一般都非常高，建设周期又都非常长，所以结构设定都比较复杂。尤其是海外PPP项目更加复杂，挑战也更严峻。中国企业开展海外PPP项目的主要市场都是在发展中国家（地区），比如非洲、东南亚、拉丁美洲，而这些国家往往法律体系不完善，法律风险更加突出。比如，PPP项目从初期阶段、运营阶段到回收阶段，各个流程阶段所面临的税收法律都是不一样的，都需要投入精力仔细研究。再比如，融资是PPP项目非常重要的一个方面，科学有效的融资机构设定可以降低项目的成本、提升企业竞争力，但恰恰是融资结构的设定和推进难度最大，要考虑到借款主体、担保方式、还款来源，并要应对汇率损失、利率变动、外汇管制以及通胀或通缩风险，而这些风险的应对和承担原则都要逐一落实到交易合同中，这最考验律师的专业和实战经验能力。

投融资 +：绿色创新企业与投融资专家合力打造啄哗之机

Investment and Financing: Green Innovative Enterprises and Investment and Financing Experts
Work Together to Create More Collaborative Opportunities

记者：相较于一般保证和连带责任保证，独立保函更加适用于一些"走出去"企业，除了适用于工程建设领域，还能助力哪些领域的"走出去"企业？

刘红宇：独立保函主要用在这 3 个领域：一是国际工程承包项目领域的保函。几乎每个国际工程承包项目都要用到保函，比如预付款保函、履约保函以及质量保证，保函的名称可以各不相同，但是这些保函基本都是独立保函。二是船舶建造项目领域的保函。"一带一路"沿线国家中，诸如挪威、英国、俄罗斯、土耳其等国家和中国企业之间在船舶建造方面的合作其实还是蛮多的，船舶建造项目使用的独立保函通常叫作 REFUND GUARANTEE，就是退款保函，这类保函大部分适用英国法，由英国仲裁机构仲裁，情形比较复杂。三是用在国际贸易中，特别是国际货物贸易中，例如履约保函和预付款保函。在全球金融危机发生时，涉及铁矿石和多晶硅棕榈油等"长期协议（LONG TERM AGREEMENT）"难以继续履行的时候，出现过多起贸易合同纠纷，以及引致保函纠纷。保函常常约定适用交易双方所在国的法律，由双方所在国的法院管辖或者仲裁管辖；相当多的独立保函也会约定适用国际商会 (ICC) 制定的《见索即付独立保函统一规则》作为适用的规则。

记者：在使用独立保函时要注意哪些法律方面的问题？

刘红宇：在这个独立保函的交易实务和法律规则里面，最关键的是两个基本法律原则，一个是独立性原则，一个是严格相符原则。保函是独立的交易，和基础交易相互独立，这个叫独立性原则。独立保函又是仅仅基于单据的交易，而不是基础交易的履行，这是独立性原则。银行仅仅根据单据和其内容本身，来确定单证是否相符，如果单证相符，独立保函就变成现金！这就是严格相符原则。充分了解和熟练运用这两个原则是非常必要的。实践中，我们看到的是中国的银行非常专业于这一领域，但是中国企业对独立保函法律规则以及国际惯例了解不够。因为缺少必要的了解，所以出现多起纠纷。打一个比较易于理解的比方：独立保函在法律上就是 CASH（现金），所以当中国企业就独立保函申请银行开证，让国内银行把独立保函开具给外国受益人的时候：在法律上，保函项下的钱就相当于给对方了，这一点是独立保函的第一大风险。 在独立保函的操作和诉讼中，一定要知道受益人索赔单据中的不符点以及审单和拒付问题。因为保函受益人索赔时多发生单据和保函不符的问题，如果单据有不符点，则开证银行可以拒付。受益人单据上的不符点会产生银行的抗辩或拒付的机会，但是中国企业对这些技术问题多有疏忽，需加强培训。

寻求海外并购商机时，要做好投资及法律环境的尽职调查

记者：您怎么看中国企业海外并购遇到的问题？有哪些法律建议？

刘红宇：中国企业海外并购，可谓机遇与挑战并存。因"一带一路"沿线各地区和国家

的风土人情迥异，政治体制、法律体系、法律制度和法律文化差异显著，法律建设水平极不平衡，法律风险几乎贯穿了海外并购全过程，不仅包括东道国对并购的立法规范，并购合同中出现的签约风险、东道国为维护市场竞争和消费者利益的反垄断问题、保护中小股东权益的公司法与证券法问题等一系列风险，还涉及并购企业的劳工处理、融资安排、外汇管制、环境保护、债权债务、法律责任和特殊约定等更为隐蔽的风险，稍有不慎即可能给企业带来巨大损失。举一个业内流传很广的中国一家企业在波兰修建公路的案例来说：根据波兰方面的规定，高速公路在通过区域需要为蛙类和其他大中型动物建设专门的通道，避免动物在高速公路上通行时被行驶的车辆碾死。但由于施工企业忽略了这一要求，在做施工准备时没有妥善处理"青蛙"问题，导致施工被迫停工，给企业造成损失。我建议寻求海外并购商机的企业一定要做好所投国的投资环境及法律环境的尽职调查，完善风险应对机制。（摘编自《国际融资》2019年第4期，李路阳、张宇佳文，杜京哲摄影）

刘红宇：拥有金融与法律两只翅膀才能飞得高

1984年，刘红宇从西南政法大学毕业后，走进了计划经济色彩还很浓厚的银行业，她先在央行金融研究所工作了3年，又主动要求到中国农业银行北京分行工作了5年。在别人看来，她的选择很可惜，糟蹋了专业，但她不这么看，她有一个梦想：希望自己成为一个懂得金融专业的法律人，只有这样，才能有两只翅膀，才能飞起来。在中国农业银行工作的5年，她兼职做律师，为中国农业银行做出了不少成绩，也显露出她做律师的特质和能力。1992年，北京率先开始律师制度改革，首批获批的合作制律师事务所中就有她参与创立的同达律师事务所，就这样，她成为中国改革开放后京城第一位律师事务所的女主任、创始合伙人。

刘红宇是第十一届、十二届、十三届全国政协委员，在这期间，她提交了很多有分量的提案，但最吸引我们眼球的是她在2014年两会期间提交的《参照赤道原则调整完善信贷融资规则，建立为环境污染企业提供资金支持主体问责制度》提案。在她看来，加入"赤道原则"，不是赶时髦，而是意味着要真正按照"赤道原则"履行环保责任，否则就有可能随时被环保组织起诉。她对笔者说："一般来讲，谁污染谁承担责任，但'赤道原则'讲的是由于污染主体用的是你这家加入赤道原则的银行贷款，那你这个银行也要承担连带责任，否则，就要被环保非政府组织起诉。"

正是基于此，她在当年的提案中建议中国政府按照"赤道原则"，对企业的节能环保、绿色投融资提出相关的管理和要求。她特别提出两条建议："一是推进赤道原则在银行等金融机构间的适用范围，参照赤道原则调整完善信贷融资规则，明确污染企业和污染项目的融资限制，拒绝可能影响环境的项目和企业的资金需求，从源头上斩断污染源的资金供给。二是建立向环境污染企业提供资金支持主体的问责制度，细化问责情形、责任划分、问责方式、问责适用和问责程序，探讨对为污染企业和项目提供资金支持的主体进行经济处罚的可行方案。"她的这一提案为中国银行业推进绿色金融提供了有价值的建议。

刘红宇也是国际融资"十大绿色创新企业"评选活动（2020）50评委专家团专家。（李路阳文）

　　江联国际工程有限公司（简称：江联国际）是江联重工集团股份有限公司（简称：江联重工）旗下负责海外业务的公司，该公司以其全球领先的高效低耗高低差速循环流化床燃煤工业设备关键技术优势和生物质燃料锅炉、垃圾焚烧余热锅炉等设备优势，承接了海外140多个与环保、节能、新能源相关的总承包项目与分包设备。在国际市场日趋激烈的竞争中，一家民营企业为何能在"一带一路"沿线国家将工程项目做到可持续？不仅承接了各类生物质电站总包项目、燃气、燃煤、垃圾电站总包项目，还承接了糖厂、石油化工储罐＆压力容器球罐总包项目等，其中，印度垃圾焚烧发电项目被联合国列入"南南合作"推广项目，埃塞俄比亚国家糖业公司甘蔗制糖厂总包项目以6.47亿美元合同金额创江西省机电出口产品"单笔订单历史最大"记录。为此，跨越2019—2020年，笔者在调研梳理并专访江联重工副总裁、江联国际总裁谭胜辉先生后，对江联国际"走出去"多个经典案例进行了分析。

创新是江联国际"走出去"赢得市场的关键

江联国际缘何"走出去"？

　　话要从江联重工的身世说起，江联重工的的前身是1958年建厂的原国家机械工业部和化学工业部重点骨干企业——江西锅炉厂和江西化工石油机械厂；1992年，两厂合并联合组建江西锅炉化工石油机械联合有限责任公司；2001年，江西锅炉化工石油机械联合有限责任公司完成股份制改造，成立江西江联能源环保股份有限公司（简称：江联）；2010年，江西江联能源环保股份有限公司完成国有企业改制，成为一家民营股份制企业；2016年，经国家工商总局核准，更名为江联重工集团股份有限公司。在2001年，已完成股改的江西江联能源环保股份有限公司设立了外经处，把市场拓展的触角伸向海外；2007年9月，已经完成改制的江联在外经处团队与海外业务的基础上，控股设立海外业务平台——江联国际，引入中冶天津设计院参股，成为混合所有制企业。

　　从其历程看，江联重工的前身江西江联能源环保股份有限公司在2001年完成股份制改造后，就非常明确地将产业定位在能源环保上，因为此时的江联在这一领域已经走在中国国内同行的前列。江联重工是具有设计制造安装 A 级锅炉和 A1、A2、A3 这 3 类压力容器和环保产品的公司，拥有进出口企业资质，持有 A 级锅炉和 A1、A2、A3 压力容器设计、制造许可证以及船用钢质焊接压力容器工厂认可证书、ASME 证书及建筑安装施工企业资质、锅炉和压力容器等特种设备安装改造维修资质，是江西省和南昌市人民政府重点扶持的国家高新技术企业，拥有 ISO9001:2000 质量管理体系、ISO14001 环境管理体系、GB/T28001 职业健康安全管理体系认证证书。江联重工主导的创新技术产品包括 35 ～ 670 吨 / 时燃油、燃气锅炉，35 ～ 670 吨 / 时高低差速循环流化床锅炉、生物质锅炉、造纸废渣与污泥锅炉、日处理 200~1000 吨城市生活垃圾焚烧锅炉、干熄焦烧结余热锅炉等，120 ～ 10000 立方米球形储罐、LNG 低温罐、不锈钢设备、高压厚壁容器、高压疲劳设备、反应容器、塔器、换热器、大型船罐以及各类复合板、堆焊容器产品等；并拥有 6 项发明专利和近百项实用新型专利，其中的"高效低耗流化床燃煤工业设备关键技术及应用"于 2014 年荣获国家科学技术进步二等奖。

尽管江联重工的产品广泛应用于冶金、石化、化工、造纸、医药、建材、新能源等领域，应用市场已经足够大，但是，应用市场大并不代表市场占有份额就一定大。江联国际总裁谭胜辉说："随着国家应对气候变化的节能减排环保政策的不断出台，在锅炉制造行业，具备最高等级资质的锅炉制造企业已从原来的 20 余家，跃升为几百家；随着国家放开锅炉行业资质，现在行业企业已达 1000 多家，市场竞争越来越激烈。尽管江联重工的锅炉产品按照中国国内等级被划在第一层级的前五之列，但是激烈的价格竞争，已使我们的产品市场份额越来越小，利润率也越来越低。我们必须找到新的出路。"

为此，江联重工决定采用差异化的战略解决企业面临的挑战。其差异化战略主要是从两方面布局：一是顺应政策方向，走环保可持续路线。当中国国内锅炉行业的技术还停留在只能使用优质煤发电、供热时，江联重工已悄悄开始加大自主创新核心环保技术的研发力度，将劣质燃料，比如煤矸石、油页岩、树皮、稻壳、木屑，甚至高炉尾气等，通过江联重工的设备处理后变废料为清洁能源，以领先于中国国内同行业的绿色创新技术与设备优势赢得市场。二是顺应经济全球化方向，探索性地参与国外新兴市场合作的发展路线。

自 2001 年设立开发海外市场的外经处起，江联的海外业务从最初通过进出口公司或中字头大公司进行锅炉设备的国际贸易，逐步发展为"走出去"承建 EPC 和 BTG 等多样式的项目工程，市场拓展速度及其盈利能力甚至远超其国内业务。随着市场开发的深入和客户需求走向，完成改制后的江联，为更好、更快地发展海外业务板块，2007 年与中冶天津设计院联合组建江联国际，形成了较好的竞争软实力结构。

自 2004 年至 2019 年年底，江联锅炉设备已交付 750 台套（75000 蒸吨），其中海外销售为 75 台套，占总交付设备台套的 10%；以承建 EPC 和 BTG 等多种模式签订 50 台套海外电厂项目，其中超过 20 个电厂项目已投入运行。

江联领导团队对中国市场变化的快速反应与策略调整，为该企业赢得了海外市场 85 个总包工程项目。这也充分印证了市场决定资源配置的经济规律是一条颠扑不破的真理。

赢得海外市场全凭技术说话

其实，江联对节能、高效、环保技术的研发布局，从 20 世纪 90 年代初期计划经济时代就已开始。谭胜辉告诉笔者："当时得益于国家大战略布局，江西锅炉厂（江联重工前身）被国家计划分配为坑口电厂研制处理煤矸石的专用设备。现在回过头看，这给企业带来了机遇。也就是从那时起，我们开始研发能够燃烧诸如煤矸石等劣质燃料的技术，在今天能源煤紧缺的情况下，我们这种节能、高效、环保的燃烧劣质燃料的技术反而受到市场欢迎。之后，我们又陆续研发了与生物质发电、钢厂高炉煤气、城市生活垃圾发电配套的锅炉设备。"

企业的这项高效低耗高低差速循环流化床燃煤工业设备关键技术，比之中国国内原有单纯的鼓炮床或高倍率、低倍率的流化床技术，优势非常明显：该技术将锅炉行业低倍率燃烧和高倍率燃烧的优点集于一身，克服了高倍率热传导磨损的缺陷，又发挥了低倍率热负荷调节的性能。可以做到 20% 负荷至 100% 负荷的自由切换。由于具备这项技术优势，江联的锅炉就非常适用于印度尼西亚。因为印度尼西亚的煤含灰量很低，一旦燃烧后就没有热传导的介质，所以，在传统高倍率锅炉里必须加石英砂，将砂烧热后进行热传导，把热量传递给其他锅炉的水，让水蒸发。而江联的高低差速循环流化床燃煤工业设备锅炉则完全不需要这样耗能、耗材、耗费人工去做，而是分不同的速度为它处理送风，大小颗粒全部一体化地进入锅炉分段处理。通过几十年的技术研发、升华，江联的高效低耗高低差速循环流化床燃煤工业设备锅炉已从最初每小时 20 吨，发展到今天每小时 480 吨。

为了给企业找市场出路，2003 年，谭胜辉带领江联海外业务团队，凭着节能、高效、环保核心技术"走出去"，开始摸石头过河。

他们接的第一个项目是泰国朱拉隆功大学的科研项目：煤的洁净环保燃烧。朱拉隆功大学的几个博士为了解决泰国煤的洁净燃烧问题，到中国煤科院和清华大学寻求帮助，这两家科研机构推荐了江联，告诉泰方，江联有一套锅炉设备可以处理劣质燃料。2004 年，江联与中国煤科院、泰国朱拉隆功大学合作，首次把具有自主知识产权的核心技术——燃用低劣质煤的高低差速循环流化床技术推向泰国，并完成了锅炉安装。项目运行后的经济效益令泰国老板甚为震惊：竟一年收回成本！看到这个可观的未来收益回报，泰国老板毫不犹豫地跟江联签定了第二个合同——燃煤锅炉安装项目合同。

就这样，江联的两套高效低耗高低差速循环流化床燃煤工业锅炉成功出口泰国，其海外发展业务也迈出了稳健的第一步，由此，好运连连。2004 年，江联中标印度尼西亚金光造纸厂 EPC 总包项目。

金光纸业是印度尼西亚最大的造纸公司，也是全球第二大、亚洲第一大造纸公司。江联承建的印度尼西亚金光造纸厂 EPC 项目是为该企业建造 50 兆瓦 电厂 (2×130 吨 / 时 燃煤和纸浆高低差速循环流化床锅炉)。对项目能否成功，金光纸业总经理蔡先生原本是持怀疑态度的，因为他在中国国内和泰国考察看到的江联的高低差速循环流化床都是在燃煤电厂的清洁利用，而他家是造纸厂，工况与燃料都不同。但谭胜辉向他描述了设备高效低耗的经济性能，这让金光纸业的蔡先生愿意冒险一试。为了让蔡先生对江联的核心技术更有信心，谭胜辉甚至将 3 年不爆管的质量保证写入合同承诺条款（常规的最多保 6 个月到 1 年，欧洲先进技术也就保 1.5 年）。项目竣工后，江联高低差速循环流化床在锅炉运行中的表现非常理想，其能耗、效率、运行及经济性能在整个金光造纸系统的诸多电厂的评比中始终排名第一。谭胜辉回忆道："3 年后，我去印度尼西亚金光纸业见蔡先生时说：'今天我是来兑现承诺的，我们的锅炉设备已经运行 3 年，没爆管。'蔡总当时非常高兴。截至目前，这个锅炉已经运行 17 年。锅炉通常需要每 3 年进行一次大修，但这个埋管 3 年未爆管，直到 6 年后才大修，大修时这个埋管也仍然未出问题。"

江联国际成功地完成了这个叫好又叫座的项目，也因此赢得了金光纸业对江联核心技术以及 EPC 能力的百分之百信任。此后，金光纸业将其大部分电厂项目交由江联国际承包，江联国际在印度尼西亚企业中名声大噪。

江联国际进入印度尼西亚市场后的第一个项目，是金光纸业这个项目。其标志性意义有三：第一，技术明显优于其他同类设备，节能减排、高效耐用；第二，项目经受住了 2009 年印度尼西亚里氏 7.3 级大地震的考验；第三，骄人的项目工程产生了品牌持续的弥散效应，让江联国际在印度尼西亚市场站住了脚。他说："那年印度尼西亚 7.3 级地震的中心爪哇岛离我们承建的这个电厂项目的汽机岛大约只有 100 千米。岛上一共有 3 个项目，两个正在运行，其中一个就是我们这个标志性电厂，还有一个是别家企业承建的。地震发生时，别家承建的那个电厂被震塌，而我们承建的这个电厂不仅没塌，所有设备零部件完好无损，而且在工人全部逃生后，整个设备在将近五分钟无人操作下，仍在安然运行。我们的锅炉被该电厂工人骄傲地称为'傻子锅炉'。"

至今，江联国际已在印度尼西亚完成或在建项目工程累计达 48 个。这就是核心技术的魅力，江联国际也因此在"一带一路"沿线的新兴市场国家赢得了源源不断的商机。

以什么样的交钥匙工程去竞标？

2007 年，江联国际成立后，由于有中冶天津设计院的加入，加上与多家有实力的央企、国企抱团合作，江联国际承揽对外工程的羽翼更加丰满，形成了较强的市场开发优势。在稳定印度、印度尼西亚、泰国、越南等市场的同时，不断开拓新的市场，经营触角已延伸到韩国、菲律宾、缅甸、马来西亚、澳大利亚、南非、巴西、埃塞俄比亚等国家。17 年来，江联国际在海外新兴市场完成和在建的 EPC 工程或交钥匙工程项目累计达 85 个。

在新兴市场国家，参与工程项目竞争的中国企业绝大多数都是央企或国有企业，央企在项目融资和基础设施建设方面的天然优势，使他们更容易拿到海外工程项目；而民营企业融资成本高，如果打价格战，绝不是对手。江联国际能够拿到如此多的 EPC 工程或交钥匙工程，其商业模式值得总结。

谭胜辉总结了这样 3 点："首先，江联国际是靠核心技术拿到总包，因为我们的核心技术被属地企业老板认可，所以，很多时候拿的是独标。其次，我们与中国的央企、国企开展合作，形成工程产业链集成。最后，我们与属地企业形成合伙企业关系，共同分享项目的利润蛋糕。"

新兴市场国家正处在经济发展的早中期阶段，对节能减排、绿色环保是不大关注的，从中国 40 年来的发展变化可窥见一斑。江联坚守做节能减排、绿色创新的环保锅炉，亲身经历了市场的痛苦变化，因此，当这样的绿色创新企业"走出去"之后，一定也会锲而不舍地推销自己的核心技术。这不仅仅是为了追求企业的利润，还有企业的社会责任担当。他们推销的绿色创新技术能够为业主创造丰厚的利润并保护当地生态环境、造福百姓，这怎能不受新兴市场欢迎呢？

因此，交什么样的钥匙工程，是能否中标的关键砝码。2012 年年初，在中国对外友协的帮助下，江联国际获得了埃塞俄比亚糖业公司 Omo Kuraz 5 糖厂项目的初步信息并着手就项目投标等工作开展与埃塞俄比亚企业方的接洽，同时，修改、完善新项目文件。因为此时的江联国际已经拥有 10 年海外项目的经验，非常注重从细节入手，赢得了对方好感。就连软性的工程组织、施工管理，技术图纸整套文件和招标书的设计排版都借鉴了欧洲风格，以尽量缩小差距。"当对方拿到我们这套资料后，一看表情就知道我们做的文件非常符合他们的口味，这种认同感是很重要的。"他说。

2013 年 3 月中旬，江联国际和另外两家企业（一家印度企业、一家中资企业）参加了对该项目的角逐。经过陈述，江联国际以独有的生物质（甘蔗渣）综合利用技术和循环经济理念深深地打动了用户，埃方企业派人到江西南昌考察江联重工与江联国际，亲眼目睹了企业的生产实力。最终，埃塞俄比亚国家糖业公司选择江联国际独家议标。

谭胜辉告诉笔者："2013 年 3 月，我们拿到独家议标后，在与埃塞俄比亚糖业公司总裁谈判时，我告诉他，江联国际的这套核心技术可以让这个糖厂做到零排放。他听到这话后非常震惊。"议标过程很顺利，在得到埃塞俄比亚相关政府部门对江联国际进入埃塞俄比亚市场的许可后，2013 年 8 月 13 日，埃塞俄比亚国家糖业公司与江联国际签署项目 EPC 总包合同，该项目为埃塞俄比亚国家主权担保，合同总金额为 6.47 亿美元，是江西省外经贸史上单笔合同金额最大的机电工程出口项目，标志着江联国际成功地进入非洲市场。

这从另一个侧面回答了新兴市场的关切。今天的新兴市场与 20 世纪 90 年代的新兴市场相比，有一个最大的不同，即环保、节能、减排已成为全球普遍的共识，谁都希望自己的家园依旧是绿水青山、蓝天白云。因此，当一个项目招标时，在基本相同的价格区间，甚至在一定价格差异下，一家竞标方提供的是传统的耗能较高、排放不彻底的设备，而另一家提供的是节能、低耗、近零排放的设备，最终中标的会是哪一家？这是不言而喻的。新兴市场的企业老板掏自己的钱或者说是掏股东的钱做项目，为什么不选择技术领先且经济效益更好的？除非他脑子进水。

当然，江联国际能够拿下这个项目，还基于他们在 2012 年以自主品牌的生物质综合利用技术顺利承接印度尼西亚 PT SUMBER MUTLARA INDAH PERDANA 公司 600 吨 / 日精制糖项目的实证。在这个项目中，榨糖产生的甘蔗渣，通过江联国际的自主知识产权——生物质锅炉直接燃烧发电，取代煤电，燃烧后的残渣又可以做有机肥，回施于甘蔗田，最终实现零排放的循环经济产业链。这些就是折服埃塞俄比亚国家糖业公司的关键所在。

至此，江联国际仅用了短短 10 年时间，就在海外热电能源综合利用领域和制糖领域两大市场拥有了一席之地。"我们从一开始销售单台锅炉设备到锅炉岛承包、整个电站工程总承包，再进入糖厂总承包领域，合同金额从几十万美元到过亿美元，在海外市场逐步树立了江联国际自主知识产权品牌。这其中有许多酸甜苦辣，有成功的喜悦，也有失败的教训，但更多的是收获，我们江联国际团队更深刻地感受到海外市场大有可为、大有作为。"谭胜辉感慨地说。

用好中国信保为海外项目提供的服务

中国出口信用保险公司（简称：中国信保）是支持中国对外经济贸易发展与合作的国有政策型保险公司，通过为对外贸易和对外投资合作提供保险等服务，促进对外经济贸易发展，重点支持货物、技术和服务等出口，特别是高科技、附加值大的机电产品等资本性货物出口。其主要产品及服务包括：中长期出口信用保险、海外投资保险、短期出口信用保险、国内信用保险、与出口信用保险相关的信用担保和再保险、应收账款管理、商账追收、信息咨询等出口信用保险服务。中国信保自 2001 年 12 月成立至 2018 年年底，累计支持的国内外贸易和投资规模超过 4 万亿美元，为超过 11 万家企业提供了信用保险及相关服务，累计向企业支付赔款 127.9 亿美元，累计带动 200 多家银行为出口企业融资超过 3.3 万亿元人民币。

2013 年，也就是江联国际与埃塞俄比亚国有糖业公司签署糖厂项目总包合同后，一次偶然的机会，让谭胜辉结识了中国信保江西分公司的分管领导。通过他的介绍，谭胜辉了解到中国信保对"走出去"企业承接项目工程的服务内容，由此知道中国信保提供的海外投资保险产品服务可以使企业规避海外投资风险，诸如为投资者因投资所在国发生的征收、汇兑限制、战争及政治暴乱、违约等政治风险造成的经济损失提供风险保障，承保业务的保险期限不超过 20 年；而中国信保提供的中长期信用保险产品服务可以为金融机构、出口企业或融资租赁公司收回融资协议、商务合同或租赁协议项下应收项提供风险保障，承保业务的保险期限一般为 2 ～ 15 年。而江联国际与埃塞俄比亚国有糖业公司签署的糖厂总包（EPC）合同是由该国主权担保的 6.47 亿美元的巨大合同金额，远远高于此前江联国际承接的项目。此前江联国际的项目承包合同基本保持在 3000 万～ 5000 万美元，且项目前期投入的资金都是企业自有资金，从未与金融机构合作。

埃塞俄比亚糖厂项目，使江联国际首次与中国政策性金融机构结缘。在与中国信保合作中，谭胜辉及其团队学到了很多，受益颇丰。"出口信用保险只有在对企业的总包（EPC）项目做出谨慎风险评估并确定风险可以覆盖的前提下，才会为企业承保。这个承保不仅是为企业提供投资所在国政治风险保障，而且还可以对企业提供融资担保。企业"走出去"必须要和中国信保合作。"谭胜辉说。

靠综合实力撬动资金杠杆

尽管江联国际从接触项目、准备材料，最终与埃塞俄比亚国有糖业公司签署糖厂项目合同，只用了一年半时间，但 OMO5 糖厂项目属买方信贷项目，由埃塞俄比亚国家主权担保，由中国融资建设，就融资而言，具有相当的难度。

从签约到开工，围绕这个糖厂 EPC 项目的承贷，江联国际团队在江西—北京两地来回飞了 3 年。

江联国际注册资金只有 1 亿元人民币，和众多高科技公司一样，是家轻资产公司，却拿下了 6.47 亿美元的大合同，被质疑为小马拉大车，甚至被某些机构判定为难以规避风险。但若真的被权威机构认定为风险不可控的话，江联国际也不可能过得了银行的风控关，那又如何能拿到中国工商银行项目承贷呢？

首先，争取商务部等政府职能部门的支持。这是江联国际争取承贷路上走对的第一步棋。谭胜辉告诉笔者，中国企业在海外参与项目竞标，投标前必须向中国驻该国大使馆经参处报备，若不是融资项目则可在签完合同后再报，回国后再向所属商务厅或商务局报备。超过 2 亿美元的项目，如果需要融资，则必须经国务院办签署批复。江联国际总承包的埃塞俄比亚糖厂项目总投资额为 6.47 亿美元，属于超大规模项目，因为涉及融资，商务部的审核非常严苛。"在商务部汇报的时候，我们提交了整个项目评估书和专家委员会的评审报告，对项目的总利润、风险覆盖做了详细阐述；对合作的分包商一一做了介绍，中城国际工程（天津）公司分包的是糖厂项目土建，央企中建集团子公司江西火电分包的是糖厂项目安装，广东轻工设计院分包的是糖厂项目设计，母公司江联重工负责制造设备和核心技术提供，而江联国际与母公司江联重工的自有资产足以覆盖本项目设备制造 10 亿元人民币的风险。"这几家企业都是中国糖业项目建设领域里的实力派，有一定行业地位。这种组合不仅可以分散风险，更为重要的是可以发挥各自在细分领域的优势，把项目做到更佳。商务部有关领导听了江联国际的汇报，对这一操作模式十分认可。最终审核批复了该项目，并报经财政部、国务院办签字批复。至此，江联国际终于获得了可以向金融机构申请承保、承贷的最起码资格。"

其次，投保中国信保，接受政策性金融机构对项目风险的评估。这是江联国际走对的第二步棋。"第一次递材料后，中国信保的风控部门提了两个问题：第一，如果糖厂建设好了，糖价却跌下来了，你们怎么做到收回投资成本？第二，质疑我公司具备做大项目的能力。针对这两点，我们对第一次报的材料又做了更为充分的补充完善。在第二次提交的材料中，我们回答了这两个问题，一是，我们对前 10 年的国际糖价做了详细分析，包括国际糖价的走向，以及埃塞俄比亚周边的糖价走势。二是，我们提交了多份报告和联合体责任分担协议，证明江联国际做的是产品集成，整个项目风险并不是由江联国际一家承担，而是由多家公司支撑。最终，我们通过了中国信保的风险评估，风控部门认为我们还是能覆盖这些风险的。我们拿到了中国信保对这个项目的承保。"谭胜辉说。

再次，凭借中国信保的承保，撬动中国工商银行的承贷，确保项目资金到位。这是江联国际走对的第三步棋。因为有了中国信保的承保，江联国际开始马不停蹄地跑承贷，他们最希望获得政策性银行的支持，先后将承贷方案递进国家开发银行和中国进出口银行，均因额度已满被拒。后来，一个机缘让谭胜辉获知，中国工商银行也可以为这类国家主权担保的项目承贷。他到中国工商银行江西分行约见行长时，行长只给他挤出 10 分钟，这 10 分钟的介绍吸引了行长，也决定了江联国际该项目融资的命运，整个项目介绍被延长到半小时，并得到一个积极推进的好结果。"行长最后说，请你就申请项目融资形成书面文件，报给省行，然后由省行报给总行。"谭胜辉回忆说。

项目承贷方案从提交到一次一次补充，最后在中国工商银行走内部流程，2016年年底拿到首笔1.3亿美元承贷，20%的合同预付款到账，项目正式进入实施阶段，这过程整整经历了3年！

最后，自信与不懈的努力，是江联国际走对前3步棋最核心也是最关键的支撑。正因为此，这件被别人认定不可能的事情才变成可能。谭胜辉坦率地说："这是我们做的85个项目工程中最值得说的，它耗费了我太多精力。如果将这项目全过程再走一遍的话，我觉得我不一定做得下来。这也许是无知者无畏吧，就凭着这么一股子冲劲，一直坚持走下来了，并得到了太多人的帮助。"

在不确定中等待3年，对很多项目企业来说，无异于煎熬甚至自杀。江联国际挺过来了，这就是自信的支撑。因为他们相信这个项目是促进中埃两国友好合作的好项目，是保护生态环境、节能减排的好项目，是增加埃塞俄比亚200多个直接就业岗位、几千个间接就业岗位的好项目，也是提高埃塞俄比亚GDP、为参与该项目的多家中国企业获得稳定利润回报的好项目，因此，他坚信项目不可能落不了地。如果没有来自企业家内心这种百折不挠的强大自信，这个项目可能会因为审核回复时间过长而致使埃方移情别恋，转手相送另一家参与竞标的印度企业。也正是因为有这种自信，在中国国内各种审核回复尚处于漫长的不确定阶段时，江联国际为了抢进度，避免工期延误而罚款，提前用自有资金定制了订单设备，在2017年初项目开工时，80%的设备已经抵达埃塞俄比亚糖厂施工现场。

让江联国际的4个创新融入属地文化

江联国际对创新的追求，不仅体现在核心技术中，还体现在营销方式、营销理念、融资模式和思维的创新上。这4个创新延伸了江联国际核心技术的价值，让项目工程拥有了可持续发展的竞争实力和一定的社会影响力。

谭胜辉告诉笔者："江联国际对营销方式的创新，是将传统的代理制，向属地合作制以及高端营销模式转变。秉持着共商、共建、共享原则，以人文交流为纽带，把代理商转为合作商，结成利益共同体，实现共同发展。"从江联国际17年的探索历程看，从最初的通过进出口公司或中字头大公司进行锅炉买卖，发展到自己"走出去"，承建锅炉岛、电厂的交钥匙、EPC和BTG等工程项目，累计销售锅炉设备、完成或在建项目工程148个。这也正是营销方式创新结出的硕果。

谭胜辉表示："江联国际的营销理念创新是基于从一个产品延伸至整个工程，再从工程延伸至一个产业链的整体产业链营销理念；是基于原有优势行业，向符合所在国经济发展需求的跨行业、跨领域发展的整体行业合作商抱团取暖的营销理念；也是基于原有成熟市场，向周边国别市场辐射的整体市场营销理念。在这个理念下，实现利益分享、风险共担。"由于牢牢把握住了重点方向，聚焦于重点地区、重点国家、重点项目，江联国际的海外产品结构从单台设备出口迈向工程总承包，合同订单从几十万、几百万美元跨上了几亿美元的新台阶；业务由单纯的电站工程为主，拓展到电力、容器、制糖等多个行业；市场从东南亚市场为主，逐步辐射到南亚、中亚、非洲、拉美等国家。

江联国际的融资模式创新，使他们实现了从传统的 EPC 总承包项目，向融资带动 EPC 总承包的转变。鉴于未来国际工程中现费项目越来越少、竞争越来越白热化的趋势，江联国际将逐步从传统 EPC 总承包项目向 EPC+F、BOT、BOO、PPP 等技术服务输出、投资运营的转变，并充分利用好内保外贷、外保内贷、外保外贷等融资模式。本文前面谈到的埃塞俄比亚糖厂项目就是江联国际通过融资模式创新成功落地的项目。谭胜辉表示："未来，我们将继续探索、创新融资模式，通过充分利用各种金融工具和金融服务，争取竞得更多项目。"

最后，谭胜辉还特别强调了思维创新的重要性，"绝不可以小觑思维创新在'走出去'实践中的重要性。'走出去'不是简单的过剩产能的转移，而是要真正地为当地经济发展、改善当地生态环境提供好的服务。"

比如，2011 年，江联国际在海外总包的第一个垃圾发电项目——印度德里垃圾焚烧发电厂（2×600 吨 / 日）项目就是这样一个好项目。该项目通过江联国际的绿色环保锅炉设备焚烧城市生活垃圾，实现清洁发电，被列入联合国"南南合作"推广项目，对解决当地垃圾肆虐的问题产生了示范性的积极影响。

再比如，他们在印度尼西亚做项目工程时，为当地工人建祷告室、洗脚水池，充分尊重当地的风俗和礼仪，也因此得到当地工人的尊重。

还比如，在埃塞俄比亚建糖厂，他们为当地原始部落打井，解决部落饮用水短缺的问题；与当地政府或企业设立相关的产业培训学校，为糖厂免费培训当地员工；在该项目总承包合同中承诺：糖厂建好后，免费为业主提供 1 年对员工在各生产岗位实时操作的训练，包员工独立上岗操作合格。

江联国际的上述所为，体现了企业的社会责任担当，这种基于尊重的自然融入当地社会的行为，使江联国际赢得了各方的赞誉与肯定，从而也为企业未来在属地的发展奠定了良好的基础。这也是江联国际在项目所在国为何会竞得源源不断的总包项目的原因之一。

此外，江联国际在国际市场特别是东南亚地区的市场做项目工程时，积极推行中国标准，为中国项目在国际市场争取话语权做出了一定的努力。为了让业主以及国外政府验收部门接受和认可中国标准，他们在与业主交流过程中，充分发挥自身技术优势，将大量按照中国标准生产的专业设备技术资料主动译成英文提供给业主，得到了业主的普遍认可。

赘语

江联国际"走出去"的模式，是非常值得称道与总结的。在该企业的 85 个总包项目工程中，分包商的企业性质"不拘一格"，国有、民营、混合均有。这种以核心技术龙头企业优势支撑的全产业链合作，符合可持续发展趋势，在国际竞争中较易占领主动地位，也可以有效避免中国企业"走出去"相互厮杀打价格战的问题，各分包商均可获得分包领域的收益，工程风险也可得到有效控制。因此，在中国政府、地方政府职能部门审批项目时，也应同样本着技术优先的市场选择原则，而不是以企业性质定优劣。否则，伤害的不仅仅是企业利益，还有国家利益。

（摘编自《国际融资》2020年第3期，李路阳文，王宇凝、吴语溪对本文亦有贡献）

从教师到国际工程公司老总，选择便无悔

谭胜辉先生现任江联重工副总裁（负责海外业务）、江联国际总裁、江联能源环保有限公司董事长，兼任江西省工商联直属商会副会长，江西国际商会副会长。

他毕业于江西师范大学物理系，做了几年教师后，于1993年调入江西锅炉化工石油机械联合有限责任公司，历任劳资处职工教育主管、售后服务处主管、销售处处长、外经处处长；2006年出任江联重工副总裁，2007年成立江联国际后任总裁。

他亲历了江联完成股份制改造和国有企业改制的全过程，成为从国有到民营原地转身的企业高管。从2001年任外经处处长起，他带领仅有4人的海外团队＋公司的技术支持4～5人，开始拓展海外市场的征程，至今业绩骄人。江联国际海外发展的触角从泰国、印度尼西亚、印度、越南、马来西亚、埃塞俄比亚、缅甸，不断延伸到菲律宾、韩国、澳大利亚、南非、巴西、俄罗斯、乌克兰、哈萨克斯坦、孟加拉、巴布亚新几内亚等国家。至2019年12月，已完成和在建的工程总承包项目累计达85个。如今，江联国际的员工队伍已达500人，仅占集团员工总人数的七分之一，却为集团贡献了70％的利润。

谭胜辉先生是教师出身，他自律、勤奋，要别人做到的事情，他一定会首先做到。笔者到该公司考察的时候，江联重工的司机说："谭总很忙，但他只要坐在车上就会念英语，从未间断。"还有员工告诉笔者，"尽管江联国际改制了，但在谭总的带领下，江联国际一直保持着老国企的精神：不畏困难、勇于创新。"

在这20年的时间里，就是靠身先士卒、不畏困难、勇于创新的企业精神，他带出了一支优秀的海外团队。他感慨地说："我的青春和最好的时光都在为国家、为企业服务。尽管其间有许多酸甜苦辣，但既然选择了，就无怨无悔。"

他是一位有情怀、抗压能力极强的企业家。他的情怀体现在对节能减排绿色产业的坚守、对绿色创新技术的执著、对改善生态环境的责任担当。这种情怀可以与不同国度、不同文化中有着同样情怀的人产生共鸣。江联国际很多项目都来自回头客，就是佐证。而他极强的抗压能力，又让他在努力争取中将许多个不可能变成可能，比如大到埃塞俄比亚糖厂总包项目工程的承保、承贷，小到一个合同陷阱的谈判，他都能通过智慧与担当消除误会、化解矛盾。

他讲述了在印度承包30兆瓦清洁能源发电厂项目合同的例子："印度企业方在合同草拟过程中总会摄入很多陷阱，稍不留神就掉进去。比如，他们在合同中要求我们免费提供一条输煤栈桥延长线，考虑到这个延长线顶多3米，成本极小，我们也就答应啦！但到项目施工时，他们告诉我们这个输煤栈道是从底层0米到顶层30米，而做这30米的钢结构至少需要几百万。针对他们设下的陷阱，我带他们去参观了江联在中国国内建设的几个电厂，告诉他们哪段是延长线。我非常清楚他们的目的，就是想用这个陷阱省去他们建操作平台的费用。

但毕竟签了白纸黑字的合同，这 30 米的活儿我们必须要做。于是，我告诉他们，我们会在安全系数内用两根钢管交叉焊上去 30 米做输煤栈道。见我们没上钩，他们只好说，'算了，还是我们自己承担吧。'后来，他们自掏腰包，让我们给他们建了操作间。"当然，对于这些第一次飞中国而且认定中国远不及印度的印度企业方的人来说，中国的巨变让他们震惊，也让他们转变了对中国人的看法，由歧视转为尊重，甚至和谭胜辉交上朋友，言曰以后不管做什么项目，就找江联国际做总包！

直面海外市场越来越激烈的竞争，他淡定地说："唯有市场可以实现大浪淘沙后的自然净化。"

他希望江联国际未来能与中国国内的企业一道抱团出海，把产业链做足，真正做到零排放。他举例说："比如，我们总包的糖厂投产后，会产生废糖蜜，但这些废糖蜜是可以用来提炼医用酒精、食用酒精、燃料酒精的。而提炼完酒精剩余的酒精糟，还可以做养殖饲料。"他的这一想法说出后，不少江西企业很感兴趣。这就是在创新技术主导下的市场反应！（艾亚文）

2019 "十大绿色创新企业"：江联重工

江联国际的母公司——江联重工集团股份有限公司（简称：江联重工）创新研发全球领先的环保锅炉关键技术，推动设备节能降耗，增强持续运行稳定性，为资源循环利用提供清洁高效的解决方案，因此荣登国际融资 2019（第 9 届）"十大绿色创新企业"榜。

《独立评审团对 2019 "十大绿色创新企业" 江联重工的推荐词》见本书《2011—2020 "十大绿色创新企业"一览》。

《50 评委专家团对 2019 "十大绿色创新企业" 江联重工的推荐词》精选如下：

孙太利（天津庆达投资集团有限公司董事长，第十一届、十二届、十三届全国政协委员）推荐词："该企业通过自主研发技术做到节能降耗和资源综合利用，有利于促进工业化绿色发展，对重工行业长远发展将产生积极影响。"

周家鸣（创业导师）推荐词：锅炉是能量转换的关键中间体，也是重大污染源，致力于锅炉清洁技术研发，解决了社会难题，前景广阔。

李伟群（华夏国智（北京）股权投资基金管理有限公司董事长）推荐词：垃圾焚烧、变废为宝。

邹力行（国家开发银行研究院原副院长）推荐词：农林废物作为生物质燃料资源加以循环利用。

陈燕（重庆磐石臻和股权投资基金管理有限责任公司首席合伙人）推荐词：该公司研发的生物质燃料锅炉全球领先，热效率达 89.6%，是国产生物质燃料锅炉领头军，其技术得到国内外企业的认可，被列入"南南合作"推广项目，提高了世界影响力。

刘红宇（北京金诚同达律师事务所创始合伙人，第十一届、十二届、十三届全国政协委员）推荐词：该公司自主研发的生物质燃料锅炉能够有效降低环境污染、提高能源循环利用水平，为城市生活垃圾的处理提供了新的可靠选择，其设备大量出口国外，为世界绿色发展贡献了中国智慧。（摘编自《国际融资》2019 年第 7 期）

企业融资篇

绿色创新产业融资难，难于上青天，
但凡融资成功的，都有弥足珍贵的经
验，其中最重要的经验是对技术足够
自信，找对人、找对路

　　蒋大龙先生为什么会选择生物质能作为创业的金砖？在他内心始终不渝坚持的那个东西是什么？他凭什么能够融到国内外权威金融机构的资金？机遇之神缘何会光顾这位农民的儿子？2010年岁末，时任国能生物发电集团有限公司（简称：国能生物）董事长蒋大龙先生在接受笔者专访时对此一一做了回答。

如何撬动资本杠杆做大生物质发电产业
——国能生物企业融资案例分析

率先"试水"生物质发电

　　蒋大龙告诉笔者，他小的时候，家乡的天是湛蓝的，河水是清澈的，空气是新鲜的。他放学回家后总喜欢依偎在奶奶身边，看着奶奶烧秸秆煮饭。他由此对秸秆情有独钟。20世纪70年代末，青年时代的他和所有人一样，开始经历与污染排放相伴的"中国制造"进程。这一从城市到乡镇的"工业化"城市经济发展阵容，使湛蓝的天空渐渐变得浑浊了，清澈的河流变成了污水沟，农村许多家庭取暖做饭改用煤球或更方便的煤气罐，使得越来越多的秸秆在田间直接焚烧，狼烟四起，加剧了对环境的污染。

　　对一位从农村走进大城市白领阶层的他来说，内心深处始终有一种冲动：什么时候能让家乡的天、家乡的水、家乡的空气回归到他童年时记忆中的那般美丽？

　　20世纪90年代初，他到瑞典攻读企业管理。正是这段海外留学经历，让他有幸成为中瑞投资促进的"使者"。1996年，他陪同中国政府代表团访问瑞典，参观了一家以秸秆为燃料的生物质发电厂。当时，这家瑞典企业的老总介绍说："秸秆和林业废弃物是最好的生物质燃料，经过先进的高温高压锅炉可转化成稳定的绿色电力，农民出售生物质燃料可以增加收入，发电后的灰处理之后可以变成有机肥"。这家瑞典企业和这位老总的一席话给他留下了强烈印象，还让他萌生了一个念头——把这个项目带到中国去，弄到自己家乡去，让家乡的秸秆变成清洁能源。

随后，他就生物质能的市场前景咨询了他在沃尔沃公司做高级顾问时的同事卡尔·特罗根（Karl Erling Trogen）先生（时任龙基电力的董事）。特罗根先生非常坚定地告诉他，生物质能行业未来的市场前景相当广阔。

在经过深入调查后，2003年年底，蒋大龙做出了一生中最大的抉择——转行做可再生能源事业。因为在蒋大龙看来，环境可持续性是实现全球未来强劲发展的关键。他决定在中国创立一个从事可再生能源事业的世界领先公司，并把奋斗目标瞄准国人非常陌生的生物质能。

蒋大龙告诉笔者，21世纪初，中国还没有企业拥有生物质能这项先进技术。全球最先进的生物质能技术公司在丹麦百安纳（Bioener）公司手里。为了引进生物质燃烧发电技术，填补中国国内此项技术的空白，他在当时中国驻丹麦特命全权大使甄建国的帮助下，一次次游说百安纳的股东们。他对百安纳股东们说："丹麦虽然是一个农业大国，但全丹麦的种植面积才有6万多平方千米，还不如我山东老家一个省的种植面积（45万平方千米）。而且，我们老家有6000万农民，光农民人数就是你们国家的10倍。你把这么好的技术留在丹麦不给中国，那不糟蹋了？况且，中国离丹麦这么远，我们两家企业之间也不会产生竞争。"凭借三顾茅庐的精神，百安纳股东终于被蒋大龙的执著打动了。

蒋大龙带着自己在国外的全部积蓄，义无反顾地回国创建生物质发电企业。2003年12月28日，龙基电力集团公司（国能生物发电集团公司的控股方）在北京平谷成立。

胆识与机遇造就成功者

作为创业企业家，蒋大龙的资质很有优势，他曾经工作于中国政府机构、金融机构以及国际跨国大公司，并有海外企业管理专业留学背景。这使得他的思维很自然地具有前瞻性。龙基电力集团公司创立后，他几乎在同时运作3件大事：第一件事，与百安纳就全套技术引进谈判，并最终获得了技术区域使用权。第二件事，说服百安纳核心技术工程师进入自己的企业，并且以技术入股的方式让他与企业兴衰捆绑在一起，解决了引进技术的本土化问题。第三件事，与国家电网探讨股权合作，最终达成共识。

一家民营企业要想引入国有非控股股份，并不容易。但蒋大龙做到了。这源自他对国家战略的深刻理解和对国家电网策略的认识。在他看来，中国经济要想实现可持续发展，必须解决县域经济不发达的问题，而要实现县域经济，特别是贫困县域经济的发展，首先要解决农村电力不足的问题。由于电力成本等诸多原因，县域，特别是贫困县域成为国家电网覆盖运行成本较高的地域。而生物质发电的原料是农作物秸秆，建设地点位于乡村，由于燃料充足，发电十分稳定，年平均发电超过7000小时，是风电和太阳能发电小时的4倍，所以，生物质发电是农村电网的最好支撑电源，建造生物质发电厂不仅可以有效解决农村电网安全运行的问题，还可以解决小煤电关闭后小城镇供热问题，带动县域经济的发展。这与国家农村发展战略相吻合，也与国家电力产业规划发展方向一致。蒋大龙说："大央企建小电厂，管理不便，成本过高，劣势远大于优势，但他们可以引导并参与我们这些有社会责任感的企业去建设运营，我们也会充分尊重他们的建议。这是唯一能够实现多赢局面的营运模式。"由于双方的目标一致，很快达成股权投资筹建国能生物的共识，国能生物于 2005 年 7 月 7 日正式注册成立。在这家国有民营联手的企业中，国家电网深圳能源发展集团有限公司扮演的角色是引导国能生物去那些农村电网发展需要的边缘县域地区投资建设生物质发电厂，实现杠杆效应。

2006 年 12 月 1 日，在蒋大龙的老家山东，国能单县生物发电有限公司正式投入商业运营，并成为第一个国家级生物质能源样板项目。当机器开启的时候，蒋大龙感动得热泪盈眶。他说："我觉得世界上所有的音乐都比不上我们发电机开启运转时的声音。"因为，那声音中包含着他们这些建设者为中国第一家生物质发电厂所付出的一切。在电厂建设前，除了他和几个企业高管，其余所有建设者们都没有见过生物质发电厂的模样。他们凭借丹麦总设计师提供的一份图纸，在完全不能用语言交流的情况下，靠手势解决了建设过程的所有问题，建成了中国第一个生物质发电厂。电厂的技术设备达到了燃烧多种农作物秸秆（小麦秸秆、棉花秸秆、玉米秸秆、高粱秸秆等）和林业废弃物的功效，提高了生物质能燃料的适应性，燃烧效率较中国国内同行高 30% 左右。此外，电厂的建造成本也大大降低，以建设一家 30 兆瓦发电厂为例，每千瓦的建造成本从 1.1 万元降低到 8700 多元。

谈起首家生物质发电厂的成功运营，蒋大龙如数家珍："第一，这个装机容量 30 兆瓦的生物质发电厂年消耗农林剩余物约 27 万吨，目前，经过收集、加工、运输等环节，到厂平均成本约为 260 元 / 吨，可为当地农民增加收入达到 7000 万元以上。第二，这样一个生物质发电厂，每年可替代约 10 万吨标准煤，减少二氧化碳排放约 17 万吨，而且改善了农村环境，减少城乡污染，发电后的剩余灰渣还可返田作肥。第三，根据测算，一台 30 兆瓦机组的年发电量可达 2 亿千瓦时，同时可以向约 100 万平方米的居民供热。第四，在秸秆的收集、运输、加工等环节，可为当地增加就业岗位 1500 余个。这对于解决农村富余劳动力就业，提高地方财政收入，繁荣农村经济，具有非常重要的作用。第五，运营实践证明，生物质电能质量稳定，机组利用小时数高，是可再生能源中的优质电力，对农村地区电网平衡和电网安全运行具有积极意义。第六，这种分布式的生物质发电站，一般坐落在经济比较落后的偏远农村地区，这对于解决当地的用电，扩大就业机会，促进经济和社会和谐发展大有益处。"

让数以万计的中国农民受益

蒋大龙向笔者谈起 2004 年他陪同丹麦科学家去河北调研时路上亲历的一件事。当他们驱车驶过天津后，看见马路两边的田里正在焚烧秸秆。一位丹麦老科学家要求停车，他下车后趴在地上痛哭，并连连说：中国人太奢侈了，太浪费了！就这一小会儿烧没了几万几十万元钱啊！这个场面打动了蒋大龙以及所有在场的中国人。蒋大龙走过去，紧紧与这位丹麦老科学家拥抱，并坚定地发誓："我一定要改变秸秆无序焚烧的现状。"这位丹麦老科学家鼓励蒋大龙迅速推广生物质发电。"中国有 8 亿多农民，这个技术应该在中国发展起来，这也是农民脱贫的有效方法之一。"这位丹麦老科学家说。

"我们国能生物是中国农民的企业，我们的发展和农民息息相关。自从国能生物第一家生物质发电厂建成后，我只要一看到秸秆被烧的场景，就会心疼。我们公司员工都有这样的感受。当然，我也欣喜地看到，越来越多的人开始意识到秸秆的价值。"蒋大龙对笔者披露自己的肺腑之言。

他坦承，当时将第一个厂址选择建在山东老家，是因为母亲常常向他说起的一句话："你是农民的儿子，应该为农民做事。"

他直言："我认为，最能够让人民受益的东西，最容易让人民掌握的东西才是最有高科技价值的东西。"

他表白，当初他只想在家乡建一座生物质发电厂，以报答养育他的那方土地和家乡的农民。而今，他领导企业马不停蹄地建电厂，是为了让更多农民的生活得到改善，是出于企业的社会责任。

事实上，生物质能源最能体现造福三农，惠及三农的政策。中国科学院、中国工程院院士石元春就曾坦言："生物质能适合中国国情，最能体现'情系三农''服务三农''造福三农'，农业增效和农民增收。"

据笔者了解，蒋大龙对个人财富看得没那么重，但令他感到骄傲的是，国能生物已成为中国民间最大的支农补助系统之一。迄今为止，国能生物发电已累计提供了32亿元现金用于秸秆收购，这个数字还将随着生物质电厂的增多年年增加。此举使得数以百万计的农民生活得到了改善。他对记者讲了一件事："有个农民老大姐，家里实在没有钱，但又急等钱看病挂号，于是，她想到生物质发电厂，就背着一捆秸秆来卖，卖了20块钱。但这20块钱解决了她看病挂号的问题啊！这是我们公司收购秸秆中最少的一笔，很感人。"

事实上，发展生物质能源是解决"三农"问题的一剂良药，让农民受益匪浅。生物质能电站运营成本的60%用于收购农民的多余秸秆。1亩地（666.67平方米）平均产生秸秆300～400千克，目前的收购价约为每吨260元左右，这让农民每亩地增收100余元。一家典型的30兆瓦发电厂消耗生物质25万～30万吨，收购成本总计约为7000万～9000万元。

另外，国能生物投资建设运营的生物质能发电厂还为农村地区的居民创造了大量的就业机会。一个30兆瓦的发电厂可以创造1200～1500个工作岗位。发电厂可直接雇用130名工人，每个发电厂需要建立8个秸秆收储基地，每个基地需要50名工作人员，秸秆收购过程中需要有一大批经纪人队伍。到目前为止，国能生物已在农村地区创造了6万多个工作岗位。

据了解，生物质发电的原料成本占其成本总额的近60%。过去在农村一分不值被焚烧掉的秸秆，现在每吨能卖两三百元。在广西北海，因为乙醇加工厂的设立，以前300元一吨的木薯现在价格翻番。很多人开始留在自家地里"淘金"，不再去外地务工。

艰难融资与成功并购历程

如果没有金融机构的支持，蒋大龙在中国发展生物质能的宏伟蓝图则很难实现。因为直到 2010 年，国能生物才刚刚开始有了一点点微利。

"2010 年上半年还都是亏损的，到下半年才开始有一点儿微薄的利润。因为这个产业是基础产业，需要培育，投入比较大，但未来应该有比较稳定的盈利，但不会产生暴利。"蒋大龙说。

据笔者了解，在国能生物创业的几年间，东拼西凑的小融资远不能解决国能生物投资建厂的资金需求。融资成为蒋大龙的重点要务。他对笔者说："国能生物的第一个生物质发电厂是靠朋友凑的资金起步建设的。后来，国家开发银行对我们的项目进行了评估审核，但那时电厂还没正式运营，根本没有可参考的审核数据。但他们考察后认为，这个产业原料充足，一旦做起来，就会受到政府的关注与支持。于是，他们派了一个考察团到丹麦考察，将欧洲的基本数据作为他们评估的基本依据。分析后他们认为，这个项目即使亏损也不会破产，风险承担有限。"整个考察评估历时半年，2006 年，国家开发银行为国能生物提供了 15 年期 2.1 亿元人民币政策性贷款。

蒋大龙告诉笔者，国能生物与花旗银行的融资谈判过程总体比较短，当时他们只有山东单县那一个生物质发电厂，电厂刚刚建好，还没有运营业绩，他们只好跟花旗银行的专家谈企业的理想。由于他们从事的是一项造福贫困地区的可再生能源产业，而且是中国的先行者，他们的产业经营战略又恰恰与花旗的投资原则不谋而合，2007 年 6 月，花旗银行向国能生物伸出了橄榄枝，提供了 1.5 亿美元的股权投资，为一度因资金不足而陷入发展困局的国能生物一解燃眉之急。

这些巨额投资与贷款，加速了国能生物跑马圈地、建设生物质发电厂的进程。截至采访时，国能生物在山东、河北、河南、江苏、黑龙江、吉林、辽宁、内蒙古、新疆、湖北、安徽、陕西等省和自治区已被核准的项目有 50 余个，其中投入商业运营的 23 个、在建的 12 个、筹建中的 20 余个，投资总规模已超过百亿元，国能生物集团年销售收入 30 多亿元。

2010 年 2 月，中国建设银行总行又为国能生物提供了 280 亿元的贷款承诺，以支持他们未来 5 年内的建设计划。

蒋大龙是银行出身，曾经的这段工作经历，对他创业初期成功地获得国际融资、成长期成功地完成国际并购帮助甚大。

2008 年全球金融危机爆发后，向国能生物提供技术的丹麦百安纳公司遭遇了前所未有的困难，濒临破产边缘。此时的国能生物，由于完成了几次漂亮的融资，囊中资金充足，于是，他们以很低的价格迅速完成对百安纳公司和欧洲锅炉集团公司的收购，不仅将两家欧洲公司的所有核心技术收入囊中，而且使之成为龙基电力集团公司麾下全资子公司并负责欧洲市场开发和产品销售。

接着，2010 年，蒋大龙又一次打出漂亮牌，以股权换资产的方式，用其百安纳公司和欧洲锅炉集团公司资产置换花旗银行在国能生物的控股公司龙基电力集团公司的全部股权。用他的话讲，这是三方雀跃的事情。对欧洲公司来说，归属花旗，是同文化交融，会觉得更容易沟通。对花旗来说，得到这两家公司，对他们在全球可再生能源市场的投资来讲，那是如虎添翼。对国能生物来说，在中国政府积极推进可再生能源的政策机遇下，他们获得了可以在多个县域迅速扩张建厂的真金白银。

目前，国能生物的设备已全部实现国产化，不仅在中国国内得到了大量应用，而且开始批量向国外出口。

尽管 2011 年花旗银行已经不再间接持有国能生物的股份，但是，花旗银行亚太区主席仍然还是国能生物控股公司的董事。对此，蒋大龙解释说："我觉得花旗银行在投资生物质能源这件事情上看得很远，虽然他们也和所有金融机构一样遭遇了全球金融危机的冲击，但他们没有像有些银行那样逼着企业还钱，没有落井下石，相反，仍一如既往地从事可再生能源的投资与融资。我认为，花旗在战略上的前瞻性会对我们有莫大的帮助。"

创立双套人才管理机制

说到企业愿景，蒋大龙对笔者说起创业之初他到日本东京电力寻求融资时的一段经历。当时，东京电力的一位退休副社长接待了他，他向对方介绍了自己的创业理念。对方问他企业有什么技术？他描述了企业从丹麦引进的最先进的生物质燃烧发电技术。对方问他企业的发展目标是什么？他说争取在 2010 年在中国建成一到两家生物质电厂。对方听后极为低沉地说："当年我年轻的时候，也和你一样有着这般宏伟的理想。"言外之意不说自明。对方根本不相信他领导的企业能在 5 年内建成电厂！事实是，到 2010 年 12 月底，国能生物建成运营的电厂不是一两个，而是 23 个！对方获知后，给蒋大龙发来贺信。他被震惊了。

蒋大龙在国外学的是企业管理。他觉得国外学习工作的那段经历，让他受益最大的是为创业企业找到了一种最佳发展方式。

国能生物的业务主要在中国农村地区，但是，该公司却拥有一支国际化的管理团队。他们是怎么做到的？又是如何将国际化和本土化结合在一起的呢？

蒋大龙介绍，其董事总经理西蒙·帕克（Simon Parker）曾任职于花旗银行的投资银行部门，卡尔·特罗根曾是沃尔沃集团的高级副总裁。国际化的高管团队起源于公司创业初期的环境——公司的技术是从海外引进，他们的投资方也主要来自海外。

管理团队在海外营销及战略并购方面起到重要作用。2009 年，国能生物利用金融危机收购了丹麦的技术授权机构百安纳。在此之前，他们每建成一家生物质电厂，都必须向百安纳支付巨额的技术使用费。而且如果百安纳取消了技术授权，他们将不得不使用落后的技术。因此，这宗收购对他们的意义重大。公司的国际管理团队成员出色地完成了尽职调查、谈判及实施等一系列工作。

另外，"外籍高管在初期享受本地年薪，拥有期权。但是，他们和我一样，怀有相同的使命感。我曾经和西蒙·帕克开玩笑说，让他学习中文比教会中国 8 亿农民讲英语要容易得多。之后，西蒙·帕克便非常认真地每天早晨六点半准时到公司学习中文。"蒋大龙说。

此外，发电厂的员工几乎清一色的是本地人，其中有 95% 是从当地直接招聘的。"我们在农村展开了一些有意思的试点工作，并与地方政府密切合作。我们还利用地方政府的组织机构来收购秸秆，而他们可以将获得的收益用于发展当地经济。"

值得一提的是，为了满足企业快速扩张的需要，国能生物对每一家生物质发电企业均采用了双套人才的管理制度。蒋大龙认为，该公司目前面临的最大问题是企业快速成长与人才需求问题，"企业发展是需要高管人才的，为此，我们专门成立了一个国能教育培训中心，集中培训人才，以满足我们生物质发电产业持续健康发展的需要。"谈及人才团队配置，他告诉记者，他们投入运营的每家发电厂，始终都配备有双套管理团队。一旦新电厂建好投入运营，他们就将老电厂两支管理团队中的一支派到新电厂，同时再将新培训的人才团队输入。以这样的人才孵化速度，配套跟进电厂投入运营的速度。（摘编自《国际融资》2011 年第 2 期，李路阳、谭姝、唐玲文，黄承飞摄影）

蒋大龙的昨天与今天

蒋大龙先生是华北电力大学热能工程博士，中国生物质能产业的推动者，中国安永企业家奖（2008）获得者，全球新能源商业领袖奖（2011）获得者。

笔者 2011 年采访他时，他任国能生物发电集团董事长；2014 年卸任。

2012 年之前，他的事业足迹是：2004 年组建龙基电力集团公司，全力推动中国生物质等新能源产业的发展；2005 年参与组建国能生物发电集团公司，经过 5 年努力奋斗，国能生物成为全球最大的生物质发电投资、建设、运营一体化的专业化公司；2007 年，又开始组建国能风力发电有限公司，带领中国科技精英，集中力量突破全球风能利用尖端技术，经过 3 年拼搏，成为掌握兆瓦级垂直轴风力发电技术的高科技企业。

2012 年之后，他的事业足迹仍然没有离开新能源，只是从生物质发电、风力发电转向储能与新能源汽车。2012 年至今，他担任国能电动汽车瑞典有限公司董事长；2015 年至今，担任国能新能源汽车有限责任公司董事长、国能汽车技术开发有限责任公司董事长；2019年至今，担任恒大集团董事局副主席兼恒大新能源汽车集团公司董事长。（艾亚文）

2011"十大绿色创新企业"：国能生物

国能生物发电集团有限公司是目前（截至 2011 年采访时）全球最大、产业链最完整的生物质能综合开发利用的专业化公司。利用国际先进的生物质直燃发电技术和中国丰富的生物质资源，国能生物投资建设生物质发电项目，并上下延伸产业链，生产、加工生物质能燃料以及灰分的再循环利用等。经过短短 5 年多时间，国能生物已发展成为集投资、建设、运营于一体的集团，为发展绿色经济和深入开展节能减排工作做出了积极贡献。因此荣登国际融资 2011（首届）"十大绿色创新企业"榜。

《独立评审团对 2011"十大绿色创新企业"国能生物的推荐词》见本书《2011—2020"十大绿色创新企业"一览》。

《50 评委专家团对 2011"十大绿色创新企业"国能生物的推荐词》精选如下：

周树华（开物资本管理合伙人）推荐词：依靠远见和非凡的执行力，创造了全球第一的生物质发电产业链。

林九江（时任中国出口信用保险公司国内信用保险承保部总经理）推荐词：生物质发电优质，三农受益实惠。

唐伟珉（时任气候变化资本集团董事、中国区总裁）推荐词：通过国际化的收购，拥有了生物质发电领域的核心技术，并且结合自己在发电运营领域的优势，挖掘了技术潜力，是生物质发电领域内的领航者。

徐洪才（时任中国国际经济交流中心信息部副部长、金融学教授）推荐词：技术国际领先，是一家具有发展潜力的生物质发电企业。

张宝荣（时任国家开发银行投资局局长）推荐词：生物质电能领军。

程军（时任中国银行总行公司金融总部（国际结算）总经理）推荐词：生物质电能是可再生能源中的优质电力。

雷鸿章（中国长城资产管理公司资产经营部总经理、高级经济师）推荐词：生物质的循环利用产生电能，既美化了人类的生存环境，又为人类点亮了明灯。

杜晓山（时任中国社会科学院农村发展研究所研究员、副所长）推荐词：发展生物质能源，推动能源技术革命。

吴瑕（时任中国社会科学院中小企业研究中心主任）推荐词：生物质发电创奇迹，产业链延伸再利用，绿色能源进农村，综合利用增效益。

让·尼凯米亚（时任美国优傲龙金融集团总裁）推荐词：首家突破生物质直燃发电技术，保障了经济比较落后的偏远农村地区电网平衡和电网安全运行，解决当地的用电问题并扩大当地农民的就业机会。

李安民（久银投资基金管理有限公司董事长）推荐词：该公司作为全球最大的生物质发电投资、建设、运营一体化的专业化公司拥有国际先进的生物质锅炉直燃发电技术，具有自主创新技术，在中国乃至国际生物质发电市场具有极强的竞争力。

陈欢（时任财政部中国清洁发展机制基金管理中心副主任）推荐词：生物发电，和谐自然。

胡斌（时任国家开发银行创业投资处处长、高级会计师）推荐词：秸秆发电，新能源，富民惠农。

王靖（时任天津排放权交易所总经理）推荐词：生物质能发电，绿色的很好补充。

王树海（时任天津股权投资基金中心总裁）推荐词：企业运营成本相对低廉，市场前景广阔，期待为中国的新农村建设做出开创性贡献。

周家鸣（时任扬子资本北京首席代表）推荐词：能源其实就在身边，目前利用零散能源比寻找新能源更现实。（摘编自《国际融资》2011 第 7 期）

这是一家中国风力发电企业国际融资的故事。中国风电集团有限公司 [China WindPower Group Limited，简称：中国风电，2015年2月9日更名为：协合新能源集团有限公司 (Concord New Energy Croup Limited)]，2011年岁首，《国际融资》杂志记者采访该集团董事局主席兼首席执行官刘顺兴时，中国风电刚获得了两笔国际金融机构资金：国际金融公司（简称：IFC）给予的股权投资款1000万美元，以及已按时到位的1.4亿美元锁定利率的长期低息贷款中的9755万美元；亚洲开发银行（简称：ADB）提供的总额达2.4亿美元的创新融资方案。一家成立仅5年、非国有的风电企业凭借什么同时得到世界两大顶级国际金融机构的认可？中国风电如何先人一步抢占商机？又是如何拥有聚集了众多优秀人才的管理团队？答案就在本文中。

中国风电何以融到国际金融机构的贷款

中国风力发电先行者

刘顺兴，在中国能源研究领域是一位知名人士。本科学习发电专业，后获得管理学硕士的他一毕业就分配到原国家计委的节能局工作，后来进入中央企业——中国节能投资公司（现名：中国节能环保集团公司），并担任该集团副总裁达8年之久。

当时颇受上级重视的刘顺兴，突然放弃令人艳羡的央企高管的高薪厚职，很多人都不理解。回首前尘往事，他在接受《国际融资》记者专访时微笑着说道："因为有一颗不安分的心，想挑战自己能否成为市场经济的弄潮儿。"企业家的魄力来自心底里的自信。但彼时已逾不惑之年的刘顺兴开始谨慎思考：究竟该涉足哪个领域呢？

拥有丰富国有企业运作经验、锐意遴选投资创业机会的他，很快找到了一块处女地：中国风力发电。2005年前后，欧洲如丹麦等国家风力发电技术已经相当成熟，风力发电占欧洲发达国家的发电总量比重已经非常高。刘顺兴在考察了欧洲风电市场后强烈地感到，中国与欧洲一样，同样具备海岸线长，风能资源非常丰富的特点。中国当时的状况与欧洲大规模发展风电产业前的情形十分相似，如果中国大力发展风电，应该比欧洲进展得更快更好。

不仅如此，长期在节能领域工作的他，还提前预感到新能源政策的春风对行业未来的推动力：2005年前后中国风电产业的发展迎来了转折，相关利好政策不断推出。在"十一五"的风能指标计划中，国家计划推出1000万千瓦的装机容量。市场经济需要眼疾手快，刘顺兴一出手就显示出了企业家的魄力。他先人一步，早在2006年就带领自己的创业团队到内蒙古、辽宁、吉林等风资源丰厚的省份跑马圈地，将风资源尽收囊中。在那个时候，风力发电还是个新鲜事物，有人愿意为了千百年来熟视无睹、来无影、去无踪而无从驾驭的风进行投资，自然受到热烈欢迎。因此，中国风电最初的风资源储备工作十分顺畅。

"我们目前开发的风资源还不足集团风资源储备的十分之一，未来10年风资源的开发都不成问题。"刘顺兴说。截至2010年年底，中国风电公布的风资源储备为10500兆瓦，且风资源均处于电价较高、电网接入条件较好、风电电量可在当地就地消化的风资源区。

有了风资源，就如开矿的企业有了矿产资源，经营房地产的企业有了可开发的地块。从今天来看，其他风电行业人士不得不钦佩刘顺兴的市场前瞻性，2008年、2009年，中国的风力发电产业发展迅速，风资源的争夺已经白热化，坐拥庞大风资源的中国风电可谓占尽先机。

凭借强大的风资源储备，再加上刘顺兴领导的优秀创业团队，2007年8月，中国风电成功借壳香港药业上市，并受到众多投资者的青睐，2007年至2009年3次增发股票共募集资金约15亿港币。

从此，中国风电业务一路突飞猛进，2009年终于得到了IFC的注目，在IFC《2010年度报告》中写道："中国的风能市场目前已居世界首位，IFC正在帮助建设其中一个先锋企业——中国风电集团有限公司。仅仅在香港联交所上市3年，中国风电就已经发展成为在这个全球碳排放量最高的国家中致力于开发高质量清洁能源的知名企业。通过其纵向集成一体化的商业模式，中国风电为其自身及其他风能开发商提供风机塔架、设计、工程和运行维护等产品及服务。与大型国有企业合作开发12个中型风电场后，中国风电携手IFC迈向更高的台阶"。

中国风电神速发展的背后

截至2010年12月31日，中国风电已建成投产发电的风力发电厂达21家。这意味着只要自然界的风还在徐徐吹过，只要人们还在用电，电费还在继续收取，中国风电就有源源不断的利润。

短短5年，一家非国有风电企业有如此的发展速度并非易事，刘顺兴领导的管理团队做到了。

"之所以能做到这一点，是因为我们在储备风资源的同时，还注重高端专业人才的储备。"刘顺兴表示。用一个比喻来形容，如果中国风电是一架远航的飞机，人才就是它飞向云端的翅膀。

　　一览中国风电宣传介绍册，《国际融资》记者看到了在刘顺兴领导下中国风电实力强大的管理团队阵容：香港资本市场著名资深人士、联交所主板上市的天地数码、精电股份等多家上市公司董事局主席高振顺任该集团董事局副主席，该集团常务副总裁王迅曾任华睿投资集团董事及风电业务总裁，集团副总裁杨智峰曾出任中国节能投资公司资产管理及运营部总经理，集团副总裁刘建红曾出任中国节能投资公司法律总负责人，集团副总裁余维洲曾历任国家电力部规划司、国家经贸委及国家电监会处长，集团副总裁周治中曾历任江苏省电力局副总工程师、南京供电局局长、江苏电建公司总经理、香港协鑫集团副总裁，集团首席财务官胡明阳曾任中国国际贸易促进委员会（简称：贸促会）财务部综合处处长、中国专利代理（香港）有限公司财务部总经理……近 20 人的高管团队，几乎都是一流的风力发电方面的专业人才和财务、法律、管理精英，他们或者是原国有企业高层领导，或者是原国家机关某部门负责人，或者是有境外大公司资深工作背景，且清一色都有名校博士、硕士等高学历，这样的高素质的人才队伍即使在大型国有企业也是少有，而这支队伍却出现在一家成立仅短短 5 年的非国有企业当中。

　　这源于刘顺兴等中国风电主要领导有一颗求贤若渴的心，对人才甚至做到了"三顾茅庐"。

　　2009 年春节，时任中国贸促会派驻中国专利代理（香港）有限公司财务部总经理的胡明阳，结识了刘顺兴主席和刘建红副总裁，一见如故。刘顺兴主席看重胡明阳的才识和人品，有意请他加盟中国风电。胡明阳最初没有跳槽的想法，贸促会是一个很不错的单位，"贸促事业，大有可为"，胡明阳在接受《国际融资》采访时引述了国家领导人对贸促会的评价，而胡明阳在贸促会发展得也很顺利，受到领导的重视和培养，而立之年已是处级干部，派驻香港前又被选送中央党校国家机关分校青干班脱产深造。刘顺兴和集团主管人力资源的副总裁刘建红，只要一到香港，再忙也要抽时间约胡明阳"恳谈"，每次都不下两三个小时。胡明阳担心自己长期在机关和国企工作，"下海"后无法适应，一直犹豫不决。

　　"如果给你的工作岗位适应不了的话，我们会让你再尝试其他岗位，待遇不变，真要不行也别担心，我们集团保障你下半辈子的生活。"刘顺兴主席诚挚的言语令胡明阳深受感动，下定决心来中国风电一试身手。结果证明刘顺兴主席和刘建红副总裁慧眼如炬，识人善任，胡明阳"下海"后工作开展得非常顺畅，带领团队胜利完成了 IFC 和 ADB 贷款项目，工作表现出色。"在贸促会工作期间，我也有过其他跳槽的机会，包括受邀出任一家国内上市公司的财务总监，但非常感谢刘顺兴主席和刘建红副总裁，是他们让我下定了决心，并帮助我顺利地从国家干部转变成一个还算称职的职业经理人，中国风电友爱互助的企业文化能为所有加盟公司的人才提供成长的沃土"。

　　中国风电优秀的管理团队不仅得到了众多合作伙伴的认可，也得到了 IFC 和 ADB 的肯定。高管中的部分人过去要么就是政策的制定者，要么就是政策的重要执行人，他们对中央政府的政策认识要比一般人深刻得多，眼光也更高远些。他们将自己的远见卓识和丰富的人脉资源作为共同发展中国风电事业的合力，前景自然可期。

　　"中国风电的成功与快速发展是和各个领域专业人力资源储备密不可分的，以人为本是公司的核心价值观。"刘顺兴表示。刘顺兴本人亲身经历了中国投融资体制改革的全过程，熟悉中国投资领域的规则和特点，并长期从事节能、环保及可再生能源投资工作。他非常清楚，能否聚拢优秀的人才，是项目投资成败的关键。据《国际融资》记者了解，中国风电相当部分员工都享有股票期权，合计总额达4亿股的员工激励股，保证了员工的切实利益。在中国风电，主人翁意识得到了充分显现，"朝九晚五是为了集团，加班是为了自己"，员工经常这样说。

高端人才的介入势必事半功倍，集体智慧令中国风电选择了更多捷径。其一就是采取了与国有企业共同合作开发风电项目的方式，最大限度地提升了资本的使用效率。与中国风电长期建立合作伙伴关系的有：中国电力投资集团公司、辽宁能源投资（集团）有限公司、上海申华控股股份有限公司、香港中电集团（CLP）等。

"我们的合作是双赢的，多年来合作一直十分愉快"，刘顺兴表示。的确，国有企业资金雄厚，出于国家战略的考量，急需扩大在风电领域的装机容量，而中国风电拥有丰富的风资源储备，对风电产业链的各个环节都实现了良好的控制，能为风力发电事业提供整体、系统、低成本、高效率的解决方案。双方合作可以在优势上互补。

"我想，多家大型国有企业选择我们作为合作伙伴，重要的原因之一就是我们能做到每个项目都赚钱，我们的项目不存在上网发电难的问题。"据了解，中国风电每年开工的项目都是"优中选优"，受益于中国风电庞大的项目库，当年开工的项目选择的都是具备并网条件、风险最小的项目，因此，所有项目，几乎都做到了"当年开工当年投产"。

在合作过程中，中国风电一直是与市场争时间，抢进度。在与其他企业合作的过程中，中国风电内部一直处于高效运作状态，经常为某一个项目加班加点到深夜，尽量做到"今日事今日毕"。中国风电工作的高效得到了合作伙伴的认可。

"大部分项目都是合资建设，合资项目双方优势互补，强强联合，各得其所。"刘顺兴表示。据《国际融资》了解，合资合作安排有利于保护双方的利益，可谓各担其责，合作共赢。

通过这种与国有企业合作开发的方式，中国风电与中国建设银行、中国工商银行、国家开发银行、中国农业银行等中资银行建立了合作，发展资金问题得到很好的解决，储备的风资源得以快速开发。

资金运用巧妙、发展神速的中国风电，业务已经上了一个新的台阶，急需向更大的舞台迈进，而国际金融公司（IFC）和亚洲开发银行（ADB）的出现正当其时。

两大国际金融机构助推中国风电迈上新台阶

说起中国风电与IFC的缘分，可以用"心有灵犀"来形容。

2009年4月间的一个晚上，在香港一家酒店的咖啡厅，刘顺兴和几个同事，还有彼时尚未加盟的胡明阳一起喝茶聊天，聊天中刘顺兴忽有所触，告诉大家，我知道世界银行下面有个机构叫IFC，我想我们完全具备和IFC合作的条件，我们应该联系一下IFC，看看有没有合作的可能，然后转向胡明阳说，希望你尽快到位来负责这件事情。非常巧合的是，话音未落，刘顺兴尚未回到北京，中国风电金融业务部的员工收到了IFC的一封邮件，表示想来中国风电参观，之后不久，IFC 驻中国代表处的一位投资官员如约而至。2009 年 8 月，刘顺兴到 IFC 访问，双方主要领导都有 "相见恨晚" 之感。当时 IFC 一位高层官员惊讶地说："没想到在中国还有中国风电这样的风电行业先锋。"

中国风电与 IFC 就像两个互相吸引的恋人一样开始接触。2009 年 9 月 18 日，中国风电首席财务官胡明阳亲自带领 IFC 驻中国代表处投资官员孙浩一行来到他们位于内蒙古太仆寺旗的风电厂参观，IFC 官员十分满意。之后 IFC 对中国风电开始了长达一年半的尽职调查。

正如大家所知，IFC 对所投资或贷款的企业一向以评审严格而闻名全球。众多民营企业渴望得到 IFC 青睐，但大多都被其严格的评审标准拒之门外。这次长达一年半的考察让中国风电切身感受到了一个国际顶级金融机构的严谨和挑剔，也让他们在经营管理上经历了一次世界级标准的考验。因为 IFC 选择企业的标准，追求的不仅仅是经济效益，更看重的是企业发展对整个社会是否能实现公益性回报，是否合乎社会正义，而且他们还十分重视企业的发展历程、发展战略等。

因此，这番拷问般的尽职调查过程必然是超乎想象的。"痛并快乐着"，胡明阳用这 5 个字形容与 IFC 的磨合。记不清接待过多少到访的 IFC 团队，有专司技术调研的、专司财务的、专司税务的、专司法律的、专司工程造价的、专司企业社会责任与环境保护的，诸多方面的调查团队往来反复，恰如走马灯一般。所调查的类别和各类别的问题也非常细致，到了近乎"繁琐"的地步，IFC 调查团队的认真态度也到了近乎"较真"的地步……

一天天过去了、一个月一个月过去……回首那段时光，像一段被慢速播放的电影，每一次谈判都十分艰辛，中国风电调动了集团内大量的人力物力来全力配合 IFC 的尽职调查工作，加班加点已成为习惯。IFC 对项目的调查几乎都是实地考察，中国风电认真细致地安排考察的行程……

即便如此，尽职调查过程仍非一帆风顺，还是有不少难以逾越的坎坷。例如有一次，在一个关键性的尽职调查项目上，双方难以达成一致意见，最终惊动了双方的最高层，IFC 授权中蒙区首席代表赵炫赞亲自访问中国风电，与董事局主席刘顺兴开展商务谈判，面对面连续谈了长达 4 个小时后，问题得到了明晰，双方才重又踏上阳光之旅。类似的事情还有很多……

不过，中国风电无惧国际顶级金融机构的检阅。据了解，在与 IFC 接洽后不久，中国风电金融业务部也已主动致信 ADB，"ADB 是与 IFC 齐名的国际顶级金融机构，都是政府间的多边金融组织，金融机构在选择我们，我们也在选择金融机构。"胡明阳表示。2010 年 6 月，ADB 也加入到了尽职调查中。因为有 IFC 对中国风电的全面考察，ADB 的尽职调查有了很多参照。IFC 和 ADB 都采取了银团联合融资的方式，包括法国兴业银行、荷兰合作银行、意大利的圣保罗银行等十数家国际顶级商业银行参与其中。中国风电在面对 IFC 和 ADB 的调查时，还要迎接他们背后各家银行的考察，工作量惊人。

"其实愿意投资我们项目的机构很多，我们为什么一定要得到 IFC 和 ADB 的资金支持呢？"刘顺兴表示，"因为 IFC、ADB 所体现的价值取向不单单是以商业价值为评价标准，如果我们能通过两大机构的尽职调查，那就代表着我们符合国际金融机构的投融资标准，代表着中国风电在企业社会责任等方面都十分优秀并经得起考验。"

即便如此，中国风电在与两大国际金融机构的谈判过程中，还是严格坚守着"诚信"的底线，能做到的一定去做到，不能达到的从一开始就说"NO"，从不做无谓的承诺。虽然中国风电与 IFC 的谈判过程十分艰辛，但因为中国风电的严谨和诚信，还是赢得了 IFC 的尊重。

据中国风电介绍，IFC 和 ADB 在尽职调查过程中还聘请了国际顶级的技术咨询机构、律师事务所和名列四大之一的会计师事务所对该公司进行独立尽职调查。这些独立调查机构的意见至关重要。"为了获得两大国际金融机构的支持，我们也聘请了不少国际专业机构，付出了很高的成本，但这是值得的，因为性价比高，并且世界通行。"刘顺兴说。

最终，中国风电过五关斩六将，获得了两大国际金融机构的鼎力支持。

至此，中国风电踏上了新的历程。中国风电运用 IFC 的贷款完成了国家发展改革委核准的甘肃瓜州项目，装机容量达到 201 兆瓦，是迄今为止中国最大的风电项目之一，也是中国风电集团开发的第一个全资项目。

据了解，两大国际金融机构对中国风电采取了不同的投资方式，IFC 选择在项目层面，ADB 选择在控股公司层面，双方投资形成差异互补，由于两大国际金融机构的贷款都可以进行固定利率的安排，在当前融资环境下，使中国风电有条件实现对利率风险的有效控制，并受益于人民币的升值。

中国风电：我们的梦想是绿色的

在 IFC 考察中国风电项目时曾经发生过这么有趣的一幕：

一次，IFC 印度总部负责考察中国风电社会责任与环境保护的官员到甘肃瓜州项目进行调研，其中一项调查内容是项目周边社区访问，但项目位于戈壁深处，附近方圆 60 千米没有村庄。在经过进入戈壁之前的最后一个村庄时，IFC 的官员随机一挥手，示意车子停在一个瓜摊前。

当问及在附近建立风电场好吗？这位西瓜摊主——皮肤黝黑的西北大汉第一句就是："我们这里 20 年前就应该建风电场，这是好事。"他还介绍说以前西瓜没有人买，现在大批的工程队开进，生意好做了，他自己还买了卡车，空闲时帮助附近风电场拉沙石赚些家用。

这位 IFC 官员听后十分满意。

企业社会责任、环境保护、造福子孙后代……这对一些企业来说似乎是太过理想化的口号。而在中国风电，这些就在身边。中国风电同事之间彼此更为骄傲的是"我们公司每年为国家节约了多少煤，减少了多少二氧化碳排放量等"。

就像中国风电的口号：Generate for Generation（可译为发电为了发电事业，也可译为发电为了子孙后代），此话一语双关，意为既创造经济效益，又创造社会效益。这些优秀的高端人才之所以放弃了原有的高薪厚职，是因为一个共同的理念而走在一起。

中国风电早在 2009 年就成立了企业社会责任与环境保护部，负责生产安全、企业社会责任和环境保护等事宜。在非国有企业中设立此部门的十分罕见。

据《国际融资》记者了解，中国风电注重为雇员和风电项目建设的现场工作人员提供安全的环境，以保证员工的职业健康安全。截至目前，中国风电项目建设现场一直保持着安全生产零事故率记录。

在企业社会责任方面，中国风电为华北电力大学设立了风电奖学金、助学金以及奖教金，积极培育电力英才。并资助了贫困地区彰武后新秋小学、大四家子学校和马鬃山等中小学的建设，资助教育事业。另外，中国风电还出资支援内蒙古自治区武川县政府照明工程改造。

在环境保护方面，中国风电在风电项目设计阶段便考虑尽量减少对土地、草原的破坏和占用，建设期间对产生的建筑垃圾进行分类处理，对风电场内的检修专用通道进行绿化，以减少沙化面积。

中国风电在企业社会责任等方面的所作所为令 IFC 和 ADB 的考察官员十分满意，这也是两大国际金融机构选择中国风电的原因之一。"中国风电已经显示出蓬勃的发展魄力和创新能力，在项目开发上有非常好的口碑，并在企业社会责任方面和地方社区建设上有很好的实现。我们与中国风电集团签署了这样的贷款协议后，将与该集团在中国东北部地区开发多个风电项目，希望能为中国的风电能源打下新的基础和未来。"亚洲开发银行驻中国代表处首席代表保罗·海登斯先生和项目负责人木村寿香女士在前述签约仪式上都对双方的合作前景及意义做出了高度评价。

中国风电的愿景可期

刚刚过去的 2010 年，对于中国风电是大丰收的一年。集团在获得了 IFC 的资金支持和 ADB 高度认可的同时，业务也实现了大幅增长。

2010 年度，中国风电新增投产发电风电厂 9 家，中国风电累计建成投产风电厂 21 家，总装机容量超过 1 吉瓦。较 2009 年底，装机容量增幅超过一倍；2010 年度，中国风电旗下风力发电厂总发电量合计 112588 万千瓦时，较 2009 年度总发电量增幅达 194%；2010 年度，中国风电于联合国 CDM 执行理事会又成功注册 5 个 CDM 新项目，累计成功注册 7 个 CDM 项目。

成绩给人喜悦，成绩代表历史。在一张大大的中国地图上，中国风电独家开发的风电场已有近 50 座，分布在辽宁、吉林、内蒙古、河南、江苏、甘肃、安徽等 16 个省、自治区，大半个版图上都有"中国风电"的身影。

"目前中国局部地区由于受到电网条件限制，风力发电存在局部上网问题，但整体而言，问题是暂时和局部的。目前已经规划并实施的'建设坚强统一的智能电网'，将有效解决风力发电的接入问题。"刘顺兴表示。在他看来，目前，中国风力发电量占总发电量不足 2%，远低于欧洲国家和美国水平。中国目前将电力建设的重点转向电网建设和新能源建设，这也将极大地解决风电上网问题。国家能源局正在积极推出新能源发展规划，这些都将积极促进电网和风电的统一规划和协调发展。

但中国风电对风电行业未来并非没有隐忧，他们的隐忧还是在风资源上。坐拥丰厚风资源的中国风电，面对目前竞争愈加白热化的风资源争夺战，认为"中国陆上的风资源终有被各家开发商全部圈占开发的一天"。

海上风电是中国风电尝试的一个新方向。2009年，中国风电与江苏国信资产管理集团公司签订了战略协议，共同开发海上风电。

另外，中国风电的海外发展战略也蓄势待发。在IFC的帮助和推介下，中国风电已经深入非洲进行考察，有望正式选定项目。目前在东南亚的越南、泰国，中国风电也在对一些项目做前期调研。

一向未雨绸缪的中国风电也在考虑其他新能源开发。

"太阳能有可能是我们进入的下一个新领域。"刘顺兴表示，中国风电目前已经开始对太阳能发电项目资源进行储备。中国风电在甘肃、青海、宁夏、内蒙古、辽宁、吉林、云南等地已经开展了太阳能发电项目的前期开发准备工作，包括签订开发协议、测光和对风光互补发电进行可行性研究。

"我们的发展目标是，将中国风电打造成有理想、有激情、有社会责任感的国际一流清洁能源企业"。刘顺兴表示。（摘编自《国际融资》2011年第3期，孙春艳、艾亚文，王南海摄影）

后记

刘顺兴先生至今仍任协合新能源集团有限公司（原中国风电）董事局主席。经过15年的努力，至2020年2月，协合新能源已从单一风力发电投资运营扩展到太阳能发电厂投资运营双服务业务，在中国国内及美国等地已拥有64间风力及太阳能发电厂以及超过36吉瓦的资源储备（其中风资源储备超过28吉瓦，太阳能资源储备8吉瓦）。

首席财务官胡明阳先生2015年离任，跻身股权投资基金行业，参与设立北京景成瑞智投资管理合伙企业，为创始合伙人，仍然关注清洁能源与节能项目的股权投资。（艾亚文）

2011"十大绿色创新企业"：中国风电

中国风电是一家以风力发电厂投资营运、风力发电服务业务（包括风电项目前期开发、风电技术咨询、风电厂设计、风电厂建设与安装调试、风电厂专业运行及维修维护服务、风机塔筒制造）为主营业务的集团公司，截至2011年7月，也是目前香港证券市场上唯一一家具有纵向集成一体化发展商业模式的风力发电上市公司，该公司用5年时间，形成了一支难得的国际化管理团队，还聚集了一批一流的专业人才，为节能减排做出了贡献，因此荣登2011(首届)"十大绿色创新企业"之榜。

《独立评审团对2011"十大绿色创新企业"中国风电的推荐词》见本书《2011—2020"十大绿色创新企业"一览》。

《50评委专家团对2011"十大绿色创新企业"中国风电的推荐词》精选如下：

刘海影（海影（上海）投资咨询公司CEO）推荐词：中国风电行业的佼佼者。

杨大伟（世行驻华代表处原采购专家）推荐词：开拓风电市场的主力。

陈欢（时任财政部中国清洁发展机制基金管理中心副主任）推荐词：以优质清洁能源和服务，创建绿色文明。

程军（时任中国银行总行公司金融总部（国际结算）总经理）推荐词：中国风力发电投资领域产业链最完善的专业风电公司。

王靖（时任天津排放权交易所总经理）推荐词：风电行业的巨无霸。

郑毅（时任美国光速创业投资中国有限公司投资合伙人）推荐词：立足国内，积极开拓海外风电市场，财务合作伙伴完整。

杨志（中国人民大学经济学院教授、气候变化与低碳经济研究所负责人）推荐词：产业链完善的纵向一体化风电模式。

让·尼凯米亚（时任美国优傲龙金融集团总裁）推荐词：中国国内风力发电装机容量最大企业之一，实现了节能、减排，获得了企业信誉和国际资本平台，并承担了一定的社会责任。

洪峰（时任中科院研究生院企业导师、金玺台 PE 投资管理公司合伙人）推荐词：可再生能源有很多，但是目前看来，利用难度较小的，还是风能，而且风能无污染，不会破坏生态环境，值得推广。

李安民（久银投资基金管理有限公司董事长）推荐词：该公司作为目前中国风力发电投资领域内产业链最完善的专业风电集团公司是香港证券市场上唯一一家具有纵向集成一体化发展商业模式的风力发电上市公司，拥有雄厚的资金和丰富的资金融通渠道，在海上风电和太阳能发电方面也有不错的前景。

李逸人（美国泰山投资董事总经理）推荐词：创建了完善的风电专业化产业链及区域综合管理机构与国有企业合作开发市场的创新商务模式。

张威（天津海泰戈壁创业投资管理有限公司董事长并总经理）推荐词：风电项目是真正清洁的能源方式。（摘编自《国际融资》2011 年第 7 期）

德利国际新能源控股有限公司（简称：德利国际）于2005年3月登陆美国资本市场，利用上市融到的800万美元，开始实施企业跨越式发展战略，向新能源整合运营与低碳技术系统集成领域进军。德利国际的成功秘笈是什么？ 2012年岁首，笔者对德利国际董事局主席兼总裁杜德利先生进行了专访。

德利国际怎样持续创造被利用的价值

成功秘笈之一：道出自己可被利用的价值

20世纪80年代初，初中刚毕业的杜德利在他家乡——河北霸州的一家医院做工人，先后做过水暖工、电焊工、木工、瓦工、电工，甚至还管过太平间。改革开放后，他大胆承包了医院后勤部门经营的水暖门市部，并接触到了当时还并不普及的太阳能热水器。尽管当时的太阳能热水器设备十分粗糙，但杜德利却从中看到了无限的商机，敏锐地意识到太阳能热水器将会掀起洗澡行业的变革，家庭热水洗澡可能逐步取代公共澡堂而成为百姓个人卫生依赖的主要选择。回忆起与太阳能热水器的第一次亲密接触，杜德利谈起来依旧显得十分兴奋："我感觉这会是人人都喜欢的产品，只要花千八百元钱，就能让一个家庭天天洗上热水澡！"

机遇是给有远见的人准备的，杜德利抓住了这一千载难逢的商机，从一个单一卖水暖门市产品的小商人变成生产、销售太阳能热水器的企业家，成为中国太阳能光热产业发展第一波浪潮中的弄潮儿。1997年3月，杜德利靠销售积累的利润，投资建设了一家科技型企业——霸州市德利太阳能采暖有限公司。

杜德利是一位深谙价值如何利用与被利用的人。霸州市德利太阳能采暖有限公司成立不久，同年5月，他毅然决定进入北京，并设立德利太阳能采暖有限公司北京分公司。他是这样考虑的：一来，北京离霸州不算远，他要利用北京高科技信息密集的优势，利用北京太阳能行业顶尖企业聚集的优势，利用北京巨大的市场需求优势做大企业。二来，他要给自己充电，利用首都的政策优势和国际化优势，站到思想者的高度把握未来。这个善于借光的人，目的明确地把公司总部搬到了中国太阳能行业顶尖企业——北京太阳能研究所及所属企业桑普太阳能北京办公总部的对面。他对笔者说："桑普很有名，我无名，我要落户在他的对面，借他的大树乘凉，让自己变得有名。"就这样，经过短短两年时间，德利太阳能产品迅速打开了市场，产品销往中国几十个省市。"位置很重要，当你选择好位置，站在一定高度，眼界自然就不一样了。"杜德利这样说。

2004年年初，杜德利投资的太阳能光热企业年营业额已近5000万元人民币，利润接近500万元人民币，但此时的中国太阳能热水器行业也步入了竞争激烈的阶段。如果他想在竞争中取胜，如果他想在竞争中追求可持续发展，就必须超越企业单一太阳能热水器生产销售的常人之道。已经站上行业先锋的他，意识到未来产业整合运营和技术系统集成的发展趋势，但是，要想把企业变成一家整合运营商，没有全球化战略不行，没有国际市场不行，没有国际资本更不行，"企业的资本和市场都需要实现全球最大化，而企业实现国际融资的最佳上市地是美国资本市场。"他再次强调了位置的重要性，并自信地进一步解读说："因为美国的资本市场会为企业的未来预期投资。要想走向国际，美国是很重要的跳板，就如同中国的北京。"就这样，杜德利正式启动到美国上市融资的准备工作，一切按计划如期进行。

2004年10月，杜德利带着德利国际管理团队到美国进行上市前路演，当被投资人问及企业融资后，其未来前景如何时，杜德利坦诚地实话实说："我不敢保证短时间内一定就能做好，就能成功，但是，在未来，你们一定能看到这个行业的成功。我知道一时的拥有不代表一世的拥有。但回过头来想想，没有一时的拥有，没有把握好机遇，就没有快速发展的可能。我们企业现在要做的就是聚集资金、把握机遇，变瞬间拥有为持续拥有，这就是我们的能力！"

企业上市，就要将承诺变成现实，"很多东西我都不敢承诺，怕承诺了办不到。"杜德利说出了自己的心里话。因此，他还对投资人坦言，企业当时仍存在两大风险。一个是政治风险，国家政策方面自己无法做主；另一个是来自企业内部的风险，因为当时企业还离不开他，但他正在试图改变，使各个部门互动，让企业的管理体系形成一个良性循环。"只有各部门互动了才能循环发展，就这样，我推出了循环管理体系，使企业即便离了我，也照样可以正常运营。上市路演时，我向投资人承诺减少企业内部风险，现在我真的做到了。"杜德利欣慰地对笔者说。

路演时杜德利表现出来的真诚与智慧打动了美国投资人，而他为企业未来勾画的价值蓝图更吸引了投资人，路演之中，投资机构纷纷表示马上投资。本安排了40多家投资机构路演，但刚经过了十几家机构的路演，这些机构都表示愿意投资并建议他不要再到其他地方路演，杜德利采纳了这一建议，并最终选择了其中的6家投资机构作为首期投资人，美国格林斯通投行做主承销。经过一段时间的运作，2005年3月，德利国际（股票代码CSOL），通过反向并购在美国证券市场成功上市，融资额达800万美元，同时在北京成立德利阳光科技发展（北京）有限公司。时至2012年，德利国际仍是太阳能热水行业里全球唯一的上市公司。

德利国际从资本市场获得发展资金后，如虎添翼，企业营业额几乎逐年翻番。对杜德利来讲，除此之外，他的受益还远不止这些。由于站在国际资本市场采集新能源行业的最前沿信息，他的眼界进一步拓宽了。他深刻认识到，新能源产业的发展存在着4个方面的制约。

第一，生产新能源产品的企业盈利能力很低，大部分还要依靠国家补贴。第二，虽然人们已经认识到新能源产品的好处，但产品价格比较高。第三，新能源产品往往需别的能源互补，比如：太阳能产品，在没有阳光时就需要别的能源补充。第四，新能源产业普通产品技术门槛低，还需要高科技的引领，只有科技含量越高越强，才能使成本逐步降低。由于他较早地捕捉到新能源产业发展变化的市场信息，这才促使他在概念的基础上，不断前瞻性地生发、完善出一系列低碳产业整合运营和清洁技术系统集成的创新模式。

成功秘笈之二：不断创造被集成利用的价值

在德利国际上市后不久，一次，他去武汉楚天激光考察并寻求合作时，看到了这样一个场景：工人用激光切割厚厚的钢板。这一幕"削铁如泥"，给了他灵感。他对笔者解释说："散光源并没有切割钢板的能力，但是聚焦到一点的激光却可以穿透这么厚的钢板。如果我们德利国际能集成不同的清洁能源产业、技术，并聚焦为一体，那就定能攻克很多问题。"

从此，德利国际开始广聚低碳产业人才、集合清洁技术。杜德利说："每个人都不是万能的，但是，很多人的智慧集合在一起，就能变成万能。"

在美国纽约与华盛顿考察期间，杜德利看到了规划、设计先行于城市建设的华盛顿和先建后规划并不断改建的纽约这两座完全不同的城市环境与秩序，二者间的巨大落差，让他感慨万分，联想到中国，"无论是城市、工厂，还是医院、学校、社区等任何建设，无论在什么时期，唯有因地制宜、统筹规划、多资互补、集成解决才是根本出路。"他说。

以一个住宅区项目为例，整个建设涵盖了不同专业、不同学科，从建筑规划到设计，从建筑的外墙维护结构到内部所用涂料的选择，从建筑结构到能源的使用，从道路建设到照明设施安装等，需要很多企业共同参与。大部分企业都只专注于某一领域，没有哪一家企业可以包揽全部吃独食，而杜德利却从中看到了集成可以被利用的价值。德利国际要扮演的角色就是在低碳节能的前提下，以全案解决商的身份，将各行业最适合的低碳节能企业集合起来，让这些企业之间相互交流、融合，然后通过整合运营和系统集成真正解决问题。

杜德利解释这一做法时说："在集成解决的过程中，最重要的是设立目标，并事先告诉各方我们所做的一切都是在为目标服务。挑选企业时，在相同行业中要优中选优，不同行业间要遵从和而不同，用各自的优势形成整体的优势，用各自的不同创造合作的共同。"

杜德利形象地将此比作矛与盾的关系。他把每个项目都看成一个盾，而众多的解决方案是众多的矛，德利国际在制定项目方案时，会把不同企业汇集在一起，从技术链、产品链、服务链、运营管理链等入手，共同商讨项目实施过程中可能出现的问题，并找出解决问题的办法，以杜绝将问题带入实施环节。用众多的解决方案聚焦之矛来攻克所有存在问题的这个盾。

杜德利自信地说："我们是全球首家低碳生态全案解决商，我们的专业技术不一定是最好的，但我们善于从全局考虑问题、解决问题，所以，项目往往完成得最好。"

德利国际出资赞助的中国200多所大学有志师生共同研究的"低碳生态城市解决方案"课题，就是在集成有价值的方案，作为射盾之矛。

而德利国际投资收购天津华能能源设备有限公司案例则更能体现杜德利如何创造被集成利用的价值。

2007 年 7 月，德利国际并购了天津华能集团能源设备有限公司（后改为天津华能能源设备有限公司，简称：天津华能）。天津华能始建于 1987 年，被德利国际收购前是一家国有企业，由于理念与体制制约严重滞后，企业发展出现瓶颈，虽然当年销售额还有两三千万元人民币，但由于受原有产业的局限，要想突破已经很难。德利国际并购天津华能后，第一是为企业集中解决思维能力建设问题；第二是做市场新通路投资；第三是在经营过程中不断给予支持；第四是推进资源共享，思维互动；第五是让企业所有员工了解企业全球化的未来。通过逐步引导，德利国际引导天津华能不断创造被利用的价值。随着理念、战略、资金、技术、资源的不断注入，几年间，天津华能的销售额翻了十几倍，2012 年销售额计划超过 5 亿。

在杜德利看来，并购的整体合作和相互信任是成功的根本，而资金的多少并不是主要问题。他说："一个人手里拥有 1 块钱、1 万元、100 万元、1 亿元的时候，他对钱的认识是不同的。当一个人只有 1 块钱的时候会觉得如果有钱什么都能干，但当他拥有 100 亿元的时候就会知道钱不是万能的。就像一个人的成长一样，小时候什么都敢说，当你逐步长大之后，知道得多了，才知道自己很渺小，对世界的认识只是点滴，当把点滴干好后，未来皆可实现。因此，一个企业制胜的关键不在于资金的多少，而在于思维是否超前，并要行动才能实现。"

杜德利对发展产业的被利用价值有着独到的见解，他将其总结为点、线、面、圆、球、空。他说："任何一个项目都是由一点做起，但如果我们把每一个点集成串成线，就形成了产业链；再全面推广到市场，就形成了一个面；让这个项目既有终端又有始端，形成良性循环，就变成了一个圆；把多条产业链结合并叠加后就形成了一个球；球最终要变成空，要学会无中生有，即设计、拥有、再造、创新。"

成功秘笈之三：持续经营被整合的价值链

说起"被别人利用"，人们的第一反应都感觉不是件好事，但杜德利却提出了要"持续创造被利用的价值"。这源于他初中毕业后在医院里做工的经历，当时，他在空余时间帮忙看管太平间。其间，他曾帮着给逝者整容、穿衣服。那时，他一个月的工资只有 36 块钱，但每给一位逝者整容，就能额外获得 20 元的报酬；给逝者穿衣，又可以得到 20 元的报酬。那段工作经历，让他明白了"物以稀为贵，都不愿干才有自己干的机会"的价值含义，并成为他日后做企业的成功秘笈。"做别人不愿意做的事儿，做很多人认为做不了的事儿，持续创造被利用的价值，企业才有未来。"他说。

由于不断摸索如何持续性创造被利用的价值的生命意义，杜德利带领德利国际始终坚持在环保领域不断创新，并不断创造环保产业的绿色通路，他所倡导的低碳产业整合运营和清洁技术系统集成模式被业界称为"德利模式"。杜德利介绍说："德利模式首先是节能，节约能源是最基础的，用智能化、自动化、数字化的管理来节约能源。其次，我们还要利用新能源来造能，这就像家庭过日子一样，不仅要会节约用钱还要学会适当存钱，还要知道怎么挣钱。再次是环境治理，要把钱花好了，用在该用的地方。最后是绿色生态，为的是使得这一模式具备可持续性。"

在城市节能方面，德利国际已经有了一套成熟的能耗改造服务模式——"合同能源管理"模式，该整体解决方案以优化区域能源结构、实现节能减排为目标，为城市提供有针对性的能源利用实施规划和节能减排方案，并通过产业集群整合产品供应链、节能减排专业机构和相关社会资源，为用户提供安全、稳定的新能源和节能减排服务。德利所提供的是从能耗审计、方案设计、金融服务到设备设计、生产、改造再到运营的一整套服务。通过整体方案做到节能、减排、企业经济三方面兼顾，达到政府、企业、公众和相关服务机构共赢，最终实现整个城市节能减排和建设绿色 GDP 的目标。

中国拥有 3.5 亿个家庭，让他们享受到低碳产业、低碳经济与生活带来的实惠尤为重要。德利国际提倡因地制宜地鼓励家庭使用太阳能光热、光电、生物质能、沼气能等。德利国际旗下的德利阳光科技发展(北京)有限公司曾推出过阳光公益热水进校园、太阳能下乡等惠民措施。

当杜德利看到许多地方出售的方便早餐不卫生，而人们为了赶时间上班又不得不接受这种早餐时，便产生了与别人合伙做新能源早餐车的想法，他做的早餐车对新能源和环保节能设备进行了集成利用，照明系统用电来自太阳能，车体用了保温材料，车内还结合了空气能，此外，早餐车上还有垃圾回收处理系统。这是一个将便民餐饮与节能、造能、环保、生态整合运营的创新模式，深得政府支持、上班族欢迎。目前，德利国际已在北京地铁沿线多个地铁口陆续配置了上百辆早餐车。问及这个项目的盈利情况，杜德利说："这个项目几乎不挣钱，我的初衷就是想解决上班族的健康早餐问题。"

解决了早餐问题后，杜德利又发现，餐厨卫生上的问题远不止这些。目前，地沟油回收只解决了收集问题，却没有出口。由于现有地沟油回收设备的不完善，"地道油击队"仍然想方设法偷偷地将地沟油收走。针对这种情况，杜德利对原有的地沟油回收设备进行了改进，使得倒卖者无机可乘，可有效杜绝地沟油偷偷流向餐桌的问题。同时他还为地沟油寻找到了出路，利用先进技术将油炼化，然后做成肥皂、生物质柴油。杜德利甚至还引进了国外先进技术，将地沟油高温蒸馏后做成化妆品原材料。

此外，他还投资了餐厨垃圾分类项目，该项目可将油、水、垃圾分离，甚至包括瓶盖儿等垃圾也能通过设备筛选出来，有效地解决了家庭餐厨垃圾与其他垃圾分离的问题。杜德利说："像这样的项目更需要政府支持，这是政府应该做的事儿。环境保护、垃圾处理是关系到我们每一个人的问题。"

杜德利投资的事业都不是可以短期获大利的项目，绝大多数都需要长期投资，需要各级政府、更多有识企业和百姓人家不断发现其中可以被利用的价值。对此，杜德利这样说："过去我们讲环境污染，总要区分哪个是你的问题，哪个是我的问题，现在不这样认识了。环境治理是全球化的问题，关系到我们每一个人。这不仅是我们德利国际的责任，更是我们企业的自觉行动，行动是最重要的。不管事大事小，只要是为社会做贡献就没有大小之分，只要做了就值得。所以，我觉得将这些事继续做下去是值得的。"（摘编自《国际融资》2012年第 3 期，李路阳、李留宇文，王南海摄影）

投融资＋：绿色创新企业与投融资专家合力打造啄啐之机

Investment and Financing: Green Innovative Enterprises and Investment and Financing Experts Work Together to Create More Collaborative Opportunities

杜德利的愿望

2012 年，杜德利成立共好汇有限公司，全面发展德利文明与众生共好；2015 年 4 月 30 日成立"共好百国汇"，创建"德利共好体"，筹建"德利共好消费价值圈"，推行消费创造价值。

他热衷于参与公益事业，特别是生态低碳环保公益事业，他是世界杰出商企联合会创会会长、全球政商企跨界联盟全球主席、东盟加六国贸易促进委员会荣誉主席、全球低碳生态促进会执行会长、全球创业协会副主席、中国智慧工程研究会副会长、中国节能减排产业联盟副会长、中国建筑节能减排产业联盟副会长、青年绿色发展基金会会长，也是联合国国际科学与和平周"特别贡献奖"获得者。

他表示，希望通过人、财、物与事共动，造就事业成功和可持续发展，从六维共联、共建、共生、共享、共责、共赢，实现多维共好！（艾亚文）

2011 "十大绿色创新企业"：CSCE

绿色经济市场不乏技术和生产者，但清洁能源工程是一个大型系统工程，需众多的清洁能源产品和技术供应商参与，而系统解决方案提供商和系统集成服务商将成为突破社会旧有屏障的最有效力量。中国清洁能源解决方案有限公司（CSCE，德利国际）通过系统解决方案，在既有能源基础上进行系统的改造；在新能源方面，从统筹规划入手；从而打造新能源系统解决方案核心竞争力。因此荣登国际融资 2011（首届）"十大绿色创新企业"榜。

《独立评审团对 2011 "十大绿色创新企业" CSCE 的推荐词》见本书《2011—2020 "十大绿色创新企业"一览》。

《50 评委专家团对 2011 "十大绿色创新企业" CSCE 的推荐词》精选如下：

林九江（时任中国出口信用保险公司国内信用保险承保部总经理）推荐词：低碳清洁能源，新增蓝天高效。

张威（天津海泰戈壁创业投资管理有限公司董事长并总经理）推荐词：节能并不是单一方案就可以取得效果的，而是一个系统工程。

周家鸣（时任扬子资本北京首席代表）推荐词：跨越单一领域限制，走整合创新之路。

国愈明（国际绿色联盟执行秘书长）推荐词：能源清洁，治理除根。

王靖（时任天津排放权交易所总经理）推荐词：走在了绿色科技的前沿。

雷鸿章（中国长城资产管理公司资产经营部总经理、高级经济师）推荐词："节能、造能并治理"的低碳生态经济理念，应该成为世界经济发展的主旋律。

欣迪（美国阔码科技集团执行总裁）推荐词：循环方案——发现问题并找到解决环保问题的方案。

程军（时任中国银行总行公司金融总部（国际结算）总经理）推荐词：在太阳能利用方面进行了极有意义的实践。

胡斌（时任国家开发银行创业投资处处长、高级会计师）推荐词：低碳经济解决方案的提供商。（摘编自《国际融资》2011 第 7 期）

　　2012 年 7 月 13 日，中国闽南漳州一家从事卫浴制造的企业——航标控股有限公司（简称：航标控股，股票代码 1190）在香港联交所上市，收市报每股港币 2.32 元。航标控股 IPO 募集资金近 5 亿港币。航标控股此次在国际资本市场的成功融资，不仅为其新增和拟增生产线的顺利投产提供了资金保障，更为重要的是，为航标控股实现以持续卓越打造世界卫浴航母的发展战略提供了国际融资通道。航标控股靠什么赢得越来越大的市场份额？靠什么赢得全球投资者的青睐？2012 年夏，《国际融资》杂志记者采访了航标控股董事长肖智勇。

航标控股靠卓越登陆香港资本市场

用 10 年苦行悟得融资之道

　　航标控股董事长肖智勇先生 2001 年前曾是中国国内上市公司——福建双菱集团股份有限公司副总经理，该公司由于连续年亏损 1000 多万元人民币，致使当地政府决定用承租的方式改革其体制，并公开向社会招标。出于对企业 17 年难以割舍的感情，肖智勇参与了这次竞标，并以较高的标的中标。但他接手的是每年亏损 1000 多万元人民币的洁具生产线和愿意与他重新创业的 80 名员工。2002 年 3 月 1 日，肖智勇创立了漳州万佳陶瓷工业有限公司（简称：万佳）。但随之而来的问题出现了，资金缺乏成为困扰企业扩大产能的瓶颈。为了能够拿到银行贷款，他想到了变通的方法：借私人房契做抵押，向银行贷款。他从亲戚、员工那里一共借到 10 本房契，用这 10 本房契作抵押，从银行拿到了 200 多万元人民币的贷款。在他看来，这些借给他房契的亲戚和同事无疑就是天使投资人。直到今天，他谈起这桩事情仍满怀感恩之情。他对笔者说："这件事一直记在我心里。没有他们这 10 本房契，就没有我们航标控股的今天。我有一个心愿，企业上市之后，我一定要给他们一个惊喜，因为从某种程度讲，他们比股东还重要。要知道，房子对中国老百姓来说，可是第一大财产啊！"

　　企业创业之初，如果能够获得天使投资人的资金支持，那是大幸，就像当年田溯宁和丁健创建亚信时，是爱国华商刘耀伦先生的 25 万美元天使资金成就了这两位留学生回国实现互联网的梦想。

肖智勇更是大幸之人，因为 21 世纪初，在他创业的闽南小城，恐怕没有任何一个人听说过天使资金这个词汇，更不会有人知道何为天使投资人，以及天使投资人的权益。但是，就在他创建第一家卫浴企业——万佳时，却出现了一群天使投资人。他们以朴素的情感和真诚的信赖，把自家房契借给了肖智勇。因为他们坚信肖智勇有能力让企业扭亏为盈，他会把他们的房契完璧归赵。

利用这笔用 10 本房契贷到的 200 多万元，万佳实现了洁具产能从最初年产 3 万件到 60 万件的快速突破，并于 2004 年扭亏为盈。

尽管企业实现了盈利，但之后的每一个发展阶段，几乎无不面临着资金窘迫的困扰。"说到融资，又说到了我心灵深处的痛处。我从白手起家，到企业发展的每个阶段，碰到的最大瓶颈就是资金问题。金融机构给企业雪中送炭的微乎其微，大多是锦上添花。由于深知企业的弱小，困难的时候，我会描绘我们公司发展的前景；不赚钱的时候，我会告诉别人将来我们公司会赚很多的钱。"

中小企业融资难，使他们的发展之路显得尤为艰辛和坎坷。如果我们发现哪家名不见经传的中小企业发展成为行业前三甲，那这家企业当家人的意志力和危机意识一定超乎寻常，而他所经历的每一个融资故事也都不会雷同。肖智勇如是。

2004 年，就在肖智勇已经预知企业会很快产生盈利的时候，他做的第一件事是为 2005 年扩建第一条新生产线找场地。"当时，漳州长泰县的招商力度比较大，加上万晖与外商未来的合作意向，使我以较优惠的价格在长泰县兴业工业区征到近 300 亩的土地。买地的时候，我手中没有闲置资金，连 200 万元的定金都拿不出来，但我还是大胆地签下征地协议，并承诺了支付定金的时间。接下来，我通过变卖库存产品，先交了定金；等库存产品全部卖掉后交清了剩余土地款。2005 年 3 月，就在万佳成立的第 4 年，我注册了第 2 家公司——漳州万晖洁具有限公司（简称：万晖）。在紧锣密鼓筹建公司的同时，我却在为万晖投产所需资金犯愁，我花了很多心思，想尽各种办法，作了大量疏通工作，终于在万晖工厂即将竣工的时候，盼来了兴业银行 1700 万元人民币贷款，使万晖第一条洁具生产线于 2006 年 5 月 24 日顺利投产。"肖智勇对笔者说。

2006 年下半年，纳尔逊商务国际有限公司与万晖合资兴建了 1 条洁具生产线。

银行亲眼目睹了肖智勇向他们讲述的企业发展蓝图正一步一步如期实现，擅长锦上添花的银行开始向万晖不断示好。从最早的人民币贷款 100 万逐步增加到一个多亿，而且还给予了贷款利率上的极大优惠。

有了银行的信贷支持，2010 年，肖智勇又在漳州市龙文区蓝田经济开发区开始建设另一家新厂——漳州万佳陶瓷工业有限公司第 2 分厂。2010 年下半年，这条年产 80 万件卫生洁具的生产线建成并顺利投产。

2011 年 5 月，肖智勇及其管理团队又启动了第 5 条生产线的建设，并于 2012 年 7 月投产运营。而新工厂建设与投入运营的资金来源已通过航标控股在香港联交所上市融资完成。

航标控股白手起家，用 10 年时间，建立了 5 家卫浴企业，以其强劲的竞争优势和可持续发展潜力成为中国第二大陶瓷卫浴洁具制造商、中国卫浴行业可持续发展的领军企业。

以全新思维迎接国际挑战

肖智勇说他自己是一个危机意识非常强的人。早在2005年成立万晖并投资兴建第1条卫浴产品生产线的时候，他就从危机管理的角度出发，制定了一揽子企业蓝海战略。这一战略的核心是：以全新思维持续实现技术创新，以规模化生产带动产品不断节能，以企业社会责任，领军中国卫浴行业，以持续卓越，打造全球卫浴航母。

当全球金融危机、全球经济危机、欧美债务危机接踵而来，中国陶瓷行业大多数出口企业持续遭遇国际市场产品需求下滑，部分企业生产线被迫关停等严峻困境。对多数企业来说，危机从来都是噩梦，但对少数企业来说，危机却是千载难逢的机遇。决定企业命运的是战略制定的高度与战略执行的力度。

肖智勇2005年为企业制定的蓝海战略，让航标卫浴产品纵使在全球金融危机情势下依旧分外得宠，年生产约220万件高档卫生洁具的万晖，其出口占到90%以上。加上投保了中国出口信用保险公司短期出口信用保险，这使他们非常放心地把因老客户减少订单而多出的产品卖给新客户，以此来弥补空缺。他告诉笔者："中国信保的保障帮助我们企业控制了收账风险，我们曾碰上过一个拖欠货款的客户，由于信保的介入，这个客户立马就还款了。外国很注重信誉的，一旦被列入黑名单，后果将很严重。"

当笔者问及企业制胜法宝时，肖智勇说："企业发展战略是第1个核心要素。作为企业的领头羊、核心团队，必须有清晰的战略思维，要明确企业发展的方向。第2个核心要素是人才。我非常注重人才建设与团队建设，对提升干部的思维模式、工作模式和工作能力的再培训，我从来不惜重金。第3个核心要素是产品的营销模式。从为国际品牌做OEM开始，我们就着手选择那些能为企业带来附加值和效益的世界顶级品牌潜力客户做战略合作伙伴。我们不仅向这些战略合作伙伴卖产品，同时还从它们的管理、理念、技术、产品品质中学到很多东西。每当我们碰到困难的时候，这些合作伙伴就会伸出热情的手，为我们提供技术、管理、品控等方面的援助。正是这样，我们才能从普通的OEM工厂成长为不普通的ODM工厂，并进而成为拥有自主品牌的制造商。第四个核心要素是研发和创新。如果我们做的产品别家企业也能做的话，我们的企业就会很快走上末路，会很快被激烈的竞争淘汰出局。我们不希望在红海里杀得你死我活，我们寻求的是一条蓝海战略，不断研发适销对路、客户喜欢、技术含量高、附加值高的产品。这样的产品不仅市场需求旺盛，还能给企业带来丰厚的利润。第五个核心要素是企业文化。做企业，说白了，是为大家在做，而不仅仅是为自己在做。事业是由大家来成就的，而不是领头羊一个人成就，创造这样一个企业文化氛围，才能使企业做大做强。"

核心战略与策略的有效执行，使航标控股走上了持续卓越的企业发展之路，使其成为"利成于益"的企业典范，即在追求财务效益最大化的同时，以最大限度地追求社会效益和环境效益。

行业内人士都知道，在卫生洁具的生产成本中，燃料费用占总成本的比例大，高能耗已成为制约中国国内许多洁具生产企业参与国际市场竞争的软肋。航标控股蓝海战略的技术方向就是最大限度的节能降耗。在航标控股，有一支由 83 名国际、国内研发专家和技术人员组成的团队，截至 2012 年，这支专注于产品开发及生产技术和流程改善的团队已开发出 100 多种创新产品，14 项专利。同时，他们致力于将企业生产活动对环境造成的负面影响减至最低，按照国际标准建立了环境管理体系，并取得 ISO14001 认证。在生产领域，他们最终实现了低温快烧技术的应用，将坯体烧成温度由原来的 1280 摄氏度下降到 1200 摄氏度以下，生产周期从原来的 24 小时缩短至 12 小时。以万晖年生产 220 万件洁具进行核算，节约了 6000 吨以上的液化气（或天然气）。他们还研发了高压注浆设备，将一天只能做成一到两件产品的传统工艺，提高到每 15 分钟就能做一件产品，并实现 24 小时连续生产，大大提高了产能。不仅如此，他们还将航标卫浴打造成品质优秀，且环保、节水的具有自主知识产权的中高端品牌。创新推出了"3.0 升虹吸式节水型坐便器"，其水封、用水量、存水弯管径等 3 项指标比国标标准还高，达到欧美发达国家市场的准入条件，技术处于中国国内领先水平。该产品节水性能比国标规定的 6 升用水量的节水标准再节能 50%。

据统计，中国是全球 13 个人均水资源最贫乏的国家之一，660 个城市中有 400 多个城市缺水，三分之二城市存在供水不足，缺水比较严重的城市有 100 多个，在 32 个百万人口以上的城市中，有 30 个城市长期受缺水困扰，中国城市年缺水量为 60 亿立方米左右。而坐便器的用水量占到了一般城市家庭总用水量的 40%，航标控股生产的航标卫浴 3.0 升虹吸式节水型坐便器，能大大降低家庭用水量。仅以一个 3 口之家每天总排水 3 次计算，相比 6.0 升节水型坐便器，一个家庭一天就可节水 9 升，一年可节水约 3.3 吨。如果按 120 万件节水型坐便器计算，一年就可节约用水近 400 万吨；以北京 668.1 万户家庭计算，保守估计每年节水可达 2200 万吨。航标控股在实现企业经济效益的同时，为社会、为环境、为子孙后代所做出的贡献是令人敬佩的。

让资本为企业快速发展服务

肖智勇为航标控股制定的未来目标是将航标卫浴打造成国际一流的卫浴品牌，做全球卫浴航母。但是，要想使产业规模扩大做强，要想在技术创新上领跑，要想在营销管网上做实，没有雄厚的、源源不断的资金支持，是不可能做成的。上市融资成为他的不二选择。在对中国国内资本市场与境外资本市场进行比较后，他决定到香港联交所申请上市。

肖智勇这样解释了他的选择："第一，大陆是审批制，香港是核准制。在香港，企业只要达到条件就可以上市，这符合我喜欢公平竞争的个性。所以，我们就选择了到香港上市这条路。有人认为香港联交所的市盈率低，其实这是一种误解。香港联交所看重的是上市企业未来的增长，而大陆的交易所更看重的是上市公司的历史及以往的财务数据。第二，航标控股这几年正好是快速成长、扩张期，香港联交所就能以我们的未来增长来定市盈率。第三，在香港联交所上市后，企业如果要再次募集资金的话，会相对宽松、容易，只要有好的项目、业绩、前景，再次募集资金会不成问题。这 3 点恰好符合我们的战略目标。因为航标控股的未来发展不是一段时间的发展，我考虑的是，把企业做成百年企业。我们的中长期目标是成为世界卫浴航母，成为全球知名品牌。我们的近期目标是做中国国内卫浴行业的领航者、中国卫浴行业的第一名。香港的资本市场是面向全球的，全世界都在了解香港资本市场动态，了解香港上市公司的动态，如果我们在香港联交所享有良好的知名度，那就意味着我们找到了打造卫浴航母，成为全球知名品牌的立足点，才有可能成为全球性的企业。"

2010 年 10 月，肖智勇带领管理团队按照香港联交所的上市规则，聘用安永会计师开始对集团所属的漳州万佳、漳州万晖、福建万荣等企业进行审计，仅用了半年多的时间，安永就完成了对企业的全部审计工作，并出具了审计报告。由于肖智勇从创立企业之初就着手建立了现代企业管理制度，并强化规范管理，安永会计师对其企业的财务状况如此评价："产权清晰、股权清晰、管理规范、账务规范。"2011 年 4 月 19 日，航标控股有限公司在开曼群岛注册成立，作为获豁免的有限公司，旗下资产包括漳州万佳、漳州万晖、福建万荣。

近几年美国经济疲软、欧债危机，使整个国际资本市场一片低迷，一蹶不振。很多与航标控股同期准备首次公开募股（简称：IPO）的企业都停下或放慢上市工作，伺机再启动。但肖智勇却反其道而行之。"我常说，困难来了，必须要想办法去面对，而不能回避。股市低迷，我们就不断努力去做基础工作，不断去找投资者，不断去推介我们的公司、我们的产品、我们的品牌。告诉投资者，我们的公司是怎样成长起来的，现在有多么优秀，产品有多么好，发展前景有多令人振奋，未来的增长为什么会继续保持下去。"肖智勇说，"市场不好时，不能用常规的思路去应对"。

就这样，肖智勇及其管理团队不辞辛苦地先后向近 200 家投资人推介了航标控股，尽管他们介绍的句句是真，但仍不免会有很多投资机构怀疑航标控股的发展速度怎么可能快得像神话传奇？肖智勇坦诚地对投资人讲："我们航标控股在福建本地确实是一个传奇，我们是在困难的时候，靠比别人更坚忍不拔的毅力才摘取了成功之果，靠激流勇进的精神才把危机变成了机会。我们不同于其他同业企业的地方是，面对困难和危机，我们采取的应对措施、准备工作比别人做得多，别人没有准备的，我们都准备了，别人有准备的，我们比他们做得更全面。我们付出了比别人多得多的努力，才获得了像神话传奇但绝不是神话传奇的发展速度。"为了让有兴趣进一步了解航标控股的投资人更深入地了解企业，他们频繁地往返于香港和漳州，一次次邀请投资人到企业考察，实地了解企业的优势和亮点，同时，他们还会带投资人视察航标卫浴在中国国内的市场情况，感受与航标控股战略合作的中国国内知名经销商的市场营销实力，认识航标卫浴的品牌有别于其他同类品牌的地方，了解航标控股国外长期客户的国际地位。

功夫不负有心人，航标控股的真实潜力让原本持怀疑态度的投资人心悦诚服，最终表示愿意投资，甚至有投资人称航标卫浴是一匹优秀的黑马。还有的投资机构几次三番派团队到企业考察，每调查一次，就会有更高职位的投资管理人再来企业考察，甚至连董事长都亲自出马。他们微服私访，对航标控股的市场情况做了详尽调查。之后，他们给予肖智勇的回复是："肖总，无论航标控股上不上市，我们都会投。因为我们相信你。"这是航标控股 IPO

的骄人之笔，也是让肖智勇感触深刻的细节。

经过一年多的努力，2012 年 7 月 13 日，航标控股终于在香港联交所主板成功挂牌上市。上市首日，航标控股收市报每股港币 2.32 元，比招股价 2.15 元高 7.9%。航标控股此次 IPO 全球发售募集资金近 5 亿港币。

面对笔者的提问："在资本市场形势不好，上市融资额有可能达不到预期的情况下，您为什么依然选择上市？"肖智勇这样回答："通过香港联交所聆讯后，我们没有像其他一些准备 IPO 企业那样，选择停下来等待。如果我们只是一味地等待资本市场好转后再 IPO 的话，我们就不会有今天。相比那些还在等待市场好转、不去积极应对的企业而言，我们至少比他们快了半步。快了这半步，企业今后的发展就能处于领先地位，就能占有绝对的主导权。如果差那半步，企业可能就会面临重大的危机。"

"作为一个企业家，视野必须要宽阔。上市融资不是我的唯一目的，我的目的是利用好这个平台优势，整合资源。在我看来，这个平台本身比募集资金重要得多，值钱得多。虽然眼下资本市场形势不好，但现在募集到的资金和机遇好的时候募集到的资金是不一样的，航标控股可以用最小的代价来整合最大的行业资源，使企业的发展、成长加速。"肖智勇说。

（摘编自《国际融资》2012 年第 8 期，李路阳、李留宇文，陈醒摄影）

2012 "十大绿色创新企业"：万晖洁具

漳州万晖洁具有限公司（简称：万晖洁具）是航标控股旗下一家专业制造高档卫生洁具的大型企业，在国际市场及国内市场享有广泛的知名度和较大市场占有率。作为生产制造型企业，万晖洁具不仅从生产源头上改良生产技术，节约能源和成本，还从消费者的角度出发，从材料到工艺上实现突破，研发出了比国际标准更节水的卫生洁具，因此荣登 2012（第 2 届）"十大绿色创新企业"之榜。

《独立评审团对 2012 "十大绿色创新企业"万晖洁具的推荐词》见本书《2011—2020 "十大绿色创新企业"一览》。

《50 评委专家团对 2012 "十大绿色创新企业"万晖洁具的推荐词》精选如下：

周家鸣（时任扬子资本管理有限公司北京首席代表）推荐词：洁具虽小，节水为大，每日"方便"，积少成多。

王少阶（时任全国政协常委、全国政协人口资源环境委员会副主任、武汉大学教授）推荐词：小处着手，做好节水大文章。

闫长乐（中国工业节能与清洁生产协会秘书长）推荐词：家庭节水是缓解水资源危机的重要措施。万晖洁具以节能减排、绿色环保为责任和使命，开发出了一系列节水型卫生陶瓷洁具，已获得专利 8 项。特别是"3.0 升虹吸式节水型坐便器"，不仅虹吸效果好，而且节水性能远优于市场标准，比国际规定的 6 升节约 50%，极大地降低了家庭用水量，具有良好的市场前景。

胡斌（时任以色列英飞尼迪投资基金集团董事总经理）推荐词：卫生洁具行业环保节水领先者。

周小兵（时任亚洲开发银行驻中国代表处高级投资官员）推荐词：对北方缺水城市有很大意义。

王能光（时任君联资本董事总经理、首席财务官）推荐词：生活节水，卫生洁具很重要。

杨宝海（时任邦瑞投资（北京）有限公司副总经理）推荐词：万晖洁具，节水先锋。

杨志（中国人民大学经济学院教授、气候变化与低碳经济研究所负责人）推荐词：卫生洁具低耗能高节水。

杜晓山（时任中国社会科学院农村发展研究所研究员、副所长）推荐词：节水型社会的实践者。

李兢（时任北京天素创业投资有限公司董事长）推荐词：拥有领先的节水性能技术优势，也就拥有了在卫浴行业持续发展的核心竞争能力。

吴瑕（时任中国社会科学院中小企业研究中心理事会副理事长）推荐词：生产中节省燃料费，使用中节省水资源，利国利民。

李安民（久银投资基金管理有限公司董事长）推荐词：适用新型，价值较高。

王燕谋（中国国际工程咨询公司专家学术委员会顾问）推荐词：对节能、节水有实用价值。

季节（时任亚洲人居环境协会中国区项目合作部主任）推荐词：市场广大、急待解决。

陈家强（圆基环保资本首席执行官）推荐词：环保新力量。

王毅（时任中国节能环保集团公司战略管理部主任）推荐词：洁具节水空间大，但如何做好产品推广扩大市场占有率仅靠节水一个卖点还远远不够，洁具本身的品质还是关键。

杜德利（德利国际新能源控股有限公司董事长）推荐词：用水越来越贵，节水马桶是最能让大众受益的节能产品之一。（摘编自《国际融资》2012年第7期）

国力源清洁制浆造纸产业投融资三部曲

新疆国力源投资有限公司（简称：国力源）投资的新疆国力源环保科技有限公司自主研发出"生物氧化法制浆造纸技术"，攻克了棉秆造纸产业化世界性难题并实现了生产污水零排放，其产业投融资之路非常艰辛坎坷，尽管如此，经历了 10 余年的努力，一路接力，终成正果。

2016 "十大绿色创新企业"：国力源

致力于生态环境维护及生物造纸应用研究的新疆国力源环保科技有限公司（简称：国力源）以其自主研发、居行业领先地位的"生物氧化法－制浆造纸技术"及工艺路线成为造纸业全环保节能的开拓者，因此荣登国际融资 2016（第 6 届）"十大绿色创新企业"之榜。

《独立评审团对 2016 "十大绿色创新企业" 国力源的推荐词》见本书《2011—2020 "十大绿色创新企业"一览》。

《50 评委专家团对 2016 "十大绿色创新企业" 国力源的推荐词》精选如下：

张立辉（青云创投合伙人、中国环境基金合伙人）推荐词：生物质综合利用，利国、利民、利己。

房汉廷（时任科技部研究员、中国科学技术大学教授）推荐词：该公司的"生物氧化法－制浆造纸技术"大有可为，环保与财富创造一体化实现。

周家鸣（创业导师、资深风险投资家）推荐词：该技术改变了"造纸企业就是重污染企业"的传统观念，拯救了一个行业。

董秋明（时任苏州灏盛投资管理有限公司执行事务合伙人）推荐词：全方位提升造纸行业，节能减排环保，具有可持续盈利模式，利国利民。

祁玉伟（上海创业接力基金创业投资管理有限公司主管合伙人）推荐词：项目立足于农业废弃物的综合利用，利用自主研发的技术形成了公司的核心优势，同时采用创新模式解决了农业废弃物的仓储问题。

陈波（上海领汇创业投资有限公司高级合伙人、上海领庆投资（集团）有限公司总裁）推荐词：降低木材的消耗就是最大的节约。

李安民（久银投资基金管理有限公司董事长）推荐词：秸秆造纸，解决了秸秆综合利用的问题，减少焚烧秸秆现象，变废为宝，增加了农民收入，也减少了树木砍伐，一举多得。

孙轶颋（时任世界自然基金会中国可持续金融项目总监）推荐词：变废为宝、替代木材的造纸工艺，如在技术和经济上可行，将对中国的生态和环境保护很有意义。

杨志（中国人民大学经济学院教授、气候变化与低碳经济研究所负责人）推荐词：就地取材，变废为宝，节能、高效、低成本，创新、环保、无污染。（摘编自《国际融资》2016 年第 7 期）

第一部曲：国力源的投资价值在哪儿？

倾囊投资，只因看重棉秆造纸技术的领先性

张碧琼是个冒险家，把她称为女汉子一点儿都不为过。她多年在新疆和别人合伙包工程，挣了几千万。挣到钱后，她跑到宁夏投资农业以及荒漠化治理，做得颇有起色。用她的话讲，如果没有遇到棉秆造纸技术，她可能就在治沙行业一竿子插到底了。就在这个时候，有人向她推荐了棉秆造纸技术。

世界上除了中国、印度等少数国家外，大部分国家的制浆造纸工业原料都以木材为主，约占到90%以上。中国是非木材制浆大国，非木材纸浆占比较高，但近乎严苛的造纸排放废水标准，使中国制浆造纸工业对国际资源过度依赖，也使中国的造纸工业处于较高的风险之中，也因此阻碍了中国制浆造纸工业的发展。

新疆是中国棉花主产区，但棉秆的资源化利用又是一个老大难问题。如果棉秆变成造纸原料，不仅可以变废为宝，还可以遏制焚烧给环境造成的污染，她觉得做这件事比她从事荒漠化治理更有意义，也更有经济价值。于是，2010年5月，她搁下宁夏的治沙产业，被一位所谓的技术专家忽悠到北京，为棉秆造纸技术小试投资了人民币700万元。

她万万没有想到的是，她花了大把钱拿到的这个棉秆造纸技术竟是假的，投进去做小试的钱自然是拿不回来了。在这种情况下，很多人通常会选择"退一步海阔天空"，比如重操旧业或另辟蹊径。但这都不是张碧琼的风格，她是一根筋，不服输，也不认输，只当花钱买教训，撞了南墙依旧往前走。坏事就这样变成了好事，她遇见了事业中第一位贵人——造纸专家李连兴先生。李连兴先生曾任北京造纸总厂总工程师、厂长，是首位对草类纤维原料制浆新方法进行较全面理论分析与深入探讨的造纸专家。他的研究成果对于改善传统纸浆方法，打破传统产业模型、梳理产业创新理念起到了至关重要的作用，为后续造纸产业的发展，提供了新方式、新技术、新思维。双方见面后，张碧琼身上那种锲而不舍的做事态度打动了李连兴先生，他对张碧琼说："你继续做研发，我支持你。"

张碧琼告诉笔者："李老把他这一辈子的研究成果都给了国力源。这么多年来，他陪着我们一路走过来，无私地指导创新研发。如果没有他，我们不可能成功地走到今天。"

在李连兴先生的鼎力支持下，国力源棉秆造纸试验获得成功。但是，实验室研发成功，并不意味着棉秆造纸技术就可以产业化，还必须进入中试。中试成功并通过专家审定，才能拿到环保部门的对项目环境影响报告书的批复，有了这个批复，才能立项投资建设工业化生产线。

为了降低投资成本，也为了能给传统造纸企业带去最先进的秸秆造纸技术，走共赢之路，2011 年 6 月，张碧琼选择与北京昌平某造纸企业合作，借用对方的生产场地和生产许可证进入年产 1 万吨的中试，并于 2012 年 5 月中试成功。为此，张碧琼从改造工艺设备、购买原料，到支付工人工资、后续运营费等，累计投入 2600 万元。

中试成功，张碧琼喜忧参半。她告诉笔者，喜的是，国力源投资开发的"生物氧化法制浆造纸技术"及工艺路线中试终于成功了。忧的是，中试成功后，她的合作伙伴无心做连续生产与扩大规模的工作，而是在并无掌握、也无权处置国力源关键技术的情况下，擅自以技术转让费的形式在市场上骗钱，万般无奈下，她选择了分手。

当时国家对环保造纸项目实行的是核准制，由环保部组织造纸行业的专家评审项目并实行一票否决，在严格的近乎苛刻的专家评审后，张碧琼投资的氧化法制浆零排放项目的环境影响报告书获得通过。

为了更深入地了解国力源投资开发的氧化法制浆零排放创新技术的核心价值，笔者专程拜访了国力源顾问、中国造纸学会研究员李连兴先生。他说："我们国家的造纸排放废水标准可能是世界上最严的，技术上又没有突破，因此，限制了造纸业的一定发展。国力源找到了一种不排放、能循环利用又不影响工艺的技术，将造纸排放污水的问题解决了。第一，这个技术消除了 80% 污染物，据我所知，目前全球还没有哪种技术的除污率能达到 80%。第二，秸秆有三大成分：半纤维素、纤维素和木质素。纤维素是做纸浆的，木质素是不可生化的，半纤维素是可以生化的，我们的创新技术是尽量让木质素留在秸秆里，让半纤维素的大部分出来。然后用生化、厌氧的方法把这个黑液生化，达到 80% 除污率。第三，我们实施了一种超量技术，保证循环过程中不增加积累，让存污率永远保持在 20%。第四，建厂的时候打造水的平衡，用 100 吨水，而且这 100 吨水还得循环回去，可以小循环的就小循环，可以中循环的就中循环。"

对此，时任国力源执行总裁余发强这样说："如果换做有学识的人，可能会精打细算，就像买股票，什么时候该撤就撤，赔了也要撤，否则肉被吃了，再这么下去，骨头也就被叼走了。可张碧琼没有这种意识，任谁说都拦不住、也阻止不了她，她就是一个劲儿往前冲，结果别人突破不了的问题，被她突破了。"

2012 年 9 月 25 日，在新疆建设兵团工商联的帮助下，国力源拿到了兵团环保局《关于新疆国力源年产 9 万吨的氧化法纸浆项目环境影响报告的批复》，该批复同意国力源在石河子市农八师 147 团新疆建设团温州工业园区投资建设棉秆造纸生产线。

但此时的她，已囊中羞涩。

百般游说，抓住一伙敢于试错的天使投资人

2013 年，为了投资建设棉秆造纸标准生产线，张碧琼拿着她的中试成果和新疆建设兵团给予的立项批复开始找投资人。

她一次次地碰钉子，但激情照旧，游说照旧。

她拜访过一些造纸业的大佬，却发现他们只是想买她的技术，买她手中的批文，甚至是利用批文圈地圈钱，而不是真的对投资环保产业感兴趣，也不是真想做这番事业。她在暗访中甚至发现，有的造纸企业为了蒙混过关，甚至将污水灌入地下。虽然他们愿意出大价钱买国力源的技术，但是张碧琼的态度是坚决不卖！"我要找真正愿意做环保产业、有德的合伙人。"她说。

她说服了第一位想做这番事业的投资合伙人，一个叫王延兵的汉子，王延兵将他多年在新疆做项目工程的积累拿出来，参加在 147 团的清洁制浆造纸项目建设。他告诉笔者，他之所以愿意做这个项目，是因为它符合国家产业政策，环保、惠农，而且可以解决困扰农民、农业的秸秆利用问题。还有此项目的可持续发展性，利国利民，能为家乡做一些贡献。"更为重要的是，张碧琼女士持之以恒的创新创业精神感动了我，我愿意和她一道共创国力源的未来。"

棉秆造纸零排放的技术问题解决了，但是，作为产业链的前端收储运环节的第一道门槛——"收"，还存在不小的土壤污染与资源浪费的问题。张碧琼说："秸秆根部的那一大把须子的纤维要比秸秆多，是最宝贵的，但过去都被割掉了，我们不能割呀，那是资源，而且是最好的。再有，种植棉花时，棉籽是用薄膜包着的，棉花采摘后农民是割棉秆，薄膜还在地里，降解不了，对土壤是二次污染，但是，哪个农民愿意费大力气拔棉秆？没有。既然我们是做环保产业的，就有这个责任去解决这个问题。我们投资了 100 万元，请中国农业机械化科学研究院新疆中收农牧机械有限公司帮助研究机械拔根问题。现在这个问题解决了，我们拿到了最好的资源，农民得到补偿，农机院又多卖出去一种机械设备，大家都赢。"

王延兵的加盟，解决了建厂的土地，但是，离实现规模化生产所需的资金还有上亿的缺口。

张碧琼继续在外游说，不断寻找投资人，不断融资，少则借她 10 万元，多则借她 800 万元，在这过程中，经朋友介绍，她相中了一位叫朱湘君的 80 后小伙子，便一次次地游说，硬生生地把人家从上市公司鹏博士那里挖出来，做了国力源的投资人，领头集合投资人民币 3000 万元。

采访朱湘君后笔者发现，他确实是一位不可多得的人才。大学毕业后，他创业了一家互联网公司并获成功，随后，他的公司被中国主板上市公司鹏博士并购，成为鹏博士的一个部门，他也随即成为部门老总。毕竟是风光无限好的成功青年才俊，为何会转身投资这样一个尚在创业阶段的环保造纸企业呢？

朱湘君坦诚地回答了笔者的提问，他说："其实，我在为鹏博士做成事的情况下，就已经开始考虑第二次创业了，只是当时我考虑的还是做另一个互联网产品。后来我遇到了这个项目，感觉更具吸引力。经过六七个月的摸底调查，我觉得这个项目确实还比较有意思，就将自己的钱拿出来，并鼓动跟我一同创业成功的几个同事也把钱拿出来。我和 3 个同事的积

蓄几乎被榨干吃净，一共拿出来 2000 万，又在众筹网站搞了一些让人跟投的小众筹。就这样形成了大概 3000 万资金的天使投资。"

当笔者问到："你想没想过这 3000 万资金万一最后赔了怎么办？"朱湘君非常冷静地回答："想过，实际上这要看是什么项目。如果是搞互联网创业的话，一旦失败，是血本无归的。互联网创业的最大价值是人才，就是几台电脑加人才。人一旦离职了，核心价值就会成倍地缩减。但是，产业项目就不同了，他是有实际资产的，就算是再亏，也能回收一部分本钱，这是投资产业的第一个好处；第二个好处就是互联网泡沫有点儿大了，行业方向不是很好做，外加很多传统型行业都需要互联网这种工具来辅助产业，刚好我们这个团队不仅带有互联网的基因，还带有金融基因，以这样的基因去做这个产业项目时，反而觉得没那么麻烦。而且我发现中国 90% 的传统型企业都有一个特征，缺乏信息撮合和资本运作方面的人，而我们加入进来，恰恰弥补了国力源架构的短板。剩下的就是你熬到它成功的那一步，我觉得这中间不会有特别大的风险。纵使投资失败，我还年轻，还有机会。"

2015 年张碧琼不仅引进了智力资本，还因此融到了 3000 万元人民币的天使投资。这一年，张碧琼很幸运。

她准备按照李连兴先生的建议，从这 3000 万元中，拿出 1900 万元分别支付给十几个工厂，包括购买原料、设备制造、人工工资、场地租用、水电气费等，然后由这些厂家按照国力源自主创新的年产 10 万吨的生物氧化法制浆造纸技术和工艺设计的要求，分别制造出搓丝机、高浓盘磨机和制浆机模型以及其他设备工艺，国力源的技术人员再对这些工艺设备依次投入 28 种秸秆，用 3 个月时间对运行数据和水处理数据进行采集。从最初投资做设备模型到最终完成数据采集，整整用了 1 年时间。用她的话讲："我必须拿钱赌一把，因为只有把这 3 个工艺合到一起，这个技术才是完整的，投产才有底气。"

但是，当时公司内部讨论这项投资的时候，多数人都持反对意见，认为已经做过中试，尽管那是年产 1 万吨的中试线，但也够了，完全没有必要为了取得年产 10 万吨的数据再投入如此大的资金来做这种一次性设备模型，因为这钱毕竟是借来的，借钱是要还的。"但是，造纸专家李连兴坚持要我必须走这条路。他说：'如果不做这件事情，你凭什么说你的这个东西是领先的？你用什么方法来证明你的水是零排放呢？'他问我同不同意，我马上就举手了，表态我同意。事实证明，这一步走对了。作为一个环保造纸产业的创始人来说，我很满足。"张碧琼说。为了消除大家的疑虑，她开诚布公地说："如果失败了，所有的损失我来承担，我把国力源的资产卖了，也不会让大家掏一分钱。"

在那个决策会上，还不是股东的朱湘君说话了："我支持你，我还年轻，这 3000 万赔了我还可以再挣。"说到这儿，张碧琼掩饰不住内心的感激，热泪盈眶。她说："我特别感激小朱，3000 万元，这不是一个小数目。他敢承担，就说明他是很有远见的。"

实话实说，用诚意打动一位资深投融资家

中国古人有句话说得好："苦尽甘来"；还有一句话更深刻："失而复得"。这两句话

都在张碧琼这里得到了验证。2010年至2015年，可以说是她人生的低谷，也是她创业最艰难的一段时间。但是，凭着一股不服输的精神气，凭着对科技投资的一种近乎宗教的虔诚态度，她带领团队生生熬过了4年寒冬，拿出了一份令人满意的科技创新成果，秸秆造纸零排放生产线就差临门一脚了。

但是，要让秸秆造纸零排放的第一条工业化生产线实现投产运营，国力源至少还有1亿元人民币的缺口。张碧琼面临的依旧是融资难题，而且不是简单的融资难题。1亿元是底线，她要把第一个零排放示范工程做起来；接着，她要做第二个；再接着，她还要投资，在东南西北各区域合作共建纸厂。张碧琼非常清楚，如果实现这一愿景，国力源不仅需要源源不断的资金，更需要找到一位善于资本运作又与她同样有着环保使命感的人。

2016年是张碧琼的本命年，这一年，幸运之神接二连三地抛给她意想不到的惊喜。

2015年12月23日，一位朋友引荐张碧琼与投融联盟资产管理（北京）有限公司投融管理合伙人余发强见面，这是一家专注于农业产业链项目的私募基金公司，余发强是这家基金公司的执行管理合伙人。

起初，张碧琼是来介绍项目的，希望通过这个平台融资。余发强了解了国力源的项目后，觉得这个项目虽有涉农部分，但从严格意义上讲，是科技工业项目，不属于他们基金的投资范围。按常理这就像介绍对象谈恋爱，对方没看上，事情到此为止，张碧琼再去找下一个投资人，余发强接着看下一个项目，彼此不再搭界。

但张碧琼恰恰是另类。在交谈中，她发现余发强就是她想找的人，一位能帮助国力源插上资本翅膀又有国际管理经验与视野的人。她身上那种不达目的不罢休的精神气儿又来了，一次一次去拜访余发强，在其公司楼下的茶馆叙谈，聊国力源的项目，聊她的创业。要知道，投资机构的人都很忙，有看不完的案子，他们的日程通常都被安排得满满的，余发强也如是，没事儿闲聊他是不会去的。余发强告诉笔者，他之所以没有拒绝张碧琼找他聊项目，首先基于这个项目给他的感觉不错。他愿意在自己的私人时间里向基金朋友介绍，或运用自己的资源帮她对接资本，而且没讲条件。

每一次见面，张碧琼都大有斩获，都让她耳目一新。比如，余发强研究了国力源的资料后，对她说：“你这个公司属于环保科技，也是生物科技类型公司，必须走轻资产之路。”虽然国力源的战略构架是要在中国东南西北再建4～5家工厂，但余发强认为，东南西北每家厂再投入四五亿元的资金，这是走重资产的路，不好。应该走技改服务之路。等等。张碧琼越发觉得必须早点儿把余发强请进国力源，而国力源的股东王延兵接触余发强后也产生了同样的想法。

当余发强又向国力源要更多的资料，特别是财务资料时，张碧琼很坦诚地跟他说：“我没有账，但我知道我花了多少钱，我知道我投在哪里，我现在就是一盘散沙，我需要一个人来帮我去整顿。”余发强告诉笔者，“我在大陆十几年，在与人交往中，10个人里头有八九个跟你讲的话都是包装过的，所以，我与人交流时，第一个反应就是他有没有跟我讲假话。而我听张碧琼说的，和我自己后来去看的情况是一样的，就像水退了，才能清澈见底，事情与状况才更明了，所以，我觉得我可以帮助她。”

尽管张碧琼和王延兵都执意要余发强加入国力源，尽管余发强也觉得项目很吸引他，但他依旧没有答应，只说要让自己考虑考虑，因为他毕竟是一家私募基金的投资执行管理人，如果这样离开，他的损失、风险会很大。张碧琼没吃到定心丸，仍一如既往地不停地来找余发强沟通。余发强也一直在权衡要不要舍弃现在的工作。但最终让他下定决心加入国力源的原因是张碧琼的坦诚。他说："如果一个企业老总跟我讲的和实际状况相差很大，那做起事儿来就很费劲儿，不要说怎么去清理，接下来怎么合作都会是问题。但她比较真实地说出了企业的整个情况和面临的问题，这样我就好做梳理与策划的工作了。"

4月25日，余发强离开了他在的投资基金公司，成为国力源管理团队重要成员，职务为执行总裁，负责融资、建设团队、管理与上市。请到余发强，张碧琼深感幸运并心存感激，她说："我看中余总的是把所有的一切放掉，专心做国力源这件事。再有就是他的人品和能力。所以，我把所有的权力，包括我的私人印章，都移交给他了，让他去做主，我不会干预。除了违法的事我不签字，一切都由他说了算。"

余发强来到国力源后，首先对公司股权架构进行了梳理，把北京的研发中心——北京绿色科海科技开发有限公司（简称：科海）装到国力源下面，由国力源51%控股绿色科海；接着，他又开始梳理之前70多位借钱给国力源的天使人的资金借贷问题，他分批跟这些人见面、解释，并让这些帮助过国力源的天使投资人对公司接下来的发展有正面的认识，了解融资进展与进程信息。

5月14日，他将公司推到深圳前海新四板挂牌，以稳定这些天使投资人的信心。

与此同时，余发强开始寻找香港上市公司战略投资人。在陆续洽谈后，他从有意向的目标公司里挑选出6家再一一进行筛选。这些对国力源项目有兴趣的上市公司中，有做保健品的，有做药的，有做矿的，还有做PPP城市建设和做清洁能源等，最后他选择了环球战略集团。这家上市公司于2015年转型定位于投资清洁能源/资源相关的项目。余发强觉得这家上市公司的投资方向跟国力源更贴谱，于是，在6月8日，他登门拜访了环球战略集团董事会主席、执行董事翁凛磊。就像一场博士论文答辩，翁凛磊如考官不动声色地问，余发强如学生淡定自若地答，问答时长四个半小时，从办公室一直谈到餐厅。余发强向翁凛磊介绍了国力源国际领先的零排放清洁制浆造纸技术、正在建设的制浆造纸生产线，以及远高于传统造纸企业的利润，但最终打动翁凛磊的是：余发强对未来企业战略的周密发展蓝图与商业模式架构；他从双方合作共赢角度所做的风险可控的可行性方案；以及他从上市公司角度出发，设计的一整套环保产业投资模式。而这一模式将会给上市公司带来可持续的利润空间，无疑，也会提振股民的投资信心。

当笔者问及为什么环球战略集团会投资这样一个早期产业项目时，余发强说："这就像谈对象，是双向的，我选择他，他也必须看上我，事情才能往前推进。上市公司投资这样一个早期环保造纸产业项目的话，对赌条款是肯定有的，保证20%的净利润，否则股权被稀释。但是，我们是有能力完成这个利润指标的。"实际上，为了这个绿色环保造纸产业得到上市公司的支持，余发强甚至押上了自己。

2016年7月7日，在2016（第7届）清洁发展国际融资论坛暨2016（第6届）"十大绿色创新企业"颁奖典礼上，国力源榜上有名，成为 2016（第 6 届）"十大绿色创新企业"之一，张碧琼代表国力源上台领奖，她感慨万分地说："这是 50 评委专家团和独立评审专家团对国力源创新技术和这一环保造纸产业的肯定。"

2016 年 7 月 8 日，环球战略集团主席兼执行董事翁凛磊承董事会命在香港联交所指定信息披露平台公开宣布："本公司与新疆国力源投资有限公司，连同其附属公司订立不具约束力谅解备忘录，据此，本公司基于目标公司于新能源及充分善用资源之创新科技及环保产品方面之发展潜力，将投资于目标公司。本公司将于订立谅解备忘录后两个月内对目标集团进行尽职审查及项目评估。"

借船出海，靠实力赢得香港上市公司投资人青睐

有人说，张碧琼命好、走运，一个尚未进行产业化生产的早期项目，竟能一次又一次地融到资金，并得到上市公司的青睐。

但笔者在采访张碧琼本人以及她身边的同事时，却认为是她的行事作风和性格的必然结果。其实，这样的创新项目在中国还是很多的，但是像她这样类型的人却凤毛麟角。

她非常清楚自己的优势与劣势。她敢闯、敢干、肯吃苦、不惧怕挑战，永远以乐观的心态对待困难，但她文化程度不高。关于这个劣势，她与人交往时从不掩饰。正是因为这样，她非常尊重有德、有修养、有文化的人，如果被她发现了，那会拼命争取，抓住了就决不放手，直到把你的本事全部释放出来。从这个意义上讲，她又是一个非常懂得借力而为的企业家。

与大多数高科技企业的控制人不同的是，张碧琼非技术发明人，也不懂技术，但当她与李连兴先生认识后，她的诚意、她的做事态度，以及摔倒了爬起来继续干的精神打动了李老，李连兴先生将他一辈子研究的技术成果无私地奉献出来，原因也很简单，他发现张碧琼尊重科学，愿意为科技创新成果产业化付出，而不像有些企业老总是拿着别人的科技创新成果说事儿、圈钱但不干事儿。在研发、中试乃至在十几家工厂做产业化模型数据采集的每一个关键环节，张碧琼对李连兴的意见不仅言听计从，而且是排除万难，落实不打折扣。这让国力源完成了无形资产价值的最大化。用张碧琼自己的话讲："我有底气了。"李连兴是张碧琼得到的第一颗珍珠。

在行进的路上，她没有想到做环保造纸产业项目的投资额竟会如此之大，融资会那么难。她的 3000 多万元原始积累只能算是第一桶金，仅仅是整个产业中的零头，而项目在没有产业化之前，居然无法从银行贷到一分钱。这实际上是中国创新企业普遍面临的残酷现实。中国有很多高科技产业项目就是在这种融资难的窘况下牺牲；或者被强势的竞争对手以低廉的价格买进而束之高阁，以另一种状态牺牲。张碧琼不愿做第二种牺牲者，也不希望在第一种窘况下牺牲，她唯一的办法就是凭借她的激情与无畏，凭借她对项目无形资产价值的认识，走众筹之路。她前后向 70 多人借款，很多人借钱给她却不要求打借据。在众筹过程中，她又很有心地把项目工程出身的王延兵、互联网出身的朱湘君拉进来。因为她知道，他们的优势恰恰是她缺乏的，企业要做成并且做大，必须吸引各方面的人才。的确，他们不仅给她提

供了一些有价值的经营思路，更重要的是，在关键时刻为国力源融到了急需的资金。这是张碧琼拿到的一把珍珠。

即便如此，要实现产业化，所需资金仍然有很大的缺口。她知道自己在和时间赛跑，早一天实现产业化，则能早一天给投资人回报，并领跑造纸行业。但如果晚了，这个历史可能会改写。张碧琼心里非常清楚，她必须找到一个能够帮国力源融到大资金的人，在这方面，她不懂也没有这个能力。就在这个时候，余发强走进她的视线。余发强在过往的经历中，曾做过新加坡审计师事务所审计师、美国花旗银行风险管理副总监、美国友邦财富风险管理经济策划师、膳盟食品 (新加坡上市公司) 首席运营官兼董事总经理 (中国)、香港振禄实业集团公司投资长并执行董事、深圳创新资源资产管理合伙企业投资总监以及投融联盟资产管理 (北京) 有限公司投融资管理执行合伙人。张碧琼没有钱，她凭什么请动这样一位拥有丰富的风险管理与投资经历的资本界大佬呢？因为她实话实说，因为她八顾茅庐。用她的话讲："我找了余总 8 次，就想让他帮助我，直到他同意。"这就是张碧琼，她想做的事情，不达目的决不罢休。这让笔者联想到很多技术派的创始人，由于缺乏这种死乞白赖求人的性情，导致始终没能让某个投资人真正了解自己、了解项目。但张碧琼靠着她身上那股特有的软磨硬泡的本事，找对了投资人，而终成正果。这一次，张碧琼拿到了一颗硕大的珍珠。

她把国力源的权力完完全全地交给余发强，让他去资本市场与那些上市公司的大佬们洽谈，她知道这是余发强的强项。余发强凭借他对资本市场大佬们心态的准确判断，凭借他30 多年工作经历中锤炼的抗压性，凭借他曾濒死一回顿悟的"救人"之心念，赌上自己的价值，用他设计的最佳融资方案，在帮助上市公司赢的同时，为国力源融到了实现产业化急需的资金。

7 月 8 日，国力源与环球战略集团在京签署战略合作协议。7 月 15 日，国力源与环球战略集团战略合作暨投融资计划发布会在深圳举行。会上，国力源与环球战略集团举行了签约仪式。国力源执行总裁余发强在会上介绍，最新一轮融资计划 2 亿元人民币，将建设两条总计年产 20 万吨的制浆造纸生产线，还将用于设备采购、基本建设及第 3 代产品的提升与研发。2017 年还将成立产业整合基金，用于行业技改输出服务与收购或并购。

从 4 月 25 日余发强进入国力源时起，他超速度地在不到 3 个月的时间内，让国力源与环球战略集团结成战略合作关系。自 8 月 1 日整个尽调开始，到 9 月末全部设备到位、10 月中旬开机投产，第 1 条年产 10 万吨的生产线需要的 1 亿元资金全部在这次融资行动中得到解决，整个融资过程仅用了两个半月时间。速度之快让张碧琼觉得是在做梦。她动情地说："我特别感激余总，他是伯乐，看上了国力源这匹千里马；我也是伯乐，一眼识出余总是汗血宝马；我也非常感谢每一位为国力源付出努力的人，这不是哪一个人能做到的，是大家的努力才有了今天。"

融资成功，提振了国力源每一位投资人、每一位员工的信心，他们加班加点，夜以继日地安装设备、调试生产线，10 月中旬开机投产。为了这一刻，张碧琼和他的团队已经准备了 6 年，但此时，真的是梦想成真啦！（摘编自《国际融资》2016 年第 10 期，李路阳文，张宇佳、郑乾录音整理，杜秋摄影）

第二部曲：创新企业实现产业融资要过几道关？

对于只有领先技术的产业黑马来说，融资是登天的难事。如果创新技术具有颠覆、挑战传统产业利益的特质，它可能被实力雄厚的传统企业收购买进并束之高阁；如果他被格局过小的投资人控股，有可能会成为资本炒作的砝码而流于平庸，最后在市场竞争中被淘汰。创新企业的最佳选择应该是找一个与你的格局一致的投融资专家，让他成为股东，由他来为企业设计发展战略和商业模式、为企业融资。时任新疆国力源投资有限公司（简称：国力源）执行总裁的余发强，就是这样一个人。

第一关，让不信任变成彼此信任

余发强是新加坡华人，他曾做过新加坡上市公司膳盟食品首席运营官兼董事总经理、美国花旗银行风险管理高管、新加坡审计师事务所审计师、美国友邦财富风险管理公司经济策划师，以及在国内外的债务重组、辅导上市与私募股权投资基金的合伙人等。对于亟待融资的绿色创新企业国力源而言，有这样履历的人无疑是最佳人选。时任国力源董事长张碧琼女士很直白地告诉笔者，她选择余发强，是因为她坚信余发强能够为国力源融到项目落地所需要的资金。

余发强确实具备为企业整体策划、定位重塑与投融资的能力，他与很多履历单一的投资银行家不同，他的履历是多元的，足以让他准确判断创新企业的价值与风险，同时，他又可以根据过往在实业操盘的经验，尽可能将风险控制在投资人可以接受的范围内。但是，征服张碧琼的并不仅仅是余发强光鲜的履历，因为有这种专业经历的并不是人才市场的稀缺品，中国稀缺的是能够控制风险并敢于承担风险的投融资家，更直白地说，就是能够读懂创新企业家所思所做，替创新企业家着想并愿意与之共同承担风险、共享创新成果的投融资家。而这些恰恰是余发强具备的。张碧琼曾不止一次地对笔者说，这样的人在国外可能很多，但在中国很难寻到，既然被她遇见了，那她肯定抓住不放手。

在目前中国信用严重缺失的情况下，寻求合伙共事者，可不是剃头挑子一头热的事儿。创新企业家和投融资家能否彼此信任，特别是投融资家能否信任创新企业家，这是融资的前提，是创新企业必须过的第一道关。余发强又凭什么相信张碧琼的话，愿意投身国力源？笔者在《国际融资》2016 年 10 期发表的《国力源的投资价值在哪儿？》中，叙述了余发强最终下定决心加入国力源的原因，即张碧琼的坦诚。因为他发现张碧琼所说和他事先的调查以及对国力源财务的梳理情况基本吻合，张碧琼比较真实地说出了企业的现况与面临的问题。他对笔者说："如果一个企业老总跟我讲的和实际相差很远，那做起事儿来就很费劲儿，不要说怎么去清理，接下来怎么合作都会是问题。"张碧琼没藏着掖着，实话实说，这是余发强认同她的地方。"只有说实话，我才能为国力源做好梳理与策划工作。"他说。

权衡之后，他决定离开私募基金，去抢救这家技术居国际领先，借款超过 1 亿元，产业化尚未实现，固定资产没有多少的绿色环保创新企业。

笔者一直认为，余发强是投融资家中特例中的特例。想想看，像国力源这样的企业，有哪家投资机构愿意冒如此大的风险去投资呢？在中国投资人中，这个机率几乎是零。但是，他却去冒这个风险了，这是因为他具备能够扛得住风险的心理素质和控制风险的能力。

第二关，让投资人从没兴趣到有兴趣

一个投融资家必须做到既能替需要融资的企业着想，又能为有意向投资的投资人着想。因此，他对创始人和投资人双方的利益诉求必须心知肚明，而且也必须知道达到双方基本满意的平衡点在哪里。

金融是余发强的专业，20 世纪 90 年代初，他在新加坡审计师事务所担任审计师时，就可以做到从企业的"心电图"即财务报表里一眼看清楚创始人或总负责人的管理能力。后来他在花旗银行做信贷与风险总监时，也了解到"非诚勿扰"的两极极端化的奢望与诉求，万事不能一厢情愿，必须两情相宜才能牵手成功。到了新加坡美国友邦保险公司工作时，他负责财富策划与筹划设计以及市场与销售，为许多家族与家庭创造财富，他策划的创新销售方式使之成为该公司亚洲区域 5000 多名员工中，排名第七的顶级业绩经理。在他从事金融事业高峰时，曾被一家新加坡上市公司请去协助做金融重组并负责融资，同时要求必须看到融资重组后的业务发展与突破，所以他也兼顾负责市场营销工作，在短短 1 年内，他开设了 10 家加盟店，更在 2000 年时为该企业在中国的项目融资 2 亿元人民币。他在友邦保险以及美国花旗银行工作积累的风险管理经验，使他非常清楚金融资本所期望的投资回报究竟有多高，这个期望值绝不是产业投资回报的 30%，而是几倍、几十倍。他说："以前我在花旗银行工作时接触过的有钱人中，绝大多数的想法都是基本一致的：怎么用钱投资赚更多倍的钱。"根据余发强为国力源设计的发展策略与商业模式，通过融资完成新疆石河子第一个生物氧化法制浆造纸示范工程后，他们将全面推进对中国国内关停的纸浆造纸企业的技术改造，除向传统企业收取技改费外，还要分享由此产生的制浆利润的一部分。聪明的风险投资人会算账，这个未来预期利润的蛋糕很大！

余发强凭借他的专业能力，向潜在投资人陈述了国力源的未来"大蛋糕"，又从寻到的几家有意向投资的香港上市公司中挑选出与国力源发展方向大体一致的香港环球战略集团

（简称：环球战略）。同是运作资本的高手，余发强并没有对国力源生产线建成后可以达到年6亿营业额和50%毛利润做过多解释，因为这对做资本的投资人来说实在是太小了，翻倍200%、300%、400%才是他们感兴趣的。深知资本投资家套路的他，从资本角度出发，对国力源的价值作了长达4小时的陈述，让环球战略董事局主席翁凛磊先生听后开始产生了兴趣：这是一个将自己的未来定位在轻资产、为关停制浆造纸企业提供技改的高增长项目；一个可以在资本市场不断说故事的项目；一个可以产生10倍、20倍甚至更高估值的项目；一个可以产生丰厚利润回报的项目。而这些让人兴奋的未来预期足以抵消翁凛磊对这个具有不确定性的早期项目风险的担忧，但同时他也加注了限定条件，那就是国力源执行总裁的位置上必须坐着这位懂得资本运作、善于控制风险、又懂得市场的从业高手余发强。能够让投资者"眼见与怀抱未来"是翁凛磊决定投资国力源的主要动力。假使没有这个限定条件，笔者认为，让一家上市公司对一个如此早期项目做出战略投资的决策，恐怕很难。

余发强成为连接投资人与创始人之间的关键节点性人物，成为投资人与创始人都比较倚重和信赖的对象。从团队的最佳组合来说，这3个关键性人物的出现，使创业企业形成了产业融资早期阶段稳定的三角结构。

一个投融资家若做到为需要融资的企业着想，或者说能够帮助企业摆脱艰难困境，最重要的是必须在实业干过，拥有在市场大风浪中化险为夷的经验。这一点余发强具备。1998年余发强服从家族的召唤，离开金融行业，挽救因亚洲金融危机濒临破产的家族企业——新加坡上市公司复发中记。由于银行撤走贷款，导致复发中记的资金链断裂，不得不立刻对公司进行重组。余发强告诉笔者，2000年，他被派到中国大陆，职务是中国代表加财务总监，但真正的工作目标是给集团找贷款。他用了不到半年时间，说服中国农业银行给复发中记贷款2亿元，这在当时是空前绝后。当时复发中记在大陆的总公司位于山东龙口，拥有一座50万吨的冷库和36000亩的种植基地，其出口业务由设在广东东莞的子公司负责，但子公司仅有1座5000吨冷库的固定资产。当时，复发中记需要以东莞的子公司为借款主体，缓解因新加坡银行抽贷导致的企业经营危机。

以子公司主体借款，质押物全是跨省份的，这在2000年时的中国国内银行是没有先例的，但余发强却以他丰富的财务风险控制经验说服了当地中国农业银行，为复发中记特批了2亿元。他说："这2亿元贷款化解了复发中记的危机，使公司顺利完成重组。"这是余发强最早完成的一个重组案例，后来，他回归金融领域后又成功地做了多个企业重组项目，并由此慢慢延伸到投资界。

由于余发强对创业企业和投资人双方的策略打法都有深刻的理解，为了避免因"溶血不适"导致国力源发展不可持续，他说服了企业创始人和投资人双方，使两边持股比例均为35%。这种持股比例，让双方具有同等话语权，既可以保证创新企业创业的积极性，又可以保证投资人对企业发展的合理干预的有效性，而其他小股东则会以回报最大化为准则，选择支持一方。可以说，这样的股权架构在创新企业举债创业的早期阶段，较好地保护了创始股东对企业实现产业化的控制力。

经过一年的融合，事实证明，这个股权架构的设计是到位的。

第三关，怎样从无规到有矩，把风控做到位

余发强对国力源投资架构所做的完整规划与设计，得到了环球战略的认可，2016 年 7 月 8 日，国力源与环球战略在北京签署战略合作协议（MOU）后的两个多月时间里，国力源无条件地积极配合环球战略指定的港京两家审计事务所的审计师、港沪两家律师事务所的律师对国力源新疆、深圳、北京公司做全面尽职调查，香港 BMI 评估公司也开始了对国力源技术的调查评估。

对创新企业来说，合理评估技术价值至关重要。但这个合理是相对的，不单是创新企业认可，更重要的是投资人认可，否则一切都是空谈。张碧琼向评估公司提交了全部专利，并让他们参观了国力源北京的实验中心，亲眼目睹棉秆原材料从装料到制浆，最终制出纸张样品的全过程。如果在尚未实现产业化的时候，把国力源的全部创新技术包括全部专利都拿出来做评估的话，投资人会因为自己的利润蛋糕太小而难以接受，最终选择放弃投资。余发强从国力源与环球战略双方利益最大化的角度出发，在此轮融资中，只把设备工艺路线技术拿出来作评估，而未涉及任何专利。这样的评估结果是 3 亿元人民币，无论是投资人还是创始人，对余发强设计的选择部分技术资产进行评估而导致股权结构再分配相对合理都表示满意。

2016 年 10 月 11 日，国力源与环球战略签署了正式的投资协议书。但是，环球战略的资金何时能够投给国力源，那要等香港联交所审批，而香港联交所审批的条件是生产线正式投产后。这就产生了一个致命的矛盾：创始人融资是因为没米下锅，融到资金后才能建生产线；但上市公司又不能破坏香港联交所的规则。为了解决这个矛盾，就要有临时搭建"曲线救援"的方案，确保 1 亿元人民币设备与土建资金的供给，以投资人个人身份在国内给予担保向第三方借款来满足建设的需要；在最终完成环评验收报告和整个投资的资金到位后，作为借款还款来源，这样就能处理好资金各方的供需与风控问题。

余发强在设计资金使用时，从充分保护投资人的利益出发，要求每笔购置设备款都清清楚楚地报给投资人，并由投资人直接打给设备方购买设备，国力源只负责设备质量和交货验收。他的设想得到了张碧琼不打折扣的支持。这样做的结果，可以控制创新企业因尚未建立严格的财务管理制度而有可能出现的财务风险并强化投资人对国力源实现产业化的信任。

在中国新兴产业市场上，确实有企业将投资人投资于产业化的资金挪作他用，甚至卷钱跑路，这甚至影响了投资人对早期创新产业项目的投资判断。而财务投资人是小股东，除参加董事会、对企业重大战略事项发表意见外，企业的财务管理是不插手的。若投资人投的是新兴产业中的轻资产企业，财务管理的风险不大，因为轻资产企业的资金使用方向很清晰，只要商业模式领先，钱融进来就是抢占市场，钱烧得足够，市场自然涌现；钱烧得不够，市场连个泡都不会冒。但若投资人投的是新兴产业中的重资产企业，财务风险就很大。虽然创新企业成功地完成了中试，但中试成功并不代表产业化就能成功。这里面仍有几个不确定的风险因素：第一，产业化的工艺路线是否能成功？如果不成功，所有的资金投入就打了水漂；如果继续研发三五年最终实现了产业化，成本大幅增加是一方面；另一方面，市场可能出现超越者，企业的领先创新优势不再。第二，企业的财务管理不到位，资金的使用容易出现跑

冒滴漏，导致实现产业化无从谈起。

当然，投资人担心的第二个风险是可以通过合同条款来约束创新企业的，但是否能够真正起到约束创业企业家的作用，取决于投资人对 CEO 的职业管理能力的认可与否。很显然，在国力源的这个融资案例中，环球战略董事局主席翁凛磊是认可余发强这方面能力的。

而投资人担心的第一个风险，也因张碧琼为实现这项创新技术长达 6 年不懈努力的精神、国力源技术团队和顾问团队在造纸行业的丰富经验以及他们为了在既定的时间内实现生产化所作的种种数据测试准备，而降到了最低。但这并不意味着没有风险。

为了让投资人投得安心，当设备运到新疆石河子国力源生物氧化法制浆造纸技术示范基地后，张碧琼带领技术工艺团队开始了 24 小时昼夜奋战。余发强除了应对与融资相关的机构洽谈、审计、咨询外，还要马不停蹄地走访被关停的造纸企业，为后续融资做准备。

2016 年 12 月 30 日。这是一个被国力源全体员工铭刻于心的日子，所有看到试机成功的人都被震撼了。"当我看到 1 万吨生活用纸生产线试机成功的时候，当茶色纸从机器上转出来的时候，我就像父亲看到孩子出生，那种喜悦是难以言表的。为了这个时刻，所有的付出都是值得的。"余发强感慨地说。

第四关，敢不敢抛弃传统的重资产经营思路

中国做实业的企业，其经营思路基本上都固化在以买地、建厂、生产、销售为核心的重资产模式中。即便是实业中的创新企业，绝大多数也没跳出这个模式。高科技企业引领传统企业转型升级就变成了"自扫门前雪"，或者是"你死我活"。以引领带动产业转型升级、共享高新技术成果就成了"叫好不叫座"的口号。

难道真的就不能做到"既叫好又叫座"吗？余发强非常肯定地告诉笔者："不是的。"

国力源过去给自己设定的企业发展路线是在中国版图的东西南北中各建一个生物氧化法制浆造纸厂，以完成国力源在全国的布局。这是成功实业家喜欢选择的战略，也是企业基于自身滚动发展中的自有资金实力做出的利润回报最高的选择。但余发强进入国力源后，却否定了这个传统思路，提出国力源应该走技改的发展之路。因为他看到了中国造纸业的严重问题，以及由问题带来的巨大市场。

余发强在调查中发现，由于制浆的黑水污染问题没有解决，因此，中国政府对造纸业的污染排放采取了零容忍：第一，中国环保部门设计了全世界最严的造纸排放标准，达不到标准绝不批准建厂，而造纸污染排放问题至今没有得到解决，因此，新批项目寥寥无几；第二，对现存造纸企业，只要排放不达标就重罚，且罚款力度之大，足以让企业关张歇业。

这近乎严苛的环保政策，却让余发强看到了巨大的共享经济的商机。他设计的国力源策略是在新疆石河子完成 10 万吨制浆和 10 万吨造纸零污染排放的示范工程后，不再自行建厂，而是启动与有兴趣技改的造纸企业的合作。

他告诉笔者，2016 年 9 月国力源开始动工建厂时，新疆库尔勒博湖伟业董事长闻讯找上门，希望能够通过国力源的技术解决该企业污染排放问题。他亲自去企业调查，了解到一

些有价值的信息，而这些信息从另一个侧面证明了对国力源未来发展战略的定位是正确的。博湖伟业造纸的原材料是博湖周边的芦苇资源，这是制造高端纸的最佳原材料，尽管他们在排污治理方面做了大量投入，但仍不能达标，每年被环保部门罚款高达 6000 多万元人民币，甚至 8000 万元人民币。重罚的结果让这家国有企业几乎无利润可言，他们从企业效益与社会责任双重考虑，2014 年最终选择关停。工厂关停 3 年，芦苇出路没有解决，还严重影响到当地的生态环境。这是国有企业的情况。民营企业又是怎样的呢？多数民营造纸企业关停了制浆生产线，并以采购进口纸浆取而代之。但还有一些民营造纸企业，"为了达到排放标准，将污水直接排到地下，赚昧心钱。"张碧琼非常气愤地告诉笔者，这些企业是如何不择手段地和政府环境监管部门玩猫捉老鼠的游戏。

基于对造纸企业的实地调查以及行业数据采集的结果，余发强向董事会阐述了他为国力源设计的商业模式。他说："因为纸浆造纸污染排放标准门槛高的原因，目前中国造纸行业的细分市场——制浆业是一个空缺。而国力源的优势是国际领先的生物氧化法制浆造纸技术对传统造纸企业制浆技术改造的优势，要基于我们的优势，像蚂蚁吃大象一样，扩大国力源的产业链。国力源没有必要跟晨鸣、玖龙这样的用废纸造纸的纸业巨人竞争，而应该走以供浆为主的商业路线，所以国力源推向市场的产品首先是纸浆，而不是造纸。但建设一条年产 10 万吨制浆和 10 万吨造纸示范项目，只是为了向市场上的造纸企业展示国力源生物氧化法制出的浆、造出的纸究竟有多好。"

这一战略定位设计得到了董事会的一致赞同。

一个创新企业要打开市场，如果是以你的竞争优势去和别人抢市场的话，那是小格局、低层次，市场发展空间有限。但是，如果是以你的竞争优势去占领市场的空白，与需求者形成共享利润蛋糕的合作模式，那是大格局、高境界、市场发展空间无可限量。"只有以联盟的方式，让造纸行业的需求者加盟到国力源生物氧化法制浆造纸技改队伍中来，才能在短时间内做大国力源的资产。"余发强说。

对国力源来说，只有这样的盈利模式，才会产生难以想象的爆炸式增长。也只有这样，才能足够吸引 B 轮、C 轮乃至更多轮投资人的兴趣。余发强告诉笔者一个数字，若对一个传统制浆企业进行技术改造，国力源收取的技术服务费是根据企业的技改投入的多少在 1000 万至 5000 万元人民币上下浮动。但全国被关停或限期整改的制浆造纸企业有 12000 多家，仅广东就有 50 多家，加上中国物流、消费市场的强大吞吐能力，无论是投资人，还是需要技改的制浆造纸企业，都会看到这个巨大的市场空间可能带来的丰厚利润。"就好比一个具有国际水准且有本事的外科手术医生，不应该到处去建自己的医院，做某某私人医院或某某附属私人医院；而应该以专业动刀的外科医生之长，受邀去各处的医院动手术，收取专业手术费！其中的道理是一样的。"他说。

国力源新疆石河子示范基地试运行期间，其制浆零排放以及食品级制纸效果，为市场对这一产业化创新技术的认可打下了坚实的基础。为了加速市场开发进度，国力源率先以租赁的方式与辽宁丹东铭笙纸业有限公司开展合作，投资 2000 万元人民币在该企业技改年产 3.5 万吨生物氧化法制浆造纸技改项目。余发强告诉笔者，该企业由于环保不达标，已关停 3 年多。环保的大刀架在脖子上，企业左右为难。"国力源的技改不仅能够帮助这家企业实现污染不再排放，为企业减少投资成本，增加利润，还能解决芦苇出路和稻草秸秆焚烧问题，保护当地生态环境，他们自然欢迎，也会乐于合作。目前，国力源在丹东铭笙纸业投资的技改项目已进入设备试机阶段。"他说。

截至 2017 年 6 月 24 日，国力源已和乌鲁木齐中习润源林业投资有限公司、山东东营航天汉麻科技有限公司、山东临沂利华纸业有限公司签订了战略商务合作协议，除外，还有 9 家纸业企业有意向接触并考虑合作。至此，国力源通过技术改造帮助传统企业转型升级、共享利润蛋糕的策略定位开始进入实质性谈判、操作的阶段。

第五关，引进新投资时能否把握控制权

现在中国资金市场的情况与前 10 年相比，已发生了天翻地覆的变化，市场上活跃着的私募基金数量与年俱增，截至 2016 年 12 月底，仅在中国证券基金业协会登记备案的私募基金就有 17433 家。而这个变化，为那些技术领先的绿色创新企业占领市场空白带提供了庞大的资金池，同时，企业也为投资环保产业的私募股权基金提供了一个产业链的有力支点。

国力源启动 B 轮谈判时的动态，就是对此的最好证明。

2016 年 10 月，国力源的 3 亿元人民币无形资产估值被投资人认可后，时隔仅半年，在为国力源新疆石河子生物氧化法制浆造纸示范项目余下的 19 万吨生产线进行 3 亿～6 亿元人民币的 B 轮融资谈判时，余发强根据对未来可实现利润的测算，把估值定在 30 亿元。在这轮融资接触中，余发强发现超过九成的都是投资机构，他们在对国力源北京研发中心和新疆石河子项目示范基地进行实地调查和技术交流后，估值的认可在 20 亿～30 亿元人民币间，但须环评验收通过。这意味着，仅仅半年时间，国力源的估值从 3 亿元人民币上升了近 6～9 倍。

为什么会有这么高的估值？

余发强在回答笔者的提问时说："估值一般测算的是未来 5 年的收益，融资完成后投产的是两条年产 10 万吨制浆造纸标准生产线，共计 20 万吨，以瓦楞纸的市场价每吨 3000 元计算，20 万吨就是 6 亿元人民币，毛利润 50%，即 3 亿；除此之外，丹东技改项目由于是国力源以租赁的方式投资的年产 10 万吨标准生产线，去除很少的租赁费外，每年利润也在 1.5 亿左右，这几项未来利润加起来是 4.5 亿。如果我们把目前已经签约的 MOU 技改项目和有合作意向的技改项目都加在一起的话，按照我们技改的条款：技改产出后，我们连续 10 年拿年利润的 1/3（依据不同的技改服务条款，分红会有差异），10 万吨浆的市场价格为 2 亿元人民币，我们 3 年内可以做到 250 万吨，大约可以获得 75 亿元人民币。这些加在一起的话，可以达到 100 亿元人民币估值。"

但是，余发强并没有把已签约的 MOU 技改项目和有合作意向的技改项目纳入估值范畴，在他看来，如果把这些加进来的话，会把投资人吓走。而他把环评验收完成后即将开展的技改项目展示给投资人，只是为了向投资人说明一个可预期的国力源的真实实力，使投资人对自己的投资决定充满信心。

更为重要的是，尽管国力源还没有正式投产，但是，该公司的天使投资人、负责国力源产品市场营销的首席市场官朱湘君已经与包括创维、TCL、阿里巴巴物流公司等进行了深入的合作洽谈，并准备签署预售协议，1万吨的生活用纸和10万吨包装用纸的买家全部搞定。

经过两个月的谈判，虽然有投资人认可30亿元人民币的估值，愿意出资2.5亿～3.5亿元人民币换取10%的股份。但是新的问题出现了：由于A轮投资人是中长线投资人，而且对项目非常有信心，因此，并不愿意以增资扩股稀释股份的方式融资。这就面临着一个非常现实而严峻的问题，创始人不得不出卖股份换取资金。但如果真的选择这条路的话，创始人的大股东地位就会丧失，接着，未来的经营有可能出现失控的风险，致使产业链断链。这是所有投资人都不愿意看到的。

从控制经营风险的周密考虑出发，国力源董事会做出两项重大决定：第一，出于对大股东地位的保护，国力源的B轮融资将选择新疆政府产业引导基金的项目扶持融资，细节谈判将在环评验收后启动。第二，出于做大做强中国制浆造纸产业的考虑，国力源将借中国政府支持新疆高科技企业优先上市发展的政策之东风，将中国国内上市目的地的选择定在A股主板。

第六关，是否能借力产业基金整合产业链

在余发强看来，国力源的项目不仅是一个可以做大的项目，也是一个可以做强的项目。单说中国目前关停并转的造纸企业就有1.2万余家，而中国物流业的快速发展又给这个市场带来了巨大的机会空间。无论是从技术的成本角度，还是从市场的需求角度，传统纸业公司希望通过技改分享市场大蛋糕的愿望都很迫切。

此时的余发强却看到了更远的未来。他说："国力源研发的第二代、第三代生物质萃取产品都已经搞出来了。第二代技术是从生物氧化法循环利用水处理中提取低聚木糖和阿拉伯糖，在20万吨生产线实现量化的前提下，就可以提取低聚木糖和阿拉伯糖卖给药剂公司。而它的市场销售价是50万元/吨，价格是造纸的160多倍。而第三代产品是另外一个跨界产品——不需要蒸煮的制浆设备。"

这是一个巨大的产业链，而且是高科技引领下的朝阳产业。国力源因为有天使投资人与风险投资人的进入，跨过了创新企业创业的"死亡"期，实现了"一"的飞跃。进入发展期时，余发强认为，在投资人不愿意稀释股份而又需确保创始人大股东地位的情况下，选择设立一个产业整合基金来撬动接下来要做的250万吨生物氧化法制浆造纸技改项目，不仅可以保护国力源在行业创新中的领先地位，还可以救活更多100%想做技改但又100%缺少资金的关停纸业公司，让他们分享高科技创新带来的转型红利。

用他的话讲，这是"借鸡下蛋"。"设计产业整合基金的整个模式，就是想吸引那些私募股权基金放弃他们持有国力源股权的想法，参与对这些关停企业的投资，基金负责投资关停企业技改所需的3000万到1亿元人民币的资金，包括技改企业需给国力源提供的技改服务费，以投资换取被技改企业的股份。而国力源只享受被技改企业三分之一的分红，不占股

份，销售由国力源负责，以加盟方式打破传统经营思路，维护、增强我们设立的食品级包装物料的品牌定位。这样，品牌的未来估值就会更高。等到国力源实现 IPO 上市时，就可以通过资本市场的融资，将产业整合基金投资的技改企业并购过来，为基金的退出提供最好的机制。"他说。

他认为，中国至今还没有真正意义上的产业风投，在这个领域，中国与国外差距太大。"私募股权投资基金行业还有一个不太好的趋势是喜好分散投资或者跟投，缺乏对项目的研究、判断和担当，结果导致有些互联网项目投资偏离估值曲线，像共享单车；而又有很多国内国际领先的高科技实业项目难以融到产业化的资金，无法完成从零到一的死亡界跨越。我觉得这不是正常的生态投资圈。"他一针见血地说。

赘语

作为一个早期科技创新制造产业项目，国力源的投资价值在哪儿呢？笔者认为主要体现在以下两点：

第一，张碧琼女士花了整整 6 年的时间，在项目萌芽研发阶段的实验期间陆续投入了总计 1 亿元人民币的自有资金（资金来自砸锅卖铁及向亲朋好友的借贷）和天使投资者另外 1 亿元人民币建设示范线的资金，最终让造纸专家李连兴教导培养的技术团队完成了国际领先的、循环利用、不排放污水的生物氧化法制浆造纸技术研发及其工艺路线，使示范项目成功落地并获得环保验收及认可。更为重要的是，国力源提供的未来以轻资产上阵的技改服务路线，能为全中国众多传统造纸企业转型升级带来共享式发展机遇，其可预期的收益增长速度给投资人带来的遐想回报空间巨大得令人兴奋。

第二，张碧琼女士对人才的穷追不舍，使她在对的时间找对了人，快速组成了核心管理团队。余发强成为国力源价值投资最大化的关键人物，他以 30 余年从事企业管理、市场经营、资本运作、风险控制的经验与能力，用投资人习惯的思维与语言，为国力源设计了商业模式和可持续发展路径，这赢得了上市公司的认可。更为重要的是，他因此展示出的智慧与能力也是上市公司十分渴望的。余发强为什么敢碰这个项目？一是因为他拥有的融资经验与实业经验使他能够精准判断项目的好坏，知道风险在哪儿，也知道怎样规避。二是他的骨子里的"救人意识"，使他乐于帮助有价值的企业摆脱"死亡"，走向"新生"。他在新加坡服兵役时，一次丛林演习，他在被毒蜂蜇咬 23 针后，成功突围奔跑 5 千米传出救援信息。当他被医生判了"死刑"而又奇迹般地活过来后，他的人生目标更加清晰明确：救人。三是父辈创业精神的熏陶。家族企业复发中记是从路边水果摊起家，最后做成新加坡最大的进出口水果批发公司并创立了自己的品牌。他父亲"吃小亏占大便宜"的人生信条对他的行为处事影响深远。四是他在经历多次危机处理积淀的抗压定力。这种定力让他能够做到居安思危，临危不惧，在面临错综复杂的烂摊子时，能以超乎寻常的冷静，泰然处之，并找到解决问题的最佳途径。（摘编自《国际融资》2017 年第 7 期，李路阳、吴语溪文，杜京哲摄影）

第三部曲：一路接力终成正果

尽管国力源年产 1 万吨的制浆生产线成功了，在辽宁丹东、黑龙江大庆的两家造纸厂制浆技改项目也成功了，但是，国力源多年积累的总债务高达 2 亿元人民币，创始股东要想融到 2.5 亿元人民币资金，用以完成年产 10 万吨的以棉秆为原材料制浆生产瓦楞纸或包装箱板纸的原立项建设生产线项目，并以通过出让股权等方式处理好过去遗留的巨额债务问题，绝非易事。

张碧琼女士一直不停地通过各种关系找战略投资人打交道，余发强不断地向那些对国力源绿色创新制浆造纸项目有兴趣的投资人介绍企业核心技术和商业模式，究竟见过多少家、多少人，恐怕连他们自己都记不清了。2019 年 1 月，笔者接到张碧琼女士的一个电话，她兴奋地说："我已经找到投资人了，项目资金已经有了。我不会让帮助过我的人失望的，看结果吧。"这也是我们通的最后一个电话，2019 年 7 月 1 日张碧琼女士因病去世。

张碧琼女士说的这个投资人就是宝业集团董事长并总裁、河北第一村半壁店村党委书记、海南晨晖置业地产公司董事长、第十二届全国人大代表、全国劳动模范韩文臣。他曾是半钢集团和陕西汉钢集团董事长，出于对企业战略转型的考虑，退出了钢铁行业，把投资方向转向房地产、旅游、金融投资、国际贸易和绿色高新技术企业。他看好国力源的制浆造纸环保与资源利用项目，在考察之后，决定成为该项目的战略投资人。

接下来，新疆国力源投资有限公司与宝业集团就股权收购与债务重组开始多轮谈判，最终达成共识，国力源以其原本 100% 控股的项目公司（获得环评验收及实际生产经营的主体），即石河子市国力源环保制浆有限公司（简称：国力源环保制浆），将国力源及其旗下多家公司，包括北京绿色科海科技开发有限公司、新疆国力源环保科技有限公司等的有形、无形资产全部平移到项目公司——国力源环保制浆；以增资扩股方式引进战略大股东宝业集团旗下的唐山远东物流有限公司，在该项目公司——国力源环保制浆中占股 49.48% 股权，同时以唐山开平区盛达物流交易有限公司作为职工持股平台持有 5% 项目公司——国力源环保制浆的股权。新股东宝业集团对项目公司——国力源环保制浆的总体资金投入约 2.5 亿元人民币，包括股权收购与扩产增加新产能的建设。2019 年 5 月 13 日，国力源环保制浆召开第一次重组后的新股东会，完成股权认购。

　　余发强告诉笔者，股权收购与债务重组完成后，国力源环保制浆对 1 万吨生活用纸生产线进行了部分改造，完善前后端的相应配套设施，包括前端制浆系统、后端分切机包装与水循环系统的补强功能。2 期 10 万吨的原立项建设，主要是以棉秆为原材料来生产瓦楞纸或包装箱板纸。经过半年的研究，目前董事会决定，对整体建设添加与丰富了有关项目内容，在循环经济为发展蓝图的商业模式中增加了棉秆的综合利用，以棉秆制活性炭，在制活性炭中也同时制气，替代烧锅炉及除冬季以外供气的不足条件，其他延伸附加值高的衍生产品还包括木醋液和有机肥。

　　新任董事长韩文臣表示，国力源环保制浆重组后，用了半年多的时间重新做出这样的战略定位，是为了能在新疆的南疆与北疆发展以 100 万吨棉秆综合利用为核心的工业园建设的样板展示工程，并在原有的基础上不断完善与提升整个项目建设的可持续性发展战略部署。

　　国力源环保制浆原计划在 2020 年年底完成项目新构思建设，但因受新冠病毒疫情的影响，项目的整体建设将延期至 2021 年春开动。（李路阳文，第三部曲的照片人物系宝业集团董事长韩文臣）

　　2018 年 10 月，江苏精科智能电气股份有限公司（简称：精科）与南京宇能新能源科技有限公司联手设立宿迁宇能电力发展有限公司，后更名为江苏宇能精科光电新能源集团有限公司（简称：宇能精科集团），这是一次解决 5G 基站建设运营高耗能问题、实现清洁能源自给自足的智慧合作；是中国企业实现绿色转型的经典案例；也是能源产业实现第三次革命的重大突破。该企业因此荣登国际融资 2019（第 9 届）"十大绿色创新企业"之榜。在江苏宿迁苏宿工业园区，笔者采访了宇能精科集团总裁王金良，并电话采访了在外做 5G 基站产业布局的董事长胡国祥。企业可持续发展的关键是什么？企业家成功的杀手锏又是什么？王金良的 3 次转型创业故事究竟能带给我们怎样的启示？什么样的投资人是企业家的"梦中情人"？什么样的产业发展模式可以得到股权投资基金的青睐？答案就在本文中。

宇能精科集团的三个转型融资故事

创业成功的故事从深圳特区开始

　　宇能精科集团总裁王金良先生享有的荣誉光环非常多：第八届、九届、十一届江苏省政协委员、宿迁市人大代表、工商联副主席、机械行业协会理事长、电工学会常务副理事长；他在互感器行业的影响力也很大：全国互感器标委会委员，全国高压开关协会委员，他领导的精科在全国高压互感器领域排名前三；而今的宇能精科集团又成为绿色能源 5G 基站建设运营的先行者。

　　这一切，要从他 20 世纪 90 年代义无反顾地放弃铁饭碗下海创业说起。

　　那个时代，王金良拥有别人羡慕的经历背景：1976 年参军，就读于南京通信工程学院通信系，毕业后分配到南京军区通信训练大队，从士兵变成军官。因为单身，10 年的军旅生涯中，他的时间基本被两件事占据：读书和科研。这为他日后创业积累了大量的知识与科研粮。1986 年，从部队转业回到宿迁的他，被分配到宿迁市委办公室做机要秘书。可他偏偏不愿意坐机关，便向组织申请到企业去。这要求很容易得到批准，他被派去负责将一家不景气的国有砖瓦厂转型为高压电器厂的筹建工作，竣工后，他又被任命为厂长。尽管是厂长，但那时候的国有企业，特别是在宿迁这样落后地区的国有企业，其经营基本还停留在计划经济的套路中，王金良很难按照自己的想法把企业办好。

1992年，中国的改革进入了新的阶段，深圳经济特区改革开放传来的大量振奋人心的信息强烈地吸引了他，他决定辞职去深圳。"我找了分管工业的副市长、经信委主任，没人同意。但我去意已定，觉得改革开放的前沿才是我施展才华的舞台。"他对笔者说。

1992年4月，他来到深圳，因为没有边防证，只能止步于关外西乡（现已是深圳市区），凭借通信技术专长，被一家生产汽车收录机的企业录用，负责设计汽车收录机图纸。西乡毕竟不属于特区，他一边打工，一边寻找机会进关，后来，终于通过朋友的关系进了关内。到特区后，工作机会很多，他应聘于深圳威东电子公司（简称：威东）做了技术工程师。他回忆道："这家公司在深南大道上的一栋统建楼里，当时的深圳还没有太多的高楼大厦，比较有名气的大企业、财团都在统建楼办公。"因为威东生产的工业控制电脑需要在内地找一家可以为他生产配套产品——皮带秤的机械加工厂开展合作，王金良在自己的老家找到了这样的企业，也因此赚到了第一桶金。

1993年年底，他在深圳科技园创建了自己的公司——深圳精科电子有限公司（简称：深圳精科），把"科学管理，精益求精"的精神凝于其中，成全了自己的创业梦。

王金良告诉笔者，他在创业之初，本想通过从原来打工的汽车收录机厂拿货卖给汽车制造厂赚取中间差价的方式赚快钱，没想到却栽了个大跟头。当年在郑州举办的全国汽车零配件交易会上，他和团队成员跟多家汽车零部件经销商签了供货订单。"我们通过空运一共发了3批货，一批货发到广西南宁，一批货发到河南开封，一批货发到河北邯郸，尽管全程均有我们的业务员跟货，但货到对方仓库验收后，被告知银行已下班无法办理转账业务，只好等到第二天，第二天一早我们的业务员再去找他们的时候，已人去楼空。3批货的结果一模一样，我们遭遇了一家越南诈骗集团的诈骗。40多万元货款全部血本无归，不光赔光了我赚的第一桶金，还欠了20多万元，那都是我们从亲戚朋友那儿借的款，还有从汽车音响厂赊的账。"他回忆道。

20世纪90年代初，40多万元人民币可是个非常大的数字。焦虑、压力、甚至近乎绝望的情绪，让王金良一夜白了头。他说："我跑到深南花园尚未竣工的一栋楼的35层，打算跳下去一了百了。但站在那里，我犹豫了，脑袋像放电影一样想到了很多，如果就这样跳下去，对自己、对家人怎么交代？这几十万债务谁来还？怎么还？想来思去，我觉得不能逃避，要有担当，要负责任，要咬牙挺过去。我回到宿舍，闭门思过了一个礼拜，最后想通了，继续留在深圳创业。"

这一段"生与死"的经历，给王金良带来了两个"意外收获"。一个是他的抗压能力从此变得超强，在之后几十年的创业生涯中，无论遇到怎样的坎坷，他都能坦然处之；另一个是对企业的重新定位：放弃挣快钱的汽车音响，做工业自动化控制电脑，而且是用一种全新的商业模式走向市场。他抓住中国进入新的改革时期后建材市场方兴未艾的商机，凭借自己在电子技术上的专长，创新了一种为中国产业开启工业自动化控制提供集电脑控制系统设计、安装、调试一揽子服务的商业模式。这一揽子服务的投入成本约 15000 元，在深受市场追捧的行情下，深圳精科的电脑控制系统，一套竟卖到了 5 万元！

1994 年年底，深圳精科的销售收入突破了 1400 万元，账面现金超过 500 万元，跻身于深圳市科技创新公司之列，颇受媒体追捧，影响较大的是中国建材报记者写的《深圳精科一岁成名》。

1995 年年初，做得顺风顺水的王金良获知了一个新的商机：他曾工作过的宿迁高压电器厂由于转型不成功致使企业濒临倒闭，打算整厂出售。他考虑再三、反复斟酌后，决定返乡投资收购高压电器厂。

在别人看来，深圳精科已进入赚钱快车道，发展势头甚好，如果王金良按这个技术路径与商业模式不断创新走下去，深圳精科会做大，而他此时做出的返乡创业选择，无疑是一种冒险，划不来。

王金良不这么看，他之所以做出这样的转型选择，有乡情在，因为宿迁经济至少落后深圳 30 年，他觉得自己有责任、有义务为家乡的经济发展做点儿微不足道的贡献，但他更多的是出于对企业长远发展的考虑：第一，是做平庸的企业家，还是做一个百年老店的企业家？他选择了后者，因为做百年老店是他创业的奋斗目标；第二，是赚某段时机的钱，还是赚可持续发展的钱？他选择了后者，因为在深圳闯荡的他学到了做生意的精髓：赚钱一定要赚有钱公司的钱，而高压电器厂做的产品是卖给中国国内最有实力的电力公司；第三，是将创新技术对准所有行业，还是在某一个行业深耕？他选择了后者，因为他意识到凭借精科在电子信息技术的优势，一定会让这家高压电器厂的产品有创新突破，从而在电力行业异军突起。

第一次与投资机构联手发起企业并购

收购宿迁高压电器厂需要资金，当地政府要求收购者必须以现金方式向政府支付土地、厂房、设备材料总计 530 万元人民币，除此之外，作为收购者，深圳精科的账上还必须备有两笔资金：一笔是添置新设备的资金，一笔是流动资金，这 3 笔资金加在一起至少需要 1000 万元资金的投入。深圳精科当时只有 400 多万元原始积累的闲置资金，远达不到收购的条件。王金良毕竟是在深圳经济特区摸爬滚打过来的兼备技术与管理的双料人才，在深圳的 3 年里，他不仅赚到了钱，还学会了一些生意经：除了赚钱要赚有资金实力公司的钱，还有诸如合伙人理念、小资金撬动大杠杆的资本运作经。

凭借生意经，他在短时间内联合南京信托投资公司并达成共识：双方联手共同投资，在宿迁组建江苏精科互感器有限公司，再由江苏精科互感器有限公司收购宿迁高压电器厂，南京信托投资公司占 52% 股份，深圳精科电子有限公司占 48% 股份。在当时地方国企经营不善、地方政府财政吃紧的历史条件下，这个不良资产并购项目可以称得上是完美收官。

1995 年 5 月 4 日，江苏精科互感器有限公司，后更名为江苏精科智能电气股份有限公司，在宿迁正式创立。王金良选择五四青年节这天作为公司的成立日，寓意了一个永远的希望：让精科永葆青春；同时将这一寓意融进了精科的商标设计中：拿着火炬奔跑的人 + 电符号。

精科刚接管高压电器厂时，该厂只能生产35千伏的互感器，在市场上没有任何竞争力。要使精科生产的互感器做到中国国内一流、做出品牌、做出竞争力，让电力系统客户认可，就必须进行技术创新，将电压等级提高。但是，王金良也非常清楚，电压等级越高，技术含量就越高；技术含量越高，难度也就越大，"精科自身没有这样的技术优势，我们只有通过技术引进和技术创新才可能实现。我当时的目标是500千伏电压等级。"他回忆说。

要想在短时间内实现如此大跨度的技术升级，王金良心里非常清楚，单凭企业自身的研发能力是非常困难的，唯有借力才可能实现。于是，他一方面通过买技术、买图纸，用高薪和优厚待遇吸引关键技术人才来消化图纸和技术、了解行业信息、推动行业专家对精科的信任；另一方面聘请中国国内电力行业的专家做顾问，与企业技术团队嫁接，为高端互感器创新把关。这一举措让精科少走了很多弯路。在随后短短的7年时间里，精科互感器从35千伏的电压等级一步一步提高到110千伏电压等级、220千伏电压等级，最终成功登顶500千伏电压等级，跻身国家电网高压互感器合格供应商之列，成为在行业市场竞争中的民营领军企业，并在电力行业招投标中名列前3甲。

20多年后的今天回看这段创新之路，王金良仍感慨万分：当年电力系统的很多领导、专家都认为，精科搞500千伏电压等级互感器，失败的风险太大，甚至有点儿天方夜谭，毕竟当年能够生产出500千伏电压等级互感器的只有上海互感器公司这么一家老牌国有企业。他们善意地劝阻王金良停手："精科能生产出110千伏电压等级互感器就已经很不错了，220千伏电压等级互感器千万不要碰，500千伏最高压等级互感器想都不要去想。"但王金良没有动摇，照旧将技术攻关定在500千伏最高压等级上。他说："如果我抱着创新生产110千伏电压等级而不再让技术进步的想法，精科在电力行业就不可能谋得一席之地。只有敢于创新去攀登最高电压等级，精科才能成为中国电力行业高压互感器的主要供应商之一。"

民营企业改革创新的动力就源自于对改变生存环境、实现企业价值的强烈愿望，因为他们非常清楚地知道技术创新、模式创新是他们跑赢市场的唯一出路。王金良对创新的坚守，是深入骨子里的，是发自内心的自觉。

就是这样不断地创新，为精科赢得了20多年的辉煌，占据国家电网公司高电压等级互感器招标采购前3甲，赚得盆满钵满。

与世界五百强 ABB 成功联姻

让王金良没有料到的是，机遇之神又给他送来了新的意想不到。

2012年，拥有100多年历史的国际性企业、全球电力行业制造商老大、世界五百强——ABB公司决定在中国国内寻找一家互感器厂家进行合资，在经过大量调研后，有5家企业进入了他们的备选名单，精科也在其中。又经过更详尽的基于行业地位、管理理念、企业未来发展潜力以及当地政策支持力度等多项考量与筛选，ABB最终选择了精科。这对于力争将产品销往世界的精科来说，是重大利好。

这是机遇之神送给王金良的一大惊喜。用他的话说："单靠我们自己的力量在国际市场上销售高压互感器，那是有一定难度的，但是，跟 ABB 合资就不一样了，由于我们成了 ABB 全球高压互感器生产基地，通过 ABB 健全的全球销售网络来销售高压互感器，那就是水到渠成的买卖了。"

恰恰就在合资谈判进行时，王金良获知了一个重要信息：自 2012 年 8 月起，国家电网对新建变电站的设备招投标，原则上将选择组合电器。这个信息意味着高压互感器在中国市场的份额将被组合电器取代！王金良告诉笔者，与之前城市变电站不同的是，高压组合电器的优点是将过去占地 50 ～ 100 亩的大变电站压缩进一间小房子里，既节省了土地资源，又美化了市容，是城市化的刚需。他说："如果我们还死抱着互感器产业不放的话，最终会因为它的市场需求量大幅下跌而导致企业死路一条。"基于此，他在企业力排众议，决定研发组合电器，并在组合电器市场开拓方向定位问题上，选择了一条先国际再国内的营销战略。

2012 年年底，精科与 ABB 签订合资合同，双方以现金出资 5000 万元人民币，在宿迁宿城工业园区组建全球高压互感器生产基地——江苏 ABB 精科互感器有限公司（简称：ABB 精科），ABB 在合资公司占股 70%，精科在合资公司占股 30%；合资公司出资 4800 万元人民币购买了精科的无形资产、生产成品、原材料和固定资产（厂房和土地不在购买之列），精科将其中 1500 万元人民币用于注资合资公司，其余 3300 万元人民币全部投入到高压组合电器的厂房建设、研发与生产。

为了攻坚组合电器，精科推出吸引人才的优厚待遇：精科最高级企业年薪和赠与一套住房，从中国国内高压组合电器制造的前茅企业，诸如西电集团、平高电气、新东北电气等引进组合电器人才，通过走捷径追赶国内外老牌开关企业。2013 年元旦后，王金良将精科的全员一分为二，一部分进了 ABB 精科，另一部分仍留在精科原地转型，刻不容缓地投入到高压组合电器产品的市场推广和产品研发中。

尽管精科在合资公司中仅占 30% 的股份，但王金良认为合资让精科受益很大：一是让精科互感器搭上了从中国市场走向国际市场的顺风车；二是身边引来一家国际标杆企业，给精科全员提供了绝好的学习、实践的机会；三是为精科强化国际化管理理念、提升管理水平起到了助力作用；四是为精科产品再次升级换代创造了一次弯道超车的机会。

与许多中国企业，特别是民营企业的投资理念与路数不同，ABB 的投资着眼于长远。作为见证者，王金良这样介绍："对新组建的合资公司，ABB 的规划是前 3 ～ 5 年打基础，包括新产品研发投入和市场开拓，因此，不要求产值和利润，到第 4 年、第 5 年才开始发力，一旦进入快速发展阶段，其发展速度会比一般企业快很多。ABB 精科就是如此，到第 5 个年头，也就是 2018 年才开始进入真正快速发展阶段。"他还说："在近几年全球 ABB 中标的变电站项目中，大部分高压互感器都是从 ABB 精科采购。现在 ABB 又将其北京亦庄的高压隔离开关生产基地也转移到我们这里。在 ABB 全球网络发展战略中，ABB 精科已成为 ABB 未来敞开式变电站设备的重要生产基地。"

尽管与 ABB 的合资公司至今还在弥补前 4 年的投资亏损，尚未分红，但王金良表示："跟 ABB 合作，必须秉持长远收益的理念，把它视为未来收益的储备，而不是赚快钱的摇钱树，这样才能合作愉快。"

作为优秀的民营企业家，王金良对稍纵即逝的商机的把握可谓一字五句以蔽之：快！调研周密，决策快速，当断即断，敢冒风险，敢赌未来。

他快速抓住了这个难得的转型商机，并一石二鸟。因被 ABB 并购，精科获得了额外资金，使之有财力在城市变电站从敞开式走向室内组合电器的关键年内加大对创新、人才的投资力度，仅用 2 年时间就成功地完成了包括互感器、电容器、断路器、隔离开关等所有产品在内的高压组合电器产品的生产，走在室内变电站（组合电器）民营企业市场的前列；同时，他通过先外后内的市场销售策略，拿到了高压组合电器在国外中标变电站的订单和运行业绩，因此，达到了中国国家电网对供应商的入围条件要求，并于 2014 年跻身国家电网公司 220 千伏组合电器（GIS、HGIS）合格供应商之列，在电力行业组合电器招投标中再次崭露头角。

天有不测风云却也绝处逢生

创新让精科在中国国内和国际高压组合电器招投标项目中屡屡中标，成为中国高压组合电器行业后起之秀，王金良甚至开始筹划如何利用资本市场谋求企业更大发展。

但天有不测风云，2014 年 10 月，精科受 4 家互保链企业中 2 家倒闭企业的影响，从 2015 年年初开始被迫分批为这 2 家企业偿还 5000 多万元人民币贷款，各家银行担心精科被拖垮，以贷款到期要先还后贷为由，先后对精科抽贷 7800 万元人民币，致使精科引发强震，陷入无法自拔只能等待救援的绝境。"这期间，我们精科人本着绝不走破产之路的信念，积极寻求战略投资者对精科重组并购。但不走破产路也绝非易事，对我而言，必须顶住债务的巨大压力，必须承担法律诉讼的烦恼，必须扛住因进入失信黑名单而不能乘飞机、坐高铁、微信被冻结、银行卡被冻结，以及近一年发不出工资等一系列难言之隐。值得庆幸的是，那时候，精科管理团队的人愿意跟我一起承受压力、战胜困难。我们坚信一定会找到那个懂我们的战略投资者，带领精科走出困境。"王金良说。

从 2015 年陷入困境的那个时点起，王金良陆续找了 3 家比较有名气的上市公司，每谈一家都花费了 1 年时间，但最后都以失败告终：不是因精科资产负债率太高，不符合上市公司要求，就是对投资后化解债务的时长难以接受。

合作的事情，向来不是剃头挑子一头热就能做成的事儿。王金良决定改变打法：放弃寻求与上市公司的合作，转向非上市的民营企业。2018 年 8 月，南京宇能新能源科技有限公司（简称：宇能）创始人胡国祥到宿迁开发区考察新能源产业基地，交谈中，开发区管委会书记顺便向胡国祥推荐了精科，建议他去这家企业考察一下是否有合作的价值。

宇能是《国际融资》杂志组织 50 评委专家团、独立评审团评出的 2015（第 5 届）"十大绿色创新企业"之一，当年独立评审团对宇能的推荐词是："宇能自主研发的风光储互补发电技术，为光伏发电找到了稳定发电的出路，使大规模的光伏发电入网成为可能。作为该技术的核心产品——新型升阻互补风力机具有效率高、成本低、适应性强、简单易维护的特点，采风与发电效率均达到国际先进水平，其成功应用将为中国光伏产业的未来注入新的活力。"胡国祥抓住国家推进智能微网建设的商机，成功地将自主研发的风光储互补发电技术应用于智能微网建设之中，也因此被英大国际信托有限责任公司（简称：英大信托）相中，2017 年 10 月，英大信托作为战略投资人与宇能成功结缘，专注于投资建设能够消纳新能源电力的智能微网。

之后，胡国祥马不停蹄地到处考察，寻找能够消纳新能源的产业基地，跑了 10 个月未果。这次宿迁开发区管委会书记牵线，胡国祥来到精科与王金良见面，话匣子打开，双方都有相见恨晚的感觉。王金良告诉笔者，胡国祥的思路和他之前见到的 3 家上市公司完全不同，在胡国祥看来，依托精科高压电器产业的基础平台，将宇能新能源产业嫁接进来，通过建电站、售电，完全可以将产业做大。可话又说回来，宇能也不是资金实力雄厚的企业，精科眼下的债务危机又如何覆盖呢？精科管理团队不看好，但王金良心里算了一笔账：如果能实现胡国祥设定的 3 年累计销售收入超过百亿元人民币的目标，精科的两三亿元人民币债务良性处理就不是问题，因为，根据当地政府对招商引资落户企业的奖励政策计算，如果开票销售收入超过 100 亿元人民币，政府奖励资金就超过 3 亿元人民币。如果拿到这笔奖励资金，不仅可以覆盖精科的全部债务，还可以减轻宇能的投资压力，成全双方的合作。王金良认定要与胡国祥合作。

2018 年 10 月，宇能并购精科，在宿迁宿城开发区设立宿迁宇能电力发展有限公司（随后申请更名为江苏宇能精科光电新能源集团有限公司，并于 2019 年 9 月完成工商变更），双方随即开始紧锣密鼓的市场调研和新产品开发。

王金良驾车跑遍了宿迁方圆 500 千米范围内所有可以消纳新能源的产业，都未能找到他们期望的那个商业模式的契合点。然而，一个偶然接到的电话，却让宇能精科集团获得了重要商业信息。王金良告诉笔者：他的一位战友从部队转业后一直从事江浙等地通信基站运维工作，他打电话给王金良，说国家已准许民营资本投资参与通信基站的基础设施建设，有一家浙江民营通信公司（简称：浙江通信公司）这两年已经为浙江移动公司建设了 500 座 4G基站，现在需要引进合作伙伴，共同参与 5G 基站建设，问王金良是否有兴趣？王金良立刻与胡国祥通了电话，胡国祥一听，马上意识到这是千载难逢的商机，即刻说："这是好项目，我们干！"王金良马上约浙江通信公司老总及其团队到南京与胡国祥见面了。交谈中，王金良与胡国祥从两个非常重要的知识点发现了巨大的蓝海：一个是 5G 耗电量是 4G 的 3～5 倍，另一个是 5G 基站的密度是 4G 的 3～5 倍。这意味着消纳绿色能源的通道有了，且市场巨大：5G 基站耗能越高，绿色能源 5G 基站售电的收益就越高，而绿色能源 5G 基站建的越多，企业的多项收益也就越高。王金良说："胡总当即提出建设绿色能源 5G 基站。"这个思路除了可以继续收取为三大运营商投资建设基站的租金外，还可以向三大运营商收取电费，同时销售宇能精科具有市场竞争力的绿色创新产品。三重收益不仅能大幅缩短投资回收期，也很容易将市场做大。大家一拍即合。

这次见面，让王金良与胡国祥两人异常兴奋，他们看到了一个跨界融合、消纳新能源的巨大蓝海，从此明确了企业发展的铁定方向——绿色能源 5G 基站的基础设施建设投资以及与之配套的绿色能源产业。

由于王金良与胡国祥的理念高度契合，又能相互弥补对方企业的不足，一个天赐良机与全身心努力成全了这对黄金搭档及其团队的完美组合。用王金良的话说："胡总的优点在于对新事物、新技术的捕捉能力特别强，思路清晰敏捷，商业模式非常超前，但他的团队一直缺一个能帮他把创新构思落地的人，而我和我的团队恰恰可以弥补他的这个不足，将他构思的创新商业模式、创新技术落地。只有落地，创新才能变为成果和效益。"用胡国祥的话说："我们宇能有领先的绿色能源集成技术，但是我们缺产业基地，王总领导的精科弥补了我们的不足。只要国家推进 5G 发展的大方向不变，我们的绿色能源 5G 基站基础设施投资在三五年内就没有竞争对手。宇能和精科都是国家电网的供货商，我们在理念上是一致的，我跟王金良的合作板上钉钉，铁定！"胡国祥之所以敢下这样的决心，是因为他坚信创新 + 产业 + 投资 + 市场，会让宇能精科集团在不久的将来成为横空出世的独角兽。

时间给予的答案是最真实的，"我们的梦想真的就成了。"王金良兴奋地说。那么，究竟是怎样的商业模式创新撬动了资本的杠杆，让他们梦想成真？

这个绿色能源解决方案是以轻量化高效光伏组件、垂直轴低风速风机、光电光热一体化组件、聚氨酯复合杆塔 + 先进的储能技术等系列绿色能源先进技术集成，为 5G 基站解决高耗能和储能问题提供"自给自足"清洁能源。

首先，宇能精科集团将此方案向宿迁政府和盘托出，得到政府积极支持，因为这不是求救方案，而是一个能为当地带来与 5G 基站基础设施全面配套产业的招商引资方案，以 1 座3 千瓦负荷基站（平均负荷 1.2 千瓦）为例：采用一组 9 千瓦光伏 +108 千瓦时储能模块化配置，平均每天可发电 33 度，供基站全天使用；或采用一组 3 千瓦风机 +5 千瓦光伏 +108 千瓦时储能模块化配置，平均每天可发电 34 度，供基站全天使用。使用以上装置，一个 3 千瓦负荷基站使用绿色能源改造后，每年可发电 1.2 万度左右，节约电费超过 8000 元人民币；以设计寿命 25 年计算，可发电近 30 万度，节约电费近 20 万元人民币。以目前宇能精科集团在建的 2000 个 5G 宏站 3 千瓦绿色能源基础设施计，25 年可节电 4 亿元人民币。如果全国拿出 100 万个通信基站（宏站）进行绿色能源改造，每年可节省电费约 80 亿元人民币，25年可节电 2000 亿元人民币。这意味着宿迁政府无需走出去招商引资，坐地就可通过该项目得天独厚的竞争优势引来与之配套的产业"凤凰"入驻，从而增加地方税收和绿色 GDP。看到这个可预期的未来，政府做出了这样的承诺：将精科 1.5 亿元人民币债务先挂账，3 年之内不用付息还本，让企业轻装上阵。

其次，按照宇能精科集团基站（宏站）建设计划：2019 年建设两千座，2020 年建设 1 万座，2021 年建设两万座，2022 年建设 3 万座。这必将带动轻量化光伏组件产业、复合杆塔产业等与绿色能源 5G 基站基础设施建设相关的产业发展。以每座基站平均投资 30 万元人民币为例，1 万座基站将投资 30 亿元人民币，这 30 亿元人民币基站建设至少有 15 亿元人民币设备要在宿迁新能源微电网生产基地生产。而这仅是宏站的预期，尚未包括微站和终端应用微微站，而微站和微微站的投资回报空间更为巨大。宇能精科集团一方面向移动、电信、联通等运营商收取基站租金，另一方面还有新能源电费收入和产业收入。这让地方政府引导资金、社会投资人、私募股权投资基金清晰地看到绿色能源 5G 基站基础设施投资项目未来丰厚的利润回报。于是，宿迁政府城投公司出资 70%，宇能出资 30%，共同设立基金公司，以专项基金支持宇能精科集团的产业发展。

最后，经过一年的努力，绿色能源 5G 基站项目的蓝海市场已经打开，吸引了中国铁塔公司将第一个绿色能源 5G 基站基础设施示范项目定在了宿迁，江苏铁塔公司还把深度合作的橄榄枝投给了宇能精科集团；同时，宇能精科集团也将绿色能源 5G 技术应用到智慧农业项目上，让农田喷灌、施肥、灭虫等操作与 5G 网络相连，向绿色物联迈出了第一步，消费者可以通过手机随时观察农作物的生长过程，以此帮助三大运营商解决高出 4G 1000 倍流量的消纳问题，这也吸引了各通信运营商前来宿迁考察，正在进行中的各项测试数据让相关各方兴奋不已。

这一切，对投资者正确判断绿色能源 5G 基站的投资价值起到了加分的作用。宇能精科集团因"创新性地研发出风光储 5G 基站，以革命性的光伏、风电等清洁能源技术系统性解决 5G 基站耗能和储能问题，实现了 5G 基站能源的'自给自足'，在 5G 基站即将大规模普及的前夕，推出了高节能、有智慧、重量轻、强度高的理想解决方案"而被评为国际融资 2019（第 9 届）"十大绿色创新企业"，并于 2019 年 7 月 5 日在北京产权交易所交易大厅举办的 2019（第 10 届）清洁发展国际融资论坛暨 2019 年（第 9 届）十大绿色创新企业颁奖典礼活动期间，与国富资本旗下的深圳市华禹国富股权投资基金公司签署了战略合作协议，加速推动 5G 基站基建实现绿色能源"自给自足"。

王金良感慨地说："这是一个很感人的故事。首先我们两家都是创新企业，精科是被埋在废墟里九死一生的小姑娘，宇能是个不太富裕的小伙子，不太富裕的小伙子把埋在废墟里面的小姑娘救了出来，小姑娘肯定要嫁给他，俩人肯定会拼了命地去挣钱，为未来的美好生活去努力。这种结合我觉得非常牢固，经得起时间考验。"

用绿色能源投资换 5G 基站建设大市场

第一个 5G 基站绿色能源产业示范基地、第一只 5G 基站绿色能源产业专项基金落地江苏宿迁，使得一群绿色创新企业被宇能精科集团创新的合作共赢商业模式深深吸引，主动集结于该产业平台：一家专注于通信基站基础设施投资建设的民营企业，原来只靠基站租金赚钱，但是当他们得知与宇能精科集团合作，还可以增加绿色能源售电收入和复合杆塔销售收入后，市场在资源配置中的决定作用让该企业铁了心地与宇能精科集团合作，成为绿色能源 5G 基站大平台中第一家被控股的公司；多少年在中国大陆市场推进轻量型柔性高效率光伏发电技术的落地却迟迟无果的一家台湾企业，终于找到了知音，成为绿色能源 5G 基站大平台中第 2 家被控股的公司；还有一些尚未中试或已经中试尚未产业化的绿色创新企业项目，包括空气能、纤维复合材料等也在积极主动地与宇能精科集团合作，开展创新技术嫁接绿色能源 5G 基站的各项试验与检测，如柔性光伏薄膜与空气能聚合的增热试验等。

但是，示范项目能否在全国推广？又怎么推广呢？王金良告诉笔者："为此，胡总提出一个'以投资换市场的理念'，我非常赞同。在这个理念下，我们确立了企业未来的定位与目标：用 3 ～ 5 年的时间，以绿色能源 5G 基站基础设施投资布局 20 个地级市区的通信基站产业闭环，通过在资本市场科创板或其他板上市，带动我们绿色能源 5G 基站产业未来的增长后劲。对绿色能源 5G 基站的产业投资，我们将采取宿迁模式：当地政府引导资金出一部分，宇能精科集团产业平台出一部分，社会资本出一部分，成立专项基金，定向投资绿色能源 5G 基站产业项目。"

为此，这对黄金搭档全力推进目标的实现，董事长胡国祥主抓市场布局，目标是争取用一两年时间，拿下 20 个地级市区 5G 基站部分市场份额。现在看来，离目标已不远。总裁王金良主抓产业落地，先投资两条生产线，一条是轻量型柔性太阳能组件生产线，另一条是复合材料杆塔生产线。因为宿迁绿色能源 5G 基站专项基金首期 1 亿资金已经到位，目前，两条生产线的安装测试与车间装修都已完成，轻量型柔性太阳能组件生产线已投产，复合杆塔生产线正在建设。

王金良吐露，投资这两条生产线，不仅是为了满足目前已接订单的需求，更重要的是将这两条生产线作为宇能精科集团人才培训与提升的基地，陆续培训职业人才并分批输送到未来其他 19 个绿色能源 5G 基站的基础设施产业基地。

目前，宇能精科集团正在探索多种商业模式的合作：第一种模式是基站投资建设设备供应商＋安装调试总包模式，将其投资生产的风光储绿色能源设备应用于 5G 基站基础设施，并负责安装、调试，然后将建设好的绿色能源系统设备卖给铁塔公司或三大运营商，赚取投资回报。第二种模式是与铁塔公司或三大运营商共同投资模式，双方共享运营及售电收益。第三种模式是宇能精科集团投资，独自享有基站租金和售电双重收益。

当笔者问及市场的未来预期时，王金良这样表示："这要靠数据说话。"比方说，江苏省现有的 4G 宏站大概在 15 万座左右，全国现有的 4G 宏站则在 190 万座以上。新建 5G 宏站是 4G 宏站的 3~5 倍，保守计，至少需新建 300 万座基站。基于宇能精科集团与铁塔公司目前开展的深度合作，如果这 500 万座改建、新建的宏站中有 10%，即 50 万座宏站使用宇能精科集团的绿色能源的话，以投资 5 万元人民币 / 座计，就可以拿到 250 亿元人民币市场订单。而宏站下面的微站和终端应用微微站还有更大市场。

那么，产业基金投资人又为何愿意相信他们画出的这个"饼"？原因大致可归纳为 4 点：

第一，该集团的绿色智慧能源是一种系统集成，是若干个领先的风光储技术的集合，这一集成解决方案使不稳定的新能源变成了稳定的能源，解决了 5G 基站高耗能问题，使通信基站无需再进行电网增容。在这方面，他们成为了行业的领军。

第二，该集团创新的聚氨酯复合杆塔技术产品因具备绝缘材料属性，可以有效弥补过去钢铁材料杆塔易生锈、信号发射会产生涡流而导致 5G 信号被部分消耗的不足，且轻便、易于安装的特性又使之在工程建设采购市场中占有优势，更为重要的是，该杆塔可全杆塔加装宇能精科集团的轻量柔性太阳能板，增加新能源发电量，却不增加土地的占有量。

第三，围绕 5G 基站基础设施建设产业，该集团集旗下精科的产业管理能力、宇能的市场拓展能力与基站建设运营能力于一体，先人一步地将产业闭环做到了完美。

第四，铁塔公司选择与该集团深度合作，共同制作、测试、申报绿色能源基站供电模式系列可行性方案，并已作为科技创新项目向中国铁塔总公司申报，这使宇能精科集团有望进入绿色能源供应商之列。

这就是不少地方政府愿意拿出引导资金支持、社会资本愿意参与投资，共同设立专项基金投资宇能精科集团绿色能源制造产业及 5G 基站基础设施建设与运营的原因。

赘语

这是一个非常有意思、有价值的绿色创新企业案例。当一个巨大的商业机会来临的时候，对于企业家而言，如果能够做到领潮，需具备这样几个不可或缺的条件：第一，胸怀要足够宽阔，能够以合伙机制容纳各路豪杰；第二，定力要足够强大，即使被击倒也能重新站起来；第三，眼光要足够独到，能够敏锐地发现市场先机；第四，技术要足够领先，具备形成产业集成闭环、领潮市场 3 年的优势；第五，模式要足够创新，以利益最大化吸引投资人。而王金良和胡国祥正是做到这 5 点的优秀创新企业家，也正因为此，他们才有缘走到了一起，靠智慧、靠能力、靠永不言弃的再创业精神，仅仅 1 年时间，就创造了一个新兴产业从无到有的奇迹！未来 3 年，相信他们靠自己的努力，也必定走向强大，成为行业市场的独角兽！（摘编自《国际融资》2019 年第 11 期，李路阳、吴语溪文，郑乾摄影）

2015 "十大绿色创新企业"：宇能新能源

南京宇能新能源科技有限公司（简称：宇能新能源）在发展过程中始终坚持创新，致力于打造完整的风光储互补产业链，致力于清洁高效的新能源创新，专业从事静音耐久型升阻互补垂直轴风力发电机、智能电表、太阳能光伏发电技术的研发和生产，其研发的风光储互补智能微网技术将使光伏"垃圾电"的绰号成为历史。因此荣登国际融资 2015（第 5 届）"十大绿色创新企业"之榜。

《独立评审团对 2015 "十大绿色创新企业" 宇能新能源的推荐词》见本书《2011—2020 "十大绿色创新企业"一览》。

《50 评委专家团对 2015 "十大绿色创新企业" 宇能新能源的推荐词》精选如下：

王承波（时任中国社会科学院企业社会责任研究中心首席专家、咨询项目总监）推荐词：突破中国光伏发电产业瓶颈，为巨大的光伏发电产能提供了有效的市场解决方案。

陈家强（圆基环保资本 CEO）推荐词：科技创新的新力量。

吴隽（中认畅栋（北京）投资有限公司执行董事）推荐词：清洁能源在智能电网的配置中一直很被动，宇能的风光储互补发电系统成功实现了微电网清洁能源的优化配置，为智能大电网的优化配置做出了很好的示范。

刘晓雨（时任中美能源合作项目（ECP）主任）推荐词：简单便宜普适，让风电也能走近寻常百姓家。

刘伟（时任国投高科技投资有限公司副总经理）推荐词：风光储互补系统有利于解决该领域传统发电难题。

陈宗胜（时任天津市人民政府副秘书长）推荐词：能源是经济发展动力，新能源是经济发展主动力。

李国旺（时任中山证券首席经济学家、浦江金融论坛秘书长）推荐词：新能源技术组合创新，稳定电力生产，既综合利用资源，又提高新能源市场前景。（摘编自《国际融资》2015年第7期）

2019"十大绿色创新企业"：宇能精科集团

江苏宇能精科光电新能源集团有限公司（简称：宇能精科集团，原名：宿迁宇能电力发展有限公司）通过多年的研发与创新，将光、风、储等拓展应用于5G基站的能源供给，实现基站能源自我供给，较好地解决5G基站的能耗问题，适应了5G基建即将大规模铺开的时代背景，因此荣登国际融资2019（第9届）"十大绿色创新企业"榜。

《独立评审团对2019"十大绿色创新企业"宇能精科集团的推荐词》见本书《2011—2020"十大绿色创新企业"一览》。

《50评委专家团对2019"十大绿色创新企业"宇能精科集团的推荐词》精选如下：

高佳卿（时任北京产权交易所常务副总裁、中国产权行业协会高级专家）推荐词：在5G通信已成为国家重要战略的背景下，利用清洁能源创新性研发风光储5G基站，为5G基站的能耗问题提供了系统性解决方案，并形成较为完整的配套服务，对5G通信的发展起到一定的推动作用，市场前景较为可观。

马向阳（高兴资本集团有限公司董事长）推荐词：将清洁能源技术应用到通信行业基础建设领域，宇能电力对市场发展具有丰富的想象力。5G产业的发展，在基站建设方面将是浓墨重彩的一笔投资。清洁技术与智慧能源管理在细微之处显现出了应用之美。

张震龙（中国节能协会节能低碳专家联盟秘书长）推荐词：5G基站与新能源的应用，完美实现信息科技与节能减排的无缝对接。

杨洁（中国工业节能与清洁生产协会余热利用与清洁能源供热专业委员会秘书长）推荐词：5G是必然趋势，利用清洁能源解决基站耗能问题，未来市场空间大。

王靖（时任中鑫鸿运（北京）投资基金管理有限公司合伙人）推荐词：将风电、光伏发电等新能源和储能有机结合设计的基站供能应用，在5G发展的风口上一定大有作为。

刘伟（国投创合（北京）基金管理有限公司总经理）推荐词：未来基站将包括通信、储能等功能，基站智能化运营也是必然的发展方向。宇能电力的产品能够较好地解决5G基站的能耗问题，适应了5G基建即将大规模铺开的时代背景，随着5G基础设施建设的推进，预计该公司将迎来快速发展。

刘秉军（北京祥德投资管理有限公司董事总经理）推荐词：从事智慧城市、智慧能源、通信基站的基础设施建设及运营，利用光伏、风电等清洁能源解决5G基站能耗问题，系统性、革命性地实现了5G基站能源的"自给自足"。

梁舰（中建政研集团有限公司董事长、星云基金创始合伙人）推荐词：智慧能源是热点行业和项目。（摘编自《国际融资》2019年第7期）

"面对中国铜基材料依赖进口、铜资源紧缺及难以高效循环利用的问题，重庆太鲁科技发展有限公司（简称：太鲁科技）创新开发出国际一流的利用含铜废弃物与低品位铜矿资源湿法制备高纯亚微米铜粉核心技术并建成全球首条年产 30 吨亚微米铜粉工业生产线，产品成本因此大幅降低，打破了国外对铜粉的垄断，为军工和航天、也为民用和工业领域的产业发展提供了重要的新材料支撑。"2017（第 7 届）"十大绿色创新企业"颁奖典礼上，独立评审团宣布对该奖项获得者——太鲁科技的推荐词时展示了其核心技术的价值及其产业影响力。在对设备进行整改与工艺再优化后的 2019 年 9 月，太鲁科技纳米铜粉（包括亚纳米、纳米与亚微米）生产线的产量又提升至年产 60 吨。在 13 年的创业历程中，太鲁科技是怎样从材料研发走向产业化，又是怎样闯关市场，实现绿色创新产业发展的？在跟踪调研与采访太鲁科技董事长吉维群的基础上，笔者深入分析了这个绿色创新企业项目融资案例的独到之处。

核心技术与商业模式是创新企业立命之本发展之道
——太鲁科技铜基产业绿色创新项目融资案例分析

研发核心技术只因对材料创新的酷爱

在创建太鲁科技之前，吉维群先生曾是渝钛白股份有限公司（重庆最早的 3 家 A 股上市公司之一）的一名工程技术人员。1993 年，26 岁的他被派到波兰伯利兹化工厂参加硫酸法钛白生产与技术培训，回国后，他又被派去协助德国专家对进口球磨机与转窑等关键生产装置进行现场安装与试车，此后，他从钛白生产车间大班长，车间副主任，技术开发部项目负责人，技术部部长助理、副部长、部长，技术中心主任，一路做到渝钛白股份有限公司副总工程师，对纳米粉体材料技术开发、生产管理与新产品研制积累了丰富的经验，已经是钛白行业著名专家的他，如果按这条路走下去，所享有的荣誉和全家人良好的生活质量无疑会被认识他的人羡慕。

但是，他为何会在不惑之年选择辞职下海创业？吉维群先生的回答道出了一位技术专家的心里话："因为创新纳米铜新材料，无论在中国还是全世界都有着良好的发展前景，我在想，自己能否还干点儿什么？"

众所周知，铜是大自然赐给人类非常有价值、有特色的有色金属材料，无论是古代的青铜文明还是现代工业社会，铜都扮演了相当重要的角色。对此，吉维群解释道："在人类发展的新阶段，特别是面临着诸如温室气体效应、自然资源保护、人体健康等诸多严峻问题的当下，纳米超微细铜粉因具有特殊的光电磁特性及其本身所具有的诸多特殊功效（如：润滑自修复与铜基催化燃烧），在不同领域的应用中将展现出其特殊魅力和巨大社会经济价值，前景十分广阔。"

他在研发时发现，纳米铜粉的比表面积大、表面活性高，选择性强，通过特殊分散处理，在冶金和石油化工中作为非常优良的催化剂，配合活性氢用于高分子聚合物的氢化和脱氢反应，例如乙炔聚合反应制作导电纤维。在汽车尾气净化处理过程中，纳米铜粉作为贱金属催化剂部分代替贵金属铂和铑，将氮氧化合物还原为水和氮气，实现机动车尾气减排。同时，他也关注到全球纳米铜粉行业存在一个致命性问题，虽然自 20 世纪 70 年代起纳米铜粉就成为了国外高科技领域竞相发展的重点新材料，但还没能解决生产工艺问题，因而无法实现大规模生产，全球纳米铜粉的上规模生产企业还不到 10 家，全球总存储量竟然还不到 100 吨，材料售价奇高，每千克超过 30 万美元，只能用于军工航天与特殊领域（指对中国长期进行材料封锁），民用与工业领域根本无法承担高昂的材料成本。

2007 年，他离开渝钛白股份有限公司，创立了重庆普吉化工有限公司，全身心地投入到纳米粉体材料分散改性剂的研发与跨行业技术服务业务中。期间，有不少钛白企业向他抛来橄榄枝，希望把这位知名钛白专家拉进自己的企业，但都被他一一谢绝。他说："我认为纳米铜粉开发与应用将是一个非常有价值、有影响力的新兴产业，能带动很多传统产业和高新技术企业向一个地方集聚，形成巨大的产业链，我的理想与未来应该在此。"

从辞职创业到研发成功正式投产，吉维群经历了整整 6 年的探索。行业内的人都知道，传统的纳米铜粉通常采用机械加工方式，而通过这种加工方式生产的纳米铜粉不仅纯度不高、粒子不均匀，应用受限，而且由于工艺路线问题，很难大批量生产。为了破解全湿法炼铜的技术难题，实现规模化生产，吉维群先生带领企业技术团队持续进行了一年多的实验，终于取得重大突破。

2009 年，太鲁科技率先在国际上成功研发出利用含铜废弃物硫酸法湿法还原制备亚微米超细铜粉新技术（专利号：ZL201010225280.8），湿法制备的亚微米铜粉粒径在 0.1 ~ 5.0 微米之间，纯度达到了 99.94% 以上，形状呈球形或近球形，粒径均匀，无磁性，便于粒子分散，借助自主开发生产的纳米分散改性剂调制的铜浆呈紫红色油状，有效解决了纳米铜粉的性能变异问题；铜的导热传导系数是机油的 800 倍，水的 150 倍，在金属摩擦面上可形成稳定的铜基润滑油膜，利于黏附密封、防腐保护与低温频繁快速启动，减少启动磨损；在高温下催化分解水分子为高活性氢与活性氧，催化裂解燃油为更加易燃的小分子燃料。就铜基润滑保护产品在发动机中的使用效果，该公司在国家机动车质量监督检测中心专门做了检测，节能率达到 6.8%。

这是中国企业通过自主研发获得的又一项全球领先技术，纳米铜粉兼具纳米粉体材料与金属铜的特性，对绿色能源开发、石化能源的高效利用，可实现前端的有效治理。由于工艺路线和方法不同，每吨纳米铜粉的造价远低于国外纳米铜粉的价格，可直接用于军工、航天、工业与民生市场。2010 年 8 月 13 日，吉维群联合重庆高创中心组建重庆太鲁科技发展有限公司，担任董事长并法人代表，进一步开展利用含铜废弃物湿法还原制备亚微米超细铜粉的工艺技术研究与铜基复合功能材料生产。功夫不负有心人，经过 6 年的科研攻关，吉维群带领团队实现了全湿法炼铜工艺的重大突破，打开了铜资源高效循环利用之门。

2013 年 1 月 24 日，国家工信部组织专家对该项技术鉴定后得出这样的结论："太鲁科技利用含铜废弃物硫酸法湿法还原制备亚微米超细铜粉技术达到了国际领先水平。"至此，太鲁科技拥有了纳米铜粉生产与后处理的系列自主知识产权核心技术，并先后申请了多项发明专利。而直到现在，国外湿法制备仍处于理论与实验室研究阶段。吉维群自豪地说："我们太鲁科技研发的亚微米铜粉不仅从理论上，更从实际应用上实现了多尺寸的纳米铜粉材料的产业化应用，质量稳定，性能优势明显，得到了越来越多的行业专家的认可。"

尽管太鲁科技的纳米铜粉生产取得了成功，但因属于颠覆式创新和多领域的拓展式推广应用的产品，最难的还是资金匮乏与团队建设问题。

软银中国看懂了太鲁科技的核心技术

在创业之初，与绝大多数创业企业家一样，吉维群遇到的最大问题是融资问题。为了创业，吉维群在持续进行科技探索的无数次纠错实验中，前后投入了 1000 多万元人民币，不仅掏光了自己和创业团队的所有积蓄，在该公司最困难的时候，还将家里的住房也抵押给了银行。他由衷地说："科技创业得到了家人的大力支持，是我得以坚持下去的最大动力。"技术研发耗时长、耗资大，虽然核心技术试验获得了重大突破，但他能够调动的资金也已全部耗尽，根本无力再对铜基衍生产品进行应用推广。像许多科技企业一样，太鲁科技濒临"创业死亡谷"。

吉维群及其创业团队能否像瞪羚那样，成功跨越"死亡谷"？这取决于能否遇到看懂他们核心技术价值的天使投资人。吉维群运气不错，机缘巧合之下，吉维群先生结识了软银中国资本（简称：软银中国）的投资人。

软银中国是一家成立于 2000 年的风险投资和私募股权投资基金管理公司，致力于在大中华地区投资优秀的高成长、高科技企业。曾成功投资了阿里巴巴、淘宝网、分众传媒、万国数据、华大基因、安翰光电、迪安诊断、理邦仪器等一系列优秀企业。目前，软银中国同时管理着多只美元和人民币基金，投资领域包括信息技术、医疗健康、清洁技术、消费零售和高端制造等行业，投资阶段涵盖早期、成长期和中后期各个阶段。

像所有风险投资机构一样，软银中国管理团队核心成员宋安澜博士带领项目调研小组多次去重庆调研太鲁科技项目。宋博士 2000 年 1 月加盟软银中国，为软银中国管理合伙人，拥有丰富的创业经验和投资经验，知识渊博，尤其注重对高科技领域的早中期企业的扶植。在加盟软银中国之前，宋博士是 UTStarcom 创始团队成员，任信息技术总监；他还担任过

MDC Telecom 首席技术官，并且是 GDS 等公司的董事及创始人。他拥有清华大学自动化系学士学位和硕士学位，以及清华大学经济管理学院博士学位。

　　吉维群有幸遇到了一位曾在高科技企业管理团队任职多年，懂技术、懂管理的资深风险投资家，而太鲁科技的核心技术与价值也被宋安澜看懂了。

　　宋安澜及其团队做足了对该项目的前期调研工作，不光听吉维群介绍太鲁科技核心技术的情况，还对该公司的股权结构、内部管理、合作伙伴等多次进行"微服私访"，同时，全方位调查了纳米铜粉行业在国内外的发展情况。最后得出这样的判断：太鲁科技研发的纳米铜粉技术及其工艺，确实国际领先；而且董事长吉维群及其团队是干实事的，相信他们的努力最终会给软银中国的投资带来回报。吉维群回忆说："2012 年 6 月，软银中国旗下创投基金——天津天悦创业投资合伙企业，以'技术换资金'的形式，投资 1000 万元人民币入股太鲁科技，成为太鲁科技第二大股东，极大地缓解了公司创业'融资难'问题。"

　　软银中国的这笔天使投资，使太鲁科技成功地越过"创业死亡谷"，抢先攻克了绿色创新亚微米铜粉制备工艺路线，2013 年 5 月，太鲁科技年产 30 吨亚微米铜粉生产线正式投产运营，而同期全球累计纳米铜粉存储量不足 20 吨。该生产线产出的亚微米铜粉材料成本，比之国际上采用传统工艺路线生产的亚微米铜粉材料大幅降低，每吨造价仅为 150 万元人民币，而国外同类产品每吨造价高达 2.6 亿元人民币。该生产线的正式运营，填补了纳米铜粉与工业铜粉之间的产品空白，破解了亚微米铜粉的抗氧化后处理难题，为开发亚微米铜基复合功能材料并推广至工业和民生领域奠定了规模产出的基础和市场竞争的技术保障优势。

　　软银中国的这笔天使投资，对绿色创新企业——太鲁科技而言，是典型的雪中送炭，其意义在于推动了一个全球领先的新材料实现落地生产，助力节能减排。

该怎样推动亚微米铜粉材料走向市场

　　对于一家高科技绿色创新企业来讲，攻克技术难题是第一关，找到企业生存与发展的资金是第二关，而能否开发出适销对路的产品市场，则是企业必须闯过的第三关。对于那些创新技术适用于多行业应用的企业来说，在发展初期，还有第四关，即管理运行模式的创新突破。

　　对技术出身的吉维群而言，攻克技术难题是他的兴趣，不难；只要找到懂你且又掌握着资金投资权的人，拿到天使投资的资金也不算太难；但是，把一个对世人来讲完全陌生的全新材料产品打入市场，且不论产品有多大的市场竞争优势，被市场和客户认可也是极其困难的。这第三关也成为 B 轮之后几乎所有投资人，特别是 VC 和 PE 考量一家企业是否值得冒险投入大资金的关键。对此，吉维群深有体会，因为每个投资人都会问到同样的问题："你的商业模式是什么？"

　　这是每一个创新企业家必须回答的考题，因为投资人并不是出题者，出题的是市场，投资人只是个判卷者。

　　吉维群及其团队必须直面如何推动太鲁科技纳米铜粉及其衍生产品走向国内及国际市场的难题，纳米铜粉及铜基衍生产品的应用范围非常广，在不同行业都是颠覆式创新，应该从哪儿切入市场？哪个市场容易切入？怎么切入？谁是好的买家？苦苦探索创新商业模式，全力以赴打通市场渠道，太鲁科技又用了整整 6 年。

面对日益严峻的环境形势，以及客户对原有技术产品的守成现状，吉维群及其团队明确了一个推广定位：太鲁科技的绿色创新产品必须从客户重点需求中寻求市场的突破。

中国作为全球第二大经济体和最大工业制造基地，每年消耗燃煤高达 38 亿吨，消耗原油 5.79 亿吨，原油进口占比高达 75%，生态环境部《中国机动车环境管理年报》显示，自 2009 年以来，中国成为全球最大的汽车生产与消费国，每年增加约 2200 万辆汽车，2018 年中国机动车保有量就达到了 3.2 亿辆。然而，中国的发动机使用的燃油或燃气还存在着尾气排放影响环境及能源利用效率低的问题：一是排放有害气体多。燃油或燃气是通过富氧高温快速化学燃烧释放热量，为发动机提供动力，燃烧时间非常短，导致燃烧不充分，会产生一氧化碳和碳氢化合物，而高温燃烧会激活空气中的氮气产生氮氧化合物，与水分子结合形成亚硝酸盐，成为光化学污染、PM2.5 与雾霾的重要来源，而且中国柴油含硫量是国外的 20 倍，这意味着柴油在发动机内的燃烧过程中还会产生大量的二氧化硫，加剧了酸雨的形成。二是燃烧不充分，工作效率低下。虽然当前发动机采用了高压共轨、电子精密控制、废气循环等高效燃烧技术，但是燃油利用效率仍不到 40%。据环保部门的研究统计，城市空气污染中 60% 的一氧化碳、40% 的氮氧化合物和 70% 的碳氢化合物都来自于汽车尾气。尽管目前市场上已有三元催化器，通过采用 32.5% 浓度的尿素溶液还原处理尾气中氮氧化合物来实现尾气减排，但是该催化器必须在较高温度下才能起效，且所使用的催化剂氧化铈、铂、铑、钯等贵金属容易中毒失效，平均寿命只有 5 年左右。

利用亚纳米高活性超微细铜粉制备生产燃油清洁高效燃烧催化剂，与燃油按 0.1% 比例充分混合，在发动机燃烧室中利用高温与光热环境，催化裂解燃油为小分子易燃物、降低活化能与起燃温度，提高燃烧效率，同时催化分解燃烧空气所带入的水分子成为高活性氧与高活性氢，形成铜基高效催化燃烧弥补燃油高温快速化学燃烧之不足，达到了清洁积炭、提升燃油爆燃性、提升发动机动力，实现节油减排等多重效果。燃油催化剂同时具有燃油清洁剂、燃油抗爆剂的功效，通过催化燃烧替代传统添加剂提高汽油烷值或柴油的十六烷值方式可提升燃油爆燃性，例如：在 92 号汽油中加入燃油催化剂，来代替 95 号汽油，满足中高压缩比发动机动力增加与节能减排需要。

从市场推广价值来看，2016 年中国消耗汽油 1.64 亿千升，需要燃油催化剂 16 万千升，市场空间约 800 亿元人民币；消耗柴油或煤油体积 2.54 亿千升，需要燃油催化剂 25.4 万千升，市场容量约 600 亿元人民币；从社会意义来看，燃油催化剂解决了工业革命以来石化燃料清洁高效燃烧与节能减排的矛盾，有效减少了有害气体和温室气体的排放，按平均节约燃油 7% 计算，可减少 7500 万吨二氧化碳排放，属于全球性的基础创新与节能减排的重大进步。

亚微米铜粉可以加工制成润滑油添加剂（亚微米铜基清洁修复剂与抗磨修复剂）。据权威统计，全球有 1/3 的能源被白白浪费在机械摩擦上，有 50% 的安全事故是机械磨损造成的，设备报废除了造成大量的资源浪费外，发达国家每年的直接经济损失也高达 GDP 的 1%。目前市场的传统润滑油只有润滑减磨作用，不能改变设备磨损报废总趋势，也无自修复功能，发动机与工业运转设备长期处于亚健康状态，造成的隐形损失十分巨大。而且普通的润滑油成分中添加的极压抗磨材料中，有机硫、磷、氯高温下会分解出难闻、有害气体，还会腐蚀摩擦金属表面，且换油周期较短，全球每年消耗4000多万吨润滑油，大量废机油严重污染地下水和周边环境。

吉维群告诉笔者，针对当前节能减排与产业升级需要，太鲁科技先期重点开发了铜基润滑保护与铜合金自修复材料——铜基清洁修复剂、铜基抗磨修复剂与铜基抗磨润滑脂等系列产品。由于该公司专利生产的亚微米铜粉平均粒径700纳米，与润滑油膜厚度和机械间隙相吻合，将铜基润滑自修复材料与传统润滑油按比例混合使用，可发生铜基化反应形成铜基非牛顿流体润滑油，改善油膜结构为固液双元结构，在设备运行过程中提供卓越的流体自保护、超强的流体自清洁、独有的铜合金自修复与高效铜基催化燃烧技术，通过补加置换与更换机油滤芯方式，延长机油使用寿命两倍以上，为润滑油产品升级提供了材料与技术支撑。但是，他们在推广中发现，这些铜基润滑自修复产品在民用市场的推广难度很大，很难与那些已经占有市场巨大份额且经济实力雄厚的传统企业产品相抗衡。虽然每次测试结果都令人震惊，但想进入市场却很难。而他们又没有足够的资金去砸市场，因此，走传统套路对他们而言，就是堵上了一扇又一扇的门。

2017年11月，吉维群有幸与陆军装甲兵学院徐滨士院士团队结缘，他遇到了知音和伯乐。徐滨士院士是设备维修工程、表面工程和再制造工程专家，现任装备再制造技术国防科技重点实验室名誉主任，波兰科学院外籍院士，全军装备维修表面工程研究中心主任，长期从事维修工程、表面工程和再制造工程研究，是中国表面工程学科和再制造工程学科的倡导者和开拓者之一。双方就成立铜基流体修复材料与在役装备高端再制造院士工作站签署协议，共同开发亚微米铜基抗磨修复技术，该修复剂可与润滑油按2%比例混合形成铜基复合功能润滑油，利用铜基润滑油的流体冲刷与粘附，将附着在油路与工件表面的油垢慢慢清理下来，汇集到机油滤芯，通过补加置换、更换机油与机油滤芯，实现流体自清洁；用金属因子粘附性和软质抛光特性，通过发动机运行逐步清理掉积碳、油垢、碎屑等，从而长时间保持内部清洁，在发动机运行过程中形成高品质、功能型铜基非牛顿流体润滑，有效修复摩擦痕迹，进而形成铜合金修复保护层，可实现在用装备的高端再制造与新装备的磨合安全保护及后精加工。

2019年6月，吉维群参加了徐滨士院士科研团队主攻的坦克发动机寿命项目，理论技术的先进性和可行性得到了项目评审专家的全票认可。项目预计将于2021年年底完成，亚微米铜基抗磨修复剂在军工市场的那扇门将慢慢打开。

吉维群告诉笔者："他们要求使用寿命增加50%，从目前的实际测试情况看，增加一倍两倍是没问题的，我们的这个产品可以使发动机寿命大大延长，且工作效率明显提高。"

"我们从减少磨损的角度出发，将亚微米铜粉按照一定比例加到机油里，通过滚动摩擦取代滑动摩擦，在起到润滑作用保护发动机的同时，还能够使发动机不停地实现自我修复，相当于在修复过程中实现一个设备的绿色高端再制造，从'磨损消耗'转变为'越磨越好'"。基于这种情况，"机油延长连续运行时间至3000小时是没有问题的，所谓无限延长则是通过更换滤芯和补加置换的方式完成。"吉维群这样解释。

老老实实、一步一个脚印地发展自己的商业管理模式

企业立足，除了掌握核心技术，还需要有一套成熟的商业模式，这样才能顺利打入市场。吉维群为太鲁科技设计并搭建了铜基产业集团架构体系，核心材料生产除了与清华大学、陆军装甲兵学院、天津大学、重庆科学院联合建立研发平台外，还于 2016 年专门成立了重庆益兆铜基节能环保科技有限公司，专门进行燃煤催化剂的市场开发。

在燃油催化剂与铜基润滑修复剂的市场方面，他们选择了一家以重庆至上海长江干线涉外旅游船运输的中美合资公司——重庆东江实业有限公司（简称：东江实业），太鲁科技提供产品，东江实业负责将其添加于旅游船机油中，按双方协议约定，该公司每年都进行轴瓦解刨与材料测试，前后持续使用了 7 年时间，结果令客户满意，排放效果明显好于预期，客运船舶的市场就此逐步打开，东江实业也成为太鲁科技重要的"铁粉"客户之一。

另一个用户行业是重庆的挖沙船，挖沙船由于持续性作业的原因，对于发动机的要求非常高，船老大最担心的是挖沙船从下游向上游行驶时，发动机出现拉缸现象，导致动力性丧失，出现危险，他们对太鲁科技提供的铜基清洁修复剂寄予厚望。客户测试了 3 年，船舶发动机一直正常运行，也因此成为太鲁科技的"忠实粉丝"。

接着，太鲁科技又进军出租车行业，刚开始时，客户并不太相信燃油催化剂的作用，最终，他们说服了威通出租车公司领导，前期将产品免费送给该公司出租车使用，要求司机按操作流程添加到出租车的机油中，经过 4 年的对比实验，结果显示：威通出租车的油耗，平均每天节省 7~10 元人民币。出租车司机反映说："汽车运行起来动力好多了，维修次数也减少了。"威通出租车公司也因此决定全面推广使用铜基润滑修复产品。

重庆保安集团的银行运钞车主要为依维柯和福特全顺改装车，共计 946 辆，测试分别选择了远郊行驶的 6 台性能稳定、油耗统计数据齐全的长距离运钞车辆作为试验车辆，通过直接添加铜基润滑精油对比节油效果，结果显示：平均节油率达到 10.66%。

在燃煤催化剂的市场方面，自 2018 年以来，太鲁科技与攀钢集团重庆钛业签订了 90 吨循环流化床锅炉使用合同；正在陆续启动与重庆涪陵白涛化工园、延安大唐火电和秦皇岛热电厂的燃煤催化剂使用项目。

实行强强联合，是一种不错的借力融资发展模式

吉维群认为，太鲁科技的纳米铜基复合功能新材料及其铜基衍生产品涉及多类传统产业升级、节能环保与高端制造，需要管理和技术并行。为了占领纳米铜粉领域的制高点，太鲁科技拟成立纳米铜粉新材料产业研究院集团公司，专门负责核心材料的生产并攻克技术难点和产业管理运作问题。

由于铜基复合功能新材料涉及传统产业升级、绿色能源、节能环保、高端制造与生物医药等不同领域，跨界大，而且每个领域的发展空间巨大，必须借助政府政策支持和战略资本推动，通过与行业领域的优势企业强强联合、引入有丰富经验和能力的优秀人才的合伙期权

模式，组建不同的专业运营平台。为此，太鲁科技 2016 年于重庆组建了益兆铜基环保科技公司，专门负责铜基燃煤催化剂的市场开发与运营；2020 年于山东梁山成立了维桐科技发展（梁山）有限公司，作为铜基润滑自修复产品的运营平台；现在正在着手组建石油稀化剂与铜基酒业运营平台。吉维群介绍说，这 4 个运营平台都会得到产业集团公司的充分授权，并发展成为集团公司。借助产业资本的力量，我们将进一步延伸产业链，把营销网络打造成一个树状结构，实现铜基产业惠济天下的目标。

那么，太鲁科技为何要选择在山东梁山县设立维桐科技发展（梁山）有限公司呢？创新企业，特别是绿色创新企业在发展布局上，除了要积极与地方企业开展合作外，建立良好的政企关系也是非常重要的。2019 年 7 月，时任山东济宁市任城区委副书记杨力新一行到重庆招商引资，通过重庆市山东商会联系到了太鲁科技，听了吉维群对太鲁科技的现场介绍，考察了生产基地后，他对吉维群说：“这么好的大项目，纯粹靠创新企业一己之力是做不了的，需要借助政府的力量，为创新企业技术搭建更好的平台才能推开。”后来，杨力新调到梁山县任县长，很快联系吉维群到梁山考察，希望太鲁科技能将润滑修复新材料基地与运营平台落户到梁山。

吉维群也看上了梁山，因为梁山县已形成集改装车与配件的研发、生产、检测、汽贸、物流、二手车交易及废旧汽车回收、拆解于一体的专用车产业体系，是全国目前规模最大、密集度最高的专用汽车及零配件生产基地和规模最大的二手商用车交易基地。就二手车交易规模而言，梁山县每年交易的改装车有 20 万辆，对铜基清洁修复剂、铜基抗磨修复剂与燃油催化剂在民用与工业的市场推广非常有利，从营销策略上讲，这是绿色创新产品与传统产品的一次无缝对接。

对于梁山县而言，陆军装甲兵学院国家重点实验室技术团队的支持与铜基润滑自修复产品的应用，可以为本地优势产业的再次腾飞提供动力。作为全国规模最大的二手商用车交易基地，二手汽车老旧发动机带来的废气排放问题，也直接影响了梁山县的空气质量。随着国家对气候治理的强化，如果这样的二手车交易基地没有良好的治理手段配套，最后一定是不可持续的，梁山县政府领导看到了这一深层次问题。而太鲁科技与陆军装甲兵学院徐滨士院士团队的合作，以及在船舶、出租车公司多年赢得的稳定客户，让梁山县政府相信，太鲁科技创新的燃油催化剂与铜基润滑修复剂可以大大改善本地区环境污染与市场交易的可持续问题，实现 GDP 增长、环境治理、增加就业和企业发展的多赢局面。

太鲁科技董事长吉维群为梁山拟定了一个建立具有全球影响力的铜基润滑自修复产业基地的 3 年投资孵化计划和 10 年总体规划。这个规划让梁山县政府十分认可，他们清楚地看到了太鲁科技的诚意，看到铜基复合功能新材料将给梁山未来科技发展带来的巨大影响。为了让太鲁科技最终落户梁山县，该县专门召开了书记办公会和县长办公会，决定提供 1000 万元人民币孵化资金，用于技术研发配套、流动资金和生产厂房建设。2020 年 3 月 18 日，太鲁科技与梁山工业园管理委员会绝对控股的梁山兴园科技发展有限公司在梁山县工业园共同成立维桐科技发展（梁山）有限公司，太鲁科技占股 60%，梁山兴园科技发展有限公司占股 40%。4 月 17 日，梁山县政府召开专门办公会，确定把稀土材料和铜基润滑自修复产

投融资 +：绿色创新企业与投融资专家合力打造啄啐之机

Investment and Financing: Green Innovative Enterprises and Investment and Financing Experts
Work Together to Create More Collaborative Opportunities

业作为占地 15000 亩的科技新区（目标产值上千亿元）的主导产业，并以全县之力（包括引入省市级产业资本）推动铜基润滑自修复产业落地发展，其手笔之大，足可让加盟铜基润滑自修复产业的人才与企业团队感到振奋。

至此，维桐科技发展（梁山）有限公司投资的年产 600 万瓶亚微米铜基清洁修复剂与铜基抗磨修复剂标准化调和罐装生产线在梁山落户一锤定音！另外，太鲁科技还计划推动精密零部件（液压、轴承、齿轮与发动机）、高端装备（铜基磁流变控制器）和最新的铜基润滑油开发项目落户梁山。目前，正在与中国铁道科学研究院交流解决中国高铁液体减振与磁流变减振被国外公司所垄断的问题，以获得国际竞争力，并推动中国高端制造再上新台阶，预计该项目可给当地带来可观的税收增长。"为感谢梁山县政府和全县人民的支持，我们将交出一份优秀答卷。"吉维群自信地说。

赘语

太鲁科技用 13 年的创业经历，证明了一个颠扑不破的真理，掌握领先的核心技术是创新企业的立命之本，但是要想跻身市场、占领市场，不仅要得到投资人的支持，还要得到政府的支持，同时也要对自主创新技术秉持一种强强合作的胸怀与未雨绸缪的风险管理意识。投资人也好，政府也好，合作伙伴也好，其实心中都有对企业投资、支持与合作的标准，创新创业企业必须有瞪羚精神，极尽全力跨越"创业死亡谷"，以满足合作伙伴需求的做人做事态度去赢得市场。吉维群及其团队做到了，也因此在 2020 年迎来了产业发展的朝阳。（摘编自《国际融资》2020 年第 7 期李路阳、王芝清文）

创业，永远没有歇脚的时候

吉维群先生是重庆太鲁科技发展有限公司董事长兼总经理，是钛白粉体行业中知名专家、中国设备工程专家库设备润滑专家和重庆市经委、科委知名化工专家，曾多次参与重庆市科技技术与攻关项目的评审工作，并担任多个项目的评审组长。他创建的太鲁科技率先在国际上完成了利用含铜废弃物硫酸法湿法还原制备亚微米超细铜粉的工艺技术研究与产品生产，实现了全湿法炼铜工艺的重大突破。

他给我留下的印象是积极乐观、永不歇脚。他的大脑究竟装了多少好技术，凡是与他深入交流过的人都会感到兴奋与惊讶。自该企业于 2017 年评上"十大绿色创新企业"后，因前前后后的跟踪调研，我知道他发明的纳米铜粉（包括亚纳米、纳米与亚微米）新材料及其工艺，不仅可以让多个新兴行业由此诞生，还可以让许多传统、落后的行业转型升级。亚微米铜粉制备的产品可以使发动机实现寿命无限，可以让燃煤锅炉通过清焦除垢实现长期高效运行和大幅的节能减排。这些已不是信不信的问题，而是经过无数测试数据的真实显现。

有了这样的成就，他仍然停不下脚步。他正在与石油领域的专家探索稠油开采的原位地炼与油品质量大幅提升的技术（正在沟通油田立项）。面对新冠病毒席卷全球，他正在计划推动亚微米铜粉进军医疗保健行业。他说，铜是人体必需的微量元素之一，人体的生物酶和激素的合成，必须有铜作为催化剂，才能确保人体免疫能力，因此，铜元素是人体健康的必须元素。就拿中国白酒产业来说，在酒当中加入适当的铜元素，可以加速酒精在体内的分解，促进新陈代谢；如果用于保健品，可以提高人体免疫力；如果加入到口罩或医疗防护服中，可提高口罩和防护服的杀菌性能，并减少新冠病毒的感染几率。而这每一项，都会诞生巨大产业。

太鲁科技走绿色创新发展之路，任重而道远。（李路阳文）

2017"十大绿色创新企业"：太鲁科技

重庆太鲁科技发展有限公司（简称：太鲁科技）以其自主研发专利生产的亚微米铜粉及铜基衍生品实现了中国亚微米铜粉产业化零的突破，填补了纳米铜粉与传统工业铜粉之间的产品与市场空白，打通了铜资源高效循环利用的关键环节，经济价值显著，因此荣登国际融资2017（第7届）"十大绿色创新企业"之榜。

《独立评审团对2017"十大绿色创新企业"太鲁科技的推荐词》见本书《2011—2020"十大绿色创新企业"一览》。

《50评委专家团对2017"十大绿色创新企业"太鲁科技的推荐词》精选如下：

华晔宇（浙商创业投资管理集团行政总裁、联合创始人）推荐词：该公司成功开发出利用含铜废弃物与低品位铜矿资源湿法制备高纯亚微米铜粉技术，可解决中国铜资源紧缺与高效循环利用难题。

刘伟（国投创合（北京）基金管理有限公司总经理）推荐词：该公司的亚微米铜粉生产技术处于国际领先水平并已实现产业化，若相关技术和产品推广应用顺利，能够有效缓解中国铜粉的需求缺口，为军工、航天等产业发展提供支撑。

熊钢（深圳澳银资本管理有限公司董事长）推荐词：该公司生产高纯亚微米铜粉的技术、规模、品质均处于全球领先水平，并具备低耗高产、精细度高、延长设备寿命、节能减排的优势，可改善全球超微细铜粉供不应求的局面。

余发强（时任新疆国力源投资公司执行总裁）推荐词：该公司亚微米铜粉产品与市场同类产品相比，质量和价格优势突出。

吴隽（中认畅栋（北京）投资有限公司执行董事）推荐词：亚微米铜粉核心技术解决了变废为宝的污染问题，为全球炼铜技术发展做出了贡献。

郭松海（山东财经大学教授）推荐词：亚微米铜基复合功能新材料打破了国外对中国军工等特种领域的封锁，为祖国争光。

刘向东（中科达创业投资管理有限责任公司董事长）推荐词：湿法制备高纯亚微米铜粉技术有一定技术水平，年产30吨生产线规模可观，对于中国推广铜粉修复很有帮助。

郭东军（时任中能创智（北京）加速器科技有限公司合伙人）推荐词：作为一项基础材料的突破，在节能环保领域有广泛的应用前景。

张威（海泰戈壁创业投资管理有限公司董事长并总经理、北京戈壁绿洲天使投资中心合伙人）推荐词：进口替代材料类项目往往具备打破垄断的意义。

陈及（时任首都经贸大学产业经济研究所所长、教授）推荐词：技术领先、市场前景广阔。

（摘编自《国际融资》2017年第7期）

华山论剑篇

一群有情怀的人研发了创新甚至是颠覆性的技术，发现了巨大的蓝海，却也领教了传统惯性的无情。他们以胆识与智慧挑战种种落后，包括观念

食品、中药质量问题日益成为社会关注的焦点、痛点和难点；随着中国进入老龄化社会，越来越昂贵的西医药诊疗费用开支，无论对国家、家庭还是个人都已成为巨大的负担，高品质的食疗预防和中医药诊疗产品正逐渐显示出在健康管理和慢病治疗方面的独特价值。因此，中医药农业一二三产业融合发展模式示范，不仅对解决生态污染治理、食品安全、中药品质劣化等问题具有战略意义，而且对乡村振兴、扶贫脱困、传统农业转型等，也都将产生不可估量的积极作用。为此，《国际融资》杂志记者于 2018 年初夏的一天，采访了率先提出中医药农业系统理论并领跑中医药农业创新实践的济南圣通环保技术有限公司（简称：圣通环保）董事长兼总经理李全修先生。

中医药农业：一位创新企业家的思考与实践
——访圣通环保董事长李全修

路径探索：发展中医药农业的思考与创新

记者：你率先倡导性地提出要把建立五链融合、七位一体的中医药农业新业态集群，作为解决"三农"问题的路径和抓手，这是基于怎样的思考与实践？你认为传统农业转型升级的出路在哪儿？

李全修：要回答这个问题，就需要搞清楚"三农"问题中的主要问题是什么？"三农"问题的背后又隐藏着什么？正是基于对这两个问题的思考与理解，我提出解决"三农"问题的路径和抓手。在"三农"问题当中，农村问题是主要问题；其次是农民问题；最后才是农业问题。但在有些解决"三农"问题的实践中，方向却恰好是反的，农业问题是主要问题，其次是农民问题，最后才是农村问题。我认为，传统农业转型升级的出路不在农业本身，而在农村和农民。我们所倡导的中医药农业新业态集群则既能让地方政府发现经营农村可发展绿色 GDP、成为地方财政的主要税收收入来源之一，也能让地方政府看到随着中医药农业新业态集群的示范效应逐渐凸显，农村优先、小城市优先将成为必然选项。如此，传统农业的转型升级自然会水到渠成，"三农"问题也将不再是问题。

记者：你认为"三农"问题的背后隐藏着什么问题呢？

李全修：这背后隐藏着成本效益问题：第一，随着农业税取消，"三农"问题是负担的说法几乎成为共识。第二，由于经营城市的收益远大于费用成本，加上城市规模越搞越大，规模效益也日益突出，于是，优先发展城市就成为必然选项。也就是说，如果我们仍然还是把主要精力放在解决农业问题而不是放在解决农村问题上，那么，"三农"问题或将永远无解。幸运的是，以习近平同志为核心的党中央提出了实施乡村振兴的重大战略，有助于"三农"问题的解决！

记者：发展中医药农业新业态集群，其瓶颈在哪儿？突破的难度究竟有多大？对此，你有哪些建议。

李全修：发展中医药农业新业态集群的瓶颈是信任、资本和人才。其中，信任为首，然后是资本，最后是人才。人类社会的进步，永远都需要信任、资本和人才的支撑。资本因信任而投资，人才因投资而汇聚，但是由于资本是逐利且又是浮躁的，因此，其突破的难度就相当于《圣经》所述的窄门：引到永生的那门是窄的，路是小的，找着的人也少。但无论有多难，我们都不能选择引到灭亡的所谓宽门。

秉持"引进一个人才、带来一个团队、集聚一批专家、兴起一个产业"的链式效应原则，建议地方政府尝试转变传统的招商模式，以实现"乡村振兴"为目标，通过将"中医药农业"与"生态宜居、产业兴旺、农民增收、生活富裕、治理有效"关联的制度设计相结合，探索和建立"乡村振兴"的制度体系、标准体系和法律体系，构建城乡命运共同体、实现城乡融合发展、共同富裕的社会发展模式。

记者：中医药农业新业态集群对健康中国的贡献将体现在哪些方面？

李全修：中医药农业新业态集群对健康中国的贡献是前瞻性、战略性、全局性和引领性的。

第一，前瞻性体现：据世界卫生组织《中国老龄化与健康国家评估报告（2016）》，中国人口老龄化程度加深并明显快于其他国家已成为不可逆转的客观现实。为规避因老龄化导致的医保支付困局，迫切需要充分发挥中医药在治未病健康管理和慢病治疗方面的独特价值优势，加快打造中医药保健、预防、治疗和康养的新业态集群体系，在有效应对老龄化健康危机中充分发挥主导作用。

第二，战略性体现：在我看来，控制了健康，实际上就控制了全球经济。目前，与健康相关的标准、话语权、专利、医疗器械和医药产品均被欧美国家掌控。前瞻产业研究院的

《2014—2018年中国医疗器械行业市场前瞻与投资预测分析报告》指出，在中国医用器械领域，约80%的CT市场、90%的超声波仪器市场、85%的检验仪器市场、90%的磁共振设备、90%的心电图机市场、80%的中高档监视仪市场和90%的高档生理记录仪市场均被外资企业垄断。在部分领域，进口设备的覆盖率甚至可达100%。另据统计，美国的医疗器械和医药产品占全球50%以上市场，处于绝对垄断地位。中美贸易博弈告诉我们：核心技术靠化缘是要不来的，真正的核心技术也是买不来的。因此，在健康产业领域，只有充分发挥中医药这一具有原创优势的科技资源、独特的文化资源、重要的生态资源和潜力巨大的经济资源，中国才能真正掌握健康产业竞争和发展的主动权。

第三，全局性体现：中医药农业新业态集群涉及生态、环境、经济、人本（就业、教育、医疗、养老、心理等）等经济社会的全领域、全过程、全周期、全产业、全链条，既涉及人民最关心、最直接、最现实的饮食安全和健康保障问题，也涉及以习近平同志为核心的党中央提出的到2020年要重点抓好的三大攻坚战。首先，中医药农业能够解决面源污染严重、减肥减药困难等污染防治难题，能够提升农业发展质量并推进绿色发展，从源头上解决食品、药品的质量安全问题。其次，中医药农业能够解决农业增效、农民增收的问题，切实成为农民脱贫致富的依托。最后，运用中医药农业的新技术、新组织、新模式、新业态，传承发展中医药事业，能够培育中医药农业战略性新兴产业集群，促进经济与金融良性循环。

第四，引领性体现：这一新业态集群能够以健康为抓手，规避乡村振兴和特色小镇建设中存在的定位不清、产业缺失，以及过度文旅化、房地产化问题，聚焦加快打造全产业链服务的大健康产业集群，让中国富裕起来的消费者通过消费拉动，解决"三农"问题，进而能够让富裕起来的中国消费群体通过消费拉动与"一带一路"沿线国家建立命运共同体，为解决人类健康问题贡献中国智慧和中国方案。

记者：那么，怎样建立绿色发展的标准？需要优先突破哪些瓶颈？

李全修：需要通过建立绿色发展的指标体系和长效考核目标体系，促进建立绿色发展的标准体系。根据中共中央办公厅、国务院办公厅关于印发《生态文明建设目标评价考核办法》的通知（厅字[2016]45号）要求，国家发展改革委、国家统计局、环境保护部、中央组织部2016年12月12日制定了《绿色发展指标体系》和《生态文明建设考核目标体系》。如果据此再进一步就乡村振兴问题制定《绿色发展指标体系》和《考核目标体系》，就将从制度建设方面倒逼地方政府转换思维，推动建立相应的绿色发展标准体系。

目前需要优先突破的瓶颈：一是农村污染治理。需集中力量优先突破农业土壤污染治理、农村污水和垃圾治理、化学品（如化学农药、化学肥料、抗生素、重金属和有机砷等添加剂）等损害群众健康的突出环境难题。二是拿出类似"不惜一切代价发展芯片产业"的战略气魄，把培育中医药农业产业作为推进脱贫攻坚、实现健康中国2030的根本出路。三是设立政策性的"中医药农业产业引导基金"，借助引导基金突破产业示范瓶颈、吸引资本加速布局，实现快速迭代复制。

解决方案：源头技术治理＋可追溯大数据系统

记者：贵公司创新构建的中医药农业解决方案体系都包括哪些主要内容？为什么？

李全修：我们构建的中医药农业解决方案体系涵盖了五大方面：一是污染防治与生态治理。包括：农业土壤污染治理、农村污水和垃圾治理、化学品污染治理等。目的是解决损害人体健康的突出环境问题，实现食药材原料的源头健康生产。二是智慧农业。包括：建立一套符合"三可原则"，比传统农业系统更省工、更省水、更绿色、更营养、更可持续的精准、精致、智能农业管养系统。目的是按生态、可追溯原则实施食药材原料的定制生产。三是智慧制造。包括：基于区块链技术构建以治未病健康管理和疾病治疗为中心，纵向打通产品供应链，开发能有效预防疾病的优质化、营养化、功能化的药膳食品；开发能有效治疗疾病的更精简、更有效、更安全的中药饮片和中成药产品等。目的是充分发挥中医药在健康管理方面的独特价值优势。四是智慧数据。包括：基于区块链技术，构建以产品标准、计量、检测、认证、质量管理、质量信用作为保障，为产品制造、流通、消费等全生命周期提供质量管理提升服务的管理链等。目的是建立以中医药保健、预防、治疗、康养和整体健康管理服务为核心的大数据管理平台。五是智慧社区。包括：基于智能微网技术构建以生态宜居为中心，纵向打通中医药农业产业生态链，构建"食、药、养、健、文、教、游"七位一体、"一、二、三"产业融合发展的新型社区。目的是建立标志性的乡村振兴样板。

记者：创业以来，你一直强调消费者利益，要建立一套能够满足消费者利益的从生产端到消费端的可追溯系统，你认为应该如何推进才能保证消费者的利益最大化？

李全修：一切生产的最终目的都是为了满足消费；消费既是一切生产的最终目的，也是社会延续和可持续发展的必要条件。但中国的改革开放始于物质短缺时代，这使得1978—2008年的30年间，生产始终被看作是工商业的终极目的；在此期间，消费者利益被漠视，甚至几乎都为满足生产者的利益而被牺牲了，其后果是产能相对过剩；在2008年国际金融危机爆发之前，还可以依靠国际市场消化过剩产能，但2008年金融危机爆发后，生产过剩的问题就突出来了；随之，消费者日益增长的美好生活需要和不平衡、不充分的发展之间的矛盾也突出起来，表现为消费者对环境污染、食品、药品质量安全和健康问题的关注度越来越高。也就是说，环境污染和食品、药品质量安全危机只是生产过剩危机的重要表象，健康危机又是环境污染和食品、药品质量安全危机的重要表象，而老龄化程度加深、加快又进一步加剧了健康危机。追本溯源，解决生产过剩危机的唯一路径是强调消费者利益，建立一套能够满足消费者利益的从生产端到消费端的可追溯系统，让生产回归到增加消费者剩余、推进实现消费者的利益最大化。

花费更少的支出获得身体健康和更高品质的生活是消费者的最大利益。我们圣通环保创新构建的中医药农业解决方案体系就是在智能区块链技术的支撑下，以保证消费者的健康利益最大化为主旨来设计商业模式和盈利模式。

记者：圣通环保在运用中医药农业的新技术、新组织、新模式、新业态，对传统农业和传统中医药业进行尝试性改造升级中都遇到了哪些问题？解决这些问题的机制应该是怎样的？

李全修：对传统农业和传统中医药业进行改造升级涉及技术与资源、生态与制度，以及组织等要素层面的全部内容，是一个复杂的系统工程。期间，我们是走过弯路的。尤其是对漠视消费者利益的生产者进行改造升级，这条路是行不通的。

中国的"强政府、弱市场"的国情决定了资本一定追着政府跑，在农业领域尤甚。因为不可控的风险太多，愿意投资农业的机构本来就凤毛麟角。圣通环保在推进过程中，好不容易遇到愿意投资农业的投资人，大多还是冲着政府补贴去的。近几年开始推行的财政资金以奖代补是一个进步，杜绝了套取政府补贴的一些漏洞。

在 2017 年之前，我们找地方政府探讨并实施中医药农业示范项目是不可想象的。因为过往的政绩考核评价模式并不太鼓励发展实体产业，尤其是创新型产业。但任何实体产业项目都不可能是一蹴而就的，从选址调研、规划、立项到建设、竣工、试生产到最后正式达产，怎么说也需要 3～5 年，但在这期间，多数的政府负责人很可能都换了，这导致地方政府更多地愿意关注那些能够获得短平快财政收入和看得见政绩的房地产项目。即便搞实体产业招商，也是尽可能招 500 强大企业、成熟产业项目等。此类项目，尽管没有建完甚至有的可能还没有动工，但这招进 500 强企业的政绩也是能够被上级肯定的。

因此，解决问题只能从制度层面制定《绿色发展指标体系》和《考核目标体系》，从制度建设方面倒逼地方政府转换思维，推动建立长效的绿色考核体系。

乡村振兴：以生态安全为前提，靠技术引领产业升级

记者：2018 年中共中央、国务院关于实施乡村振兴战略的意见指出：要从提升农业发展质量、推进乡村绿色发展、构建乡村治理新体系、强化乡村振兴投入保障等 10 个方面进行安排部署。你认为推进中医药农业与乡村振兴是个什么关系？

李全修：随着全球央行的货币放水时代结束，以特朗普政府正实施的减税、美国优先和贸易博弈为重要表现，全世界政治经济的基本面正发生巨大变动，国际关系的对抗性时代来临。全球产业链格局的重组、利益的重组进入剧烈的变革和动荡期。这既加剧了中国的产能过剩困境，更恶化了中国的经济预期，中国经济遭受空前压力。严峻的事实告诉我们：传统的城市优先，尤其是大城市优先发展的模式正触及底线，中国经济社会的革命性变革即将到来。中共中央对此有非常清醒的判断，不仅提出了到 2020 年的三大攻坚战，更是决策启动了乡村振兴这个最大内需。

从中国"三农"问题发展历程看，过去主要强调农业，现在提出乡村振兴的核心是实现农村一、二、三产业融合发展，推进城乡融合发展。中共中央总书记习近平也指出了乡村振兴的最大经验和教训："乡村振兴要靠产业，产业发展要有特色"。这一提法的转变，意味着新时代中共中央的"三农"政策体系更加务实，开始聚焦主要问题、解决主要矛盾，主要目标是实现农村现代化、促进农民增收。基于"区块链＋智能微网"技术的中医药农业新业态集群应时而出，将从产业与技术，资本与资源、人才与文化、生态与制度、战略与组织五个方面为实现乡村振兴提供可迭代复制的创新模式示范。

记者：田园综合体也是乡村振兴的一个抓手，目前来看，有的已成为变相房地产开发，有的甚至引入了污染，破坏了环境，这些都是不可持续的。你怎么看这个问题？你认为实现乡村振兴，需要怎样破题？

李全修：现在乡村振兴有个趋向：那就是泛房地产化，没有长远规划、各拆各的，各建各的。中共中央总书记习近平曾经多次指出"规划科学是最大的效益，规划失误是最大的浪费，规划折腾是最大的忌讳。"改革开放以来，值得借鉴的经验教训就是希望小学：因为生源问题，常常是希望小学刚建好就因学校合并废弃了，造成了资金的严重浪费。乡村人口快速衰减是一个不可逆的趋势，村社合并是大势所趋。如果看不到这个趋势，如果不能站在全县域范围内统筹规划，则将导致有限的财政资金沉淀和浪费，甚至还将导致"浪费土地、破坏环境、空房遍地、乡村颓败"。

田园综合体必须有产业依托。站在全国范围内，即便有巨额的财政补贴，田园综合体也以失败者居多。成功的田园综合体基本上是在吃祖宗饭（如古城古镇）、吃大自然饭（如山水）、吃政治饭（如塑造典型），孤例、特例居多。我认为，目前还不好随便讲怎样破题。但有一点是确定的：乡村振兴要破题，需要像浙江巧克力小镇那样，有核心主导产业依托。那些没有核心主导产业依托、过度文旅化、过度房地产化的田园综合体，有可能会红火一时，但其最终结局有可能失败。

记者：贵公司的解决方案与创新模式将会为乡村扶贫、农民收入带来怎样的变化？

李全修：乡村扶贫有两件大事。一件是迫在眉睫的脱贫摘帽，另一件是心腹之患的因病返贫。脱贫攻坚到2020年必须完成，这是地方政府必须要完成的政治任务。各地政府把发展短平快的蔬菜种植、畜牧养殖作为脱贫攻坚的首要工作，这是能够理解的。但一定要注意到这样两个问题：一是全国范围内的蔬菜种植已经严重过剩，而蔬菜领域又过度过量地施用化学肥料并造成最为严重的化学农药残留污染。二是畜牧养殖业将对乡村的土壤、水域污染防治带来更多压力；生态承载力一旦崩溃，将对生态环境、人民健康造成严重损害，其后果是严重的。

在西医药处于绝对垄断地位的情势下，几千年来一直担任百姓健康守护重任的中医队伍和临床中医事业在乡村已经日渐式微，甚至消失。面对越来越昂贵的西医药治疗费用，即便有医保的城市中高收入群体也都越来越承担不起。而因环境污染、务农人口严重老龄化等因素，以"癌症村"为重要表象的乡村，其疾病发生率远高于城市，更少医疗保障的乡村正面临比城市更严峻的因病返贫压力。

为有效应对未来的心腹之患，兼顾眼前的脱贫和污染防治攻坚，我们圣通环保把纵向打通中医药农业产业生态链，横向培育"食、药、养、健、文、教、游"的中医药农业新业态集群作为实现乡村振兴的抓手，将在全国十大道地药材产区实施中医药农业一、二、三产业融合发展示范项目。这一示范项目的实施不仅能够实现乡村脱贫，促进农民持续增收，更因为将"中医药农业"与"乡村振兴"的制度设计相关联，可以让中医药为农民健康保驾护航，同时又可以通过我们的系统集成创新技术，从根源上杜绝污染问题。（摘编自《国际融资》2018 年第 7 期，李路阳文，杜秋摄影）

说说绿色创新企业家李全修

圣通环保创始人李全修是一个有梦想、有情怀、能折腾、不怕输的人。十几年前，他毅然决然地与别人艳羡的高薪白领工作拜拜，开始了创业的不归路。在这条路上，他输过，而且不止一次。但每一次失败，都不能让他回头上岸，相反，却让他感到离成功更近而不是更远了。不言放弃成为他的信念铁律。他花光了所有积蓄，包括买房的钱，在中国包括台湾、海南、云南、贵州等在内的 19 个省区的田间地头，用圣通环保的八大类 56 个产品小类的复方中药源病虫草害防控产品和 39 个产品小类的土壤治理和减少化肥系列产品进行了 N 多试验示范，并取得了成功，规模化应用面积累积近 1 亿亩。

如果让我给他来个简约版的文字素描的话，他就是个平常而非常之人：无论别人对他所做的事业怎样不看好、没信心，甚至嗤之以鼻，他都会笑纳，依旧自信乐观地昂首挺胸向前走，不会停下脚步，更不会转身往回退。正因为这样，凭借着足够的信念定力，他用 10 年时间穿越了黑色隧道，见到了黎明的曙光。

这便有了我在采访他时非常想问的一个问题："创业之路非常坎坷，你靠什么走到今天？你的创业初心是什么？"他的回答是："能够走到今天，完全靠信仰——健康信仰！信仰也能够创造奇迹。追求健康之路是我不忘的创业初心。健康让生活更美好，信仰让创业更久远，也更不怕坎坷。"

2011 年创建圣通环保以来，他一直在做一件很多人看来是吃力不讨好、赔钱赚吆喝的苦事儿、难事儿：用复方中医药源产品修复沉疴痼疾的土壤，减少化肥及化学农药，坚持可追溯的源头治理。这事之难不亚于挑战珠穆朗玛峰！他要挑战农民 40 年来赖以养成的使用化学肥料和化学农药的习惯，他要挑战国际上生产销售化学农药的巨无霸，他还要挑战那些擅长炒作概念专吃政府补贴的投机商。更为重要的是，他要挑战自己、完善自己的不足。中共中央、国务院近年来出台的一系列政策，让他看到了希望。一路走来，他在窄门里遇见了一个又一个有缘人，这些人向他贡献了智慧以及各种解决之道，支持他成就了中医药农业的产业梦想。用他的话说："创业是一个艰难的试错过程，创业也没有回头路。既然我已选择了窄门，就不能自怨自艾、怨天尤人、感时伤怀，而是要不忘创业初心，通过团队的力量、用顽强意志、竭尽全力去寻找解决问题的办法。一句话，就是要'不忘初心，怀壮志以长行'。"

2020 年 4 月，李全修告诉笔者，为应对肺系多脏器相关传染病的防控，圣通环保于 2018 年就开始策划发起并投资搭建由国家级名医、流行病学、互联网统计等多学科知名专家构成的中医药协同创新平台。目标是把中医药传承创新研究放在世界医学前沿的平台上，既实现中医药在多脏相关的肺系疑难、重症和危重症的辩证与治疗上的医理逻辑统一，解决医理逻辑多源的问题，实现对肺系疾病的"同证同治，异证异治"；也引领中医基础理论和临床研究走到学术前沿，使中医药学能够在广度、高度、深度等多个维度传承和创新发展，成为新的时代科学技术。（艾亚文）

2013 "十大绿色创新企业"：圣通环保

济南圣通环保技术有限公司（简称：圣通环保）利用中药复方技术，提取天然中药资源中的次生代谢物质，生产出能够消灭病虫害和有害病菌的生物制剂，将传统中华医学理论与中药复方技术应用于农业，创新性利用中医理论来解决农药残留问题，同时开创性提出了"平衡营养·防治双效·无残无害·增产增收"的一体化绿色解决方案思路，从源头上解决农残污染问题。其提供的一体化绿色农业解决方案，可有效应对现代农业所面临的重大挑战，开拓出一条生物农业的高效益良性循环之路，因此荣登 2013（第 3 届）"十大绿色创新企业"榜。

《独立评审团对 2013 "十大绿色创新企业" 圣通环保的推荐词》见本书《2011—2020 "十大绿色创新企业"一览》。

《50 评委专家团对 2013 "十大绿色创新企业" 圣通环保的推荐词》精选如下：

李伟群（时任中国股权投资基金协会秘书长）推荐词：民以食为天，食品安全是关乎全民百姓的头等大事。该公司的"减量、防害、增产"一体化绿色解决方案具有支持推广的迫切性和非常巨大的市场空间。

郭松海（时任山东省政府参事、山东财经大学教授，第九届、十届、十一届全国政协委员）推荐词：应用中药复方技术解决农作物中的农药残留污染问题。

周家鸣（时任扬子资本高级投资顾问）推荐词：将生物药用在生物身上，还会有污染吗？

吴昌华（时任气候组织大中华区总裁）推荐词：减少农业有害物质的使用和对环境破坏的一种有效解决方案。

唐伟珉（时任（英国）气候变化资本集团董事、中国区总裁）推荐词：创新性的利用中医理论来解决农药残留问题，在中国食品安全问题日益突出的今天，值得大力推广。

王承波（时任商务社会责任国际协会（BSR）中国项目总监）推荐词：农业污染是现代农业面临的重大挑战，该项技术无疑具有广阔空间。

陈兆根（航天神舟投资管理有限公司副总裁）推荐词：中药源绿色生物技术，致力于源头保障农产品食品安全。

田立新（德同资本主管合伙人）推荐词：无毒无害农药，绿色农业的福音。（摘编自《国际融资》2013 第 7 期）

质源恒泰清洁能源技术（北京）有限公司董事长陈晓辉在本文中指出"中国是以煤炭为主要能源的能源输入国，而煤炭开采生产和煤炭能源利用是产生环境和大气污染的主要过程和重要原因。同时，由于中国不仅是人口大国，也是工业和农业生产大国，每天都产生数量巨大的生活垃圾、各类生物质与工农业废弃物及工业和医疗危废。这些材料的产生和排放已经对有限的生存空间和环境造成严重的影响和破坏，然而事实上，通过技术创新也可以将这些废弃物转换成重要的可利用能源和减少其对大气与环境的污染破坏，特别是对像中国这样能源资源有限和结构单一的国家。彻底解决中国能源利用及环境与大气污染问题，关键是要采用先进的能源资源利用与节能环保技术及体系、积极的金融支持和能源利用技术投资环境、正确的能源与环保技术推广政策引导，这样才能实现可利用能源资源的可持续和清洁高效利用。"

陈晓辉：推进能源技术革命需技术、金融和政策齐发力

首先，要系统解决能源生产、污染排放和各类废弃物的资源利用问题。这涉及煤炭的清洁高效利用、煤矸石固体废弃物处置和资源综合利用、城市城镇生活垃圾与生物质处置和能源利用、工业废弃物处置和综合利用、工业和医疗危废处置和能源利用等问题。其次，要综合解决现有工业生产过程中煤炭能源利用效率和污染排放问题，如现有燃煤发电等燃煤锅炉技术更新换代、落后的外热式焦化生产工艺和技术的升级换代、现有垃圾和生物质处置技术升级，以及工业与医疗危废的清洁安全处置技术应用等。这些工业方向和领域的能源与环保问题的解决，可以提高和优化全社会的能源效率、降低能源消耗和污染排放，在中国现有能源结构下显著提高国家能源安全。

能源资源利用与大气和环境污染

煤炭是中国的主要能源来源，每年用于发电和工业能源供应耗煤 20 多亿吨，实现煤炭的清洁高效利用是必须选择。而煤矸石、生物质、城市与城镇垃圾是对环境影响巨大的天量废弃物，每年折合标准煤约 5 亿吨，实际上，这是具有很高的能源利用价值的能源资源。其

清洁高效利用，既可以解决环境问题，释放被占用的土地资源，又可以实现大量能源与资源综合利用。工业与医疗危废对人类健康和生活环境有直接危害，必须进行高效净化处置，而其所具有的能源成分可以得到清洁利用。这些能源资源的合理、清洁、高效利用，是实现社会与经济可持续发展的重要基础和保障。

煤炭利用

煤炭在中国一次能源生产和消费结构中长期占 70% 左右。2018 年，中国原煤产量 36.8 亿吨，消费量 39 亿吨。在今后相当长一段时间内，煤炭仍将是中国的主体能源。中国能源消耗大致由 5 个方面构成：燃煤发电 21 亿吨；煤气化和民用 7.9 亿吨；煤焦化 7.3 亿吨；建材 5.5 亿吨；煤化工 1.7 亿吨。

其中燃煤发电行业的煤炭利用技术水平相对最高，已基本实现达标排放，但仍然需要进一步提高能源效率。而工业煤气化和民用、煤焦化、建材等成为当前需要集中治理的高能耗和重污染行业，虽然涉及众多行业领域和广泛的国计民生，但可以分为清洁能源利用和清洁加工利用两个领域，或焦化、气化和燃烧 3 个主要技术方向。利用先进煤焦化技术、煤气化技术和清洁高效燃烧技术，彻底解决煤炭清洁利用问题。政府应该在推动这些先进技术迅速工业化应用中发挥重要作用，实现中国国内传统高污染产业的技术升级和绿色转型，同时有效解决关系国家能源安全和大气环境的根本性问题。

煤矸石危废处置与利用

作为煤炭开采和消费大国，中国现有煤矸石存量 50 多亿吨，相当于动力煤约 6.5 亿吨；每年煤矸石增量约 3 亿～3.5 亿吨，相当于动力煤约 0.39 亿吨。这些煤矸石固体废弃物的处置和能源利用，可彻底解决煤矸石固体废弃物的大气与环境污染问题、民用与工业用节能减排问题，以及煤矸石灰渣的资源综合利用问题，并节约大量煤炭资源的开采。

目前，煤矸石的综合利用效率低，技术和技术力量较落后。由于煤矸石的热值低，现有煤矸石处置和能源利用方法，均采用煤矸石配以适量原煤后，以传统的直接固体燃烧的方式释放煤矸石的热能，其不仅存在热能效率低，原煤消耗量大，而且产生各主要污染物的量也很大，造成严重的大气污染排放问题和因此产生的污染物减排成本，影响煤矸石环境治理效果和企业与社会效益。

生物质处置与利用

中国生物质能资源广泛，可有效利用并可减少其对环境造成的破坏。在各类生物质资源中，林业木质剩余物的规模最大，每年可获得约 9 亿吨；其中大约 3.5 亿吨可作为能源利用，折合标准煤约 2 亿吨。农作物秸秆年产生量约为 10 亿吨，除部分作为造纸原料和畜牧饲料外，大约 3.4 亿吨可作为燃料使用，折合标准煤量后为 1.7 亿吨。

目前，中国国内生物质能源利用主要是利用直燃式锅炉系统实现生物质发电或供热。由于其能源效率低，限制和影响了生物质材料处置与其环境问题的有效解决，以及生物质能源利用范围和相关产业的发展。

城市垃圾处置与利用

中国垃圾堆存量已达 60 亿吨,占用耕地 5 亿平方米。全国 660 个城市中有 200 个城市陷入垃圾包围之中。2019 年,中国城市生活垃圾清运量达到 2.04 亿吨。垃圾焚烧是目前国内外普遍采用的垃圾处置和能源利用技术,全国生活垃圾焚烧处理能力为 59.14 万吨 / 日。然而,现有垃圾焚烧存在能源利用效率低和二噁英及其他污染物排放问题,难以满足城市与人民生活水平和生活环境可持续发展的要求。

工业危废处置与利用

2018 年,中国 200 个大、中城市工业危险废物产生量为 4643 万吨,平均每个城市产量为 23.2 万吨,且增速非常明显。工业危废的产量巨大,且成分复杂,含有有毒有害材料,对人民生命健康和生活环境构成严重和直接的破坏性威胁。因此,必须首先解决的是工业危废的严格净化处置问题;其次是其能源利用价值和其他可利用价值。工业危废直接焚烧是现有常用的处置方法,但存在产生二噁英污染排放问题。

医疗危废处置与利用

2016 年,全国 214 个大中城市医疗废物产生量 72.1 万吨,处置量 72.0 万吨。相比工业危废,医疗危废的产生量不大,但成分复杂,包括具有病毒和细菌等有毒有害材料,对人民生命健康和生活环境具有严重和直接的破坏。因而,医疗危废首先需要解决其严格的净化处置;其次是其能源利用价值和其他可利用价值。医疗危废直接焚烧是现有常用的处置方法,但存在产生二噁英污染排放问题。

能源利用领域的现象和问题

以上所列能源资源的利用和环境问题,是国家长期面临和迫切需要解决的重大问题;也是国家能源资源结构、能源与环保技术、风险投资理念与环境,以及地方政府对国家重大技术方向的政策引导行动滞后等诸多方面因素导致的综合性问题的结果。解决这一综合性问题的关键,是如何有效实现先进能源技术开发和产业化应用、重大能源技术资金投入,以及政府对重大能源技术的政策支持。

节能减排与综合治理问题

笔者认为,工业大气污染是一个具有普遍性的问题,只有利用先进技术在"前端"大幅度提高能源效率,才能经济、有效、彻底地降低污染物的产生。当前,包括燃煤发电和煤焦化在内的工业大气污染治理模式,几乎都是在污染物产生之后,通过在"后端"添置的污染物减排装置实现减排。这种做法不仅污染物减排效率低、设备投资高,而且设备运行成本也高,导致工业生产能效低、生产成本和能源浪费高、经济和社会效益低。虽然高能耗行业早已对通过提高能源效率实现"节能"和污染物"减排"的技术路线形成共识,而且中国国内已有多项先进和成熟的清洁高效能源利用技术,但由于多种原因,这些绿色创新技术的推广应用受到严重制约,致使污染物排放问题不能得到有效解决。

能源资源利用与先进技术问题

先进的能源利用技术可以大幅提高能源效率，从不同的能源资源获得电能等清洁二次能源，更少产生污染物排放，实现能源的高效清洁利用。然而，现有的主要能源资源利用技术却普遍存在严重的能源效率和污染排放问题，这些涉及燃煤发电、煤焦化、工业与民用燃煤热能供应、城市垃圾与生物质焚烧处理等行业和领域，大致可分为以下 3 类：

一是燃煤锅炉技术：其涉及燃煤发电和高耗能工业生产与民用热能供应领域，是主要的煤炭能源利用方式。现有各主要燃煤锅炉技术普遍以固体煤炭燃烧方式，实现煤炭的热能释放，其能源效率低，且污染气体排放严重。

二是煤焦化技术：现有煤焦化技术是一种低能效、高污染的煤炭资源利用工艺技术。由于采用的传统外热式焦化工艺和焦炉系统，其系统能源效率是现有大型工业生产工艺中能源效率最低的一种，是造成大气污染排放的元凶之一。

三是气化技术：该气化技术目前在中国国内处于领先地位，可有效解决煤炭和废弃物等固体焚烧方式的能源效率低和大气污染排放严重的问题。其在不同领域的应用，可有效解决煤矸石处置与资源利用、生物质能源利用、城市垃圾处置与能源利用、工业与医疗危废净化处置与能源利用等领域的能源效率低和污染排放严重的问题，以及垃圾焚烧和工业与医疗危废净化处理过程中产生二噁英的问题。

先进能源技术在推广应用中的瓶颈

目前中国国内已有高新技术企业具有上述 3 个方向多项国际领先的先进能源利用技术，但由于后面将要讨论到的多方面原因，它们还没有在各主要高耗能行业得到应用。

这些能源利用技术因为具备以下 5 点先进性，已引起中国国内相关行业的关注与专家认可：一是具有比现有相应的能源利用技术显著提高的能源效率和污染减排效率。二是技术应用项目的规模平均投资与现有相应能源利用技术项目投资相比，持平或更低。三是技术应用基本不改变现有相应技术的工艺流程与辅助设备系统。四是技术应用可通过对现有相应技术设备系统的技术升级改造实现，或新建。五是技术应用项目规模在保障项目经济性前提下，可满足不同规模用户的需求。

能源利用技术投资问题

能源行业和能源技术是关系任何国家能源安全的战略投资和发展重点。虽然先进能源技术的开发和产业化应用对于中国整体能源效率和能源技术水平的提高具有重要意义，特别是中国长期存在能源效率低和大气与环境污染问题严重的现状，属于需要国家重点关注和支持的领域，但由于技术开发时间长、技术示范项目投资比较大，且主要涉及能源等高耗能传统产业，很难获得中国国内相关产业投资和风险投资，也因此无法引入政策引导基金，严重限制了先进能源利用技术在中国的开发和工业化推广应用。

能源技术政策支持与政策实施问题

能源利用技术水平的提高和工业化推广应用直接影响中国的国家能源安全以及能源效率和技术水平的提高，是应该得到政府主导和重点支持的领域。由于能源利用技术开发投入大，在技术工业化推广应用过程中，技术改造示范项目投资成本比传统技改高，一般民企不愿意投入。中国的相关能源技术支持政策缺乏针对性，且行业减排标准是基于传统技术基础上制定的，因此很难让高耗能民企拿出真金白银去选择这种高于目前行业减排标准的先进节能减排技术，毕竟投资有风险。高耗能国有企业虽不计较投资成本，但其对先进技术反应冷淡的原因是他们投入的技术已是传统工艺路线中最好的，只是减排不彻底，没有解决二噁英问题，或能耗降幅小，投资回报期长，让他们否定已满足现在减排与降耗标准的技术而去选择投资更先进的技术，在目前看很难，至少缺乏改进的动力。能源安全与大气环境治理是关乎民生的大事，因此，政府应加快推进结构性改革，有的放矢地制定激励政策，引导高耗能、高污染行业企业投资和使用国际上更先进的技术。

现有可应用的先进清洁能源利用技术

在上述行业领域内，目前已有多项完成技术开发与技术国产化和工程化的国际先进、成熟的能源利用技术具备了工程应用条件。这些革命性技术的工业化应用，必将从根本上解决相应领域内长期难以解决的能源利用效率和污染排放问题，扩大中国的能源供应来源，提高能源利用效率和中国的能源安全水平。

燃煤锅炉技术和清洁煤炭利用

已经完成技术工业化的新型煤气化锅炉技术设备系统，采用先进的常压高温煤气化技术原理，实现煤炭在常压高温状态下清洁高效气化，并通过专有锅炉设备气体燃烧控制系统，完成热燃气的优化和超低氮氧化物燃烧，使燃煤锅炉系统实现优化和高效运行，可有效提高锅炉系统能源效率约30%和显著降低氮氧化物排放。其通过煤炭清洁高效气化、高效热能释放、低污染物排放，并利用锅炉的热交换系统实现煤炭的清洁高效热能吸收和转换，完成集中供热或发电。其可广泛用于煤炭能源利用的燃煤发电和热能供应等行业，以及不同规模的工业用和民用煤炭能源利用项目，如城市和城镇集中供热系统。预计每年可为中国国内节约动力煤6.5亿吨左右。

高效煤气化和清洁能源利用

先进的常压高温煤气化技术可以迅速替代现有各类低能效、高污染的传统常压煤气发生系统，为像化肥、玻璃、水泥和城镇集中供暖等不同规模和工艺技术过程的高耗能行业提供煤炭清洁利用技术解决方案。如果这些高能耗行业采用更先进的煤气化技术对其原有技术进行升级改造，则可显著提高能源效率，每年可为中国国内节约动力煤1.5亿吨左右，并实现大气污染有效治理。

内热式煤焦化和尾气污染治理

由于采用传统的外热式焦化生产工艺技术，煤焦化包括兰炭生产是中国大气污染的主要污染源之一，造成严重的能源浪费和大气污染排放。目前，中国国内已有先进的内热式煤焦化技术，可大幅度提高炼焦生产的能源效率2～3倍以上，并实现大气污染物近零排放。如果这一技术能落地应用，将会推进中国煤焦化产业的技术升级和绿色转型，预计每年可节能合动力煤达1.1亿吨左右，并彻底解决生产环节对大气污染排放的问题。

垃圾与生物质气化和能源利用

因城市垃圾成分复杂，现有垃圾焚烧技术不可避免地会产生二次污染，特别是二噁英。而先进的常压高温垃圾气化技术，使生物质和垃圾废弃物中的有机成分在"高温还原"环境下完成高温裂解气化，避免垃圾焚烧，从而有效解决垃圾处置的二噁英问题；实现生物质材料和城市垃圾的高效净化处理，同时限制和减少氮氧化物和硫氧化物的形成和排放。通过气化与高效气体燃烧直接耦合实现能源利用，每年可以完成相当于 3.2 亿吨动力煤的生物质和城市垃圾清洁净化处理和能源利用。

工业与医疗危废处置和能源利用

国际先进的工业与医疗危废净化处理与能源利用技术，是利用成熟的常压高温气化技术和设备系统，实现固体、液体、气体危废和 VOCs 中有机成分和有毒有害成分在无氧的"高温还原"环境中的高温裂解，避免二噁英的产生、限制和减少氮氧化物等其他二次污染物产生，并可实现高效能源回收利用，生产热能或电能等二次能源。

建立能源资源清洁利用可持续投资和发展的政策环境

丰富的可利用能源资源和先进的能源利用技术是能源安全的重要条件和基础，在进入产业化示范阶段时，只有政府推动示范项目的政策支持力度足够大、激励手段足够到位，政府引导资金和社会资金才敢于投资、敢于试错。一旦产业化示范项目成功，在中国集中精力办大事的体制优势下，推广进入快车道则是没有什么悬念的事情。那么，有效解决能源资源清洁高效利用与环境和大气问题，并最大程度地提高国家能源安全水平就不是一句落不到实处的空话了。根据笔者在推广中的实践体会，建议如下：

建立和形成广泛共识

首先，我们应该明确，煤炭和其他能源资源是中国长期需要依赖的战略能源资源。煤炭将在中国能源供应中长期发挥重要作用是客观现实，因此，煤炭资源清洁利用技术应用就应该是实现能源供应安全战略和解决大气污染问题的核心；其他能源资源的清洁高效利用具有同等重要的能源生产和环境与大气污染治理作用。

其次，保障国家能源安全和大气与污染治理是各级政府的职责。在关系国家能源安全和大气污染治理的重大问题上，政府应主导和推动相关先进能源利用技术的工业化推广，由中央和地方政府共同承担先进技术首次工业化应用的工程技术的投资风险；因为那些只有高新技术而资金匮乏的中小型高科技企业根本没有资金能力去承担首个示范项目的投资风险。只有这样，先进技术才能尽快完成产业工艺路线，才能在相关行业迅速推广，才能彻底解决国家的能源安全和大气与环境治理问题。

再次，高耗能产业技术升级改造是先进能源利用技术的首选和低成本应用方式。先进能源利用技术的重要特征之一是其实施和应用成本要低于或至少等同于现有技术，可以通过对现有技术的低成本技术升级改造实现。只有这样，才能大幅度提高中国工业和能源技术水平以及国际竞争力。

最后，高耗能行业能源利用技术升级改造需要统筹规划。高耗能行业和企业能源利用技术升级改造会改变该行业和企业的产品结构和地方清洁能源供应及相关产业结构。为实现高耗能产业技术升级改造和绿色转型的效益最大化，地方政府要积极参与和引导相关产业与清洁能源产业结构调整优化和设施建设；使高耗能产业的技术升级，既能有效解决地方大气污染问题和清洁燃气供应问题，又能优化地方产业结构，促进和扩大就业与经济可持续发展。

制定政府专项支持政策和措施

一是做出科学和专业的分析和决策。尽快组织相关行业专家，对包括钢铁冶金、煤焦化、煤化工、清洁能源等各主要高耗能行业，以及对地方"煤改气"和清洁燃气供应、能源与产业结构与社会和经济效益等进行全面和深入的综合评价，确定国家对于高耗能行业大气污染治理与技术升级、绿色转型的技术和发展方向，选择和确定先进能源利用技术；并制定强有力措施进行工业推广应用，集中和迅速解决能源资源利用和环境与大气污染问题。

二是制定更为严苛的减排标准，倒逼传统高耗能企业绿色转型。现有高耗能行业和企业的生产工艺和能源利用技术并不理想，虽可达到当前国家能源效率和环保排放标准，但因标准的不断提高而疲于反复对减排系统进行修补和持续投入。为此，政府相关部门应依据当前各项先进能源利用技术的能源效率和污染排放指标，制定更为严苛的国家标准，倒逼传统企业绿色转型，也以此杜绝相对落后的能源利用技术进入企业而导致能源浪费和大气污染。

三是有力推动和促进先进能源资源利用技术的工业示范项目落地。推动各项先进能源利用技术的工业示范会对高耗能行业、金融机构和社会资本产生巨大的启示和推动作用，使得先进技术应用和绿色产业投资的正循环作用有效解决能源浪费和大气污染问题。对于愿意利用先进技术进行先行先试的传统高耗能企业，建议国家发展改革委制定允许先行先试技改立项的政策支持，对示范结果达到突出节能减排标准的项目予以国家重大工程技术工业化项目的形式和资金支持力度，积极推进先进能源利用技术的工业示范项目落地。

四是税费上罚要罚得到位，奖也要奖得及时。很多高能耗产业多为以民营为主的大型企业，对地方经济及就业贡献和影响巨大。因而严重影响了当地政府对本地高耗能企业违规生产和污染排放行为的监管和处罚力度。面对民营企业力求维持现有生产方式和现况不变，建议国家税务总局对这种影响公众健康的企业的污染排放苛以重税的同时，也要制定对采用先进能源利用技术的企业予以及时返税奖励的规定，以鼓励企业在技改方面的投入。

对能源利用技术应用提供资金和金融支持

建议设立先进能源利用政府引导资金。国家发展改革委应会同财政部就先进能源利用专项设立国家、重点省、市政府引导资金，引导高耗能企业投资能源利用技术升级改造，推进各产业能源利用技术水平的提高。

建议对实行先进能源利用技术升级改造的高耗能企业予以绿色金融信贷支持。国家应从政策层面鼓励政策性银行、商业银行对已确定采用先进能源利用技术进行技改的企业加大绿色金融信贷支持力度。（摘编自《国际融资》2020 年第 6 期，本文作者陈晓辉系质源恒泰清洁能源技术（北京）有限公司董事长）

陈晓辉：为了故乡的天空重现儿时的湛蓝

陈晓辉是质源恒泰清洁能源技术（北京）有限公司董事长兼总经理，一位从小在北京长大的美籍华人。凭借自动控制工程专业的坚实基础，并经过在生物医学工程专业和金融专业严格系统的博士硕士学习与训练，他成为可深入并横跨工程技术、现代金融和能源技术等多学科和专业领域的复合型人士。

他在美国能源企业和能源与金融风险对冲机构工作了20多年，积累了对能源市场和能源技术，包括能源期货与能源金融衍生物交易、大型能源合同架构和定价、清洁能源和节能减排技术和项目投资，以及清洁能源技术与先进设备系统开发和产业化等方面的丰富经验；直接参与和领导了先进煤焦化、煤气化、垃圾与生物质气化、工业与医疗危废净化处理等多项技术及专有设备系统开发与设计，并拥有多项相关工程技术发明和专利。他还参与、管理和领导了清洁能源技术产业化和工程技术项目开发与实施；设计能源项目合同架构和风险对冲，以及制定能源项目合同定价和金融风险对冲战略与实施策略。

作为美国能源市场和先进能源技术领域的资深专业人士和投资人，他自2009年开始筛选投资项目，向中国国内介绍引进当前国际领先的成熟先进的煤炭清洁利用技术，并于2013年回到中国投资创业，在北京中关村创办质源恒泰清洁能源技术（北京）有限公司（简称：质源恒泰）。他的初心很简单，用质源恒泰的煤炭清洁利用技术解决北京雾霾问题，让北京的天空重回儿时的湛蓝。但令他没有想到的是，推进这项技改项目的落地，竟会如此困难。他甚至发现中国国内工业能源效率低和大气污染与排放严重的问题，似乎不是单纯用先进技术就可以解决的。

2017年，质源恒泰在《国际融资》杂志组织50评委专家团和独立评审团评选"十大绿色创新企业"的活动中，从20家入围初选企业的角逐中脱颖而出，荣登国际融资2017（第7届）"十大绿色创新企业"。我也因此与他认识，并不断将这个平台上的很多投资专家和行业专家介绍给他。每一次与专家的交流都让他受益，他不断修正企业商业模式的不足，使之逐步接近可行。

经过不懈的努力，他和他的工程技术团队与中国国内大型电力和煤炭生产企业一起合作，共同开启新型的先进煤基锅炉技术工业项目，利用独特的先进煤气化和能源利用技术解决传统燃煤锅炉系统普遍存在的低能效和高污染问题。这一工业项目的实施和完成，将启动传统煤电、电热联产和主要高能耗产业等传统煤炭能源利用领域的技术升级换代，低成本、高效率地提高这些行业的煤炭清洁利用技术水平，通过节能近零排放，大幅度提高这些行业和企业的经济与社会效益。（李路阳文）

2017"十大绿色创新企业"：质源恒泰

质源恒泰清洁能源技术（北京）有限公司（简称：质源恒泰）是一家致力于用清洁技术实现焦炭清洁化生产的高科技企业。该公司创新的IHC技术可改变传统焦化企业污染重、能耗高和盈利能力低的现状，填补中国焦炭清洁化生产的高新技术空白，因此荣获国际融资2017（第7届）"十大绿色创新企业"之榜。

《独立评审团对2017"十大绿色创新企业"质源恒泰的推荐词》见本书《2011—2020"十大绿色创新企业"一览》。

《50 评委专家团对 2017 "十大绿色创新企业" 质源恒泰的推荐词》精选如下：

胡斌（时任英飞尼迪集团董事总经理）推荐词：技术一流，市场潜力巨大。

郑小平（中国城市发展基金会副会长、中国多边投资顾问有限公司董事）推荐词：环境气候改善是当下重要工作，继续努力。

张威（海泰戈壁创业投资管理有限公司总经理、北京戈壁绿洲天使投资中心（有限合伙）合伙人）推荐词：对于雾霾的治理必将是未来 5 年政府最为重要的环保工作之一！其中焦煤是焦点之一，市场前景乐观！

王鑫（时任法国可持续发展与国际关系研究所研究员）推荐词：清洁煤技术有利于中短期能源转型成本有效过渡。

周树华（开物基金主管合伙人）推荐词：非常实用的新型焦煤节能减排技术。

王能光（时任君联资本董事总经理、首席财务官）推荐词：IHC 内热式清洁高效煤焦化工艺技术，有利于煤焦化和煤炭利用行业转型升级。

周家鸣（资深风险投资家）推荐词：将重污染能源变为清洁能源，为传统能源开拓了新出路。

李安民（北京久银投资控股股份有限公司董事长）推荐词：质源恒泰的 IHC 煤焦化技术采用内热式清洁高效煤焦化技术，解决了传统外热式煤焦化技术行业痛点，实现了污染气体近零排放，达到了精准治霾目的，为传统焦煤企业带来了高效益。

杨志（中国人民大学经济学院教授、气候变化与低碳经济研究所负责人）推荐词：焦煤产业清洁化，解决雾霾有希望。

刘喜元（北京金融资产交易所研究所总经理）推荐词：该公司 IHC 内热式清洁高效煤焦化技术具有解决中国雾霾问题，改变传统焦煤企业重污染、高成本和低盈利现状，及解决行业痛点、实现煤焦化和煤炭利用行业转型升级的优势。

吴隽（中认畅栋（北京）投资有限公司执行董事）推荐词：中国的煤焦化产业数量庞大，也是污染严重的工业企业，煤炭清洁利用能有效减少污染排放，并获得显著综合效益，是非常值得推广的。

郭松海（山东财经大学教授，第九届、十届、十一届全国政协委员）推荐词：该公司 IHC 清洁高效煤焦化技术为清除中国雾霾贡献力量。

陈燕（重庆磐石臻合股权投资基金管理有限责任公司首席合伙人）推荐词：该项目焦化技术先进，具有多项发明专利，对治理雾霾有着积极的作用，也是政府倡导的方向。

刘伟（国投创合基金管理有限公司总经理）推荐词：该公司核心技术能够有效提升煤焦化过程的生产效率，提高产品资源化的能力，降低生产成本，符合国家政策导向及行业发展方向。

程会强（时任国务院发展研究中心资环所所长助理、研究员）推荐词：清洁煤炭技术消除雾霾，实现传统产业转型升级。

王桂梅（北京中保信达投资咨询有限公司董事总经理）推荐词：彻底改变传统焦煤企业重污染、高成本、和低盈利现状，实现煤焦化和煤炭清洁利用，推广利用该技术的社会环境价值、经济价值非常之高。（摘编自《国际融资》2017 年第 7 期）

　　中海润达新材料科技有限公司（简称：中海润达）是获得国际融资 2018（第 8 届）"十大绿色创新企业"殊荣的高新技术企业，该公司董事长刘永平是新一代陶瓷保温技术项目的创始人。在 2019 年（第 10 届）清洁发展国际融资论坛演讲中她表示，愿以企业的创新实践，"把节能贯穿于经济社会发展的全过程和各领域"，为"天蓝地绿水清的美丽中国"尽自己绵薄之力。

中海润达：以创新引领保温材料行业的全新变革

　　中国改革开放以来，保温材料行业发展迅速，诞生了上万家保温材料生产厂，2017 年全球保温市场总用量金额达 4000 亿元人民币，中国保温市场总量约 1000 亿元人民币，逐步形成以膨胀珍珠岩、矿物棉、玻璃棉、泡沫塑料、耐火纤维和硅酸钙等为主的品种，形成比较齐全的产业、装备和技术体系。近 10 年来，针对全国每年产生难以降解的保温固体废弃物 630 万吨，以及对生态环境严重污染的现状，国家政策层面对此出台了一系清洁生产、绿色环保的严厉要求，促使保温材料行业改变几十年标准滞后的现状，保温行业急需集保温、防火、隔热、节能等多功效于一身的绿色经济产品，因此各厂商和研发机构均朝着不燃、长效保温、轻薄、性价比最优的方向进行技术更新，保温行业迎来了一场全新的变革。

　　中海润达通过自主创新研发的"多腔孔陶瓷复合绝热材料"及其系列产品（简称：CNT），把无机微纳米材料进行复合的技术引入保温材料行业，根本性地解决了传统保温材料耐热性差、保温能效与寿命不可兼得、固体废弃物处理难、生产给生态环境造成危害等诸多痛点问题，颠覆了传统技术理念及生产方式，符合国家对产业节能减碳的要求。我们的核心技术包括：一是以无机多级微纳腔孔的陶瓷原料，包括含有反热辐射功能配方技术，在生产中复合并形成蜂巢结构成品，使导热系数随温度升高而变化非常缓慢，达到目前已知最稳定的保温结构；二是将硬质的绝热材料制造成可任意卷曲的成品，改变了施工中多材料硬性复合的方式，达到整体保温及快速施工效果；三是以低能耗、零排放、零污染的全新模式进行生产；四是目前已拥有技术配方和生产工艺两类国家发明专利及实用新型专利 17 项，形成了适合不同工况的 3 个系列 14 个品种。

中海润达的"多腔孔陶瓷复合绝热材料"有六大功效特点:一是最高的安全不燃防火等级 A1 级;二是与传统材料相同厚度时表面温度比国标减低 10 摄氏度,即 40 摄氏度,节能 25%;与国标表面温度相同 50 摄氏度时,厚度减薄 50% 以上,减重 20%;三是适应温度从 −40 摄氏度到 1000 摄氏度,几乎覆盖了所有保温甚至部分绝热应用空间,以增减使用厚度完成各温度段工作;大幅度减少设计、施工、管理的人工量;四是循环回用率高,拆旧与余料在现场制成浆料后全部回用;五是耐候性优异,抗震绝缘、防酸碱腐蚀、抗盐雾老化,适应苛刻环境,长效稳定保温 30 年以上;六是生产及施工零废排放、无毒无害、全过程健康环保。

并且"多腔孔陶瓷复合绝热材料"产品的综合性价比优势明显,以某 660 兆瓦装机坑口电厂单机锅炉及汽水管道全应用计算,相较传统材料,以节能 16% 计算,年节约煤炭 2000 吨,年节约煤炭费用 100 万元人民币,年减少二氧化碳排放 3160 吨,年增加碳资产 19.3 万元人民币,年减少固体废弃物处理费 396 万元人民币,年取得综合效益 515.3 万元人民币,投资回报期小于两年。

CNT 材料可普遍应用于电力节能、供热供暖、石油化工、冶金、防火,乃至建筑行业,且有广大的市场需求呼声。

目前,中海润达已完成的各行业商业化工程 70 个,截至 2019 年年底前,还将再实施 660 兆瓦至 1000 兆瓦新装机火电厂不同节能类型的 3 个重大工程。已取得火电厂节能、供热温降、纺织节能、超大水罐储能、建筑节能等 5 个行业持续节能 1 ~ 10 年检测数据。由于节能减碳效果突出,入选 2017 国家节能中心《重点节能技术应用典型案例》15 家企业之一。截至 2019 年 7 月,中海润达已与 5 家央企签署战略合作协议,共建实验室两个;在河北管道基地,实施蒸汽地埋管工厂化施工生产合作,以及合资建设自动化生产基地,同时在合作生产过程中对专利技术进行授权许可。

我们希望通过广泛宣传,吸引战略投资者共建平台,希望与有资源、有资金实力的认同者合作,也希望得到政策投资者的扶持,共同推动新材料行业升级换代的步伐,"把节能贯穿于经济社会发展的全过程和各领域",为"天蓝地绿水清的美丽中国"尽自己绵薄之力。(摘编自《国际融资》2019 年第 8 期,龚文根据中海润达董事长刘永平演讲整理编辑,郑乾摄影)

2018"十大绿色创新企业":中海润达

中海润达新材料科技有限公司(简称:中海润达)通过其自主创新研发的"多腔孔陶瓷复合绝热材料"及其系列产品(简称:CNT)将无机纳米技术与复合材料设计引入保温材料行业,解决了传统保温材料耐热性差、保温能效与寿命不可兼得、污染环境等诸多痛点问题,因此荣登国际融资 2018(第 8 届)"十大绿色创新企业"榜。

CNT 材料集保温防火、节能环保、防腐抗盐雾、寿命长、硬质可卷曲、可循环回收六大特点于一身,将无机纳米技术和复合材料相融合,有效隔绝空气对流,同时加入反热辐射纳米配方降低热传导损失,导热系数随温度升高变化非常缓慢,在 600 摄氏度内的温度区域，其导热系数仅为传统纤维类保温材料的 1/3~1/2，隔热效果显著。相比同种被保温介质，CNT 材料用量仅为传统材料的 40%~50%，减少介质自身负重的同时节省 50% 以上设备空间，减少散热面积损失 30% 以上，且 CNT 材料持久耐高温，生产运输与施工中产品损耗为零，成品循环再利用率超 50%，真正实现节能减排环保。

CNT 可达 A1 级不燃防火等级，在高温下长期使用不易变形脱落，耐酸碱腐蚀和盐雾污染，无毒防水，密封性极强，成品保温寿命可达 30～50 年，高于传统材料 20 多倍。CNT 材料的静态投资与传统材料工程造价相同；在全寿命运维期内，运维费用至少降低 80%，动态投资是传统材料全寿命期运维费的 1/5，当与传统材料表面温度相同时，CNT 是其材料用量的 1/3～1/2，因此，在基建项目综合成本控制方面占居竞争优势。

CNT 材料目前采用零能耗晾晒烘干方式（即利用太阳能而无化学能消耗），年生产能力 35000 立方米。2016 年全球保温材料需求量高达 55000 万立方米，但 CNT 材料的市场占有率却不足全球保温材料市场的万分之一。据分析，CNT 拟可替代市场容量约占全球保温材料市场用量的 5%，约为 2750 万立方米/年。目前正在筹建全系列产品自动化生产基地。

此外，CNT 材料具有可卷曲柔韧性强的特点，可根据不同应用场景，研发出包含卷材、板材、齿状、浆料在内的多种产品形态，方便管道、异形等设备施工，可应用于电力、化工、钢铁、石油、建筑、冶金、纺织、军工和城市供热管网等诸多需保温的行业。同时，产品使用温度从 -40℃~1000℃，适应温差高出传统保温材料两倍，几乎覆盖了所有保温甚至部分绝热应用空间。该公司自主研发的防水、防风、防腐等外延配套技术，也为各类工业设备及民用建筑提供了个性化解决方案。

CNT 因原材料及成品无任何毒害，以及生产施工过程中无任何废弃物、无粉尘及纤维逃逸而成为国家健康环保材料新标准。根据 CNT 技术专利，中海润达获国家能源局批准，主编了电力行业新标准《电厂多腔孔陶瓷复合绝热材料》（DL1761-2017），并向河北省价格评估认证学会提交了"多腔孔陶瓷复合绝热材料产品价格认证推荐"申请，掌握了行业话语权和定价权。CNT 新材料项目被列入国家火炬计划重点支持项目。

此外，中海润达还为合作企业提供了热态节能检测及节能减碳交易数据凭据，以全国火电装机容量 11 亿千瓦计算，大小修运维应用该产品，可节约标准煤 15 万吨/年、减少二氧化碳排放量 39.5 万吨/年；以每年递增 5% 的新建计，可节约标准煤 16.5 万吨/年，减少二氧化碳排放量 43.5 万吨/年。（摘编自《国际融资》2018 年第 7 期，董媛媛文）

《独立评审团对 2018 "十大绿色创新企业" 中海润达的推荐词》见本书《2011—2020 "十大绿色创新企业" 一览》。

《50 评委专家团对 2018 "十大绿色创新企业" 中海润达的推荐词》精选如下：

董贵昕（时任北京尚融资本管理有限公司合伙人、中国并购公会秘书长）推荐词：该公司自主创新研发的"多腔孔陶瓷复合绝热材料"及其系列产品将无机微米和纳米技术与复合材料设计引入传统保温材料行业，获得了电力工程科学技术进步一等奖，性能优势突出，引领行业技术变革，市场前景广阔。

田立新（德同资本管理有限公司创始合伙人）推荐词：替代常规保温材料的新材料企业。

梅德文（北京环境交易所总裁）推荐词：该公司自主创新研发的系列产品颠覆了传统保温材料行业的理念，以无机微米和纳米技术完美地解决了传统纤维类保温材料保温性差、寿命短、无法降解、燃烧等级低、危害人体健康等缺陷，相信该公司的新材料将以其更优良的品质广泛地应用于诸多领域。

胡斌（浩正嵩岳基金并嵩山科创基金管理合伙人）推荐词：保温绝热新材料的应用，前景非常广阔。

彭慈张（福建弘金投资有限公司（弘金资本）董事、总裁）推荐词：国家级微纳米类保温材料，节约能源，绿色环保。

李爱民（时任中国风险投资有限公司合伙人、高级副总裁）推荐词：替代传统保温材料，未来有较好的发展空间。

李安民（北京久银投资控股股份有限公司董事长）推荐词：产品性能与行业地位突出；产品应用范围广，发展潜力巨大。

孙轶颐（时任世界自然基金会中国可持续金融项目总监）推荐词：保温材料的技术进步将对降低能耗、提高能效做出重大贡献。

吴隽（中认畅栋（北京）投资有限公司执行董事）推荐词：由于保温材料造成的污染和火灾的频发，急需新型材料改变现状。中海润达的自主知识产权保温材料不仅用于专业电、热厂，还有很大的民用拓展空间，从环保、降低成本、节能、安全上都有很大的优势，值得进一步推广应用。

杨志（中国人民大学经济学院教授、气候变化与低碳经济研究中心负责人）推荐词：作为中国唯一国家级纳米类保温材料的高新技术企业，市场发展空间巨大。

祁玉伟（上海创业接力基金创业投资管理有限公司主管合伙人、创业接力科技金融集团副总裁）推荐词：项目利用新型材料提供工业用特种保温材料，具有较高的性价比，获得客户认可。

张付申（中国科学院生态环境研究中心研究员／室主任）推荐词：微纳米材料，走向世界。

张震龙（时任北京环境交易所总裁助理、北京北环浩融投资管理有限公司总经理）推荐词：性能优势突出，引领技术变革。

张威（天津海泰戈壁创业投资管理有限公司董事长并总经理）推荐词：新型保温材料提高了竞争实力。

王能光（君联资本董事）推荐词：保温材料的改进，在达到功效的同时，安全是头等大事。

李国旺（上海大陆期货有限公司首席经济学家）推荐词：掌握了行业话语权和定价权，即通过品牌塑造创造价值。（摘编自《国际融资》2018 年第 7 期）

　　北京力博特尔科技有限公司董事长刘勇军在本文中指出："以创新技术解决一种固体废弃物变废为宝，再以这种变废为宝的固体废弃物新材料去解决多种固体废弃物的疑难杂症并将其转换成有价值的资源加以利用，这是企业的需要、环境的需要和全人类的需要，但在推动创新技术落地时，也需要人们转变观念，需要政策制定部门、金融机构、地方政府群策群力，跟上企业的创新速度，以系统思维统筹构建以固体废弃物治固体废弃物的可持续投资环境，实现资源有效利用最大化"。

刘勇军：以固体废弃物治固体废弃物的价值创新构建可持续的投资环境

　　我们用 10 多年的努力和奉献，创造出利用其中一种固体废弃物解决另一种废弃物平台系统的核心技术，生产出跨行业的创新产品，帮助那些固体废弃物堆积问题严重的企业放下包袱，创造产业链循环经济财富模式，为人类与地球和谐相处创造可持续的社会效益与经济价值。

　　首先，我们要捋顺一下概念，现代环境污染的核心包括自然环境污染、城市环境污染、人工环境污染和城市大气污染。造成这四大环境污染的原因很多，但最主要的是来自固体废弃物的污染。

　　笔者要强调的是，我们必须对固体废弃物重新认识。实际上，固体废弃物只是在某一过程或某一方面没有使用价值，但是，往往可以作为另一生产过程的原料被利用，因此，是一种"放在错误地点的原料"。但这些"放在错误地点的原料"，往往含有多种对人体健康有害的物质，如果不通过绿色创新技术及时加以利用，长期堆放，积存过多，不仅会污染生态环境，还会对人体健康造成危害。我们推出的磷石膏固体废弃物生产治理废弃物原料系统，则是解决固体废弃物的有效系统。当然，这种固体废弃物生产治理废弃物原料的绿色创新系统在中国还有很多，针对的行业问题也有所不同。

固体废弃物对环境的影响及其利用的瓶颈问题

固体废弃物特性、分类及其对环境的影响

其特性为：一是无主性，即被丢弃后，不再属于谁，因而找不到具体负责者，特别是城市固体废弃物；二是有主性，即丢弃后由丢弃企业具体负责；三是危害性，对人们的生产和生活产生不便，危害人体健康；四是错位性，一个时空领域的废物在另一个时空领域是宝贵的资源。

固体废弃物基本分为四类：城市生活垃圾，工业垃圾，建筑垃圾和污泥等危险废物。

固体废弃物对自然环境的影响主要表现为以下三大领域：

第一，对土壤环境的影响。土壤是许多细菌、真菌等微生物聚居的场所，这些微生物与其周围环境构成一个生态系统，在大自然的物质循环中，担负着碳循环和氮循环的部分重要任务。固体废弃物及其淋洗和渗滤液中所含的有害物质会改变土壤的性质和土壤结构，并对土壤微生物的活动产生影响。工业固体废弃物特别是有害固体废弃物，经过风化、雨雪淋溶、地表径流的侵蚀，有些高温或和有毒液体渗入土壤，能杀害土壤中的微生物，破坏土壤的腐解能力，甚至导致草木不生。这些有害成分的存在，还会在植物有机体内积蓄，通过食物链危及人体健康。

第二，对水环境的影响。直接将固体废弃物倾倒于河流、湖泊或海洋，将后者当成处置固体废弃物的场所之一，是有违国际公约的。固体废弃物弃置于水体，将导致水质受到污染，严重危害水生物的生存条件，并影响水资源的充分利用。此外，向水体倾倒固体废弃物还将缩减江河湖面有效面积，使其排洪和灌溉能力降低。目前，海洋也正面临着固体废弃物潜在污染。中国河流、湖泊沿线建立的一部分企业，每年仍在向附近水域排入成千上万吨的固体废弃物，有的排污口外形成的灰滩甚至延伸到航道中心，影响正常航运。此外，据有关单位估计，由于江湖中排进固体废弃物，20 世纪 80 年代的水面比 50 年代减少约 13300 平方千米。此外，在陆地堆积或简单填埋的固体废弃物，经雨水的浸渍和废物本身的分解，将会产生含有害化学物质的渗滤液，对附近地区的地表及地下水系造成污染。例如，城市垃圾不但含有病原微生物，在堆放过程中还会产生大量的酸性和碱性有机污染物，并会将垃圾中的重金属溶解出来，是有机物、重金属和病原微生物三位一体的污染源。

第三，对大气环境的影响。固体废物中的细微颗粒等可随风飞扬，从而对大气环境造成污染。据环保部研究表明：当发生 4 级以上的风力时，粉煤灰或尾矿堆表层的直径为 1 ～ 1.5 厘米以上的粉末将出现剥离，其飘扬的高度可达 20 ～ 50 米，并使平均视程降低 30% ～ 70%；以细粒状存在的固体废弃物和垃圾，在大风吹动下也会随风飘逸，扩散到很远的地方。一些有机固体废弃物，在适宜的湿度和温度下被微生物分解，还会释放出有害气体，产生毒气或恶臭，造成地区性空气污染。另外，废弃物填埋场中逸出的沼气，在一定程度上会消耗其上层空间的氧，从而使种植物衰败。而采用焚烧法处理固体废弃物，已成为有些国家大气污染的主要污染源之一。据报道，美国固体废弃物焚烧炉，约有三分之二由于缺乏空气净化装置而污染大气，有的露天焚烧炉排出的粉尘在接近地面处的浓度达到 0.56 克 / 立方米。中国部

分企业采用焚烧法处理塑料，排出大量粉尘，也对大气造成严重污染。

利用固体废弃物的瓶颈及目前处理的窘态

从目前看，利用固体废弃物存在 3 大瓶颈问题：一是排放量大；二是技术创新突破难；三是投资归属。固体废弃物的归属为排放企业，政府没有预算资金投入，只有政策和奖励资金的支持。固体废弃物的处理通常是指物理、化学、生物、物化及生化方法把固体废物转化为适于运输、贮存、利用或处置的过程，固体废弃物处理的目标是无害化、减量化、资源化。因为固体废弃物所含成分复杂，其物理性状（体积、流动性、均匀性、粉碎程度、水、热值等）也千变万化，因此，被认为是"三废"中最难处置的一种，要达到"无害化、减量化、资源化"处理目标会遇到相当大的麻烦。就目前的处理方法来看，采取的是被动控制其产生量的方法。笔者认为，把固体废弃物作为资源对待，利用磷石膏排渣口直接转化治理固体废弃物的原料无疑是一条很好的出路，可以变废为宝。

中国面临的固体废弃物现状不容低估

城市面临生活垃圾、建筑垃圾和污泥 3 座大山

近 10 年，中国城市生活垃圾产生量大幅度增加。中国城市环境卫生协会提供的数据显示，目前中国人均生活垃圾年产生量为 440 千克，全国城市垃圾年产生量达 1.5 亿吨，且每年以 8% ～ 10% 的速度增长，全国历年垃圾存量已超过 60 亿吨，约有 2/3 的城市陷入垃圾围城的困境。

现状一：城市垃圾的量仍在无法抑制地增长。

目前，由于公众意识、技术水平和经济投入等问题，城市垃圾的量不仅未有效减少，反倒是增加的势头难以抑制。减量化是解决城市垃圾问题的首要环节，但是，它的实现需要公众环境意识的真正提高和对垃圾问题的到位认识，需要有关部门专业人士的指导，使百姓改变目前的生活习惯并采取相应设施。在一些发达国家，公众对垃圾分类回收的认识是到位的，且落实到行动上，从而从垃圾产生的源头能削减产生量，对可回收利用的固体废弃物进行分离，为固体废弃物资源化利用创造了很好的条件，也大大降低了进一步处理的技术难度。在中国，城市垃圾组分极为复杂，特别是大量的无机类建筑垃圾也混杂在其中，给处理造成困难，也降低了资源化的价值。另外，受限于技术及经济，也是限制源头处理的一个重要方面。

现状二：建筑垃圾资源化利用量少得可怜。

随着中国城镇化水平的不断提高，城市面积规模不断扩张，旧有城区的拆迁改造与新城区的土地一级开发等使得中国过去 10 年的建筑拆迁面积保持较快的增长速度。据住建部统计数据测算：2017 年中国建筑拆除过程中的建筑垃圾产量为 14.36 亿吨左右，同比增长 8.34%。欧美发达国家对建筑垃圾的利用率在 95% 以上，早在 1988 年，东京的建筑垃圾再利用率就达到了 56%。在日本很多地区，建筑垃圾再利用率已达 100%。美国每年有 1 亿吨废弃混凝土被加工成骨料用于工程建设，其中，68% 的再生骨料被用于道路基础建设，6%

被用于搅拌混凝土，9% 被用于搅拌沥青混凝土，3% 被用于边坡防护，7% 被用于回填基坑，7% 被用在其他地方。而中国国内建筑垃圾资源化回收再利用程度较低，2017 年中国国内产生建筑垃圾 23.79 亿吨，其中进行资源化利用的仅为 11893 万吨，利用率仅为 5% 左右。

现状三："重水轻泥"现象导致污泥安全处置的比例低。

随着中国经济建设的快速发展及城镇化步伐不断加快，污泥产量与日俱增，且污水处理过程中产生的污泥量也在不断增加，真正能够实现安全处置的污泥比例不超过 20%。那些随意在露天堆放、土地填埋和外运的污泥，含有多种有毒、有害物质，如果不经过合理处置势必会造成污染和再污染等严重问题，对土壤、动植物甚至人类的健康造成极大危害。

中国存在严重的"重水轻泥"现象，污水处理厂能将污泥初步减量化，但不能将污泥稳定化。实际上，城市污泥也含有大量植物必需的营养元素，且污泥热值相对较高。因此，合理的污泥处理处置不仅能保护环境，也能起到能量循环再利用的效果。

值得注意的是，污泥特有的胶状结构很大程度限制了污泥的脱水，从而影响到后续的安全处置。从国外发达国家污泥处置的经验看，污泥焚烧、碳化等高科技方法已逐渐成为主流技术。目前，中国约有 80% 左右的污泥并没有得到合理的处置，我们需要充分认识到污泥所带来的一系列危害，综合考虑先进技术、环境要求、经济成本等多方面因素，选取最为合理的污泥处置方式。

工业固体废弃物被大量遗弃是对资源的一种极大浪费

工业固体废弃物是在工业生产活动中产生的丧失原有利用价值或者虽未丧失利用价值但却被抛弃或者放弃的固态、半固态和置于容器中的气态物品、物质以及法律、行政法规规定纳入固体废物管理的物品、物质。主要包括冶炼废渣、粉煤灰、炉渣、煤矸石、尾矿、脱硫石膏、磷石膏、放射性废物和其他废物。

进入 21 世纪以来，中国资源不断被开发，逐步由农业大国转向工业大国。然而，在粗放型的线性发展模式下，一味追求经济的快速发展，带来的是生态环境被破坏，资源不断被浪费。工业化进程的不断发展，导致工业固体废弃物排放量不断增加，而传统的堆存和填埋不仅侵占有限的土地，还污染空气和河流，影响人们身体健康。笔者要强调的是，在这发展过程中，却严重忽略了工业固体废弃物可作为原材料生产新型建材这一独到的优点。因此，促进工业固体废弃物综合利用，既可以减少污染、保护环境，实现生态经济的发展目标，又可以充分利用资源，促进中国工业发展方式的转型升级。

以创新技术系统将磷石膏固体废弃物复配其他固体废弃物是最大化利用资源的有效途径

磷石膏固体废弃物现状

根据中国化肥协会数据，将 2017 年中国磷酸一铵和磷酸二铵折五氧化二磷共计 1400 多万吨 / 年反推算，每生产 1 吨（折五氧化二磷）高浓度磷肥，应副产磷石膏 5 吨，则中国每年新增磷石膏固体废弃物 7000 万吨。20 世纪 80 年代以来，累计生产高深度磷肥（折五氧化二磷）超过 1.2 亿吨，磷石膏的利用却很少，大部分都以堆存为主，目前磷石膏累计堆储量已超过 5 亿吨。

早在 2006 年，磷石膏作为磷肥工业生产过程中所产生的固体废弃物就被国家环保部门定性为"危险废渣"。这也成为悬在生产磷肥企业头上的一把剑。

磷石膏是指在磷酸生产中用硫酸处理磷矿时产生的固体废渣，其主要成分为硫酸钙，此外还含有多种其他杂质，包括不溶性杂质和可溶性杂质，其中所含氟化物、游离磷酸、五氧化二磷、磷酸盐等杂质，是导致磷石膏在堆存过程中造成环境污染的主要因素。

北京力博特尔科技有限公司（简称：力博特尔）采取在线控制工艺系统和磷石膏物料成分的数据人工智能分析控制系统的工艺路线生产，经过其核心技术处理，解决并平和了工业废弃物磷石膏中的不完美成分，并去除了毒素，将有害的磷石膏转化为不仅无害而且有益健康的石膏基复合胶结材料的资源，变废为宝。该材料不仅可以节约资源和能源、减少二氧化碳排放、保护生态环境，而且在生产环节无污染物及污染气体排放。

这种石膏基复合胶结材料是一种高性能新型无机胶结材料，在常温下能够任意胶结各类页岩、泥砂石混合料、淤泥和垃圾灰等，与传统材料相比，具有胶结强度高、性能好、污染少、施工工期短和综合成本低等优点，并可带动产业系统的变化，在一些特定场合使用具有良好的效果。该材料可广泛应用于建筑、水利、公路、河泥处理等工程，有效补充了传统胶结材料应用中的不足或缺陷。

利用绿色创新石膏基复合胶结材料复配其他固体废弃物是完全可实现的

这是基于产业化的实践得出的结果。

第一，在建筑基础工程中应用：可用于基础加固，且通常无需转换就可直接处理（特别是对于一些泥泞工地的开挖、清基很有帮助），如灌注桩、旋喷桩以及软基处理膨胀土的胶结。实际应用中，其效果性能都高于常规处理工艺。

第二，在道路工程中应用：可用于稳定基层的处理，代替水泥混凝土做一般公路和乡村公路路面，可延长分缝长度，亦可处理泥泞路面，其抗压重量在 30 吨左右；高速和高等级公路基层和底基层处理；公路、铁路的边坡硬化。

第三，用石膏基复合胶结材料混合就地取材料处理的道路，整体结构好（网状板块结构），具有一定的弹性，不易开缝断裂。

第四，在水利工程中应用：如圹库、围堰的大坝、护坡、挡墙、基底以及渠道的修筑与防渗，江河土堤加固等，既可减少工程造价又有利润。

第五，在水土保持工程中应用：诸如农田坡改梯，胶结坡度大的裸露土层，小面积浅层滑坡治理，盘山堰和拦沙坝和拦沙凼的修筑等，且施工简化方便。

第六，用于配制建筑沙浆：可直接取潮泥沙进行配制成砌筑砂浆、内外墙抹灰砂浆，且滋润易操作，用于处理外墙表层抗渗性强，实现建筑干作业。

第七，用于野外就地取土构筑军事工程、应急工程，解决突发事件。

第八，用于建造森林防火隔离带和垃圾堆放场的防污处理。

第九，用于压制非烧结页岩砖、免烧煤灰砖、人行道地砖、沟渠衬砌板和其他各种规格的预制砌块。

第十，用于养鱼池底层及其土坝和囤水田、田坎的硬化防渗，乡间小路硬化、操坪和晒坝硬化等。

固体废弃物资源化的石膏基复合胶结材料的创新，是市场的需要

力博特尔双绿色环保（生产绿色、产品绿色）、双智能（生产智能、使用智能）特殊工艺的石膏基复合胶结材料生产线，目前正在湖北松滋国家资源循环利用基地建立生产厂。

石膏基复合胶结材料的应用已经得到了市场、工程等专业及行业的认可。中国建筑材料工业规划院将石膏基复合胶结材料提升到生态治理生态修复材料，在长江科学院教授级高工曾祥指导下，共同成立长江经济带生态修复工程示范中心。

在成功研发并生产出石膏基复合胶结材料后，力博特尔陆续获得国家科技部火炬高新技术产业开发中心颁发的《国家火炬计划项目证书》，国家商务部、科学技术部、质量监督检验检疫总局、环境保护总局联合颁发的《国家重点新产品证书》，国家建材工业机械标委会颁发的《达标证书》和《定点生产企业》证书，国家科技部授予的"精瑞科学技术奖"，北京市科学技术委员会、北京市发展和改革委颁发的《北京市高新技术成果转化项目认定证书》；石膏砌块产品被列入《北京市建筑工程材料供应备案管理手册》，石膏砌块整体墙列入《国家康居示范工程选用部品与产品》名录，直接参与编制或主持编制了建材工业用石膏墙板（砌块）成型机与防水高强石膏板块的国家、行业及企业标准，被列于国家建筑设计标准图集04J114-2《石膏砌块内隔墙》、07CJ08《医院建筑施工图实例》、08J931《建筑隔声与吸声构造》；进入华北、西北地区建筑设计标准88J2-7《建筑构造通用图集》中，主编的《石膏墙板（砌块）成型机》的企业标准被国家建材行业标准采纳，并作为国家标准由国家发展改革委公布实施。

市场需求与已应用工程

由于石膏基复合胶结材料可与建筑垃圾、城市生活垃圾、工业固体排放废弃物、河泥淤泥等复配，具有适应性强、强度稳定、水稳定性好、抗渗、抗蚀、抗碳化的性能好、耐久性强，并具有成本、环保、施工和性能4方面的优势，因此，赢得市场的青睐。

这种创新开发的石膏基复合胶结材料已制成20余种产品，应用于包括贵州开磷新型建筑材料产业园道路路面及基层路段，洪湖东分块蓄滞洪区蓄洪工程，昆明城中村改造项目，包头市乡村道路改造项目，京沪高速山东莱芜路段安定层工程，中国航天科工二院外墙改造及楼梯间、中国航天科工二院科研楼，北京世纪科贸大厦，山东省莱钢集团莱芜矿业有限公司职工住宅楼和新办公楼，石家庄四药股份有限公司，北京307医院等百余项目中，既创造了社会效益也创造了经济效益。

石膏基复合胶结材料是生态治理和生态修复的材料

所谓生态修复、生态治理是指对生态系统进行人为改善，使那些遭到破坏的生态系统逐步恢复或使生态系统向良性循环方向发展，最终恢复生态系统原貌。

矿产资源一直是经济社会发展的重要物质基础，采矿业对中国的贡献和影响是巨大的，但长期以来对矿产资源的大规模开发，必然给矿区生态环境造成破坏。对此，石膏基复合胶结材料可有效进行修复，不仅可以充分利用固体废弃物，恢复植被、修复矿山生态，还可以在修复与保护当地生态系统功能的同时，使居住地的居民享受系统原生态功能。

当前，随着城市化的发展，导致采矿业与城市的距离越来越近，因此，必须结合附近城市的社会和经济发展考虑生态修复和生态治理。除此之外，还须考虑当地的经济和社会发展与不同区域自然条件的差异。采用石膏基复合胶结材料复配当地固体废弃物，可实现因地制宜的绿色发展目标。

这是中国的经济发展中应该做也必须做的大事，而且已迫在眉睫！我们需要利用石膏基复合胶结材料这类可实现人与自然和谐相处的材料，有效保护人类赖以生存的地球环境。

建立生态环保可持续投资和发展的政策环境

生态环保创新技术是中国发展的重要条件和基础，只有政策支持力度足够大、激励手段足够到位，政府引导资金和社会资金才敢于投资。唯有此，在中国集中精力办大事的体制优势下，加快推广速度才会是没有什么悬念，也唯有此，有效解决固体废弃物的高效利用问题，并最大程度地提高生态修复与治理水平，才会落到实处。建议如下：

建立并形成广泛共识

首先，应该明确并重视先进技术能够将固体废弃物转变为资源是中国长期发展的需要，每一个中国人都应该认识到，利用固体废弃物治理固体废弃物、治理污染对我们的生存环境何等重要！

其次，保障生态环境是国家及地方各级政府的职责。在关乎民生的生态环境污染治理的重大问题上，政府应主导并推动先进技术的工业化推广，由中央和地方政府共同承担先进技术工业化应用的投资风险；因为那些在试验、中试阶段就已将资金全部花完的中小微高科技企业，已没有资金能力去承担完成工业化的上亿元投资风险，社会上的 VC 和 PE 也不可能为首个工业化示范项目投资，只有中央政府与地方政府和高科技企业联手投资，才能尽快解决生态环境治理问题，也才能促进和实现地方扩大就业与经济可持续发展。

建议制定政府专项支持政策和措施

首先，对这类关乎民生的生态环境污染治理的创新项目做出科学和专业的分析和决策。尽快组织相关行业专家，对涉及生态环境的社会和经济效益进行全面和深入的综合评价，明确国家对于生态环境污染治理与技术升级以及绿色转型技术的发展方向，选择和确定与此相关的先进生态环境技术，并制定强有力措施进行工业推广应用，依靠高科技，集中、迅速地解决生态环境污染问题。

其次，政府相关部门应依据当前各项生态环境污染指标，制定更为严苛的国家标准，杜绝相对落后的技术进入实业而造成生态环境污染继续。

最后，制定税费政策，奖惩都要及时到位，以鼓励企业在技术升级改造方面的积极性。

建议对固体废弃物利用技术及市场应用提供资金支持

建议设立先进生态环境治理政府引导资金。国家发展改革委应会同财政部就先进生态环境治理专项设立国家、重点省、市政府引导资金，引导企业向生态环境治理领域投资，并给予这类轻资产型的高科技企业以绿色金融信贷支持，鼓励政策性银行、商业银行对已确定采用生态环境治理技术的企业加大绿色金融信贷支持力度。

建议利用中国的"基本盘"，引导并建立平台系统，整合资源企业，发展再生资源的产业化、市场化。确立以固体废弃物治理固体废弃物创新环保技术的应用价值与效果，引导鼓励固体废弃物企业改造设备和应用新技术，设立专职机构以企业排渣费（按年排放 100 万吨磷石膏的 3 年排放成本计）向银行申请绿色金融贷款，支持绿色创新企业技术在产生大量固体废弃物的企业中普及推广。（摘编自《国际融资》2020 年第 8 期，本文作者刘勇军系北京力博特尔科技有限公司董事长）

刘勇军：一位有定力与韧性的企业家

刘勇军是北京力博特尔科技有限公司董事长，在与他相识的 9 年间，如果用一句话来形容他，即："他是一位难得的复合型人才"。

北京力博特尔科技有限公司是国际融资组织 50 评委专家团和独立评审团 2015 年评选出的"十大绿色创新企业"，坦率地说，这样的企业家在我们 10 年间评出的百家企业中，凤毛麟角。

和所有科学家、技术与工艺专家一样，他的发明创造能力也是与生俱来喜好＋钻研成就的。作为高性能新型石膏基复合胶结材料技术、工艺和人工智能设备及其工艺路线的发明人，他拥有 10 余项国家发明和实用新型专利，是石膏建材科研领域的带头人，被科技部称为"发明家"，他发明的石膏空心墙板（砌块）的生产方法及设备，实现了工业化无害处理工业废渣－磷石膏－N 种以固体废弃物治固体废弃物的产品循环利用，其材料及设备制造核心技术均为中国国内首创，国际领先。因为技术实力，他被中国建筑材料工业规划院聘为该院磷石膏开发应用中心执行主任。

他具有行业标准编制能力，不仅是建筑机械标准委员会副组长，直接参与编制或主持编制了建材工业用石膏墙板（砌块）成型机与防水高强石膏板块的国家、行业及企业标准，是该产品国家标准制定的权威，还被国家建筑材料工业机械标准化技术委员会授予 2005 年"全国建筑材料机械标准化工作领军人物先进个人证书"。

他的经营管理能力是很多技术派老总所不及的。从事企业经营管理的 20 多年里，他对企业的创新发展、商业运营及管理模式具有前瞻的眼光和独特的思路。1978—1994 年，刘勇军先生承包了亏损严重的北京志强木器加工厂，通过转型创新，逐步将这家专为地质大学单一提供课桌、教室门窗的校办厂，转变为从事承揽木器加工、设计制造明清家具、出口家具、异型家具定制、木地板、木器加工设备改造等多种经营模式的专业家具及设备生产厂家。其间，刘勇军先生通过技术及设计人才的引进、生产工艺的优化及生产设备的改造设计等措施，当年便实现了企业扭亏为盈，从承包经营的第 3 年开始，企业年利润率便达到 5%，以后逐年递增，最高时达到 43%。企业累计总产值：由起初的 57600 元人民币提升至 22745600 元人民币，利润由起初的 34560 元人民币提升至 4036160 元人民币。

超前的创新能力是他身边人或与他合作过的人对他的评价，对此，我也比较认同。1999 年，刘勇军先生开始磷石膏技术研发；2002 年，创建力博特尔并任公司法人；2003—2007 年，以力博特尔法人技术参股（45%）与莱钢集团下属的莱矿有限公司（简称：莱矿）组建北京力博特尔建筑材料有限公司并任总经理，负责石膏建材的生产经营，开拓市场及磷石膏技术的研发。其带领团队研制的智能化无人流水线成型设备（已申请专利）产业线成功运营，不仅大幅降低生产成本，提高生产效率和产品质量，更为重要的是，通过创新商业模式，使公司营业额及利润大幅增长，仅以 2006 年 4 月至 2006 年 12 月 8 个月的经营业绩为例：销售额 4842 万元人民币，利润 2653 万元人民币。产品处于供不应求的状态。

因为钢铁行业一刀切掉所有非主业业务，莱矿的 12 个与建筑材料及家装产品企业全部关停，作为唯一高科技公司——力博特尔也未幸免，直至 2015 年，莱矿无奈地与力博特尔从法律上结束了这段企业婚姻。在我对该项目进行调查时，莱矿的亓董事长不无遗憾地对我说："刘总是个了不起的人才，我们耽误了他最好的 10 年。"

刘总从不提及这段并不如烟的往事，对于我的追问，他平静地说："我们的研发不会停下来，总会找到有缘的投资人，因为我的梦想还没有实现，我最终要用这个材料治沙，让地球的沙漠全部变成绿洲。"（李路阳文）

2015 "十大绿色创新企业"：力博特尔

10 多年来，北京力博特尔科技有限公司（简称：力博特尔）一直致力于石膏空心砌块生产的方法及其设备的开发，并成功研制出石膏空心砌块生产技术、工艺及设备，实现了工业化无害处理化肥工业废渣磷石膏，并制造出全球领先的环保、节能、高科技的新型建材。其新型高速搅拌技术、机械旋转抽空技术以及自动化智能控制技术还填补了中国国内石膏建材机械领域的空白。该公司也因此荣登国际融资 2015（第 5 届）"十大绿色创新企业"之榜。

《独立评审团对 2015 "十大绿色创新企业"力博特尔的推荐词》见本书《2011—2020 "十大绿色创新企业"一览》。

《50 评委专家团对 2015 "十大绿色创新企业"力博特尔的推荐词》精选如下：

梅德文（北京环境交易所总裁）推荐词：技术自主创新、把固体废弃物变成环保建材，值得行业推广。

刘向东（时任天津海泰科技投资管理有限公司总经理）推荐词：该公司成功研制的石膏

空心砌块生产技术、工艺及设备，实现了工业化无害处理工业危险废渣磷石膏，并将其变废为宝、循环利用。

金嘉满（全球环境研究所执行主任）推荐词：废物利用、变废为宝。该公司对磷石膏无害处理的创新应用让人惊叹！

刘伟（时任国投高科技投资有限公司副总经理）推荐词：解决磷肥工业生产过程污染问题，提高磷石膏的有效利用率。

乔文军（时任亚太经合投资中国公司董事、首席顾问）推荐词：环保新材料，原料供给丰富，产品应用广泛。

李爱民（时任中国风险投资有限公司合伙人、高级副总裁）推荐词：资源综合利用，建筑节能市场巨大。

叶东（青云创业投资管理有限公司总裁）推荐词：磷石膏产品应用广泛、性能好，该技术具有推动循环经济发展、减少废弃物和环境污染的意义。

郭松海（时任山东政府参事，山东财经大学教授，第九届、十届、十一届全国政协委员）推荐词：变废为宝，开辟国际石膏砌块生产的先河。

周家鸣（资深投资分析师）推荐词：变废为宝，既解决环境污染问题，又满足了市场需要，值得推广。

贺强（中央财经大学证券期货研究所所长、教授）推荐词：具有环保节能技术、自主创新能力的科技型企业。

马向阳（高兴资本集团有限公司董事长）推荐词：中国磷石膏综合利用技术水平低，市场化应用比较少，值得推荐。

高健智（展腾投资集团董事长）推荐词：科技创新变废为宝，开创可持续性发展的新模式。

孙轶颋（时任世界自然基金会中国可持续金融项目总监）推荐词：变废为宝，循环利用。

杜晓山（时任中国社科院农村发展研究所研究员、教授）推荐词：力博特尔——开创了废物资源化的新途径！

吴隽（中认畅栋（北京）投资有限公司执行董事）推荐词：在社会从资源节约型向资源再利用型转变过程中，危废处理和资源化是较难的环节，力博特尔不仅做到了，还很成功。

王承波（时任中国社会科学院企业社会责任研究中心首席专家、咨询项目总监）推荐词：致力于磷肥工业生产有害废弃物磷石膏的有效利用，符合环保产业的发展方向。

王建新（时任国际中国环境基金会副总裁、中国能源研究会能效与投资评估专业委员会副秘书长）推荐词：开辟磷石膏废料无害化、资源化、循环再利用道路的优秀民营科技企业。

宗庆生（时任中国五矿集团公司总经理助理兼投资管理部总经理）推荐词：废渣磷石膏的无害化处理及其抗震、防火、节能功效符合绿色环保创新建材的新理念。（摘编自《国际融资》2015 年第 7 期）

回顾展望篇

100 家绿色创新企业，158 位评委、评审专家，用智慧与 10 年行动为中国经济的可持续发展献计策、出方案，创技术、推变革创新驱动和绿色发展是中国经济转型升级的重要源泉。2011 年至 2020 年，已有 100 家企业荣登国际融资"十大绿色创新企业"之榜，他们的领先技术、创新产品和成长历程，反映出当今时代中国绿色创新企业的发展趋势与动向，也为全社会更好地营造支持创新创业的环境氛围带来诸多思考。

绿色创新企业 10 年（2011—2020）发现与发展报告

"十大绿色创新企业"评选活动与 100 家绿色创新企业概述

为了推出有力支撑数字中国、智慧社会建设的绿色创新企业典范，彰显原理性核心技术创新与实体经济深度融合的气候智能有效实践，加速中国向低碳、零碳经济转型，为投融资机构提供引领性新动能项目，国际融资"十大绿色创新企业"评选项目工作组自 2011 年起，每年邀请由境内外资深投资人与专家组成的 50 评委专家团和独立评审团，在目力所及范围内通过自荐、推荐等方式征集候选企业，通过调查分析，严格筛选出 20 家入围企业并完成企业推荐报告，再经过 50 评委专家团初步评议和独立评审团复议，历时 7 个月，最终决出年度"十大绿色创新企业"。至 2020 年，已评出百家绿色创新企业。

"十大绿色创新企业"年度评选活动的目的，不仅是宣传绿色创新企业的核心技术成果，更为重要的是通过这一活动平台，搭建起金融投资机构、行业专家与绿色创新企业之间的沟通桥梁，增进彼此了解，帮助绿色创新企业提速创新成果产业化步伐。

截至 2020 年 7 月，评选活动已成功举办 10 届，共有 100 家企业荣登"十大绿色创新企业"之榜。这些企业类型各异，规模大小不一，成立时间有长有短，发展阶段落差也较大，但共同点是他们都充满创新活力和锲而不舍的探索精神，他们创新研发的关键技术与应用实践都与国计民生息息相关，从企业创立之初就肩负起节能减排、清洁发展的社会责任。

大力发展绿色创新行业，既是保护绿水青山、建设美丽中国的迫切需要，也是理顺中国经济发展格局的必由之路。这 100 家获奖企业是千千万万个致力于推动中国社会绿色转型与可持续发展的企业的缩影，他们的创业、技术发现、产品研发、产业发展，甚至是失败和死亡，其中既有中国经济由高速粗放发展向高质量绿色发展转型中无可回避的压力与挑战，也有市场竞争伴生下的苦乐成败。但无论今天如何，他们昨天的探索与创新仍是可敬的，更何况很多创新企业仍在马不停蹄地研发第二代、第三代技术，以确保自主创新的核心技术及其设备在中国乃至国际保持领先地位。

本报告透过 2011—2020 年 10 年间评选出的 100 家绿色创新企业，观察中国市场、社会与政策环境变化对企业绿色创新实践带来的影响，聚焦绿色创新企业的发展趋势与动向，总结分析他们生存发展过程中经历的艰辛与困难，为铺平企业绿色创新发展道路提出政策建议，以期更好地支持他们成功跨越"创业死亡谷"，在早期阶段实现技术成果产业化落地，在发展阶段以融资提升市场开拓的速度，在做大做强阶段以系统化思维与执行力实现自身可持续发展，以百年老店的奋斗目标守护地球、造福人类。

绿色创新企业发展趋势与动向

营商环境的改善，使各行业迎来绿色创新热

企业的生存发展离不开良好的营商环境与政策支持。世界银行报告显示，近年来中国营商环境持续改善，2019 年在全球 190 个经济体中排名第 31 位，改善幅度位列全球前 10，各项改革举措激发出经济发展的内生动力。特别是 2020 年起正式实施的《优化营商环境条例》，从制度层面为最具创新活力的中小微企业发展提供了更为有力的保障和支撑。国务院自 2014 年提出"大众创业、万众创新"后，通过一系列简政放权改革措施，为市场主体释放了更大空间，激发了群众智慧和中小微企业的创造力，推动了各类创新要素的融合互动，加快了传统产业转型升级和新兴产业培育，畅通了科技成果与市场对接和转化，为创新创业营造出良好的氛围与环境。2016 年出台《关于构建绿色金融体系的指导意见》，从顶层设计上提出设立绿色发展基金以及发展绿色债券市场、碳交易市场和碳金融产品等多项举措，支持绿色金融推动清洁产业发展。营商环境的不断向好，促进企业绿色创新技术与生产工艺实践融入各行各业，覆盖到产业链的各个环节。

在卫生洁具领域，2012 年获奖企业漳州万晖洁具有限公司从小处着手，深挖洁具的节水性能，实现了产业链可持续发展，助力其产品远销海外，为提升中国卫生洁具行业的国际竞争力起到了良好的示范作用。

在废弃资源综合利用领域，2020 年获奖企业江西龙一再生资源有限公司发力高端聚酯切片制造技术，补足中国再生瓶级聚酯切片技术短板。该企业洁净聚酯碎片先进生产线以尽早去除杂质为基本原则，工艺流程密闭化、自动化、清洁化、无害化、水循环化运行，减少能源和水资源消耗，以再生瓶级聚酯切片带动绿色循环经济产业链。

在机械制造领域，2015 年获奖企业磁谷科技（集团）有限公司自主研发的永磁传动节能技术及主导产品——永磁涡流柔性传动节能装置，在改变传统机械运行方式的前提下，降低维护成本，大幅提高能源效率，深受发电、钢铁、冶金等高耗能行业企业的欢迎。

在包装材料领域，2016 年获奖企业上海艾尔贝包装科技发展有限公司自主设计开发的以空气为保护屏障、生产环节无污染物排放、方便回收的安全环保型充气式缓冲包装材料，大幅降低了仓储及物流成本，促进了物流行业的绿色发展。

围绕环境污染与能源供给等亟待解决的社会问题发力

改革开放 40 多年，中国国内生产总值按不变价计算增长超过 33 倍，成为世界第二大经济体、世界第一制造业大国，实现了从"站起来"到"富起来"的伟大飞跃。在经济高速腾飞、工业迅猛发展的同时，高耗能、高污染、高排放、低效率的粗放型增长方式对自然环境的破坏，也让人们切身感受到由此带来的种种恶果：空气质量不佳、雾霾多发，绿地和植被

减少，土壤污染，粮田减产，河流浑浊恶臭，濒危动植物加速灭绝，极端气候和自然灾害加剧，甚至影响到国人的健康。经济发展也意味着对能源和资源的需求增加，对能源和资源的大量消耗又是引发上述环境问题的主要原因。2019年中国能源消费总量达48.6亿吨标准煤，连续11年居世界能源消耗大国之首，石油和天然气的对外依存度分别接近70%和40%。能源是国民经济命脉，在国际形势纷繁复杂和动荡不安的背景下，国家能源安全风险挑战加剧。

对此，发展以氢能、太阳能、风能为主的新能源是应对气候变化、环境污染与减少能源对外依存度的最好方向。2019年获奖企业江苏宇能精科光电新能源集团有限公司、2017年获奖企业陕西科林能源发展股份有限公司、2015年获奖企业南京宇能新能源科技有限公司、2013年获奖企业氢神(北京)燃料电池有限公司等多家绿色创新企业专注于新能源技术研发；而2020年获奖企业国家电投集团氢能科技发展有限公司（简称：国家电投氢能公司）和杭州纤纳光电科技有限公司（简称：纤纳光电）的绿色创新成果最具代表性。

氢燃料电池是新能源发展的终极目标之一，国家电投氢能公司的氢燃料电池原材料和核心零部件已全部实现国产化，成功攻克低温启动、催化剂以及安全性方面的难题，形成了一整套实现性能提升、成本下降的系统解决方案。纤纳光电自主创新、达到国际领先水准的第三代钙钛矿薄膜光伏电池技术则攻克了钙钛矿电池组件稳定性的世界级难题，实现了原料提纯和组件生产等环节绿色无污染，以高光电转化效率和较低成本成为未来相当长的一段时间内光伏产业的发展方向。

基于中国多煤少油的现实，针对如何在现有条件下实现煤炭资源的充分清洁利用、高效节能和近零排放，绿色创新企业开发出了不少核心技术与市场应用成果。

2020年获奖企业北京微燃科技有限公司，根据煤炭燃烧的热动力学和流体力学原理以及煤炭本身的物质属性与燃烧特性，设计了一种特殊的燃烧材料和结构，从而实现炉具节能、脱硫固硫、脱硝、除尘一体化的效果。

2018年获奖企业东营业和新能源有限公司将无法用于发电和炼焦的高硫劣质煤和焦炉气转化为醚基燃料和醚基汽油，并实现了该自主知识产权核心技术及其产品的产业化生产。其开发的醚基燃料成本低廉，属超洁净替代能源，填补了中国在新兴清洁能源领域的空白，符合煤气化、煤转化以及汽车行业使用绿色新能源的发展方向。

2018年获奖企业国家电投集团珠海横琴能源发展有限公司依靠智慧型能源站转化关键核心技术，探索出大区域绿色、低碳和可持续发展的实施路径，对推动粤港澳大湾区能源行业供给侧改革发挥了良好的示范引领作用。

2017年获奖企业质源恒泰清洁能源技术（北京）有限公司的IHC内热式清洁高效煤焦化核心技术与关键设备系统，在推进多行业煤炭清洁利用、降低能耗，医废和生活垃圾等固体废弃物变能源，各种污废物近零排放的同时，可实现企业利润大幅增长。

2016年获奖企业山东中禾富翔生物科技有限公司自主开发的MBC机械—生物—能源清洁利用技术及其装置设备，通过节能减排、资源回收、发电造能，解决中国城乡原生混合垃圾集存的历史性难题。

此外，2012年获奖企业西安瑞驰节能工程有限责任公司也为高耗能行业贡献了一系列与优化电能质量相关的节能降耗、增产增效技术与产品。

在清洁造能已成风尚的同时，弃电问题仍不容小觑，解决储能问题也是能源行业及绿色创新企业攻关的一个重点领域。2020 年获奖企业江苏启能新能源材料有限公司（简称：启能新能源）和 2019 年获奖企业北京福威斯油气技术有限公司的绿色创新技术及其设备都为有效解决这一市场难题做出了贡献。特别是启能新能源首创的全球领先的大规模相变储热技术及"启能热库"系列产品，既可以通过储热方式消纳风电、光电、谷电等，也可对工业废热、余热回收再利用，是智慧、低碳的清洁能源综合解决方案。

聚焦民生关键领域，助力精准脱贫攻坚战

中国是全球人口第一大国，区域间的发展水平仍不均衡，如何让 7 亿农村人口中尚存的贫困农户全部脱贫？如何防止已脱贫家庭因受自然灾害等突发事件影响而再度返贫？如何依靠高科技形成的新兴产业链使更多的低收入群体走上致富之路？坚决打好精准脱贫攻坚战，补齐全面建成小康社会的短板，实施乡村振兴战略，改善农村落后面貌，推进农业发展现代化，促进农民增收，这是历史性消除绝对贫困的发展方向。为此，有一批绿色创新企业发挥科研优势，走在加速攻克这一民生领域极具挑战性课题的最前沿。

以生态友好方式改良作物生长环境是促进作物增产和农民增收的重要着眼点。2013 年获奖企业济南圣通环保技术有限公司打造减农残、防病害、增产量的一体化绿色农业解决方案，将传统中华医学理论与中药复方技术、微生物活化修复技术等有针对性地应用于农业领域，不仅从源头解决了食品安全隐患，产品质量与产量的提高也将大幅增加农民收入。2015 年获奖企业济南兆龙科技发展有限公司研发的土壤熏蒸消毒及微生物活化修复技术，解决连作障碍、农药残留、地下水污染等问题，具有低毒、无农药残留等优势，提高作物产量，生态与经济效益显著。特别值得一说的是 2020 年获奖企业北京汇溢锦科技有限公司创新的 BGA 土壤能谱技术及其生产设备，通过改变和激活土壤的能量状态，改善土壤支持作物生长能力，解决了土壤脆弱化的老大难问题，为土地贫瘠地区农民提高收入水平提供了保障。

除了助力农业生产外，绿色创新企业还从金融服务供给、改善农村生活品质与旅游基础设施等方面支持扶贫工作。例如：2015 年获奖企业中和农信项目管理有限公司为农村贫困人口提供无抵押、快捷、绿色的小额信贷服务，通过技术创新使农户借贷款方便、高效，增强了金融扶贫力度。2018 年获奖企业生态洁环保科技股份有限公司自主开发的农村户厕一体化生物处理设备，实现了农村户厕改造和污水处理的一步到位，其低成本、低能耗、易维护、高效率的优势更易被百姓接纳，使得"厕所革命"落地农村，提高农民生活品质，推动美丽乡村旅游经济的繁荣成为现实。

在应对重大突发公共事件中彰显创新成果价值

公共卫生和自然灾害等重大突发公共事件是人类面临的共同课题。面对突发公共事件，除了政府承担决策指挥与协调管理等核心职责外，包括绿色创新企业在内的市场主体也在各自领域勇挑重担，肩负起企业社会责任。

2020 年新冠肺炎疫情暴发至今已经时过半年，且仍在全球蔓延，在此非常时期，制药、防护用品生产、空气净化、区块链等领域的绿色创新企业为抗击疫情贡献了急需的创新产品与服务。

2019 年获奖的中药制造领域绿色创新企业石家庄以岭药业股份有限公司，从原料生产到废渣利用全链条践行节能减排理念，为应对中药材质量难以保证等市场乱象，建立多个符合 GAP 标准的野生原态中药材种养殖基地，提高了中药疗效的稳定性和可靠性，为其生产的连花清瘟胶囊（颗粒）等中成药提供了品质保证。该药品入选国家卫生健康委和国家中医药管理局联合发布的《新型冠状病毒感染的肺炎诊疗方案》推荐用药，并陆续在厄瓜多尔、新加坡等地获得注册批文，在治疗新冠肺炎中发挥出中医药的重要作用。

2020 年获奖企业江西天润天和新材料科技有限公司（简称：天润天和），专业从事膨体聚四氟乙烯微孔膜（ePTFE 微孔膜）及覆膜制品的生产，其技术及其制品的关键性能优于全球行业龙头企业戈尔且造价成本很低，打破了国外在该高端材料领域的限制封锁，为功能性纺织面料、工业除尘、新风系统、生物过滤膜、氢燃料电池隔膜提供了核心基础材料。应用 ePTFE 微孔膜技术的高品质医用防护服能够 100% 阻隔细菌和病毒，透气透湿性好，避免医护人员因长时间穿着不透气防护服而易造成身体不适、甚至晕倒等情形。新冠肺炎疫情发生后，该企业不仅将全部库存 400 余件医用防护服无偿捐赠给一线医务人员，还在春节假期迅速返岗，24 小时全天候生产包括防护服、手术服、口罩在内的各类防护产品，同时在向欧盟申请 CE 认证，为全球抗疫提供支持。

2020 年获奖企业中环清新人工环境工程技术（北京）有限责任公司，立足创造低碳环保健康生活，建立起以中央空调系统为净化实施主体的室内空气净化体系，其设备配有高性能净化功能的空气过滤、纳米触媒等十大模块，过滤效率最高可达到 U14 级，能够强力去除 VOC 和臭味分子。在疫情防控常态化和推动全面复产复工阶段，该企业研发的中央空调通风管道系统采用紫外线杀菌消毒技术，可直接杀死病原体并抑制微生物生长，适用于楼宇、卖场、康复中心和私家别墅等场所，成为有效切断病毒传播途径的重要设备。

2020 年获奖企业无锡井通网络科技有限公司，拥有的自主知识产权区块链底层技术，通过将仓单、合同、票据等非标准化资产可信化和"标准化"，使单个企业不可控风险转化为供应链企业整体可控风险，有效解决了金融机构对企业风险识别问题，降低了中小微企业融资门槛。该企业区块链技术在新冠肺炎疫情期间解决了防疫防控数据的管理问题，有效支持数据收集、汇总分析及部署重点人员等工作。

在防控新冠肺炎疫情的同时，一场危及粮食安全的虫灾也正在亚洲多国肆虐。2020 年获奖企业济南祥辰科技有限公司在病虫害识别和检测方面拥有多项核心技术，引领病虫害防控防治行业智能化发展。该企业研制的智能自动测报系统主要由防逃逸漏斗、诱剂悬挂点、导向板、集虫口盖、靶标外壳等组成，通过性诱技术、电子控制技术及无线红外载波自动校正技术，实现对虫害发生规律的科学监测，大幅减少害虫逃逸率，助力绿色农林业发展，为粮食安全和生态环境保护树起守护屏障。

持续加大的科研支持力度孕育出国际领先的自主创新核心技术成果

强大的基础科学研究是建设世界科技强国的基石。自 2012 年起，一批有关全面加强基础学科研究工作的政策措施相继出台，提出要推动基础研究发展方式转变，完善高等学校基础研究体系布局，培育新兴学科和优势学科集群，壮大基础研究人才队伍，尊重科研人员的科研活动主体地位，健全鼓励支持基础研究、原始创新的体制机制，支持民营企业参与关键领域核心技术创新攻关。持续大力支持基础研究和营造创新环境，孕育出一批具有自主创新能力、掌握绿色核心技术的企业，他们在关键领域取得战略性突破，有效保障了中国在这些领域的国际话语权以及高新技术产业安全。

除了前面提到的国家电投氢能公司、纤纳光电、天润天和等拥有国际领先的技术及新材料外，2018 年获奖企业中海润达新材料科技有限公司自主创新的多腔孔陶瓷复合绝热材料技术，以无机微米、纳米材料复合成系列产品，具有独特的保温防火、节能降耗、安全耐用、长效稳定、绿色环保、可循环利用等优势，对淘汰落后保温材料有重大意义。

2017 年获奖企业重庆太鲁科技发展有限公司创新开发出国际一流的利用含铜废弃物与低品位铜矿资源湿法制备高纯亚微米铜粉核心技术，创建全球首条年产 30 吨亚微米铜粉工业生产线并在 2019 年将年产量提升至 60 吨，打破国外对铜粉的垄断，填补世界超微细铜粉规模化生产的空白，提高含铜污废的循环利用率，以远低于国外同类产品的造价，为军工、航天以及民用工业领域提供重要的新材料支撑。

2016 年获奖企业新疆国力源环保科技有限公司自主研发的生物氧化法制浆造纸技术及其工艺路线，攻克了棉秆造纸产业化的世界性难题，实现生产污水零排放，为面临关停并转的传统造纸企业提供了通过技术改造参与包装用纸巨大市场的机遇。

2015 年获奖企业北京力博特尔科技有限公司针对危害环境的数亿吨堆存量废渣磷石膏，首创国际领先的资源循环利用绿色工艺发展路径，研发出具备产业化条件的石膏专用煅烧处理系统及石膏基复合胶结材料。该系统及其新材料不仅可处理磷石膏中的有害杂质，还可使磷石膏经物理变化制成防火隔热、耐水抗压能力强、永不变形、具有消毒杀菌功能、价廉物美的各类基础设施建设材料。利用磷石膏创新的绿色石膏基复合胶结料，可以从根本上解决建筑垃圾、河泥等固体废弃物处置老大难问题，真正实现变废为宝、循环利用。

响应"一带一路"倡议为构建人类命运共同体出力

全球化之下，各国经贸往来和文化交流日益频繁，形成彼此依存、相互交织的命运共同体。中国持续扩大对外开放，为中国企业搭建起通往世界市场、深化交流与协作的平台。特别是 2019 年"一带一路"绿色发展国际联盟成立、绿色生态环保大数据服务平台启动，为"一带一路"沿线绿色投资和绿色产业发展创造了良好的环境。

这 10 年里，越来越多的绿色创新企业走上开拓海外市场的快车道，将先进技术、产品和服务与世界各国共享，为构建人类命运共同体贡献中国智慧与力量。

2019 年获奖企业江联重工集团股份有限公司以全球领先的高效低耗高低差速循环流化床燃煤工业设备关键技术优势和垃圾焚烧余热锅炉等设备优势，承接了海外 140 多个与环保、节能、新能源相关的总承包项目与分包设备，提高能源循环利用率，降低污染排放，增强设备运行持续性和稳定性。该企业承接的印度垃圾焚烧发电项目被联合国列入"南南合作"推广项目，承接的埃塞俄比亚国家糖业公司甘蔗制糖厂总包项目以6.47亿美元合同金额创江西省机电出口产品"单笔订单历史最大"纪录。

面对水资源匮乏的世界级难题，2019年获奖企业天泉鼎丰智能科技有限公司创新研发出空气鲜榨制水机，其机内接触水的零部件按照食品级要求设计，通过人工智能控制系统，监控空气温度、湿度和外部环境的变化，智能协调空气净化、冷凝制水、水质过滤、消毒灭菌及活水循环等系统，自动生产出符合世界卫生组织饮用水准则和中国生活饮用水标准的直饮水，破解了海岛、轮船等在缺少淡水的环境下无水源补给的难题以及沙漠、缺水地区的饮用水问题，获得联合国工业发展组织革命性水资源解决方案大奖。

2019年获奖企业上海三瑞高分子材料股份有限公司以其核心技术推动中国建筑外加剂行业的绿色转型，并服务国家重大工程和"一带一路"项目，示范效应良好。

2018年获奖企业盈创建筑科技（上海）有限公司研发出一系列运用智能化3D打印技术制作的新型绿色建筑材料，保证建筑施工高效，实现资源再生、循环利用，其创新成果已在"一带一路"沿线国家落地。

绿色创新企业生存发展之艰辛

十年磨一剑，技术研发普遍是高投入和长耗时

根据这100家"十大绿色创新企业"的发展历程，企业从技术构思到产品成熟再到市场接受，通常需要超过10年以上的时间才能将绿色创新技术孵化成功。期间，创业者们不仅要独自带领团队攻克技术难关，还要承受资金紧张的压力。时间长、投入高、成功率低对这些企业来说是普遍情况，绿色创新技术成果转化风险高、价值评估难更是产业化临门一脚前的挑战和考验。

科学家向企业家的角色转变难

不少绿色创新企业家们都是以科学家的身份去创业，但是一家企业不仅仅需要产品、技术和行业的运作经验，还需要有良好的企业治理结构以及短期、中期乃至长期的企业战略规划。通常一家企业想要成功都必须在产品、市场、资金、企业管理等方面均衡发展，站在国际视野下分析外部环境和自身优劣势，判断技术的走向和发展。作为创业者的科学家，在艰辛摸索的过程中，还需要拥有有关商业运作和企业运营的能力，才能实现与企业家身份的移步换位，使企业做大做强。

中小微企业面临融资难问题

中小微企业融资难已经成为阻碍中国绿色创新企业发展最重要的因素，其中核心问题是风险管理体系不健全造成的企业信息不对称。对风险的有效识别需要建立在包括风险评估、风险估价和风险处理的完善的风险管理体系之上，而传统的风险管理体系已经不适应众多中

小微企业的新变化。绿色创新企业在初创阶段和扩张阶段大多是中小微企业，金融机构、风险投资基金等资金方获取企业的各类风险信息成本较高，绿色创新技术成果评估机制欠缺，制约了企业的进一步发展。

民营企业面临知识产权保护问题

绿色创新技术知识产权是企业发展的生命线，若受保护的自主知识产权核心技术被他人侵权，或者已购买的知识产权存在漏洞，将会严重影响企业的正常运转。技术的重复开发或是其存在于他人现有专利保护范围内，也会让企业浪费宝贵的研发时间。中小微民营企业往往因缺乏知识产权保护的法律意识和维权能力，容易遇到知识产权纠纷。同时，由于维权成本高、侵权成本低、诉讼周期长等原因，部分企业被迫采取消极方式应对。知识产权问题若处理不好，则会成为企业发展道路上随时可能引爆的"炸弹"。

发展颠覆性新兴技术面临挑战

一些绿色创新企业研究掌握的核心技术往往具有前瞻性、颠覆性，对技术迭代、产业升级具有革命性的引领作用。但技术的创新也伴随着突变性和不确定性，如社会适应程度、企业家战略角度、管理同步能力、技术储备等，企业面临的挑战往往大于机遇。尤其是在面对基于现有技术形成的、已经成熟完善的产业链时，还需要判断上下游产业能不能跟上技术创新的脚步，把握好技术成熟度趋势。

建议为绿色创新企业发展铺平道路

中国经济的可持续发展没有老路可循，必须走创新之路。大力支持绿色技术创新和绿色企业发展是中国经济转型升级、实现高质量发展的必然趋势。为此，建议从以下5个方面采取措施，为绿色创新企业的生存与发展保驾护航：

支持绿色创新创业领域的人才培养

与传统行业相比，绿色创新企业对人才需求的标准呈现高素质、复合型特征，为企业自主研发和产业化运营提供可持续的人力资本是基础战略性工作。一是推进科学创新教育改革，加快培养适应技术创新需求的人才。义务教育阶段开发学生的想象力和创造力，培养批判性思维和探索钻研精神，锻炼创新思维能力以及新技术与需求的整合能力。高等教育和职业教育注重培育跨学科领域复合型人才和产业工匠。二是加强人才引进，提供交流平台。在具备条件的绿色创新企业建立重点实验室、工程中心等基地，搭建与国内外高等院校、科研院所等智力型机构之间的人才交流和合作平台，推动校企间人才交流与合作，促进技术成果转化。

加强金融财税政策支持力度

金融财税政策是从国家层面鼓励引导企业开展绿色创新实践的有力手段。一是推进金融政策创新。政府相关部门和金融监管部门要继续加大对地方性中小金融机构的政策扶持力度，使他们为处于战略性关键领域和关系到国计民生的绿色创新型企业开辟融资"绿色通道"，积极搭建区域性融资平台，建立多形式、多层次的融资担保体系。二是完善补贴政策。借鉴欧洲国家对科技创新产业的政府补贴模式，将补贴节点由结果改为过程，精准扶持创新技术投产时的资金筹措难题，强化政策支持力度和引导效果。同时，及时发放绿色补贴，通过提高地方留存税收比例，推动财税优惠政策适当向绿色创新企业倾斜，以更好地落实政府对绿色创新企业的扶持。

解决金融机构"不敢贷、不愿贷、不能贷"问题

中小微企业融资难、融资贵问题的根本是风险治理体系难以适应当前企业创新的新情况，解决该问题的关键要依靠技术创新。要运用互联网、区块链等技术提高绿色创新企业信息真实性和透明度，拓展围绕核心企业上下游中小微企业的信用信息整合与应用。这将一方面有效解决传统金融风险识别成本高、速度慢等问题，实现包括非标形式在内的绿色资产快速流转；另一方面加速完善社会信用体系，方便金融机构在合理风控范围内，为那些企业法人代表和股东个人资信状况优、创新研发能力强、技术应用前景好、经济社会效益佳的企业提供绿色金融支持。

多方共同加强知识产权保护

知识产权保护是激励创新的基本手段，是创新原动力的基本保障，是夯实国际竞争力的核心要素。加强知识产权保护，营造公平竞争的市场环境，保护绿色创新企业科研成果，应从以下4个方面入手：一是完善知识产权保护制度和相关法律，建立统一的知识产权法以及知识产权诉讼特别程序法，确保创业家用毕生心血研发的自主知识产权得到法律的有效保护和社会的充分尊重。二是加强违法处罚力度，提高侵权代价。科学优化对知识产权侵权损失的认定，除显性损失外，还需考虑对被侵权人维权成本、机会成本等隐性损失的适当补偿。三是健全行政常态化执法机制，对那些以不正当手段窃取知识产权的个人或企业依法处罚。四是提高企业法律意识，将关注重点从事后诉讼转向事前的预警和防范，帮助企业防范和化解知识产权法律风险。

大力推动新技术产业化落地

积极构建全国统一的绿色项目库和国际绿色项目库，完善绿色项目的评估认证服务，强化政策转化基金机制，以鼓励中小微企业先进技术转化。由于不少绿色创新技术成果具有创造性和颠覆性，金融机构、专业评估机构或传统行业专家知识界域存在局限，很难对创新成果给予客观、准确的评估。因此，需要积极发挥政府的引导作用，建立转化基金等平台，为优质技术提供投资，建立示范项目工程，并以此向社会投资机构推荐，提高绿色创新企业技术创新的积极性，加速新技术及其产品的产业化落地。（摘编自《国际融资》2020第7期，本文作者李跻嵘、田易系绿色创新企业调研报告项目组调研员）

2011—2020年历届独立评审团和50评委专家团专家一览表

*"时任"特指评选活动期间历任机构职务

历届独立评审团专家名单			
姓　名	所在机构及其职务	哪年评委	参与总届数
王连洲	原全国人大财经委研究室巡视员，中国《证券法》《信托法》《证券投资基金法》起草工作小组组长	【2011】【2012】【2013】【2014】【2015】【2016】【2017】【2018】【2019】【2020】	10届
李路阳	国际融资杂志创始人、主编	【2011】【2012】【2013】【2014】【2015】【2016】【2017】【2018】【2019】【2020】	10届
熊　焰	时任北京产权交易所集团董事长、北京金融资产交易所董事长兼总裁，国富资本董事长	【2012】【2013】【2014】【2015】【2016】【2017】【2018】【2019】【2020】	9届
苗耕书	时任中国国际投资促进会会长，原五矿集团总经理、原中国外运长航集团董事长；2019年8月3日去世	【2011】【2015】【2016】【2017】【2018】【2019】	6届
周道炯	中国证监会原主席、中国建设银行原行长	【2011】【2012】【2013】【2014】【2015】【2017】	6届
王乃祥	北京金融资产交易所董事长	【2015】【2016】【2017】【2018】【2019】【2020】	6届
朱　戈	北京产权交易所总裁、北京环境交易所董事长	【2016】【2017】【2018】【2019】【2020】	5届
金立群	时任中国国际金融有限公司董事长，亚洲基础设施投资银行多边临时秘书处秘书长；现任亚洲基础设施投资银行行长	【2013】【2014】【2015】【2016】	4届
郭　濂	时任国家开发银行行务委员，丝路产业与金融国际联盟执行理事长、莫干山研究院院长	【2018】【2019】【2020】	3届
杜少中	时任北京环境交易所董事长、北京绿色金融协会会长；现任中华环保联合会副主席、生态环境部特邀观察员	【2013】【2014】	2届
徐　林	中美绿色基金董事长	【2020】	1届

续表

姓　名	所在机构及其职务	哪年评委	参与总届数
高云龙	时任中国光大集团常务副总裁；现任全国工商联主席、全国政协副主席	【2014】	1届
刘晓光	时任首创集团董事长、首创置地董事长、首创股份董事长；2017年1月16日去世	【2013】	1届
张汉亚	时任中国投资协会会长；现已退休	【2012】	1届
王宪章	时任中国保险协会会长，原中国人寿保险集团公司总经理、中国人寿保险股份有限公司董事长、总经理；2020年8月14日去世	【2011】	1届
历届50评委专家团名单			
王靖	时任天津排放权交易所总经理，中鑫鸿运（北京）投资基金管理有限公司合伙人，甸唐能源科技（上海）有限公司董事长	【2011】【2012】【2013】【2014】【2015】【2016】【2017】【2018】【2019】【2020】	10届
田立新	德同资本管理有限公司创始合伙人	【2011】【2012】【2013】【2014】【2015】【2016】【2017】【2018】【2019】【2020】	10届
刘向东	时任天津海泰科技投资管理有限公司总经理，天津中科达创业投资管理有限公司董事长	【2011】【2012】【2013】【2014】【2015】【2016】【2017】【2018】【2019】【2020】	10届
李安民	北京久银投资控股股份有限公司董事长	【2011】【2012】【2013】【2014】【2015】【2016】【2017】【2018】【2019】【2020】	10届
李建国	新开发创业投资管理有限责任公司董事总经理	【2011】【2012】【2013】【2014】【2015】【2016】【2017】【2018】【2019】【2020】	10届
杨志	中国人民大学经济学院教授、气候变化与低碳经济研究中心负责人，哈尔滨工业大学马克思主义学院院长	【2011】【2012】【2013】【2014】【2015】【2016】【2017】【2018】【2019】【2020】	10届
周树华	开物基金主管合伙人	【2011】【2012】【2013】【2014】【2015】【2016】【2017】【2018】【2019】【2020】	10届

姓　名	所在机构及其职务	哪年评委	参与总届数
周家鸣	时任扬子资本北京首席代表，创业导师、资深风险投资专家	【2011】【2012】【2013】【2014】【2015】【2016】【2017】【2018】【2019】【2020】	10届
贺强	时任中央财经大学证券与期货研究所所长，中央财经大学教授，第十一届、十二届、十三届全国政协委员	【2011】【2012】【2013】【2014】【2015】【2016】【2017】【2018】【2019】【2020】	10届
胡斌	时任国家开发银行创业投资处长、高级会计师，以色列英飞尼迪投资基金集团董事总经理，浩正嵩岳基金管理有限公司总裁	【2011】【2012】【2013】【2014】【2015】【2016】【2017】【2018】【2019】【2020】	10届
梅德文	北京环境交易所总裁	【2011】【2012】【2013】【2014】【2015】【2016】【2017】【2018】【2019】【2020】	10届
王能光	时任君联资本董事总经理、首席财务官，君联资本董事	【2012】【2013】【2014】【2015】【2016】【2017】【2018】【2019】【2020】	9届
刘伟	时任国投高科技投资有限公司副总经理，国投创合基金管理有限公司总经理	【2012】【2013】【2014】【2015】【2016】【2017】【2018】【2019】【2020】	9届
陈及	时任首都经济贸易大学产业经济研究所所长，首都经济贸易大学教授	【2012】【2013】【2014】【2015】【2016】【2017】【2018】【2019】【2020】	9届
沈志群	中国投资协会副会长	【2012】【2013】【2014】【2015】【2016】【2017】【2018】【2019】【2020】	9届
吴昌华	时任气候组织大中华区总裁，中国再设计中心主席、里夫金办公室中国/亚洲区域主任，北京未来创新中心首席执行官	【2012】【2013】【2014】【2015】【2016】【2017】【2018】【2019】【2020】	9届
金嘉满	永续全球环境研究所执行主任	【2012】【2013】【2014】【2015】【2016】【2017】【2018】【2019】【2020】	9届
郭松海	时任山东省政府参事，山东财经大学教授，第九届、十届、十一届全国政协委员	【2012】【2013】【2014】【2015】【2016】【2017】【2018】【2019】【2020】	9届

姓　名	所在机构及其职务	哪年评委	参与总届数
程会强	时任国务院发展研究中心资源与环境政策研究所所长助理、研究员，中国再生资源回收利用协会创新发展研究院国家政策导师	【2012】【2013】【2014】【2015】【2016】【2017】【2018】【2019】【2020】	9届
乔文军	时任亚太经和投资中国董事，浩德资本总裁、北京大学汇丰金融与资本研究中心副主任，清华大学"一带一路"战略研究院院长助理、新华丝路基金合伙人	【2013】【2014】【2015】【2016】【2017】【2018】【2019】【2020】	8届
刘秉军	北京祥德投资管理有限公司董事总经理	【2013】【2014】【2015】【2016】【2017】【2018】【2019】【2020】	8届
李伟群	时任中国股权投资基金协会秘书长，中科招商投资管理集团联席总裁，华夏国智（北京）股权投资基金管理有限公司董事长	【2013】【2014】【2015】【2016】【2017】【2018】【2019】【2020】	8届
李爱民	时任中国风险投资有限公司合伙人、高级副总裁，济南建华投资管理有限公司合伙人、总经理	【2013】【2014】【2015】【2016】【2017】【2018】【2019】【2020】	8届
王桂梅	北京中保信达投资咨询有限公司总经理，中国国防工业企业协会信息工作委员会产业促进处处长	【2011】【2012】　【2013】【2014】【2017】【2018】【2019】【2020】	8届
张　威	天津海泰戈壁创业投资管理有限公司董事长并总经理	【2011】【2012】【2013】【2014】【2017】【2018】【2019】【2020】	8届
王承波	时任商务社会责任国际协会（BSR）中国项目总监，中国社会科学院企业社会责任研究中心首席专家、咨询项目总监，北京数汇通环境技术研究院执行董事，西藏天易隆兴投资有限公司董事、西藏银河科技发展股份有限公司执行董事长	【2012】【2013】【2014】【2015】【2016】【2017】【2018】	7届
邹力行	时任国家开发银行研究院副院长，中国社会经济系统分析研究会常务副理事长	【2014】【2015】【2016】【2017】【2018】【2019】【2020】	7届

续表

姓　名	所在机构及其职务	哪年评委	参与总届数
陈燕	重庆磐石臻和股权投资基金管理有限责任公司首席合伙人	【2014】【2015】【2016】【2017】【2018】【2019】【2020】	7届
马向阳	高兴资本集团有限公司董事长	【2015】【2016】【2017】【2018】【2019】【2020】	6届
孙轶颋	时任世界自然基金会中国可持续金融项目总监，国际金融论坛副秘书长兼绿色发展中心主任，中节能咨询公司高级金融顾问	【2015】【2016】【2017】【2018】【2019】【2020】	6届
陈宗胜	南开大学教授、中国财富经济研究院院长	【2015】【2016】【2017】【2018】【2019】【2020】	6届
李国旺	时任中山证券首席经济学家、研究所所长，上海大陆期货有限公司首席经济学家	【2015】【2016】【2017】【2018】【2019】【2020】	6届
吴隽	中认畅栋（北京）投资有限公司执行董事	【2015】【2016】【2017】【2018】【2019】【2020】	6届
梁舰	中建政研集团有限公司董事长、星云基金创始合伙人	【2015】【2016】【2017】【2018】【2019】【2020】	6届
陈波	上海领汇创业投资有限公司高级合伙人、上海领庆投资（集团）有限公司总裁	【2014】【2016】【2017】【2018】【2019】【2020】	6届
刘晓雨	时任爱德蒙罗斯柴尔德中国私募股权基金联席董事，斐然资本投资合伙人，亚洲开发银行清洁技术专家顾问，中美能源合作项目（ECP）主任	【2011】【2012】【2013】【2014】【2015】【2016】	6届
杜晓山	时任中国社会科学院农村发展研究所研究员、副所长，中国小额信贷联盟理事长；现已退休	【2011】【2012】【2013】【2014】【2015】【2016】	6届
祁玉伟	上海创业接力基金创业投资管理有限公司主管合伙人	【2016】【2017】【2018】【2019】【2020】	5届
郭东军	时任中能世通（北京）投资咨询服务中心合伙人，中能创智（北京）加速器科技有限公司合伙人，中能国投投资管理有限公司创始合伙人，中能世通（北京）投资咨询服务中心合伙人	【2014】【2016】【2017】【2018】【2019】	5届
叶东	时任青云创业投资管理有限公司管理合伙人	【2011】【2012】【2013】【2014】【2015】	5届

姓　名	所在机构及其职务	哪年评委	参与总届数
张立辉	青云创业投资管理有限公司管理合伙人	【2016】【2017】【2018】【2019】【2020】	5届
宋翠珠	未銘资本董事总经理	【2016】【2017】【2018】【2019】【2020】	5届
彭慈张	福建弘金投资有限公司（弘金资本）总裁	【2016】【2017】【2018】【2019】【2020】	5届
董贵昕	时任中国并购公会秘书长，北京尚融资本管理有限公司管理合伙人、北京惠农资本管理有限公司合伙人	【2015】【2017】【2018】【2019】【2020】	5届
熊　钢	深圳澳银资本管理有限公司董事长	【2016】【2017】【2018】【2019】【2020】	5届
陈兆根	航天神舟投资管理有限公司副总裁、董事	【2013】【2015】【2016】【2017】【2018】	5届
杨宝海	时任邦睿投资（北京）有限公司副总经理，蓝石天使投资合伙人	【2012】【2013】【2014】【2015】【2016】	5届
吴　瑕	时任中国社会科学院中小企业研究中心主任；现任中国社科院中小企业研究中心理事会副理事长	【2011】【2012】【2013】【2014】【2015】	5届
陈家强	圆基环保资本首席执行官	【2011】【2012】【2013】【2014】【2015】	5届
傅仲宏	达晨创业投资有限公司主管合伙人	【2013】【2014】【2015】【2016】	4届
高健智	展腾投资董事长	【2012】【2013】【2014】【2015】	4届
让·尼凯米亚	时任美国优傲龙金融集团总裁；现任全球银行集团董事局主席兼总裁	【2011】【2013】【2014】【2015】	4届
于法稳	中国社会科学院农村发展研究所研究员、研究室主任，中国生态经济学学会副理事长兼秘书长	【2017】【2018】【2019】【2020】	4届
滕征辉	北京股权投资基金协会副秘书长	【2017】【2018】【2019】【2020】	4届
张付申	中国科学院生态环境研究中心研究员、室主任	【2018】【2019】【2020】	3届
张殿军	国际金融公司（IFC）高级项目官员	【2018】【2019】【2020】	3届
张震龙	时任北京环境交易所总裁助理、北京北环浩融投资管理有限公司总经理，中国节能协会低碳节能专家联盟秘书长，首融控股集团有限公司副总裁	【2018】【2019】【2020】	3届

续表

姓　名	所在机构及其职务	哪年评委	参与总届数
高佳卿	时任北京产权交易所董事、常务副总裁，中国产权行业协会高级专家，北京科技园建设（集团）股份有限公司副总经理	【2018】【2019】【2020】	3 届
王建新	时任国际中国环境基金会董事、中国能源研究会能效与投资评估专业委员会副秘书长，中国能源研究会能效与投资评估专业委员会副秘书长、中国循环经济协会节能与代用专业委员会高级专家	【2013】【2015】【2020】	3 届
华晔宇	浙商创业投资管理集团行政总裁、联合创始人	【2016】【2017】【2018】	3 届
董秋明	时任中新苏州工业园区创业投资有限公司执行事务合伙人，苏州灏盛投资管理有限公司执行事务合伙人；现已退休	【2011】【2015】【2016】	3 届
王叁寿	时任汉鼎金融服务集团执行总裁；现任九次方大数据集团创始人、贵阳大数据交易所执行总裁	【2013】【2014】【2015】	3 届
王少阶	时任全国政协人口资源环境委员会副主任；武汉大学教授，全国政协常委；现已退休	【2012】【2013】【2014】	3 届
李兢	时任北京天素创业投资有限公司董事长	【2012】【2013】【2014】	3 届
王人庆	澳洲宝泽金融集团董事局主席	【2011】【2013】【2014】	3 届
陈立辉	合众资本合伙人	【2011】【2012】【2014】	3 届
唐伟珉	时任气候变化资本集团董事、中国区总裁，现任中成碳资产管理有限公司副总裁	【2011】【2013】【2014】	3 届
孔红满	时任硅谷天堂资产管理集团股份有限公司执行总裁；现为独立风险投资人	【2011】【2012】【2013】	3 届
郑毅	时任美国光速创业投资中国有限公司投资合伙人	【2011】【2012】【2013】	3 届
丁盛亮	中银国际证券股份有限公司执行董事	【2019】【2020】	2 届
孙太利	天津市庆达投资集团有限公司董事长，第十一届、十二届、十三届全国政协委员	【2019】【2020】	2 届

姓　名	所在机构及其职务	哪年评委	参与总届数
杨　洁	时任中国工业节能与清洁生产协会余热利用与清洁能源供热专业委员会秘书长，中关村国联绿色产业服务创新联盟秘书长	【2019】【2020】	2届
蒋南青	时任联合国环境署驻华代表处国家项目官员，中国合成树脂供销协会塑料循环利用分会秘书长	【2018】【2020】	2届
陈卫东	时任中国海洋石油总公司能源经济研究院首席能源研究员，中石化油田服务有限责任公司独立董事，东帆石能咨询（北京）有限公司董事长，民德研究院院长	【2013】【2020】	2届
李　娟	时任武汉华工创业投资有限责任公司董事长，楚商领先（武汉）创业投资基金管理有限公司董事长	【2013】【2020】	2届
刘喜元	北京金融资产交易所研究所总经理	【2016】【2017】	2届
王利朋	时任清科资本董事总经理；现任景星资本创始合伙人	【2014】【2016】	2届
宗庆生	时任中国五矿集团公司总裁助理兼投资管理部总经理，现任中国五矿集团公司董秘	【2014】【2015】	2届
贡　力	独立企业资深顾问、清洁产业投资人	【2012】【2014】	2届
张宝荣	时任国家开发银行投资局局长；现任国开证券董事长	【2011】【2014】	2届
洪　峥	时任中科院研究生院企业导师、金玺台PE投资管理公司合伙人、工信部CSIP云计算专家组成员；现已退休	【2011】【2014】	2届
王燕谋	中国国际工程咨询公司专家学术委员会顾问	【2012】【2013】	2届
王　毅	时任中国节能环保集团公司战略管理部主任	【2011】【2012】	2届
闫长乐	中国工业节能与清洁生产协会秘书长	【2011】【2012】	2届
吴继龙	时任安永北京会计师事务所企业风险管理部合伙人；现任安永香港会计师事务所合伙人	【2011】【2012】	2届
程　军	时任中国银行总行公司金融总部（国际结算）总经理；现任中国银行新加坡分行行长	【2011】【2012】	2届

续表

姓　名	所在机构及其职务	哪年评委	参与总届数
马国书	中国人民大学重阳金融研究院高级研究员、广东共赢经济学研究院院长	【2020】	1届
张　烁	五矿发展股份有限公司创新部总经理，五矿龙腾创新科技（北京）有限责任公司总经理	【2020】	1届
郭杰群	美国麻省理工宁波（中国）供应链创新学院院长、清华大学货币政策与金融稳定研究中心副主任	【2020】	1届
穆玲玲	APEC绿色供应链合作网络天津示范中心秘书长	【2020】	1届
刘红宇	北京金诚同达律师事务所创始合伙人，第十一届、十二届、十三届全国政协委员	【2019】	1届
滕　泰	万博新经济研究院院长、万博兄弟资产管理公司董事长	【2019】	1届
姚力群	中鑫汇海投资基金管理（北京）有限公司董事长	【2018】	1届
王　鑫	时任法国可持续发展与国际关系研究所研究员；现任中广核欧洲能源公司战略规划主管	【2017】	1届
余发强	时任新疆国力源投资有限公司执行总裁；现任唐山宝业实业集团有限公司副总裁（财务负责人）、石河子市国力源环保制浆有限公司董事会秘书	【2017】	1届
郑小平	中国城市发展基金会副会长、中国多边投资顾问有限公司董事	【2017】	1届
兰宁羽	北京天使汇金融信息服务有限公司CEO	【2016】	1届
房汉廷	时任科技部研究员；现任科技日报社副社长、中国科技大学教授	【2016】	1届
徐德徽	惠农资本董事总经理	【2016】	1届
华一嘉	中关村储能产业技术联盟开物新能源基金合伙人	【2015】	1届
陈　里	北京正和岛投资管理有限责任公司创始合伙人、总裁	【2015】	1届
黄　鸣	皇明集团董事长	【2015】	1届

姓　名	所在机构及其职务	哪年评委	参与总届数
张　伟	时任江苏高科技投资集团总裁、中国股权和创业投资专委会联席会长、江苏省创业投资协会会长和江苏省天使投资联盟理事长	【2014】	1届
张序国	中国高新技术产业开发区协会副理事长兼秘书长	【2014】	1届
肖智勇	航标控股有限公司董事局主席	【2014】	1届
寇有观	生态人类学术工作委员会、国际绿色经济协会主席；现任顾问	【2014】	1届
潘峙钢	时任国家发展改革委国际合作中心主任特别顾问、产业金融项目办公室主任、国家开发银行（兼）高级专家；现任丝路产业与金融国际联盟常务副理事长	【2014】	1届
万　丽	时任北京班万投资管理有限责任公司合伙人	【2013】	1届
王雅珍	中华环保联合会能源环境专业委员会副会长兼专家组长	【2013】	1届
肖　勇	资深风险投资专家	【2013】	1届
吴克忠	优势资本（私募投资）有限公司主管合伙人、总裁	【2013】	1届
张醒生	大自然保护协会大中华及东北亚区总干事长，天使投资人	【2013】	1届
桂曙光	蓝石天使投资创始合伙人	【2013】	1届
吴　平	国务院发展研究中心资源与环境政策研究所课题负责人	【2012】	1届
张宇振	宇宙集团董事长	【2012】	1届
杜德利	德利国际新能源控股有限公司董事长	【2012】	1届
季　节	时任亚洲人居环境协会中国区项目合作部主任	【2012】	1届
周小兵	时任亚洲开发银行驻中国代表处高级投资官员；现已退休	【2012】	1届
保育钧	时任中国民（私）营经济研究会会长；2016年去世	【2012】	1届
王树海	时任天津股权投资基金中心总裁；现任星云股权投资基金合伙人、盘锦辽河投资控股有限公司总经理、万聚融（天津）融资租赁有限公司董事长	【2011】	1届
邓继海	国际绿色经济协会首席董事兼秘书长	【2011】	1届

续表

姓　名	所在机构及其职务	哪年评委	参与总届数
王德禄	北京市长城企业战略研究所所长	【2011】	1届
邢会强	中央财经大学法学院教授	【2011】	1届
朱希铎	时任中国民营科技实业家协会常务副秘书长	【2011】	1届
刘海影	海影（上海）投资咨询公司CEO	【2011】	1届
伍墨章	美林亚洲国际投资控股有限公司总裁	【2011】	1届
李　文	中国民生银行私人银行部副总裁	【2011】	1届
陈　欢	时任财政部中国清洁发展机制基金管理中心副主任；现任亚洲基础设施投资银行行长办公室主任	【2011】	1届
李　明	时任纽约国际集团中国首席代表	【2011】	1届
李建军	时任联合国工业发展组织国际环境资源监督管理机构主任	【2011】	1届
李逸人	美国泰山投资董事总经理	【2011】	1届
吴黎华	时任联合国工业发展组织国际环境资源监管机构基金管理中心主任	【2011】	1届
林九江	时任中国出口信用保险公司国内信用保险承保部总经理；现任中国信保工会副主席、监事会办公室主任、中国保险学会理事	【2011】	1届
欣　迪	美国阔码科技集团执行总裁	【2011】	1届
国愈明	时任国际绿色联盟执行秘书长/副主席	【2011】	1届
杨大伟	世界银行驻华代表处原采购专家；已退休	【2011】	1届
封和平	时任摩根士丹利中国区主席	【2011】	1届
徐洪才	时任中国国际经济交流中心信息部部长、金融学教授；现任中国政策科学研究会常务理事、经济政策研究会副主任，研究员	【2011】	1届
黄金老	时任华夏银行副行长；现任苏宁金融研究院院长	【2011】	1届
雷鸿章	中国长城资产管理公司资产经营部总经理、高级经济师	【2011】	1届
潘　乐	中国出口信用保险公司第四营业部总经理、高级经济师	【2011】	1届
阚　磊	亚洲开发银行驻中国代表处高级对外关系官员	【2011】	1届
樊志刚	时任中国工商银行城市金融研究所副所长	【2011】	1届

2011—2020 "十大绿色创新企业"一览

* 推荐词中所涉及年限、年份以当选年为参照时点

企业名称	企业类型	是否已上市	当选年	独立评审团推荐词
国家电投集团氢能科技发展有限公司	其他有限责任公司（央企控股）	未上市	2020	国家电投氢能公司通过科技创新，在氢燃料电池研发、氢能动力系统集成、制储运用技术研究、氢安全等方面同步发力，通过部分关键核心技术的自主研发，突破了氢能产业的国际垄断和技术封锁，有助于氢燃料电池真正国产化、产业化。同时，该公司不断攻克氢燃料电池安全性、低温启动、催化剂等难题，更为氢能源推广使用迈出关键一步。
江苏启能新能源材料有限公司	有限责任公司（台港澳与境内合资）	未上市	2020	凭借独创的无机纳米复合固液相变储能材料，启能新能源打破了传统热能储存上的技术壁垒，研发出"热库"产品，在解决余热回收和谷电消纳等问题的同时，提供了经济、高效、安全、环保的采暖解决方案，实现了分布式储能和清洁采暖"从0到1"的突破，解决能源消纳、供暖保障双难题，构建起能源供应端与需求端之间的绿色桥梁，市场前景广阔。
北京微燃科技有限公司	有限责任公司（自然人投资或控股）	未上市	2020	微燃科技自主研发的微燃环保炉采用一体化设计，将创新材料与一体化的特殊结构巧妙融合，实现脱硫固硫、脱硝、除尘、节能集于一炉，并以热效率高、适用多种燃料、能耗低、功能多的优势，为中国特别是北方地区分散在偏远农村及贫困地区的农户提供了切实可行的与城市人一样的温暖舒适的生活，实现了民生与环保的协同发展。
江西天润天和新材料科技有限公司	有限责任公司（自然人投资或控股）	未上市	2020	天润天和自主创新的膨体聚四氟乙烯微孔膜技术材料及其覆膜制品，成功实现了高效、低成本产业化应用，并成为中国率先跻身由国际品牌垄断的高端膨体聚四氟乙烯微孔膜市场的企业，该膜材料不仅用于公共卫生、功能性纺织面料、工业除尘、空气过滤、生物医药过滤用膜等诸多领域，在探索第一代氢燃料电池隔膜上也取得了阶段性进展。

续表

企业名称	企业类型	是否已上市	当选年	独立评审团推荐词
杭州纤纳光电科技有限公司	有限责任公司（自然人投资或控股）	未上市	2020	纤纳光电深耕光伏第三代钙钛矿新材料，光电转化效率有望近期突破多晶硅，领先的颠覆性技术成果广获国际权威认可，自主研发的钙钛矿薄膜电池生产和使用全过程既节能环保、稳定性出众，又有显著的性价比优势，解决了传统技术材料受限、生产排污、转换效率低、生产成本高等难题，大规模应用后可实现光伏发电平价上网，是光伏产业绿色转型的领航者之一。
济南祥辰科技有限公司	有限责任公司（自然人投资或控股）	未上市	2020	祥辰科技通过自主研发，建立起农林病虫害监测预警与防控系统，实现农林病虫害监测、预测和预警研究的信息化、自动化、标准化、规范化，其中针对草地贪夜蛾的智能自动测报系统，有效提高了预警防治的准确性和工作效率，减少了农药的使用量，为保障国家粮食和生态安全、助力绿色农业发展做出了贡献。
江西龙一再生资源有限公司	有限责任公司（自然人投资或控股的法人独资）	未上市	2020	江西龙一专业从事瓶级聚酯再生资源利用产业化项目，通过引进国际先进生产线，结合自主研发的清洗、分离、碎片加工等技术，用小小的再生瓶级聚酯切片带动了绿色循环经济产业链，有利于中国瓶级聚酯回收产业告别低端、粗放的原始局面，不仅利好生态、经济、民生发展，也为中国企业进军高端环保聚酯回收抢占了一席之地。
北京汇溢锦科技有限公司	有限责任公司（自然人投资或控股）	未上市	2020	汇溢锦通过土壤能谱专利技术及其核心设备规模生产 BGA 土壤调理有机肥料，改变并激活土壤的能量状态，提高了土壤支持植物生长的能力，其细分产品不仅在土壤治理、防病虫害、提高产量及改善作物品质上效果显著，还为沙漠化治理、修复脆弱生态环境提供了行之有效的解决方案，对农林业生态环境保护意义重大。
无锡井通网络科技有限公司	有限责任公司（自然人投资或控股）	未上市	2020	井通科技自主研发的区块链底层技术，为区块链基础设施建设提供了底层技术平台和可追溯、不可篡改、防伪、安全的多行业商业应用数据解决方案，帮助金融机构识别企业真实风险与需求，还可实现非标资产无阻碍流转和交易，助力绿色金融发展，落地项目和用户数处于国内领先。

续表

企业名称	企业类型	是否已上市	当选年	独立评审团推荐词
中环清新人工环境工程技术（北京）有限责任公司	有限责任公司（自然人投资或控股）	未上市	2020	致力于空气净化专用设备和材料研发的中环清新，以室内空气质量污染综合防控与治理为目标，形成以中央空调系统作为室内空气系统净化实施主体的空气净化体系，采用纳米光触媒净化杀菌器及紫外线杀菌消毒技术等消灭病原体，避免交叉感染，为切断病毒传播途径、助力防疫常态化提供了重要的设备支持。
宿迁宇能电力发展有限公司（2019年9月26日变更为江苏宇能精科光电新能源集团有限公司）	有限责任公司（自然人投资或控股的法人独资）	未上市	2019	宇能电力创新性地研发出风光储5G基站，以革命性的光伏、风电等清洁能源技术系统性解决5G基站耗能和储能问题，实现了5G基站能源的"自给自足"，在5G基站即将大规模普及的前夕，推出了高节能、有智慧、重量轻、强度高的理想解决方案，可持续发展空间巨大。
江联重工集团股份有限公司（非上市）	其他股份有限公司	上市排队中	2019	江联重工18年来致力于系列锅炉的清洁技术创新研发与设备制造，其生物质燃烧锅炉和生活垃圾焚烧锅炉全球领先，解决了大气污染、城市生活垃圾处理等社会难题，使废物能源化，不仅对中国重工业的绿色发展做出了重要贡献，也为长期服务的海外项目贡献了智慧。
石家庄以岭药业股份有限公司（上市）	其他股份有限公司	深圳中小板（002603）	2019	针对中医药种植、生产制造的高耗能、高污染现状，以岭药业率先应用沼气处理技术将中药渣变废为宝，同时在种植养殖端建立道地药材绿色基地，在生产端实施光伏电站、水资源循环、热资源管理等清洁技术改造，用27年的坚持，形成中医药全产业链可持续闭环，为振兴中国中医药行业提供了可复制的方案。
兰考瑞华环保电力股份有限公司	股份有限公司（非上市、自然人投资或控股）	新三板（835223）	2019	瑞华股份潜心从事生物质发电10余载，通过技术改造，提升生物质能源的综合效率，解决了电、汽、暖三联供的平衡点难题，充分利用当地生物质资源，实现余料循环利用，提前实现了国家能源局倡导的生物质热电联产目标，并为扶贫惠农做出了贡献。

续表

企业名称	企业类型	是否已上市	当选年	独立评审团推荐词
天泉鼎丰智能科技有限公司	有限责任公司（台港澳与境内合资）	未上市	2019	天泉鼎丰创新研发的空气鲜榨制水机，通过人工智能控制系统，协调空气净化、冷凝制水、水质过滤、消毒灭菌等多系统自动生产可直接饮用的空气水，水质符合世界卫生组织和中国饮用水标准，同时利用太阳能及低峰值电力，降低能耗和制水成本，为全球水资源可持续提供了突破性的新水源解决方案。
北京福威斯油气技术有限公司	其他有限责任公司	未上市	2019	福威斯10年磨一剑，创新并拥有直流光储充一体化电站知识产权，该技术可在变压器和电网限制条件下，通过动态调整用电时间结构消纳新能源电力，支持新能源汽车配套充电基础设施的推广，提升电网综合盈利水平，使之在能源转型中发挥积极作用。
碧海舟（北京）节能环保装备有限公司	有限责任公司（法人独资）	未上市	2019	碧海舟20年如一日，始终坚持走废弃物资源化的绿色创新技术研发之路，在差压发电、余热发电、太阳能发电等领域取得技术突破，并参与制定相关国家标准、行业标准，其创新的REPC（研发、设计、采办、建造）一体化服务模式，打破了国外技术垄断，在国内外市场具有一定竞争力。
上海三瑞高分子材料股份有限公司	股份有限公司（中外合资、未上市）	新三板（832446）；2019年1月终止挂牌	2019	三瑞高材瞄准化工污染问题，攻坚克难13载，拥有41项发明专利，形成集科研开发、精细生产和专业化技术服务为特色的完整经营体系，推动中国建筑外加剂行业的绿色转型，并服务国家重大工程和"一带一路"项目，具有良好的示范效应。
四川唯鸿生物科技股份公司	股份有限公司（非上市，自然人投资或控股）	新三板（834620）	2019	唯鸿生物创新性研发香菇产业核心技术，推进废弃菌棒的综合利用和食用菌产品的创新与开拓，与批发商和零售商合作，向国内外输送绿色健康农产品，打造绿色环保、可持续、可延展的供应链，9年坚守扶贫惠农，开创了可复制、可推广的精准扶贫新模式，成为因地制宜发展农村循环经济的典范。
浙江陆特能源科技股份有限公司	其他股份有限公司（非上市）	新三板（832184）；2019年12月19日申请终止挂牌	2019	陆特能源深耕地热能开发14年，积极探索浅、中、深地热能的立体开发技术，形成了以清洁能源为主体、多能互补、高效利用的智慧能源管理模式，对改善中国能源结构、提高清洁能源比例提供了一个新的综合开发增长点，在城乡建设中具有广阔发展空间。

企业名称	企业类型	是否已上市	当选年	独立评审团推荐词
生态洁环保科技股份有限公司	其他股份有限公司（非上市）	未上市	2018	生态洁自主开发的农村户厕一体化生物处理设备，实现了农村户厕改造和污水处理的一步到位，也因低成本、低能耗、易维护、高效率成为百姓容易接受的好产品。产品采用信息平台远程监测，完善了建设和管护机制。这对乡村振兴战略的"厕所革命"落地农村，补齐影响农民生活品质的短板，推动旅游市场向乡村扩展，将起到积极作用。
盈创建筑科技（上海）有限公司	有限责任公司（自然人投资或控股）	未上市	2018	盈创建筑潜心研发3D打印技术15年，成为率先实现智能化3D打印建筑的领跑者。通过开发建筑再生资源新材料和生产的自动化，其3D打印技术不仅提高了进度，节省了空间，成形快速，还降低了生产成本，为绿色建筑生产提供了具有明显竞争优势的解决方案。
东营业和新能源有限公司	有限责任公司（自然人投资或控股）	未上市	2018	作为中国首家实现醚基汽油产业化的企业，业和新能源从中国"富煤少油"破题，通过自主创新开发的醚基汽油技术，克服了醇基汽油替代比低、保质期短、冷启动困难以及动力不足和排放污染的缺陷，并以成本低廉、燃烧完全、环境友好等优势，为中国新兴清洁能源领域可持续发展提供了质优价廉的好产品。
中海润达新材料科技有限公司	其他有限责任公司	未上市	2018	作为中国国家级纳米类保温材料的高新技术企业，中海润达自主创新的"多腔孔陶瓷复合绝热材料"技术，以无机微米、纳米材料复合成系列产品，具有独特的保温防火、节能降耗、安全耐用、长效稳定、绿色环保、可循环利用等优势，倒逼传统、落后的保温材料行业转型，是保温材料行业实现绿色发展的领跑者，市场发展空间巨大。
上海绿墙绿化有限公司	有限责任公司（自然人投资或控股）	未上市	2018	上海绿墙自主创新的核心技术不仅已实现了产业化、规模化和标准化，而且为城市建筑绿化提供了一套可复制的技术解决方案，并参与了与屋面绿化、防水、节能相关的国家标准和行业标准的制定，在提升城市的整体生态形象、推进城市生态环境改善方面发挥了积极作用。

续表

企业名称	企业类型	是否已上市	当选年	独立评审团推荐词
国家电投集团珠海横琴能源发展有限公司	其他有限责任公司	未上市	2018	依托向智慧型能源站转化的关键核心技术，横琴能源专注于城市区域能源系统的方案设计、投资建设、操作运营等全生命周期的实践，创新性地探索出珠海新区绿色、低碳和可持续发展的实施路径，成为横琴自贸区建设"生态岛""低碳岛"的重要能源依托，对推动粤港澳大湾区能源行业供给侧改革具有良好的示范引领作用。
常州江南冶金科技有限公司	有限责任公司	未上市	2018	江南冶金自主研发的焦炉荒煤气显热的回收利用技术，已经实现了显热高效回收的工业化应用，经该技术改造的传统焦炉，具备降耗减排、运行稳定等优势，不仅为传统焦化企业转型升级提供了绿色增收的发展路径，也为雾霾治理、环境保护提供了一个有效的解决方案。
上海神悦超导技术发展有限公司	有限责任公司（自然人投资或控股）	未上市	2018	拥有全球实际投入运营的无冷却液体超导磁体分离机及相关核心技术的神悦超导，立足解决中国稀土尾矿存量和增量巨大的问题，以其自主创新的超导磁选机，实现了对稀土尾矿资源的再回收利用，提高了资源的利用率，有效缓解了资源与环境的双重压力，同时，也推动了超导磁体技术在工业领域的推广应用与可持续发展。
深圳零到一生态科技有限公司	有限责任公司	未上市	2018	在自主研发的油脂生成洗涤剂技术及其专有小型设备的支撑下，零一科技实现了废弃厨余及油脂垃圾就地处理、变废为宝，以自产、自用、自销高效洗涤剂的商业模式＋物联网远程监测技术，拓宽了废弃油脂的回收利用渠道，可有效杜绝地沟油再现食品和饲料中，具有经济效益与生态环境保护完美结合的循环经济效应。
杨凌欣益生态农业科技发展有限公司（自然人独资）（2019 年 9 月 4 日依法注销）	有限责任公司	未上市	2018	欣益生态将自主创新的植物乳酸菌技术与黑水虻养殖技术应用相结合，创新了一种解决畜禽粪便污染造成面源污染问题的生态循环农业产业模式，实现了养殖废污零排放、变废为宝，循环利用效果显著；不仅如此，利用该技术养殖的禽蛋因具有食疗价值而竞争优势明显，这对百姓来说是健康福音。

企业名称	企业类型	是否已上市	当选年	独立评审团推荐词
广联达科技股份有限公司	股份有限公司（上市、自然人投资或控股）	深圳中小板（002410）	2017	自广联达系列工程核心技术与应用软件问世以来，传统建工行业粗放、低效、人工预算的方法被彻底颠覆，信息化、智能化渗透至建工领域全产业链，为中国建工业的转型升级提供了精准智能服务，也为"一带一路"沿线国家的基础设施建设提供了建工产业数字化共享平台。
鼎木清源（北京）科技有限公司	有限责任公司（自然人独资）	未上市	2017	为丰富充电基础设施种类、弥补有线充电桩的不足，鼎木清源自主研发出无线电能传输技术，解决了目前无线充电传输距离短、损耗大、充电速度慢等难题并达到行业先进水平，保障了电动汽车充电过程的安全、便捷、高效，是大中功率无线充电技术的未来发展方向，具有广阔的市场应用前景。
质源恒泰清洁能源技术（北京）有限公司	有限责任公司（外国自然人独资）	未上市	2017	质源恒泰的 IHC 内热式清洁高效煤焦化核心技术与专有关键设备系统，可为传统煤焦化产业提供高能效、双盈利、低能耗、近零排放的技术改造，变重污染能源为清洁能源，在推进煤焦化和煤炭利用行业转型升级、实现企业利润大幅增长的同时，实现精准治霾。
上海耀森环保设备有限公司	有限责任公司（自然人投资或控股）	未上市	2017	耀森环保自主开发的以"多级瞬间反应"裂解为核心技术的塑料油化设备，可将废塑料完全转化为以清洁油品为主的资源性产品，在提高出油率的同时无二次污染，为实现城镇生活垃圾、工业危废、医疗垃圾中废塑料的无害化、资源化、减量化处理，提供了切实可行的绿色解决方案。
商丘瑞新通用设备制造股份有限公司	股份有限公司（非上市、自然人投资或控股）	未上市	2017	面对固体废弃物处理行业发展相对滞后带来的种种挑战，瑞新通用通过自主创新研发的有机高分子裂解核心技术和油泥碳化处理系统等环保配套处理设备，将生活垃圾、油田废弃物、工业废料等进行无害化、资源化循环再利用，使之成为具有经济效益并改善环境的再生新能源，市场空间巨大。
山东鲁电节能环保产业股份有限公司（2017 年 11 月 9 日变更为山东能源谷集团股份有限公司）	股份有限公司	新三板（834625）	2017	作为提高企业效益的一种先进能源管理技术，山东鲁电自主创新的电力需求侧能源管理核心技术，以数字化分析为支撑，针对不同企业的耗能特点量身定制能源管控方案，避免用电各节点的跑、冒、滴、漏，在大幅降低企业用电成本的同时，推动了电力需求侧管理走向精细化。

I 投融资＋：绿色创新企业与投融资专家合力打造啄啐之机

Investment and Financing: Green Innovative Enterprises and Investment and Financing Experts
Work Together to Create More Collaborative Opportunities

续表

企业名称	企业类型	是否已上市	当选年	独立评审团推荐词
重庆太鲁科技发展有限公司	有限责任公司	未上市；2012年6月软银中国旗下天悦创投入股太鲁科技，成为第二大股东	2017	面对中国铜基材料依赖进口、铜资源紧缺及难以高效循环利用的问题，太鲁科技创新开发出国际一流的利用含铜废弃物与低品位铜矿资源湿法制备高纯亚微米铜粉核心技术并建成全球首条年产30吨亚微米铜粉工业生产线，产品成本因此大幅降低，打破了国外对铜粉的垄断，为军工和航天、也为民用和工业领域的产业发展提供了重要的新材料支撑。
陕西科林能源发展股份有限公司	股份有限公司（非上市、自然人投资或控股）	未上市	2017	为应对全球气候变化、减少不可再生能源的消耗，开发利用太阳能等可再生能源已成为各国制定可持续发展战略的重要内容，科林能源自主研发的核心技术——高倍聚光太阳能发电模组是中国国内首家高倍聚光发电系统产业化项目，该技术超越了普通太阳能，大幅提高了发电效率并降低发电成本，为中国太阳能发电行业的可持续发展做出了重大贡献。
广州美中生物科技有限公司	有限责任公司（自然人投资或控股）	未上市	2017	美中生物经过30多年的科研攻关，成功破解了表皮生长因子（EGF）提取技术的难题，用基因工程技术率先实现产业化，以纯植物提取实现产品的绿色安全稳定，使生产EGF的成本从天价降至地价，为EGF真正普惠于民提供了巨大的市场应用空间。
广东惜福环保科技有限公司	有限责任公司（自然人投资或控股）	未上市	2017	惜福环保自主研发出中国国内首创并居国内领先水平的卧式滚动型餐厨垃圾有氧堆肥集成处理设备，以能耗小、自动化程度高、寿命长、成本低和高效生物除臭等竞争优势领跑餐厨垃圾处理行业，为实现经济效益可持续、维护城市环境安全提供了既叫好又叫座的技术保障。
山东中禾富翔生物科技有限公司	有限责任公司（自然人投资或控股）	未上市	2016	中禾富翔自主开发的MBC机械—生物—能源清洁利用技术及其装置设备，通过节能减排、资源回收、发电造能，解决了中国城乡原生混合垃圾集存的历史性难题，其意义在于带动了一个绿色创新产业的崛起，在保护城乡生态环境、为国家增加可利用土地、为企业带来经济效益的同时，也为社会创造大量就业岗位。

企业名称	企业类型	是否已上市	当选年	独立评审团推荐词
上海艾尔贝包装科技发展有限公司	有限责任公司（自然人投资或控股）	未上市	2016	艾尔贝创立十几年来，用行动践行了其倡导的"用最少的资源，达到最佳的保护"绿色包装理念，用99%的空气和1%的树脂，自主设计开发出以空气为保护屏障、安全无毒、方便回收、生产环节无污染物排放、与现代物流需求高度吻合的新型环保型充气式缓冲材料，成为国内外环保型充气式缓冲包装行业技术的领军企业。
上海全佳科技有限公司	有限责任公司（自然人投资或控股）	未上市	2016	全佳科技自主研发的上能FSD汽车环保增能环因安装简便、方便维护、性价比高、对不同动力驱动的汽车均有效而具备了易被客户接受的优势，这使得通过巨量私人汽车大规模推广这一环保节能产品、实现尾气减排成为可能。对中国污染物排放总量控制而言，意义重大。
北京可视化节能科技股份有限公司（2016年变更为北京可视化智能科技股份有限公司）	股份责任公司（非上市、自然人投资或控股）	新三板（831183）	2016	可视化公司自主研发的核心技术4W能效分析系统，植入10种能效分析方法，可以自动识别设备运行过程中存在的能耗问题点，实现可观察、可分析、可计量、可验证，使节能效果可视化，为制造业企业降低能耗、提升能效，快速建立符合国家标准的能源管理体系，提供了智慧管理的方便门。
北京乐田园环保科技有限公司	有限责任公司（自然人投资或控股）	未上市	2016	乐田园自主研发的"餐厨垃圾脱盐并除盐后回收再利用成套技术与设备"攻破了餐厨垃圾处理无法除盐及有害重金属离子的技术难题，率先实现就地规模化处理厨余垃圾固渣回收再利用，同时生产无害化有机肥，为厨余垃圾处理企业摆脱靠财政补贴吃饭的尴尬局面、实现经济效益的可持续、维护城市公共环境安全，提供了先进技术的支撑。
湖北泽茂化工有限公司	有限责任公司（自然人投资或控股）	未上市	2016	中国是全球最大的草酸生产国，也是最大的草酸消费国，但由于技术落后，中国企业一直无法跻身高纯无水草酸市场，泽茂化工自主研发的生产草酸以及联产磷酸二氢钠的技术及装置，不但可生产出高品质的草酸产品，还可联产磷酸二氢钠，同时实现余热、氢气全部回收利用，大幅降低成本，为中国草酸行业开创了一条绿色生产之路。

续表

企业名称	企业类型	是否已上市	当选年	独立评审团推荐词
新疆国力源环保科技有限公司	其他有限责任公司	未上市	2016	国力源自主研发的生物氧化法制浆造纸技术攻克了棉秆造纸产业化的世界性难题，从此终结棉秆被作为废弃物焚烧对环境的破坏性污染并实现了生产污水的零排放；同时以共享式创新模式，让掌握秸秆资源的农民在资源储备端分享企业效益蛋糕，也让关停并转的传统造纸企业分享技术升级带入的勃勃生机。
江苏恒智纳米科技有限公司	有限责任公司	未上市	2016	新型材料是国家发展的重要战略之一，致力于纳米材料研发应用与产业化的恒智纳米，建设性地将其创新的空气净化系列、净水系列、环保涂料系列等产品分类组合，利用互联网＋模式，创造性地推出智慧定制洁净生活设计，成为居住环境全方位智能洁净生活产业的引领者。
浙江瑞明节能科技股份有限公司	股份有限公司（非上市、外商投资企业投资）	新三板（831069）；2017年终止挂牌	2016	避之不及的城市雾霾，让清新空气成了奢侈品。瑞明节能以其自主创新生产的高品质节能门窗和自主研发的集成门窗远程控制系统的组配，大幅降低建筑耗能，有效过滤雾霾污染物，维持室内新鲜空气，通过远程操作功能和监控功能，为居者营造出不一样的清新、健康、安全、智能的居住环境。
北京万众生能源科技发展有限公司	有限责任公司（自然人投资或控股）	未上市	2016	万众生自主创新的太阳能"水⇌氢＋氧"动力循环系统，仅依靠当地太阳辐射和气候温差工作，就可以完全替代矿物能源，实现建筑能源的零能、零碳独立自给，从根本上解决人类生活能源的问题，实现人与自然能量平衡可持续生活方式，是应对气候变化、解决全球能源和环境问题的绿色发展技术路线。
磁谷科技（集团）有限公司	有限责任公司（自然人投资或控股）	2016旗下迈格钠磁动力股份有限公司在新三板挂牌（836901）；2018年终止挂牌，拟计划科创板上市	2015	磁谷科技自主研发的永磁传动节能技术及主导产品——永磁涡流柔性传动节能装置，针对传统可调速产品中总成本较高的旋转设备用户设计，改变了传统的机械运行方式，无需采用电能，不仅降低了维护成本，改进了过程控制，而且能在恶劣环境下运行，大幅提高能源效率，在发电、钢铁、冶金等高耗能行业深受企业欢迎。

续表

企业名称	企业类型	是否已上市	当选年	独立评审团推荐词
北京力博特尔科技有限公司	有限责任公司（自然人投资或控股）	未上市	2015	力博特尔倾10余年的研发与产业化实践，为解决磷石膏这一"危险废渣"对环境的危害找到了资源循环利用的绿色工艺发展路径，制造出节能杀菌、不怕水泡、防火隔热、抗压力强、永不变形的各类新型建筑材料，不仅为中国国内首创，也是国际上石膏砌块生产工艺的先例，它的应用将从根本上实现磷石膏变废为宝、循环利用。
盘锦北方农业技术开发有限公司	有限责任公司（自然人投资或控股）	未上市	2015	水稻育种专家许雷先生创立的北方农业，通过20余年的育种实践，以创新性的"性状相关选择法""性状跟踪鉴定法"和"耐盐选择法"三法集成育种技术体系，解决了水稻高产、多抗、优质三大主要农艺性状相结合的国际难题并取得重大突破，有力推动了"三农"的发展，切实保障了国家粮食安全。
昆明红火科技有限公司	有限责任公司（自然人投资或控股）	未上市	2015	红火科技自主研发的微生物催化油脂制备生物燃油技术，采用固态发酵的工艺和设备生产复合催化剂，将地沟油、餐厨垃圾等生物资源制备成生物燃油。不仅为地沟油禁上餐桌找到了可行出路，而且提高了资源利用率，变废为宝。该技术中国国内领先，填补了微生物法制燃油的空白，具有广阔的发展前景。
南京宇能新能源科技有限公司	有限责任公司	未上市；2015年12月英大国际信托有限责任公司投资980万，与宇能结成战略合作伙伴	2015	宇能自主研发的风光储互补发电技术，为光伏发电找到了稳定发电的出路，使大规模的光伏发电入网成为可能。作为该技术的核心产品——新型升阻互补风力机具有效率高、成本低、适应性强、简单易维护的特点，采风与发电效率均达到国际先进水平，其成功应用将为中国光伏产业的未来注入新的活力。
吴忠市夏瑞生物科技有限公司（2017年4月17日变更为宁夏夏瑞生物科技有限公司）	有限责任公司（自然人独资）	未上市	2015	夏瑞生物经数年科研和繁育实验，成功探索出具有生长周期短、产量高、成本低、品质高的甘草种植"断根栽培法"，使土壤和表层植被的破坏最小化，成功化解了甘草种植与生态保护的矛盾。其发明的甘草专用高效有机肥，可同时实现壮根、抗逆、保水防水和循环再利用，为农民致富带来福音。

续表

企业名称	企业类型	是否已上市	当选年	独立评审团推荐词
广西昊旺生物科技有限公司	有限责任公司（自然人投资或控股）	未上市	2015	作为中国国内第一家生产生物农药烯虫酯的企业，昊旺生物通过技术引进与自主研发，以不懈努力使这一零农药残留、零污染的烯虫酯合成技术实现了产业化，填补了中国国内该行业的空白，解决了"绿色储粮"难题，为保障食品安全提供了一条健康、可持续之路。
中和农信项目管理有限公司	有限责任公司（中外合资）	未上市；2010年起陆续引入IFC和红杉资本、蚂蚁金服、天天向上基金、TPG、仁达普惠、云鑫创投等风险投资机构与公益创投基金	2015	致力于为农村贫困人口提供无抵押、快捷、绿色小额信贷服务的中和农信，通过技术创新，实现了手机终端使用和非现金交易推广，使农户借贷款方便、高效；通过融资创新，开创了资产证券化之路，使金融扶贫力度增强，捍卫了小额信贷的本源，为贫困农户脱贫致富，提供了行之有效的解决方案。
北京市蓝宝新技术股份有限公司	股份有限公司（非上市、自然人投资或控股）	新三板（833830）	2015	蓝宝公司研发的"清水混凝土保护剂"不仅与国外同类产品相比不输质量，而且凭借大幅延长混凝土的使用寿命、减少建筑物表面维护费用、价格低等竞争优势，成功应用于首都机场T3航站楼、鸟巢等大型建筑项目中，显示出这一新材料可持续发展的巨大空间。
济南兆龙科技发展有限公司	有限责任公司（自然人独资）	未上市	2015	致力于绿色防控植物病虫草害、土壤消毒及修复的兆龙科技，以8年的执着探索，创新研发出有效防控土传病害，解决连作障碍、农药残留、地下水污染等问题的低毒、无农药残留的土壤熏蒸消毒及微生物活化修复技术，生态效益显著，也因此成为中国国内同类技术应用的先行者。

企业名称	企业类型	是否已上市	当选年	独立评审团推荐词
北京紫光益天环境工程技术有限公司	有限责任公司（自然人投资或控股）	未上市	2014	紫光益天是专业从事除盐水、循环水处理的高新技术企业，该公司创新推出的E-Pack绿色脱盐技术，实现了酸、碱废水自中和，在节水、省汽、省电方面大大优于传统反渗透工艺，并以结构优化、操作简单、出水水质优良、再生剂耗量低、废水排放量少、运行费用低等诸多优点深受石油、化工企业欢迎。
中国光大国际有限公司	公众股份有限公司	香港主板（00257）	2014	光大国际以10年的时间，将其项目投资、工程建设、运营管理、技术研发、设备制造业务覆盖到环保能源、环保水务和新能源三大板块，创新性地实现了生物质能发电项目飞灰及炉渣100%循环再造、垃圾发电项目渗滤液"零排放"，以及对已处理的污水高度循环再用，并以其成熟的技术和先进的管理一跃成为中国环保行业的龙头企业。
江苏太阳宝新能源有限公司	有限责任公司（自然人投资或控股）	未上市	2014	作为中国首座20兆瓦时熔融盐储能发电系统的承建者，太阳宝历经4年，形成了高温熔融盐储能技术完全自主的核心知识产权，并成功运行于示范项目，填补了中国该行业的空白，使中国跻身全球拥有该技术的极少数国家之一。它标志着中国太阳能光热发电已进入熔融盐储能时代，使推进建设大中型太阳能光热发电系统成为可能。
山东三益园林绿化有限公司	有限责任公司	未上市	2014	作为全国盐碱地原土绿化的倡导者，三益园林致力于盐碱地治理改造和生态建设项目，初步形成耐盐碱植物的育苗、销售以及原土绿化施工工程的产业链，其原土绿化技术攻克了盐碱原土绿化的世界性难题，并已在滨海地区广泛应用，不仅节约了换土绿化浪费的大量土地资源，还改良了盐碱地，对维护中国的18亿亩耕地红线具有不可估量的战略意义。

续表

企业名称	企业类型	是否已上市	当选年	独立评审团推荐词
北京华生恒业科技有限公司	有限责任公司（自然人投资或控股）	新三板（833190）	2014	从事基因测序数据分析工具软件开发的华生恒业，执着14载，建立起一支国际化生物信息数据分析专家团队，并走出一条自主研发、独立创新的发展之路，其领先的《DNA实验室数据分析与管理系统》和《基于新一代测序技术的个性化医疗基因数据综合分析平台》，为全球3000余家科研机构和中国农业、医疗、公安等科研机构提供了国际标准化管理的精准分析服务。
黑龙江国中水务股份有限公司	其他股份有限公司（上市）	沪市主板（600187）	2014	国中水务18年专注于水务环保产业，其全资子公司将碟管式膜技术用于应急供水车，是业内极具绿色创新的技术实践。近年，该公司不仅与中科院合作共建环境科技创新及工程技术研究平台，推进创新成果的产业化，还以合营方式布局新型膜及膜组件产品市场，并通过项目收购，进军乡镇供水市场，实现从传统水务运营商向服务提供商的成功转型。
通标标准技术服务有限公司	有限责任公司（中外合资）	未上市	2014	通标标准致力于以第三方机构的身份为全球各领域客户提供可持续发展解决方案，服务能力覆盖农产、矿产、石化、工业、消费品、汽车、生命科学等行业。凭借其国际检测认证的优势，在污染土地处理、环境废物管理、水资源保护等方面提供专业的研究数据和解决方案，助力企业和政府的清洁发展事业，使中国清洁发展之路真正有据可依、有迹可循、有法可施。
深圳眨眼科技有限公司	有限责任公司（台港澳自然人独资）	未上市	2014	眨眼科技推出的隐形多维点码防伪技术，利用肉眼难以看见的微点，将超级链接隐藏在文字与图像印刷之间，用户可通过手机软件瞬间辨识产品真伪。由于该防伪技术难以破解、复制，伪造成本极高，且使用成本低廉，鉴别方便精准，使防伪打假、保障消费者和商家利益有了安全可行的技术保障。
天津华泰森淼生物工程技术股份有限公司	股份有限公司	未上市	2014	华泰森淼致力于超高压生物食品加工技术研究与设备制造10载有余，不仅攻克了传统工艺不能解决的杀菌、保鲜等食品安全难题，还大幅度降低了能耗。在可持续发展的绿色加工技术支撑下，华泰森淼凭借自主创新的超高压技术设备使其成为该行业的领先者。

企业名称	企业类型	是否已上市	当选年	独立评审团推荐词
北京爱浦生态节能科技有限公司	有限责任公司（自然人独资）	未上市	2014	爱浦科技发明的 AEP 生态建筑节能系统专利技术，在楼宇自控系统的基础上增加了光控、CO_2 控制、植物浇灌及营养液等多参数和控制手段，从而实现系统与建筑物的实时节能减排互动。示范成果显示：通过 AEP 系统的技术和控制手段，不仅可减少 PM2.5，提高室内湿度，还可降低能耗。
深圳市微润灌溉技术有限公司	有限责任公司	未上市	2013	针对当今世界性的水资源短缺，微润公司开发的"微润灌溉"绿色创新技术产品，以其比以色列滴灌技术节水 60% 以上及节能 95% 左右的绝对优势，为中国治理荒漠化和盐碱地找到了最佳的解决方案，使退化草原重现久违的绿茵，草产量实现从原每亩 70 千克到每亩达 1500 千克的惊人提升，为沙漠地区发展节水农业找到了一条可持续的希望之路。
江苏中世环境科技股份有限公司	股份有限公司（非上市）	未上市	2013	作为全球污泥源头消减技术的开拓者，中世环境创新推出的核心技术产品"中世消泥王"，以仅产生 10% 的有机污泥、无二次污染与异味、成本大幅度降低的优势，为污水处理厂解决占比高达 80% 的无安全处理的污泥废弃物找到了源头消减的出路，不仅实现污泥排放量减少，同时，消减了有机污染物、臭气、重金属污染物以及病原体等环境污染问题。生态修复，功在千秋。
北京神雾环境能源科技集团股份有限公司 (2017 年 2 月 22 日变更为神雾科技集团股份有限公司)	股份有限公司（台港澳与境内合资、未上市）	旗下有神雾节能（000820）和神雾环（300156）两家上市公司	2013	作为中国领先的化石燃料节能和低碳技术解决方案的提供商，神雾科技致力于蓄热式高温空气燃烧技术的不断创新，以平均节能 30% 以上的实效，在化石能源、非常规化石能源、非常规矿石资源和可再生资源等领域高耗能、高排放工业企业中成功应用，客户遍布中国大部分省市和印度、老挝、印度尼西亚等国家，堪称中国工业蓄热节能的科技先行者。

续表

企业名称	企业类型	是否已上市	当选年	独立评审团推荐词
河北奥玻玻璃集团股份有限公司	股份有限公司（非上市、自然人投资或控股）	未上市	2013	奥玻集团以9年的执着与坚持，为建筑装饰材料市场提供了134种节能高效、安全美观的"奥德炽盛"高科技玻璃产品。而新近推出的LED转光生态玻璃，采用转光材料将太阳光中的紫外光转换成植物生长需要的红蓝光，使植物生长速度和成活率提高50%，节约能源60%，同时，还可减少植物病虫害。该产品的推出，为温室植物生长提供了绿色、安全的保障。
上海神舟汽车节能环保有限公司（2016年4月有限公司整体变更为上海神舟汽车节能环保股份有限公司）	股份制有限	新三板（870692）	2013	神舟汽车自主创新的液压混合动力公交车，以单车年节油6000升、减少二氧化碳排放2.6万千克、消除起步黑烟、成本低、可靠性高及大幅减少制动蹄片损耗的优势，在11个城市成功示范运行。如果示范运行的占有率扩大至全国公交车的10%，仅此一项，就能为国家每年节省上千万吨能源和亿万美元的外汇。
氢神（天津）燃料电池有限公司（2017年依法注销，其核心技术平移至2014年成立的氢神（北京）燃料电池有限公司）	有限责任公司（台港澳与境内合资）	未上市	2013	氢神公司致力于氢燃料电池产品及其关键材料的技术开发和产业化推进，作为把氢能直接转化为电能的洁净发电装置，与其他电池相比，氢神燃料电池以零碳、无害、寿命长、能量转换效率高的优势取胜，有效能效可达60%~70%，理论能量转换效率可达90%。该公司生产的燃料电池，功率级别可从10瓦级到30千瓦级，应用前景涉及军用到民用、小型供电到中大型供电，市场潜力巨大。
盈威力新能源科技（上海）有限公司	有限责任公司（中外合资）	未上市；自2015年起陆续获得浦江新产投、英飞尼迪和经纬中国的财务投资	2013	作为中国国内第一家开发出光伏并网微型逆变器和唯一一家自主开发出新一代H桥光伏并网逆变器的公司，盈威力拥有的微逆变器核心技术居亚洲第一，全球第二，近半数技术指标已超越美国同行。在光伏产业的寒冬，盈威力却以技术领先的绝对优势，在不到半年的时间里，将产品打入欧美、亚洲、大洋洲40个国家、地区，并在200多家客户的近500家太阳能电厂成功安装。

企业名称	企业类型	是否已上市	当选年	独立评审团推荐词
北京源深节能技术有限责任公司	有限责任公司（法人独资）	未上市	2013	源深节能以其自主创新核心技术成功实施多个余热回收利用项目并成为世界银行与全球环境基金在中国支持的"中国节能促进项目"节能服务示范公司之一。截至2012年，该公司已与各类客户签订了百余个节能服务合同，形成30.09万吨标准煤/年的节能能力和26.7万吨炭/年的二氧化碳减排能力，累计节约100万吨标准煤，减排82万吨二氧化碳，为中国国内热电厂实现"十二五"节能减排目标提供了宝贵的实战经验。
湖北三环发展股份有限公司	股份有限公司（非上市）	未上市；自2015年陆续获得交通银行、东风汽车集团、北京国资公司战略投资	2013	三环发展自主创新研发的SH-HVF系列高压变频器、SH-SVG系列无功补偿装置、SH-APF系列有源滤波器等，具有可改善工况、优化工艺、节能降耗、环保减排等多重优势，已广泛应用于火力发电、风力及太阳能发电、冶金、石化、建材、有色金属、市政等重要行业领域，并获世界银行专项节能资金贷款，所投节能项目被世界银行作为典范案例推广。
济南圣通环保技术有限公司	有限责任公司（自然人投资或控股）	未上市	2013	致力于为农业提供"减农残、防病害、增产量"一体化绿色解决方案的圣通环保，将传统中华医学理论与中药复方技术有针对性地应用于农业领域，解决了农作物中有害生物的抗药性和农药残留污染问题。目前已在葡萄种植示范项目基地、香梨种植示范项目基地、生姜种植示范项目基地等多种作物和果蔬上成功应用，从源头解决了中国食品安全的隐患。
大连乾承科技开发有限公司	有限责任公司（自然人投资或控股）	未上市	2012	乾承科技经过9年的研究和应用实验，成功生产出国际领先的金属表面改性材料。这一创新成果将金属表面工程应用技术、纳米技术金属磨损自修复等融为一体，通过改性材料释放的活性物质，攻克了在动态中主动修复机械磨损这一世界性难题，使机械设备寿命延长、故障减少，节能5%~25%，综合减排能力50%以上。

续表

企业名称	企业类型	是否已上市	当选年	独立评审团推荐词
西安瑞驰节能工程有限责任公司	有限责任公司（自然人投资或控股）	未上市	2012	历时11年的不懈创新，瑞驰节能为高耗能行业奉献了一系列与电能质量优化相关的节能降耗、增产增效的技术与产品。仅3年时间，它的矿热炉低压补偿装置技术就在全国矿热炉行业运行的75%设备中使用，居同行业垄断地位。最近，他们又提出与高耗能的电矿石类企业结盟，"共建能效原料体系"的创新模式，不但实现了矿物余热的回收利用，发电成本仅为电网电价的8%～15%，而且减少了高耗能企业烟气中的粉尘量和有害气体排放。
浙江赛孚能源科技有限公司	有限责任公司（自然人投资或控股）	未上市	2012	作为国家新能源醇醚燃料高新技术项目研究开发的承担者、醇醚燃料行业标准的起草制订者，赛孚能源建立的甲醇燃料行业技术中心在同行业发挥着技术支撑和市场导向作用。该公司自主研发生产的"赛孚"牌高清洁甲醇汽油国际领先，尾气排放指标比国标汽油降低50%以上，动力性能比国标汽油更好，成本比汽油低，是替代普通汽油的最佳经济型车用燃料，具有显著的经济效益、社会效益和环保效益。
北京空间房地产开发有限公司	其他有限责任公司	未上市	2012	空间房地产是"空间房地产"少加多领域的领先者。它攻克了旧楼加层改造过程中面临的房屋抗震、减震和新旧楼同步沉降两个关键技术，使新旧一体建筑可抵御里氏8级地震，旧楼使用寿命延长一个周期。"向空间要地"建筑技术的成功应用为中国旧城改造，特别是解决保障性安居工程面临的重重困境，找到了一条环保节能、和谐发展、多方共赢的新路径。
北京国电四维清洁能源技术有限公司	有限责任公司（自然人投资或控股）	未上市	2012	国电四维以11年专注于节能环保、清洁能源、智能电气领域的产品创新成果，成为中国国内电力电子设备制造的领先者、多项产品国家及行业标准的制定者。其主导的绿色高压变频器、大型并网型太阳能逆变器，广泛应用于电网、发电、冶金、建材水泥、石化等行业，综合节电率30%左右，为高耗能产业节约能源、降低消耗，提高企业经济效益提供了重要的创新技术。

续表

企业名称	企业类型	是否已上市	当选年	独立评审团推荐词
北京晓清环保工程有限公司（2016年1月变更为晓清环保科技股份有限公司）	其他有限责任公司，2016年变更为其他股份有限公司（非上市）	新三板（871116）；2018年9月13日终止挂牌	2012	23年致力于环保产业，今天的晓晴环保，以其令人瞩目的高效脱氮除磷等技术，众多的成功案例及技术优势，在制药行业、化工行业、啤酒行业、乳制品行业、涂装废水行业、涂料生产行业、食品行业、电子行业等行业的工业废水生化处理中发挥着引领示范作用，成为众多著名工业企业信赖的废水处理环保治理专家。
上德若谷（北京）科技有限公司	有限责任公司（自然人独资）	未上市	2012	安山岩纤维是上德若谷研发生产的全新非金属矿物晶体连续纤维，它的问世，为中国纤维市场的供不应求局面一解燃眉之急。它以四十分之一的绝对价格优势，替代低端碳纤维，还以价格优势和环保优势取代了高污染、高耗能的玻璃纤维。它所具有的耐高温、耐强腐蚀性、可自然降解、环境友好等独到的综合特性，将为中国装备制造业实现升级换代提供高附加值的先进复合材料。
湖南创则通能源有限公司	有限责任公司（自然人投资或控股）	未上市	2012	创则通通过研发氢炭燃料和生物原油生产自主知识产权技术，实现了将树根、树皮、树枝、棉秆、麻秆以及废旧门窗、包装箱、建筑模板等变废为宝，生产出高发热量、可再生、低成本、高环保的氢炭燃料和生物原油。这一科技成果的产业化，标志着生物质氢炭时代的来临，它对推动世界能源结构的革命性变革，创建以氢炭为基础的新能源产业做出了重要贡献。
长沙三超机械制造有限公司（2016年6月受到被吊销营业执照的行政处罚）	有限责任公司（自然人投资或控股）	未上市	2012	三超机械专注于生活垃圾从源头分类处理的绿色创新。该公司依据自主知识产权，生产出"多功能生活垃圾分类压缩站"，填补了中国国内在源头进行生活垃圾分类资源化的空白，改变了现有垃圾站只单纯储存垃圾的功能，通过远程计算机遥控操作垃圾拾取机械手分选垃圾，把生活垃圾打造成盈利的资源，并改变了垃圾必须另配专用配套拉臂车进行装卸的世界通用方法。

续表

企业名称	企业类型	是否已上市	当选年	独立评审团推荐词
漳州万晖洁具有限公司（航标控股）	有限责任公司（台港澳与境内合资）	其母公司航标控股有限公司（01190）于2012年7月13日在香港主板上市	2012	万晖洁具致力于节能减排、绿色环保，不仅生产环节能源消耗减少了60%，而且创新开发出一系列节水型卫生陶瓷洁具，其产品比国标规定的6升用水量的节水标准还节约了50%，产品的普适性和节能优势使之即便是在金融危机中依旧备受国际市场青睐。万晖洁具无愧为卫生洁具行业环保节水节能的领先者。
国能生物发电集团有限公司（国有控股）	有限责任公司（国有控股）	未上市；2016年8月，国网节能服务有限公司持股比例增至84.13%，成为控股股东	2011	为了和时间赛跑，与浪费抢资源，国能生物以社会责任为己任，短短5年间，发展成为全球最大的生物质发电投资、建设、运营一体化的专业化公司，投资建设了37家生物质发电厂，其中26家已投入运营，输出绿色电力103亿千瓦时，减少二氧化碳排放800万吨，为农村提供了约6万个就业岗位，农民从秸秆销售中获得额外收入36亿元。
北京碧水源科技股份有限公司	股份制有限（上市、自然人投资或控股）	深市创业板（300070）	2011	作为世界上同时拥有膜材料制造、膜设备制造和膜应用工艺3项技术自主知识产权的领跑企业，碧水源为MBR技术大规模在中国应用做出了卓越贡献，其承担的污水资源化项目总规模每天已超过300万吨，建成的污水资源化工程总处理能力达每年10亿立方米，每年可为国家新增高品质再生水10亿吨，位居世界前列。
天津国投津能发电有限公司	有限责任公司	未上市	2011	国投津能投资的北疆发电厂，是黄河以北第一个百万千瓦级超超临界发电工程，也是中国首个面向社会供水、投产最大的海水淡化工程，年产电能110亿千瓦时，淡化海水6570万吨，新增原盐产量50万吨，提供环保建材100多万立方米，节约土地约22平方千米，是资源利用最大化、废弃物排放最小化、经济效益最优化的节能低碳典范。

企业名称	企业类型	是否已上市	当选年	独立评审团推荐词
广州广钢MBA塑料新技术有限公司（2017年8月变更为广州广钢塑料新技术有限公司）	有限责任公司（中外合资），2017年8月变更为其他有限责任公司	未上市；2017年股东美国MBA聚合物股份有限公司退出，新增股东广州广钢置业有限公司	2011	在石油价格不断飙升的今天，广钢MBA塑料应用先进的废旧塑料再生技术，为世界上最大的塑料消费国、对进口石油依赖超过50%的中国找到了一条清洁高效的能源循环利用之路，将ABS、HIPS和PP等不同类型的塑料进行彻底的清洁分离，制造出与新塑料品质相当的再生塑料粒子，一年就相当于对12万吨石油进行再利用。
中国风电集团有限公司（China WindPower Group Limited）[2015年2月9日变更为协合新能源集团有限公司（Concord New Energy Group Limited)]	非香港私人公司	香港主板（00182）	2011	中国风电是国内风力发电投资领域内拥有纵向集成一体化发展商业模式且产业链最完善的专业风电集团公司，具有优秀的管理团队、良好的企业信誉和国际资本平台。短短5年，已在中国开发了27间风电厂，其中20间已投产发电，总装机容量达1064兆瓦，累计减少二氧化碳排放量180万吨、减少二氧化硫排放量18264吨，减少氮氧化物排放量1605吨，节约煤炭62万吨，节约用水512万吨。
濮阳市宇宙生物能源有限公司（2016年依法注销）	有限责任公司（自然人投资或控股）	未上市	2011	作为一家专业进行合同能源管理和生物质能零碳发展的服务公司，濮阳市宇宙生物能源有限公司成功运行了中国第一个绿色零碳能源站，还为工业锅炉改造找到了最合适的低排放燃料，而该公司研发的以太阳能和生物质能为配套能源的零碳一体机，采用以设备换减排、换清洁的创新模式向一村、一乡、一县的农户赠送，功在千秋。
中新天津生态城投资开发有限公司	有限责任公司（中外合资）	未上市	2011	今天，如果一个城区敢于制定低碳指标，这是需要勇气和执行力的。中新天津生态城做到了。其可持续性目标是：限制单位GDP的碳排放强度；确保绿色建筑比例达到100%；绿色出行（包括步行、骑自行车或乘坐公交）比例不小于90%；生态城内全部使用清洁能源，其中可再生能源利用率不低于20%。它对中国城市建设向低碳发展将起到引领作用。

续表

企业名称	企业类型	是否已上市	当选年	独立评审团推荐词
中国清洁能源解决方案有限公司	非美国私人公司	2005年美国纳斯达克上市（股票代码CSOL），后由德利国际更名为中国清洁能源解决方案有限公司，于2017年3月退市	2011	作为在低碳和新能源领域具有领先技术和较高影响力的中国清洁能源解决方案有限公司，创新性推出贯穿建筑多阶段、横跨多学科、集成多技术的节能系统、造能系统和环境治理系统一站式低碳生态城市节能管理及运营的全面解决方案，使模式在中国国内节能市场大有作为，从而实现低碳生态经济效益最大化。
常州华岳电子有限公司	有限责任公司；2016年完成法人变更（外国法人独资）	未上市	2011	常州华岳电子致力于世界第四代新光源——无极灯研发与生产，以敢为天下先之创新精神，成为全球无极灯领域的领头企业。作为比节能灯更节能的照明产品，无极灯可广泛用于厂矿、道路、隧道、景观照明。以该公司2010年年产100万盏无极灯计，每天点亮10小时，1年可节省电费10亿元，相当于节煤40万吨，减少二氧化碳排放150万吨。
天津泰达环保有限公司	有限责任公司	未上市	2011	中国是全球最大的垃圾生产国，年产1.48亿吨固态城市垃圾，且仍在继续增长。作为以垃圾焚烧发电项目为主业的专业性环保企业，泰达环保以城市环境保护为己任，在固体废弃物处理清洁技术开发上一直发挥着创新引领作用，并前瞻性地构建出城市大宗固体废弃物处置工业共生体系，是中国固体废弃物处理领域的领军者。

读石油版书，获亲情馈赠

亲爱的读者朋友，首先感谢您阅读我社图书，请您在阅读完本书后填写以下信息。我社将长期开展"读石油版书，获亲情馈赠"活动，凡是关注我社图书并认真填写读者信息反馈卡的朋友都有机会获得亲情馈赠，我们将定期从信息反馈卡中评选出有价值的意见和建议，并为填写这些信息的读者朋友**免费**赠送一本好书。

投融资+：绿色创新企业与投融资专家合力打造啄啐之机

1. 您购买本书的动因（可多选）

☐ 书名   ☐ 封面   ☐ 内容   ☐ 价格
☐ 装帧   ☐ 纸张   ☐ 双色印刷
☐ 书店推荐   ☐ 朋友推荐   ☐ 报刊文章推荐
☐ 作者   ☐ 出版社   ☐ 其他 _____

2. 您在哪里购买了本书（若是书店请写明书店地址和名称）？

_____ 购书时间 _____

3. 您是怎样知道本书的（可多选）？

☐ 报刊介绍_____（报刊名称）   ☐ 朋友推荐_____
☐ 网站_____（网站名称）   ☐ 书店广告_____
☐ 书店随便翻阅   ☐ 其他_____

4. 您对本书的印象如何（可多选）？

封面：☐ 新颖   ☐ 吸引眼球   ☐ 一般，没创意   ☐ 不适合本书内容
内容：☐ 丰富   ☐ 有新意   ☐ 一般   ☐ 较差
排版：☐ 新颖   ☐ 一般   ☐ 太花哨   ☐ 较差
纸张：☐ 很好   ☐ 一般   ☐ 较差
定价：☐ 太高   ☐ 有点高   ☐ 合适   ☐ 便宜

5. 您对本书的综合评价和建议（可另附纸）。

_____
_____

● **您的资料：**

您的姓名 _____ 性别 _____ 年龄 _____ 职业 _____
学历 _____ 电话（写明区号）_____ 手机 _____
电子邮件 _____ 邮编 _____
通信地址 _____

● **我们的联系方式：**

地　　址：北京市朝阳区安华西里三区18号楼405室　孟楚楚
邮　　编：100011　　　　　网址：www.petropub.com.cn
销售部电话：010–64523633　　编辑部电话：010–64255933